Mathematics of the 19th Century

19世紀の数学

I

数理論理学・代数学・数論・確率論

三宅克哉
[監訳]

Edited by A. N. Kolmogorov & A. P. Yushkevich

朝倉書店

シリーズ監訳者

三宅	克哉	東京都立大学名誉教授（第Ⅰ巻）
小林	昭七	U.C. Berkeley 教授（第Ⅱ巻）
藤田	宏	東京大学名誉教授（第Ⅲ巻）

・

| 落合 | 卓四郎 | 東京大学名誉教授（監訳協力者） |

第Ⅰ巻翻訳者

難波	完爾	東京大学名誉教授（第1章）
三宅	克哉	東京都立大学名誉教授（第2章）
片山	孝次	津田塾大学名誉教授（第3章）
櫃田	倍之	熊本大学名誉教授（第4章）

Mathematics of the 19th Century
Mathematical Logic, Algebra, Number Theory, Probability Theory

Edited by A.N. Kolmogorov and A.P. Yushkevich

Translated from the Russian
by A. Shenitzer, H. Grant and O.B. Sheinin

© 1998 Birkhäuser Publishing Ltd., P.O. Box 133, 4010 Basel, Switzerland
This Japanese edition is published by arrangement with Birkhäuser Verlag AG.

監訳者序文

　本書はコルモゴロフ（A.N. Kolmogorov, 1903.4.25–1987.10.20）とユシュケヴィチ（A.P. Yushkevich, 1906.7.15–1993.7.17）が共同で編集にあたった *Mathematics of the 19th Century*（19世紀の数学）の第1巻 "Mathematical Logic, Algebra, Number Theory, Probability Theory"（数理論理学・代数学・数論・確率論）の翻訳書です．原書はロシア語で書かれていますが，邦訳にあたってはA. Shenitzer, H. Grant, およびO.B. Sheininによる英訳の改訂第2版を原本としました．翻訳は「数理論理学」を難波完爾，「代数学」（と「緒言」ならびに「英訳への序」）を三宅克哉，「数論」を片山孝次，「確率論」を櫃田倍之が担当し，読者の違和感を軽減すべく三宅克哉が各章を通した監訳にあたりました．原著自体多くの著者がかかわっており，必ずしも全体が一貫した体裁で統一されているわけではありませんので，邦訳書でもあまり窮屈には考えませんでした．それでも監訳と称して単に各訳者の個性を消してしまうといった結果に終わっていなければ幸いです．

　原著では第1巻が最初に出版され，その「緒言」をコルモゴロフとユシュケヴィチが連名で書いています．しかし，そこに描かれた19世紀と20世紀の数学の歴史を書くという事業の当初の計画は，編集者の一人のコルモゴロフが没したこともあったのか，かなりの変更を余儀なくされました．この経緯については「緒言」と「英訳への序」を読み比べて下さい．また，もう一人の編集者ユシュケヴィチも「英訳への序」を書いた2年後に鬼籍に入りました．この第1巻からも推測できるように，彼らがこの事業で追求した内容は，残されたものからみて，類書には見いだせないように踏み込んだものになっています．ユシュケヴィチが「英訳への序」で希望した形で彼らの事業が引き継がれ，達成されることが望まれます．

　この第1巻は一見まったく異なった分野の4章が集められているように思われるかもしれません．しかし，すべての章に目を通せば，たとえば，幾人もの数学

者たちがいくつかの章で取り上げられていることに気がつきます．これによって数学者としての彼らの相貌のまったく新しい一面が浮かび上がるとともに，人間の営みとしての数学への理解が深まるものと思われます．

　英訳書においては，文献の題名でロシア語のものは一貫して英訳だけが本文中にあげられています．邦訳ではこれらについては英訳題名に加えて日本語訳をつけることにしました．これら以外の本文中の文献題名はラテン語，フランス語，英語，ドイツ語，イタリア語と多岐にわたっております．これらについては原語題名とその日本語訳をつけることにしました．本文中では各文献の著者名が明確ですから，原題が英語のものとロシア語のものとの混乱は起きないと判断しました．最も悩ましかったのはチェビシェフ（P.L. Chebyshev）のものでした．彼の全集は当初からロシア語版とフランス語版の2種が出版され，フランス語版のほうはその後アメリカの Chelsea 社から *OEUVRES DE P.L. TCHEBYCHEF* として出版されました．日本ではこの Chelsea 版を目にすることが多いと思われます．そこでできるだけこのフランス語版による題名もつけるようにしましたが，フランス語版に入っていない学位論文や原著の記述が明らかにロシア語のものを指している場合は，上記のようにその英訳題名を与えました（英訳書の第4章では脚注でフランス語版全集にある題名が与えられています）．

　この翻訳のお話は，長いお付き合いのよしみもあって，落合卓四郎さん（監訳協力者）から頂きました．その折に，翻訳者としてはなるべく古つわものたちを動員しようということになり，幸いにもこれらの豪華な陣容を揃えることができました．

　最後になりますが，朝倉書店編集部には一方ならずお世話になりましたことを記して感謝いたします．

　　2008 年 2 月

　　　　　　　　　　　　　　　　　　　　　　　　　三　宅　克　哉

緒　　言

　何人かの著者によるこの合作 *Mathematics of the 19th Century*『19世紀の数学』（続編の『20世紀の数学』も予定されている）は1970年から1972年にかけて3巻にわたって出版された前作 *History of mathematics from antiquity to the early nineteenth century*『古代から19世紀初めまでの数学史』の続編である[1]．以下に述べる理由から，20世紀の数学についてのわれわれの論考は1930年代で終わる．われわれが目的とするところは3巻からなる前作の緒言で述べたものと同じである．すなわち，われわれは数学の発展を，単に実世界の空間的形状や量的関係を調べるための概念や技術が完備されていく経緯とみるにとどまらず，それを一つの社会的な過程として考察する．数学的な構造は，ひとたび確立されれば，ある程度まで自律的に発展するものである．とはいえ，踏み込んで解析すれば，このような内在的な数学の進化は実践的な活動によって条件づけられ，自発的であるか，あるいは多くの場合がそうであるように，社会の要求するところによって決定される．この前提から歩を進め，われわれはまず数学的な進歩を形作っていくいくつかの力を明確化しようとする．われわれは数学と，社会構造，テクノロジー，自然科学，および，哲学との相互作用を検討する．数学史そのものの分析を通して，われわれは数学の多様な学問領域のあいだの関連を詳細に描き出し，数学的な成果を科学の現状と将来への展望のもとで評価したいと願っている．

　われわれが直面する困難な事態は前作を準備したときのものを大いに上回った．19世紀と20世紀の数学史はそれに先立つ時期のものに比べて研究がかなり滞っている．現在に至るまでの150年から175年のあいだに，数学は別個の高

---

[1] 以後，この前作は簡略して HM，巻号，ページ，という形で引用する．

度に特殊化されたいくつもの分野に分裂してきた．関連する第 1 次的な資料は数限りないといえる．今回は『古代から 19 世紀初めまでの数学史』の場合に比べてより多くの著者たちが参画したが，この期間の多岐にわたる数学の成果のすべてにわたって等しく適切に対応するわけにはいかなかった．ここに提示するものは，19 世紀と 20 世紀の数学についての連携のとれた歴史というよりは，論説の寄せ集めといったものである——いくつかの欠落を埋めきれなかったし，いくつかの話題を欠くままにしてしまった；たとえば，微分方程式論に関する章，ある種の特殊関数に関する章など．いくつかの場合には，最近の歴史を調べるという困難な仕事を引き受けてくれる専門家を見つけることができなかった．歴史的な資料が不足して，いくつかの領域の取扱いは不完全なままにとどまっている．こういった次第で，19 世紀の数学の歴史についての論説においては，計算手法の歴史はあまり詳しく紹介されていない；この時代にはそれはまだ数学の一分野として分離・確立されてはおらず，代数学とか解析学のうちの一科目に分属されていた．とはいうものの，総体としてみたとき，われわれはその最も重要な数学的な発展について論を尽くそうとした．

　また，われわれは重複を厭わなかったところがある．第一には，いくつかのアイデアはいくつもの部門にまたがって属するものであるからであり，第二には，それぞれの場面で関連する事項については，そこだけで充足させて提示しようとしたからである．

　この著作における作業計画は前作の 3 巻本と同様である．以前と同様に，数学の進化を全体として取り扱うことを第一の目標とした．われわれは本質的な概念，手法，および，アルゴリズムに集中してきた．また以前のように，最も顕著な数学者たちについては略歴をつけているが，他の場合については単に履歴に関する資料——多くの場合は単に存命期間だけ——を記すにとどめた．

　取り扱っている歴史の期間は 19 世紀の初頭から 1930 年代の終りにまで及んでいる．論考は当然二つの時期に分かれる：19 世紀，および，20 世紀の初めの 40 年である．もちろん 1801 年と 1900 年が数学史における自然な分岐点というわけではないが，そのどちらにおいても重要な事件が起こった：最初の年にはガウスの *Disquisitiones Arithmeticae*（数論研究）が出版され，二番目の年にはヒルベルトの *Mathematical problems*（数学の 23 問題）が発表された．われわれはこれら

の時点に厳密にこだわるわけではなく，数学のそれぞれの特定の領域を論じるにあたって 1801 年と 1900 年からどちらの方向へもずれることがある．きっかりと 19 世紀の終りにまで論が及ぶことはほとんどない．というのは，多くの場合，自然な理論的分水嶺は 1870 年代から 1880 年代に位置するからである．19 世紀は全体としては 18 世紀と著しく異なっている．実際，18 世紀というのはデカルト，フェルマ，ニュートン，および，ライプニツの数学に関する基本的なアイデアの数々——その多くは根源的には古代ギリシャにみられた——の直接的な発展によって特徴づけられる．19 世紀の二番目の四半世紀に始まって，数学は一つの革命期に入る．これは，その一般的な世界像に対する重大で深遠な影響からみて，近代が始まる時点での数学的な革命（revolution）にも匹敵するものである．後者は無限小解析の創造に依って立っていた．それは，オイラーが指摘したように，関数の概念を廻って「回転する」(revolve)．数学の特定の領域に関する基本的な概念や原理は 19 世紀を通して絶えず変化し続けた．この展開は，しかし，決して 18 世紀から受け継いだアイデアを拒否することを意味するものではない．主要な変化は数学的な対象の存在に関する問題を含んでいた；特に，微積分において，またすぐそれに続く標準外の（すなわち，非ユークリッド的な）幾何学構造，算術，および，代数学においても．これらの展開を支える基盤は，主として 19 世紀の最初の四半世紀に教育を受けた人々によって敷かれ，そして最も創造的な成果は第二と第三の四半世紀に打ち出された．これを担ったのは新しい数学的な心情をもった男たちであった：解析学ではコーシー，それよりいくぶんは早いボルツァーノ；幾何学ではロバチェフスキーやボリャイ；代数学ではガロア，ハミルトンとグラスマン；そして，彼らの先人のガウス．こういったことは新たな手法が全数学に波及するにつれて明らかになっていった．まずは，当時の人々にとっては，19 世紀は数理解析とその物理学への応用がきらめくばかりに開花したものととらえられた．しかし，すでに述べたように，その形態はそれ以前のものとは根本的に異なっていた．数学におけるこのような急進的な変化は，19 世紀において鋭角的に変化する経済と政治の環境のなかで生じた．このような社会環境が，専門家の養成や研究機関における活動を通して数学の社会的な役割に変化を呼び起こし，新しいタイプの数学者たちを創り出した．数学の役割は，テクノロジーや，社会科学においてさえ，資本主義を発展させたこの時代に著しく増大した．当時の世界のほとんどの先進国では資本主義が確立されていた．これ

が中等教育と，さらに著しく高等教育に主要な変革を促していた．17世紀と18世紀における創造的な数学活動はその主立った広がりを，多くが自己流で学んだいわば非職業的数学者たちの領分において展開されていた．そして，国家的な科学アカデミーは18世紀のフランス，ロシア，および，ドイツにおける数学活動の中心であった．19世紀において数学が大学における初等的な科学として発展するにつれ，大学を本拠とする数学の諸学派が頭角を現すようになった．

19世紀の数学の年代的な上限は多様な角度から設定されよう．とはいえ，20世紀の初期の頃の数学が19世紀中頃の数学と明確に一線を画することは争うべくもなく明白である．数理解析に関する限り，それが完全に関数解析の一般化されたアイデアの傘下に属することは，主として数理物理学についての問題に関する場合でさえ言明されるところであった．標準外の幾何学の可能性は，もう少し早い時期に予期されていたことは明らかであるが，結果として，幾何学を3次元ユークリッド空間よりもはるかに一般的な部類の空間の理論へと導いていった．集合論と，それよりは遅れたが，完全に形式化された演繹の理論を構築することについての論理学的な研究とは，相携えて全数学の基礎を担うべき双子となった．

これらの趨勢はすべて19世紀の終りまでにすでに顕著になっており，1930年代の終りまでに正統的なものとしての表現を与えられた．20世紀の初めの40年の数学についての研究にあてられたわれわれの数学史の最後を彩る部分は，上に大まかに示唆したように，数学という科学の全体を大きく広げられた基礎の上に再構築することにもなる．この部分に含まれる19世紀の最終期の成果は，この広大な視野のもとでこそ初めてその全容が把握されるようなものに限られる．

戦後の数学の熱狂的な成長はわれわれの著述の視野の外にある．戦前の数学を彩った学者たちはすでに没したか，活動的な仕事からは引退し，あるいは，いまは彼らが傾注した努力の評価に携わっている．彼らが成し遂げたものをある程度客観的に評価することは可能であろう．とはいえ，戦後の数学となると，そうすることはまず困難であろう．

われわれが設定した年代的な限界のなかでは，計算数学への増大する興味を広く検討することのみが自然であり，これに一章を割いた．しかし数学に対する計算機の影響となると，もうわれわれがここで課した年代的な限界を超えている．

こんなわけで，われわれの論説集は2組に分けられる：『19世紀の数学』の4巻と，『20世紀の数学』の2巻である[1]．

　各主題の視界が広大であることから，解説的な副題をもったいくつかの章が用意されている．第1巻は19世紀の数理論理学，代数学，数論，および，確率論の歴史に関する論説が含まれている．第2巻は19世紀の幾何学，微分論と積分論，および，計算数学についての歴史を内容としている．第3巻と第4巻は解析学の他の分野，数理物理学の方法から資料編集まで，また，数学教育の歴史，および，数学の研究組織を扱っている．第5巻と第6巻は20世紀を扱う．各巻には文献表と氏名索引が用意されている．定期刊行物のタイトルは略記され，号数と出版年が与えられている；出版の実際の年が述べられている年と異なる場合は，後者を括弧書きにした；略記表は文献表の後につけられている．

　第1章はウスペンスキー（V.A. Uspenskiĭ）教授が，また第2章と第3章はUSSR科学アカデミー連絡会員ファデーフ（D.K. Fadeev）が目を通した．第1巻全体を通してウズベクSSR科学アカデミー会員シラグディノフ（S.Kh. Siragdinov）が目を通した．著者と編集者は彼らから寄せられた貴重なコメントと助言に深く感謝する．ファデーフは本巻のいくつかの節の著者でもある．本人の望むところによって彼の名前を共著者にはあげなかった．

　　　　　　モスクワ，1977年6月1日　　A.N. Kolmogorov, A.P. Yushkevich

---

[1] ［訳注］残念なことにこの壮大な計画は修正を余儀なくされた．次の「英訳への序」を参照されたい．邦訳についても，結局，英訳された3巻のみがその対象となった．

英訳への序

　著作『19世紀の数学』の英訳版の序を私がただ一人で書かなければならなくなりました．といいますのは，残念なことに，同僚であり共編者でもあったアカデミー会員アンドレイ・ニコラエヴィチ・コルモゴロフ（Andrei Nikolaevich Kolmogorov, 1903. 4. 25-1987. 10. 20）は数年前に他界したからです．

　この著作の緒言において，次のような指摘をしました．数理科学におけるある分野の発展の特別なあり方に関係して，19世紀の数学の歴史についてのわれわれの論説の何章かは1900年に達する以前にとどめられると，これは，1870年代ないしは1880年代がそれぞれに自然な年代的な境界になっているからです．何人かの読者は異議を唱えています．この第1巻においては変更を施すべき理由は見当たりませんが，今後読者たちから寄せられたご指摘を考慮するように試みるつもりです．端的に申せば，第2巻の幾何学の章については幾何学の基礎に関するヒルベルトの仕事とトポロジーに関するポアンカレの仕事までを扱うのがより自然でしょう．

　編集者が対処することができなかった理由から，作業計画は変更を余儀なくされました．多様な章がそれぞれの著者たちによって仕上げられた順番はあらかじめ予期していたものと異なっていました．各章の自律性という視点から，第2巻は単に二つの章によってまとめることにしました．一つの章はすべての幾何学の科目を扱い，もう一つは解析関数とその特殊な話題のいくつかを扱っています．後者の著者はマルクシェヴィチ（A.I. Markushevich）でしたが，彼は1979年に没しました．

　第3巻は1987年に出版されました．その内容は次の章からなっています：
1. 関数論に対するチェビシェフ（P.L. Chebyshev）のアプローチ（アヒエゼル（N.I. Akhiezer, 1980年没））；

2. 常微分方程式（デミドフ（S.S. Demidov）と協力者ペトローヴァ（S.S. Petrova）およびシモノフ（N.I. Simonov, 1979年没））；
3. 変分法（ドロフェーヴァ（A.V. Dorofeeva））；
4. 有限差分法（ペトローヴァ（S.S. Petrova）およびソロヴエフ（A.D. Solov'ev））．

4番目の巻は本質的には準備が整い，偏微分方程式を扱います．第5巻の一部，計算数学における異なったアプローチ，は実質的には準備できています．これらの巻すべてを合わせても，実のところ20世紀に成功裏に発展をみた数学のすべての分野を網羅するにはいたっておりません．私の希望するところとしては，将来増員された人たちがこの事業を引き継ぎ，編集委員会が未来への計画を作り上げてくれるようになることです．個人的には，最後の巻に19世紀の数学が達成したものとその「社会的な歴史」を総合的に見渡したものを含めてほしいと思います．これには数学教育，数学雑誌の発行，19世紀の研究会議，などが含まれるべきです（コルモゴロフはこの点に関しては私と意見を同じくしていました）．最後に，新しい編集委員会は私とコルモゴロフの夢の一つである20世紀の数学の歴史を扱った何巻かの出版が実現される可能性を検討して下さるように．

この著作の英訳の出版を引き受けて下さったBirkhäuser Verlag社と，翻訳と修正の多様な局面で尽力して下さったすべての方々に感謝を申しあげます．

モスクワ，1991年7月　　A.P. Yushkevich

付　記

本書の第2版の刊行にあたってミスプリントと誤りを訂正する機会が与えられた．これに関連して，グラント（H. Grant），ミュキュティウク（S. Mykytiuk），および，S. シェニッツァー（S. Shenitzer）の助力を明記して謝す．特にミュキュティウクは論理学の論説（第1章）を検討し，そのいくつかがロシア語版から持ち越されていた誤りを正してくれた．

第2版編集者　　A. Shenitzer

目　　次

1. **数理論理学** (Z.A. Kuzicheva) ·· 1
   - 数理論理学の前史 ·· 1
   - ライプニツの記号論理学 ·· 3
   - 述語の限定 ·· 11
   - ド・モルガンの形式論理 ·· 12
   - 論理のブール代数 ·· 17
   - ジェヴォンズの論理代数 ·· 24
   - ヴェンの記号論理 ·· 29
   - シュレーダーとポレツキーの論理代数 ··· 33
   - 結論 ··· 39

2. **代数学と代数的数論** (I.G. Bashmakova and A.N. Rudakov with the assistance of A.N. Parshin and E.I. Slavutin) ·· 40
   - 2.1 代数学と代数的数論の1800–1870年における発展の概要 ···················· 40
   - 2.2 代数学の進展 ·· 47
   - 18世紀における代数学の基本定理の代数的証明 ··· 47
   - ガウスの第1証明 ··· 50
   - ガウスの第2証明 ··· 51
   - クロネッカーの構成法 ·· 55
   - 方程式の理論 ·· 58
   - ガウス ·· 58
   - 円分方程式の解法 ·· 60
   - アーベル ··· 63
   - ガロア ·· 66

ガロアの代数的な業績	67
群論の進展の第1段階	72
線型代数学の進展	78
超複素数	82
ハミルトン	85
行列環	89
グラスマン代数とクリフォード代数	90
結合代数	91
不変式論	92
2.3　代数的数論と可換環論の始まり	99
ガウスの数論研究	99
2次形式の類の個数の研究	105
ガウスの整数とその算術	108
フェルマの最終定理．クンマーの発見	114
クンマーの理論	117
困難．整数の概念	122
ゾロタリョフの理論．整数と p 整数	124
デデキントのイデアルの理論	133
デデキントの方法．イデアルと切断	142
代数関数体におけるイデアル論の構築	144
クロネッカーの因子論	151
結論	154

3. 数論の問題 (E.P. Ozhigova with the assistance of A.P. Yushkevich) ········ 157

3.1　2次形式の数論	157
形式の一般論；エルミート	157
2次形式論におけるコルキンとゾロタリョフの仕事	165
マルコフの研究	173
3.2　数の幾何学	176
理論の起源	176
スミスの仕事	182

	数の幾何学：ミンコフスキ	184
	ヴォロノイの仕事	190
3.3	数論における解析的手法	196
	ディリクレと算術数列定理	196
	数論における漸近法則	202
	チェビシェフと素数の分布理論について	207
	ベルンハルト・リーマンのアイデア	215
	素数分布の漸近法則の証明	219
	解析数論のいくつかの応用	221
	数論的関数と等式．ブガーエフの仕事	223
3.4	超　越　数	229
	ジョセフ・リウヴィルの仕事	229
	エルミートと数 e の超越性の証明：リンデマンの定理	233
	結　論	237

4. 確　率　論（B.V. Gnedenko and O.B. Sheĭnin） …… 238

序	238
ラプラスの確率論	239
ラプラスの誤差論	250
確率論へのガウスの貢献	254
ポアソンとコーシーの貢献	259
社会統計および人体測定の統計	270
確率論のロシア学派．チェビシェフ	276
確率論の新しい応用分野．数理統計学の起源	298
西ヨーロッパにおける 19 世紀後半の成果	307
結　論	312

文　献（F.A. Medvedev）	315
論文誌名略記	329
事項索引	331
人名索引	337

1

数 理 論 理 学

数理論理学の前史

数理論理学は，3巻本 *History of Mathematics*（HM）（数学の歴史）では取り上げられていない．そこで，この分野の19世紀の発展についての考察に先だってその前史について述べようと思う．

まず，現在まで伝承され，残っている論理学についての体系的構成と解説は，アリストテレス（Aristoteles, 384–322 B.C.）の（6篇の）著述がその時代の解説者たちにより組織的にまとめあげられた *Organon*（オルガノン）という表題の著作に述べられている．*Organon* は範疇（*Categoriae*, 範疇について），解釈（*De interpretatione*, 命題について on propositions），分析（論）前書（*Analytica priora*, 推論について），分析（論）後書（*Analytica posteriora*, 証明について），真理（*Topica*, 正しいと見なされる仮定から導かれる証明について）および関連した詭弁・反駁（*De sophisticis elenchis*, 誤謬について）で構成されている．分析（論）後書（*Analytica posteriora*）ではアリストテレスは彼の証明の理論と，「証明の科学」(demonstrative science) ならびに，特に数学がどうあるべきかについての基本的要請を述べている．アリストテレスの論理に関する命題の厳格さに関してライプニッツ（Gottfried Wilhelm, Freiherr von Leibniz, 1646–1716）は「アリストテレスは数学でない対象に関して数学的な方法で記述した最初の人である」[1] と考えていた．

異なる流儀の論理学で命題論理において著しいものが展開された．それは，ソクラテスの弟子メガラのユークリッド（Euclid=Eukleides, 450–380 B.C. 頃 [2]）

---
[1] G.W. ライプニツ, *Fragmente zur Logik*. ベルリン, 1960, p.7.
[2] ［訳注］330?–275? B.C. 頃など諸説がある．

によって興こされていたメガラ学派（Megarian School）の哲学者たちによってなされたものである．ミレタスのユーブリデス（Eubulides of Miletus, 紀元前4世紀）はユークリッドの弟子であり，有名な「嘘つきのパラドックス」（liar paradox）や「干草のパラドックス」（heap paradox）などいろいろのパラドックスで論理学に貢献している．メガラのフィロン（Philo of Magara, 300 B.C. 頃）はメガラ学派の最後の代表者である．同じ頃，フィロンの弟子であるキティウムのゼノン（Zeno of Citium, 336 頃-264 B.C.）はメガラ学派の基本的な概念と方法を継承したストア学派（Stoic school）を作った．ストア学派の最も著名な代表者はソリのクリシッポス（Chrisippus of Soli, 281 頃-208 B.C.）であろう．もし神々が論理を必要とするならば彼のものこそそれである，と伝えられている．メガラ学派やストア学派の論理の教典の断片は現代の命題論理計算を予期させるものを少なからずみせている．

古代ギリシャ・ローマ時代の後期においては論理学の研究はほんの少しの進歩しかなく，論理学の歴史にとどめるべき項目もほとんど見当たらないとするのが通説である．しかしながら，それらの期間にはアフロディシアスのアレクサンデル（Alexander of Aphrodisias, 2-3 世紀）によるアリストテレスの著作集のよく知られている解説，ポルフィリウス（Porphilius, 232 頃-304 頃）の *The Introduction to "Categoriae"*（「範疇」入門），ボエチウス（Boethius, 480 頃-524 頃）によるアリストテレスとポルフィリウスの両方の翻訳と解説なども，同時代のものである．

中世初期においては，論理学は自発的学問分野としてアラブ文化圏のみで発展した．これに関しては，まずアブ・ナスル・アル-ファラビ（Abū Naṣr al-Fārābī, 870 頃-950）による論理学の一連の著作がある．それは，アシュシファ（*Ash-Shifa, The recovery*, つまり，魂の無知からの回帰）のなかの，イブン・シーナ（Abū 'Ali Al-Husain Ibn 'Abdallāh Ibn Sīnā = Avincenna, 980-1037）によるラテン語訳で自知覚（*Sufficientia*）と呼ばれている部分の論理学的な構成要素である．また，アリストテレスについてのイブン・ルシャド（Ibn Rushd = Averroës, 1126-1198）の注釈，そしてファラビおよびイブン・シーナの伝統を引き継いだアル-ツーシ（al-Tūsī = Abū Nāṣīr al-dīn），コラザンのツス（Tûs in Korâsân, 1201-1274）の論理に関するの著作などがある（ツスはファラビとイブン・シーナの翻訳を継続した）．これらの労作ではアリストテレスの *Organon* が

提示され，特に三段論法の原理について（doctrine of syllogisms）の注釈がなされている．

後期中世ヨーロッパでは，教会の必要に応え，アリストテレスの論理学を適用したスコラ学派の論理学の発展がみられる．これらの時期には，ピエール・アベラール（Pierre Abelard, 1079-1142），ヒスパヌス（Petrus Hispanus, 1215頃-1277），ドゥンス・スコトゥス（John Duns Scotus, 1270頃-1308）およびオッカム（William of Occam, 1300頃-1350頃）らによる「新論理学」（*logica modernorum*）が形をなしてきた．これらの研究は多くの命題論理の法則（たとえば，ド・モルガンの法則）や全空間（universe, 宇宙）の概念やその他の諸概念の前徴が含まれている．

論理的推論の過程を機械化したいという意向は，スペインの哲学者ライムンドス・ルリウス（Raymundus Lullius＝Ramon Lull or Lully, 1235頃-1315）の著作 *Ars magna et ultima*（極限技法）に書かれており，これもやはりこの時代に属する．

われわれは，17世紀に達するまで通り抜けても完全性という点でもそう逸脱することはなかろう．17世紀に入れば，論理学および新しい代数学の基礎づけに科学者たちが注目しはじめ，その中心的な役割をライプニッツが演じた（HM, v.2, pp.251-252）．

ライプニッツの記号論理学

ライプニッツは論理を言葉の最も広い意味でとらえていた．彼にとっては，それはアリストテレスの分析——理路の取扱い方，および既知の真実の証明——のみならずさらに新しい真実を創案し発見する方法であった．

アリストテレスの著作の研究は，若いライプニッツに非常に強い印象を与え，彼の論理観にとって決定的な影響を及ぼした．ライプニッツはアリストテレスの三段論法論について深い思考をめぐらした．そして記す．

> 三段論法などの思考形式の発見は，人類の精神活動のなかで最も精緻にして重要なものの一つである．それは最も普遍的意味での数学であるが，その重要性はあまりにもわずかにしか認識されていない[3]．

---

[3] G.W. ライプニッツ, *New Essays on Human Understanding*, transl. and ed. by P. Remnant and J. Bennett. ケンブリッジ, 1881, p.479.

しかし，アリストテレスの三段論法よりもさらに複雑な推論形式が存在する．ライプニッツはユークリッドの加法，乗法，そして比における項の交換などは，この複雑な形式の例であると考えていた．この推論方法によって導かれたものは正しいものであり，その演算過程が証明である（形式化された論証 *argumenta in forma*）[4]．次に述べるものがライプニッツが体系化し発展させた論理の理論体系である．

まず，あらゆる概念を分析し，それらを可能な限り単純な概念に帰着させる．これらのもはやそれ以上簡単にできない概念，つまり定義しようのない概念が「思考のアルファベット」（全字母，alphabet of human thought）である．その他のものはこれらのものを組み合わせて得られる．

彼は，そのようにして概念の分析を行えば，知られているあらゆる真理が証明できるようになるであろうとの信念をもち，そして，それらは「証明の百科事典」（encyclopedia of proofs）をなすであろうと信じていた．

最終的には単純な概念や複雑な概念および諸命題を表示する適切な記号を導入すること，つまり，「普遍記号法」（*characteristica universalis*）とでも表現すべきものがどうしても必要になるであろうと考えていた．

ライプニッツは記号法は本質的に大切なものと考えていた．彼は適切な記号を用いることが決定的な役割を演ずると考えていた——彼は，当時の代数学の成功の大きな要因はヴィエト（François Viète）やデカルト（René Descartes）の適切な記号法にあると明確に認識していた．

ライプニッツは，このような普遍記号法は，すでに存在している知識や現在でも知りうる知識，そして新しく発見されるべき真実を表現する手だて，あるいは，彼のいうところの発見の手法となる国際標準言語として機能するべきであると示唆している．この目的のために，新しい論理学の構築を完成させる論理計算術が必要である．彼はこの新しい論理学が人々の間の衝突の解消を容易にする可能性ももっていると信じていた．敵対者たちは，さあ，「計算しよう」（Let us calculate）といってペンをとるようになるであろう．

ライプニッツはこうして，「思考のアルファベット」の構築による伝統的な論理学の精密化を始めたのであった．彼は，他のものはそれらの組合せに分解され，

---

[4] G.W. ライプニッツ, *Framente zur Logik.* ベルリン, 1960, pp. 7–9.

またそれらから新しい概念が構成できるような有限個の基本的で単純な概念が存在すると考えていた．この仕事は次のように達成できるだろうと彼は述べている．

> われわれは，わずかの個数の観念，それを順々に用いれば無限に他の観念が生みだされる，そういったものを発見することができるであろう．これは1から10までの数を順にならべて他の数がすべて得られるのと同様である[5]．

ライプニッツはこの単純な概念を「一階の項」(first-order terms)[6] と呼びそれらを一階の類に割り当てる．彼は二階の項，つまり，2個の一階の項の組合せを二階の類[7]に当てる．二つの項の順序は重要ではない．三階の類は，三階の項，つまり，3個の一階の項の組合せ，あるいは一階の項と二階の項の組合せからなる，のように．

組合せの仕方に応じて，各々の合成された項はいろいろな表現をもつ．それらの表現が「同じ」かどうかを判定するためには，その表現をより単純なもの，つまり，一階の項に分解すれば十分である．構成する複数の一階の項が一致していれば，これらの表現は同一の合成項を表現しているのである．

こうして，概念の分析はその構成要素である一階の項に帰着される．

ライプニッツは各々の命題を主語-術語の形，a は b である（a est b, a is b）の形に表現する．彼の「真」とは，その術語が主語の概念に含まれるような命題を意味する．だから，こういった命題が真であるかどうかを分析するためにはその二つの項を簡単な概念に帰着させて比較する．

しかしながら，真実性の分析と概念の分析の間には差違が存在する．概念の分析はそれを一階の項に帰着させなければならない（そして，可能である）のに対して，真であるかどうかの分析ではそれを最後まで遂行しなくてもよい場合もある——ライプニッツが書いているところでは——われわれが証明を発見したときに真実性の分析は完成され，与えられた命題を証明するためにその主語と術語につ

---

[5] G.W. ライプニッツ, *Opuscules et fragments inédits de Leibniz*, L. Couturat (ed.). パリ, 1903, pp.429–432.
[6] ［英語版注］今日ではこれらの項を「素論理式」(atomic formulas) と呼ぶ．
[7] ［英語版注］これら二階の項は，われわれが今日二階の表現 (second-order expressions) と呼んでいるもの，つまり，要素についてではなくて集合に関する束縛記号を含む表現，とは異なる．

いての解析を完了させる必要はないのである．ものごとの分析の初めの段階が一つのものについて知られている真実性についての分析ないしは完全な知識にとって事足りる場合がほとんどなのである[8]．

ライプニツは，関係の解析とは多価の関係を含む言語を，そのなかではすべての命題が主語と術語として表現できる言語への翻訳であると考えていた．彼は論理学の算術的な解釈を，概念を一階の項に帰着することと，合成数を素数の積に因数分解することの類比によって基礎づけた．彼の記述のなかにはこのような解釈のいくつかの変形が存在する．最初の記述は彼の著作，*Elementa calculi*（計算の基礎）(1679)[9] にみられる．ここでの記述では，各項に特性数が対応づけられている．特性数は自然数で，特に各々の単純項（つまり，「アルファベット」から構成される概念，notions from the "alphabet"）には素数が対応している．合成された項には次の要領で数が対応づけられる．合成された項の特性数は，構成要素の特性数の積である．このようにして得られた特性数は一意的（順序を除いて，順序は構成要素のみならず対応する特性数についても影響しない）である．

この計算は否定の概念を含んでいないが，しかしそれがなければ否定命題は記述できない．ライプニツはあとの段階の体系では否定の概念を記号「−」を用いて記し，各項に正と負の数を対応づけている．彼は，記号「+」と「−」を算術的記号としては用いていない．「−」の符号をもつ特性数のすべての構成要素には「−」を付け，同様に「+」の符号をもつ特性数のすべての構成要素には「+」を付けている．

ライプニツは項 P が項 S に含まれていることを意味する条件を定義し，そして範疇的な命題の古典的な形式に解釈を与えている．彼は推論法則の形に関するこの解釈を用いて三段論法の諸相を確かめている．

彼はまた，概念のあいだの論理的な関係の解析に幾何学的な図形を用いている．ゲルハルト（Gerhardt）[10] によって出版されたライプニツの哲学に関する著作のなかでは，概念が平行な線分を用いた図形で表現されている．点線を用いて，概念が互いに完全に含まれているかどうか，部分的に含まれているか，あるいはまったく含まれていないかが示されているのをみることができる．クーテュ

---

[8] G.W. ライプニツ, *Die philosophischen Schriften*. Band 7, hsg. von C. Gerhardt. ベルリン, 1890, pp.82–85.
[9] G.W. ライプニツ, *Opuscules et fragments inédits de Leibniz*, L. Couturat (Ed.). パリ, 1903, pp.49–57.
[10] G.W. ライプニツ, *Die philosophischen Schriften*, Band 7, hsg. von C. Gerhardt. ベルリン, 1890.

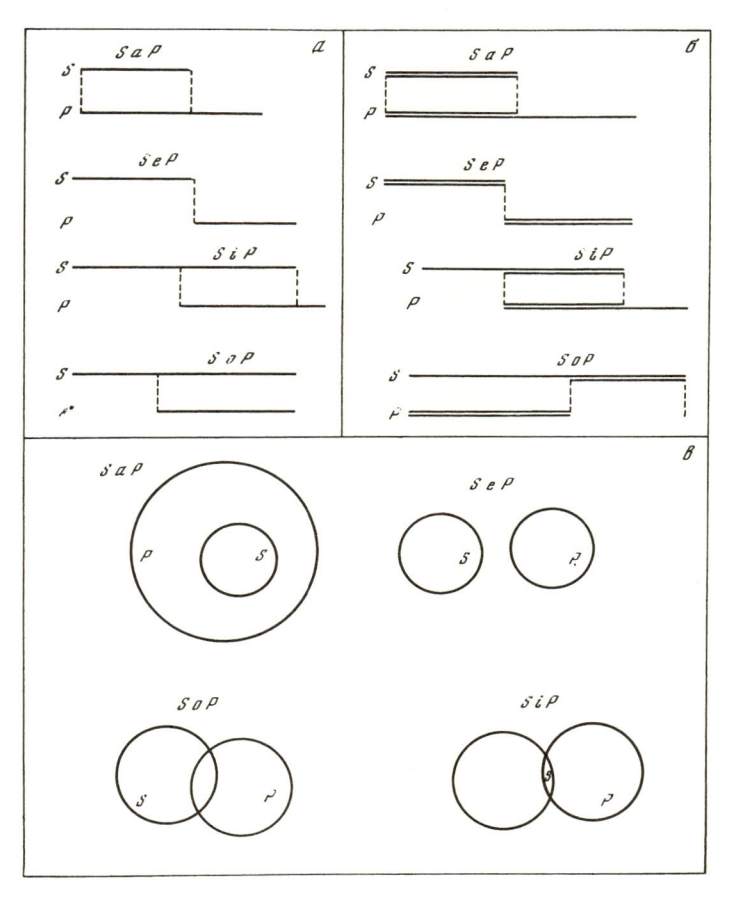

図1

ラ (Louis Couturat) が発見したように，ライプニッツは，彼の論文 *De formae logicae comprobatione per linearum ductus*（線描による論理形の処理について）[11] のなかで，オイラーと似た円の図形を用いている．

　図1は，ライプニッツによる四つの古典的な命題 *a, e, i,* および *o* の線図形と円図形による2種類の手法による表現である．彼は円による図形は曖昧な解釈を許

---

[11] G.W. ライプニッツ, *Opuscules et fragments inédits de Leibniz.* パリ, 1903, pp.293-321.

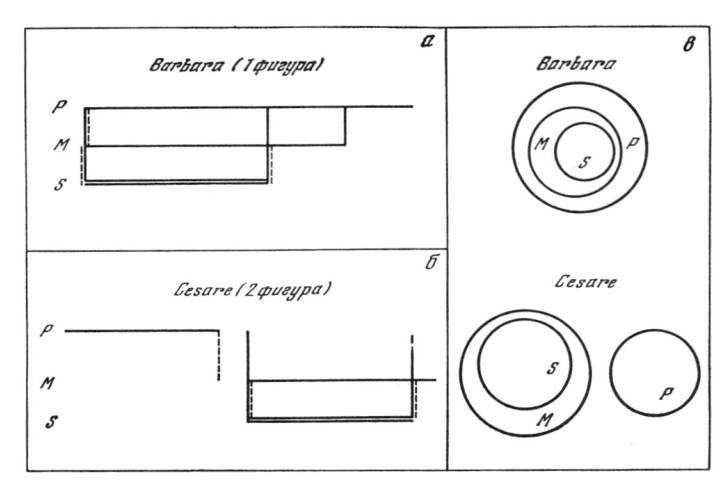

図 2

す可能性があると指摘する．すなわち，命題 SaP は「いくらかの P は S でない」（some P are not S）というように，また，SiP と SoP を表現する図形も現実に同じであると解釈される可能性があると主張する．図 2 は，ライプニッツが線図形と円図形を用いて三段論法の aaa と eee という論式，それぞれバルバラ（Barbara）とセザレ（Cesare）と呼ばれているものを表現したものである．この研究は1903 年にクーテュラによって公表されるまで世に知られないでいたものである．そんなわけで，幾何学的な図形を論理学に用いることの元祖はオイラー（Leonhard Euler, 1707-1783）であるとされるようになったのである．結果として，オイラーの円を用いたアリストテレスの三段論法の解釈は *Lettres à une princesse d'Allemagne sur divers sujets de physique et de philosophie*（ドイツ王妃への手紙）(T.2, サンクトペテルブルク，1768)[12] に掲載されている．

上に，注意したように，ライプニッツの論理に対する姿勢は論理計算術の構築へと導いていった．彼は，この構想に近づくためのスケッチを何枚も描いたが，しかし，残念ながらどの一つも詳細な細部の詰めとか，完全な結論までには至らなかった．

---

[12] これらの手紙 (*Letters*) は *Leonhardi Euleri Opera Omnia*, Ser.3, vol.11-12 に掲載．

ライプニッツは項をラテン小文字で $a, b, c, \cdots$ などと記した．彼は，一つの二項演算，つまり，右に記号を一つ加える操作 ab を用いた．推論の規則に関しては，真な命題の変数を項あるいは他の変数で置き換える代入の規則を明確な形に表現した．連辞として，彼は，*est*（…である）を包含関係として，*sunt idem, eadem sunt*（等しい）を等号，*diversa sunt*（等しくない）を不等号として用いた．また，non-a で a の否定を記した．

ライプニッツは論理計算の公理（常に真な命題，*propositiones per se verae*）と公理から導かれた命題（正しい命題，*verae propositiones*）を区別していたとはいえ，彼の論理計算は公理と定理の区別を明確には示さなかった．彼はいくつもの主張を与えたがそのほんの一部しか証明しなかった．

たとえば，次の主張は公理の例と考えられる．

(1) $ab = ba$, (2) $aa = a$, (3) a est a, (4) ab est a.

定理の例としては

(1) もし a est b ならば ac est bc,
(2) もし a est b かつ b est a ならば $a = b$,
(3) もし a est c かつ b est c ならば ab est c.

いろいろな周辺事情があって，ライプニッツの論理に関するほとんどの著作は20世紀の初頭まで出版されなかった．彼のこの分野での正当な評価はフランス人数理哲学者クーテュラ（Louis Couturat, 1868-1914）の貢献によるものである．彼はライプニッツのハノーバーに保存されていた論理学の著作を研究したあと，*La logique de Leibniz*（ライプニッツの論理学）（パリ，1901）を書き，さらには以前にも引用した *Opuscules et fragments inédits de Leibniz*（ライプニッツ著作と未出版断片集）（1903）を出版したが，これには200編以上のそれまで知られていなかった論説が掲載されている．

しかしながら，ライプニッツの一連の着想が数理論理学の構築に何の役割も演じなかったとすることは間違いであろう．それらは大きな影響を18世紀の科学に与えたのである．たとえば，フォン・ゼグナー（J.A. von Segner, 1704-1777）は数学，自然科学（HM, v.3, p.97）および論理学の学徒であったが，彼は広範に記号法を用いた．また，プルーケット（Gottfried Ploucquet, 1716-1790）はチュービンゲンの論理と哲学の教授であったが，「論理計算」（…*des logischen Kalküls*）の全体系を展開しようと試みた．著名な数学者ランベルト（Johann Heirrich

Lambert）は HM の巻Ⅲで幾度も言及されているが，論理学においても数多くの真に独創的な着想を導入した．ランベルトの研究の詳細に入ることは避けるが，特に命題論理に関するものであり，また，ときにプルーケットとの論争もあった．特筆すべきは，彼はのちに 19 世紀に至ってイギリスの学者たちによって拡張されることになる述語の限定（全称，特称，など quantification of a predicate）の概念への突破口を開いた．

　数理論理学は，数学そして特に代数的な手法の論理的な問題への応用を図る過程で発生したものである．数理論理学の基本的概念はもうすでに 19 世紀に先立って数学者や論理学者の研究のなかに登場していたのであった．しかしながら，数理論理学が独自の原理を打ち立てていくのは「数理論理学」（mathematical logic）という語が一般に普及するようになった 19 世紀からである．仮定から結論を導く推論規則はずっと基本的な問題として残っていた．次に示されるように，述語を限定するという概念の定義によって，もとになる命題（仮定，premises）を何個かの等式の形で表現する理論的な可能性が生じたのである．代数学との類比によって，このような等式を代数学と似た操作を導入して変形する技術への示唆が得られた．すでに述べたように，この類比は相当に早い段階で認識されていたのであるが，論理学の代数化への実際の進展をもたらしたのはライプニツであった．それが十分に認識されるようになったのは，19 世紀に至って生じた論理学への新しい接近方法の代表者たちの寄与による．論理学の要請に代数学を用いるという努力は「ブール代数」（Boolean algebra）の構造を展開する形に結実していった．それは，今日では次のように定義されている．

　ブール代数とは，特別な二つの元 0 と 1，特別な二つの 2 変数関数 + と ·，および一つの 1 変数関数 $\bar{}$ があり，条件

(1) $\quad x \cdot y = y \cdot x \qquad\qquad x + y = y + x$

(2) $\quad x \cdot (y \cdot z) = (x \cdot y) \cdot z \qquad\qquad x + (y + z) = (x + y) + z$

(3) $\quad x \cdot (x + y) = x \qquad\qquad x + x \cdot y = x$

(4) $\quad x \cdot (y + z) = x \cdot y + x \cdot z$

(5) $\quad x \cdot \bar{x} = 0$

(6) $\quad x + \bar{x} = 1$

を満たすものである．

　ブール代数の一つの例は，類の代数である．この要素は類（class）——宇宙

(＝全体集合, universe) と呼ばれる固定された集合 U の部分集合——である. 特に 0 は空集合, ＋は和集合, ・は共通部分をとること, ￣は補集合をとることである. 類というのは, 項の内容というように理解されるのが普通であるから, 類のなす代数は類の論理とも呼ばれる.

このような代数を最初に構成したのはブール (G. Boole) とド・モルガン (A. De Morgan) であり, のちに 19 世紀の論理学者たちの手によって発展する. 述語の限定 (quantitative definition of a predicate) の展開はそれより少し早い時期にみられる.

述語の限定

伝統的な範疇的命題では,「である」(is, are) は厳密な意味での包含関係 (strict inclusion) ではない. たとえば,「すべての x は y である」(all x is y) は「x と y は等しい」と「x は y の真の部分である」(x is a proper part of y) の両方とも正しい解釈とされている. 述語の限定というのは, 述語内容の全体か, あるいは (全体でなくて) その一部分だけが主語の内容と一致するのか, を決定することである. これは,「すべて」(all) または「いくつか」(some) を, 述語の名詞に付け加えることによってなされる. したがって, 4 種の伝統的な範疇的命題の形式

 a：すべての x は y である (All x is y)
 e：どんな x も y でない (No x is y)
 i：いくつかの x は y である (Some x is y)
 o：いくつかの x は y でない (Some x is not y)

に代わって, 8 個の形式が存在する.

 すべての x はすべての y である (All x is all y)
 すべての x はいくつかの y である (All x is some y)
 いくつかの x はすべての y である (Some x is all y)
 いくつかの x はいくつかの y である (Some x is some y)
 すべての x はすべての y でない (All x is not all y)
 すべての x はいくつかの y でない (All x is not some y)
 いくつかの x はいくつかの y でない (Some x is not some y)
 いくつかの x はすべての y でない (Some x is not all y)

このように,「すべて」(all) および「いくつか」(some) の伝統的な意味は変化している.伝統的な用語法では,「いくつか」(some) の意味は,「すべての場合も含むいくつか」(some and possibly all) であるが,いまでは,「少なくともいくつか(一つ)は存在し,すべてではない」(at least some but not all).「すべて」(all) はこれらの意味をすべて含めた,全類 (whole class) という意味で用いる.したがって,「すべての x はすべての y である」(All x is all y) という形の命題においては,主語は述語と同一である,つまり x と y は等しい(x equals y)を意味し,$x = y$ と記される.もし,vy で y の真部分類 (proper subclass) の一つを記せば,命題,「すべての x はいくつかの y である」(All x is some y),つまり x が y に含まれること,は等式を用いて $x = vy$ と書くことができる.他の命題もすべて同様な方法で書くことができる.

伝統的な三段論法論の単純命題を主語と述語の同値 (equality) という形に翻訳することは,イギリスの植物学者ベンサム (George Bentham, 1800-1884) による.彼の著作,*Outline of a New System of Logic*(論理学の新体系の概略)(ロンドン,1827) でこれが公表された.この見解は,しかしながら,ずっと人々の注意を引かないままにあった.ここにあげられた 8 個の形式はベンサムとスコットランドの哲学者でエディンバラ大学の形而上学と哲学の教授でもあったウイリアム・ハミルトン (William Hamilton, 1788-1856) によって独立に得られた(このハミルトンと同時代の若いアイルランド人の数学者,ウイリアム・ローワン・ハミルトン William Rowan Hamilton, 1805-1865 とは混同しないように).ハミルトンの結果の詳細な記述については *Lectures on Metaphysics and Logic*(形而上学と哲学についての講義)(エディンバラ-ロンドン,1860) に掲載されている.

ハミルトンの三段論法論的な着想と類似した考え方を進めたのは,少し時代に下るが,ド・モルガンであり,彼は論理学をさらに発展させた.ド・モルガンがケンブリッジ哲学会に送った論文についてハミルトンが知り,彼は自分自身の論理学の概念の要約をド・モルガンに送った.間もなく,長く実りのない優先権の問題が彼らの間にわき上がった.しかし,これはさておき,われわれはド・モルガンの論理学の検討に入ろう.

ド・モルガンの形式論理

ド・モルガン (Augustus De Morgan, 1806-1871) はインドで大佐の家族に生

まれ，ケンブリッジのトリニティー・カレッジで教育を受けた．1827年から1831年までと1836年から1866年までロンドンのユニバーシティー・カレッジの数学の教授であった．トドハンター（Isaac Todhunter）や，シルヴェスター（James Joseph Sylvester）は彼の学生である．1865年にはロンドン数学会の初代会長として開会の就任演説を行った．ド・モルガンは後述するように，代数学および解析学でもいくつかの研究成果をあげている．1838年の論文で「数学的帰納法」（mathematical induction）なる用語を導入し，それはトドハンターの代数学の教科書によって広く知られるようになった．数学の研究においても教育においてもド・モルガンはその基礎的な原理や厳密な論理の展開に最も深い興味をもっていた．彼は，数学や論理学を，精密な知識の「目」（the eyes of precise knowledge）だと考え，論理学者が数学のことを考えるよりも数学者が論理学に対して考慮をはらうほうが少ないことをいつも残念に思っていた．ド・モルガンはこれら二つの学問分野のギャップを狭めようと努力していた．彼の最も主要な科学的業績は数学的な線にそった論理学の構築であろう．

ド・モルガン（Augustus De Morgan, 1806-1871）

彼の著作 *Formal Logic, or the Calculus of Inference, Necessary and Probable*（形式論理，あるいは推論計算，必要性と確実性）（ロンドン，1847）では，ド・モルガンは，論理学は考えるべき概念を正確に表現するという仕事，それによって，日常用語での用語法の曖昧さを除去することに尽くさなければならないことを前提とすることから書き始めている．

すべての言語は「肯定的」(affirmative) な項と「否定的」(negative) な項を含んでいる．この類別は，大きな目でみれば，規則性を欠く——特定の項をとればある言語では否定語と対をなしているが，別の言語では必ずしもそうなってはいない．すべての言語で，すべての項が必ずその否定語と対をなしているとはいえない．にもかかわらず，いずれの項も「対象の全体」(collection of entities) を2種の群に分ける．その特定の項の性質をもつものと，もたないものに，である．だから，名辞はいずれもそれ自身の否定を含意している．たとえば，「完全」(perfect)——「不完全」(imperfect)，「人間」(human)——「非人間」(non-human)．論理学はこの事実を考察するばかりではなく，それを表現しなければならない．しかし，否定概念は常に論理学の問題であった．ミント (William Minto) がいうように，論理学では，与えられた特性を否定することは，単に，それが与えられた対象に属さないことを主張するにとどまる．否定は単に取り除くだけ，除去，それから何を導くことも許さない（but does not permit of an implication）[13]．「『b でない』は不特定の何かである．すなわち b でないものなら何ものであってもかまわない（'Not-b' is something entirely indefinite：it may cover anything except b）」．この否定の意味の曖昧さを除くために，ド・モルガンは，考察する課題に応じて，「全空間」(whole) あるいは「宇宙」(universe) という概念を導入する．すなわち，仮に X が物の類（事実，ド・モルガンは物を表す名辞をより頻繁に引き合いに出している）に対応するならば，non-X は，「全空間」（あるいは「宇宙」）のなかにある物で X でない物のすべてである．もし x で non-X に対応することを表記するならば，もはや否定命題も肯定命題も本質的な区別は存在しないことになる．「どの X も Y でない」(No X is Y) は「すべての X は non-Y である」(All X is non-Y)，すなわち，「すべての X は Y である」(All X is Y) と同じ意味である．

---

[13] W. ミント, *Logic, Inductive and Deductive.* ロンドン, 1893, p.37.

上記のように X と x が同一の資格をもっているという了解のもとで，ド・モルガンは X と Y の対の代わりに三段論法論的な4個の対，$X, Y; x, y; X, y; x, Y$ に対して論理的に構成可能な推論法16種を考えた．そのうち8個が異なる．その8種に対してド・モルガンは2種類の記号法を導入した．$A_1, E_1, I_1, O_1, A', E', I', O'$ を，伝統的な三段論法論の単純命題を示すものとし，さらに，$X)Y, X \cdot Y, X:Y, XY, x)y$ などを次のようなものとした．

A_1	Every X is a Y	$X)Y$;		A'	Every x is a y	$x)y$;
E_1	No X is a Y	$X \cdot Y$;		E'	No x is a y	$x \cdot y$;
I_1	Some X's are Y's	XY ;		I'	Some x's are y's	xy ;
O_1	Some X's are not Y's	$X:Y$;		O'	Some x's are not y's	$x:y$.

これらの命題を，彼は単純と呼び，ド・モルガンは，次のような同値関係を得た：

$$X)Y = X \cdot y = y)x \ ; \qquad\qquad x)y = x \cdot Y = Y)X \ ;$$
$$X \cdot Y = X)y = Y)x \ ; \qquad\qquad x \cdot y = x)Y = y)X \ ;$$
$$XY = X:y = Y:x \ ; \qquad\qquad xy = x:Y = y:X \ ;$$
$$X:Y = Xy = y:x \ ; \qquad\qquad x:y = xY = Y:X.$$

(ここでは，ド・モルガンは「＝」を同値関係として用いている．彼はこの記号を，表現 $X)Y + Y)Z = X)Z$ では別の，つまり「＝」を「の結果として」(consequently) の，意味で用いている)．

記号「＋」は単純命題の結合（＝連言，conjunction, and）の意味で用い，さらに複雑な複合命題や複合関係を構成している．

$$D = A_1 + A' = X)Y + x)y \ ; \qquad C = E_1 + E' = X \cdot Y + x \cdot y \ ;$$
$$D_1 = A_1 + O' = X)Y + x:y \ ; \qquad C_1 = E_1 + I' = X \cdot Y + xy \ ;$$
$$D' = A' + O_1 = xy + X:Y \ ; \qquad C' = E' + I_1 = x \cdot y + XY \ ;$$
$$P = I_1 + I' + O_1 + O'.$$

通常の記号の用語法では D は「$X = Y$」，D_1 は「$X \subset Y$」，D' は「$X \supset Y$」，C は「$X = y$」，C_1 は「$X \subset y$」，C' は「$X \supset y$」であり，P は $X \cap Y$, $X \cap y$, $x \cap Y$, $x \cap y$ のいずれもが空でないことを意味している．

ド・モルガンはこのようにして構成した関係を，彼の推論式の体系の構築に用いた．彼は推論式の仮定の部分が複合的なものを複合推論 (complex syllogism) と呼んだ．彼の見解によると，この意味での複合命題や複合推論は伝統的な意味

での「単純」(simple) 命題や「単純」推論よりも単純であると主張している．

ド・モルガンの推論体系の詳細に入ることは避け，次のことに注意する．彼の推論理論の語彙として，ド・モルガンは最初に「単純」(simple) な名辞（単純項，simple terms），$X, Y, Z,$ などをとる．次に複合名辞（複雑項，complex terms）を考察し，PQ として「P と Q の両方が成り立つものの名辞」（つまり，集合論の語法では $P \cap Q$），$P*Q$[14)] の意味は「P または Q，あるいは，P と Q の両方と合わせたもの」(P or Q, or both P and Q)，つまり $P \cup Q$ としている．また，U は全空間であり，u は全空間の否定（つまり，空集合）である．今日でいう共通部分，和集合などを導入しながら，ド・モルガンは次のような諸法則を打ち立てる：

$$XU = X; \quad Xu = u; \quad X*U = U; \quad X*u = X.$$

そして，今日ではド・モルガンの法則と呼ばれている次の式を与える：

$$PQ \text{ の否定は } p*q \text{ である，} P*Q \text{ の否定は } pq \text{ である．}$$

さらに，分配の法則を証明した：

$$(P*Q)(R*S) = PR*PS*QR*QS.$$

そして，三段論法の二つの前提に含まれる主語と術語として複合名辞を用いることによって一つの推論体系を構築したのである[15)]．

このようにして，ド・モルガンの複合名辞を用いた推論の理論は，のちには「ブール代数」(Boolean algebra) として知られることになる．この体系を最初に明確な形で提示したのはジェヴォンズ (William Stanley Jevons) である．

ド・モルガンはその後，関係とか関係の演算についての一般的な概念を導入して，それによって関係についての現代的理論の礎を敷いた．これらはより広い方向や異なる理念や視点から，パース (Charles Sanders Peirce, 1839–1914), ペアノ (Giuseppe Peano, 1858–1932), カントル (Georg Cantor, 1845–1918), フレーゲ (Friedrich Ludwig Gottlob Frege, 1848–1925), そしてラッセル (Bertrand Arthur Russell, 1872–1970) などによってさらに深められ，発展することとなった．

ド・モルガンについては，彼の聡明で繊細なアイデアがありながら，過度に新しい概念や細かすぎる表示を盛り込みすぎたために，結果として，しばしば散漫

[14)] ド・モルガンはこの非単純名辞を「P, Q」と記している．
[15)] A. ド・モルガン, *Formal logic...*, Ch. 6. ロンドン, 1847.

の咎めを負うことになってしまった．彼が導入しようとした諸概念の意味の微妙な意味あいを強調しすぎるあまり，彼の着想を完全に理解することはいまにしてもなかなか困難な状態であり，構想としての全体像の印象を弱いものにし，また衝撃力を散漫なものにしてしまっている．しかしながら，彼の観察の深さと正確さを彼の着想の多様な広がりと併せて考えるとき，ド・モルガンのこの分野への貢献は，いまだに十分には認識・理解され，かつ展開され尽くしてはいないように思われる．

論理のブール代数

　ブール（George Boole, 1815-1864）の数理論理学の研究はド・モルガンのものとほとんど同時期である．ブールの父親は，靴屋であったが，非常に数学に興味をもっていたし，光学器械の技術にも優れていた．しかしながら，彼の事業家としての才能は月並みで，彼の息子に高等教育を受けさせてやることができなかった．だから，若いブールは初等教育を受けたあとは独学で学ぶほかはなかった．このような状態で彼は数カ国語を学習した．

　彼の人生の早い段階で彼は数学の研究に完全に没頭しようと決意した．そして，ニュートンの *Principia Mathematica*（数学原論）とラグランジュの *Mécanique analytique*（解析力学）や他の著作を，独学で隅から隅まで徹底的に研究した．生活費は教師をやって稼いだ．ブールの数学の研究は解析学における作用素法と微分方程式の理論から始められた．のちにブールは，彼のよき友人のド・モルガンと同様に，数理論理学の研究に打ち込むようになっていった．

　ブールの末娘，エテル・リリアン（Ethel-Lilian）――のちに結婚してヴォアニク（Voinich）に姓は改まるが――はイタリアの独立の闘争についての小説 *The Gadfly*（虻）の著者として名声を博した．

　ブールの基本的な2篇の著作の表題から，彼の研究の主題が窺われる．それらは，*The Mathematical Analysis of Logic, Being an Essay Towards a Calculus of Deductive Reasoning*（論理学の数理的な解析，演繹的論法に関する計算にむけての小論として）（ケンブリッジ，1847），および，*An Investigation into the Laws of Thought, on Which are Founded the Mathematical Theories of Logic and Probabilities*（思考の法則の一考察，論理と確率のよって立つべき数学的理論の基礎）（ロンドン，1854）である．これらによって彼は現代的な数理論理学の基礎づけを与えたので

ある[16]).

　論理学的な対象の「限定的」(quantitative) 解釈に関して抜きん出た研究成果をあげ，論理学的な問題にこの新しい方法をうまく適合させたのはブールであった．

　このアプローチは従来の論理学のみならず代数学的な記号法の視野に必然的に変化と拡張を与えた．的を射た記号法，演算，および，研究対象に応じた特性を反映したこの演算が満たすべき法則を選び出すこと，つまり，事実上の新しい計算術の創造である．

　ブールは，この新しい計算術はこの演算とそれが従わなければならない法則の特殊な性質に本質を有すると指摘している．

　　記号的代数学の理論の現状をよく知っている者ならば，解析過程の妥当性は，用いられている記号の解釈には関係なく，唯一その組合せの法則によっていること

ブール (George Boole, 1815-1864)

---

[16]) ド・モルガンとブールの確率論の原理に関する興味に関しては HM. pp.279-280 参照.

を認識している．いかなる解釈の体系でも，それが前提とされた関係の正しさを損なわない限り，等しく容認され，だからこそ同じ過程が，一つの解釈の枠組のもとで数の性質に関する問題の解を提示し，他の解釈の枠組のもとで，幾何学の問題，さらに力学や光学の問題といったものの解答をも提示することが可能なのである．この原理がまさに基本的な重要さをもつ…[17]．

この計算術に対するブールの貢献には，その抽象的な本性と，その計算術が演算と同じ法則に従うという事実についての明確な把握もあげられる．

ブールが採用した最初の記号は[18]
1. 類（classes）の記号としては x, y, z を用いる．
2. 算法記号（operational symbols）として＋，－，×を用いる．記号×の代わりに彼はしばしば・あるいは，この記号を省略するという記法を用いた．
3. 同一のもの（identity）の表現には＝を用いる．

ブールは，$x \cdot y$ で，類 x と類 y の両方ともに属し，ちょうどそれらの要素だけからなる類を記した．

もし，類 x と類 y に共通の要素がないとき，$x+y$ は x の要素と y の要素の両者を合わせて要素の全体とする類を表す．

類 y に属する要素がすべて類 x に属しているならば，$x-y$ は，x に属する要素で y には属していないものの全体からなる類を表す．

このようにしてブールは，類の集合の三つの算法を導入した．すなわち，・，＋，－である．あとの二つの算法は必ずしもすべての類の組に対して定義されているわけではない．ブールはこれらの算法について，次のような基本的な性質を記している．
1. $x \cdot y = y \cdot x$．
2. $x+y=y+x$．ここで等号は「双方向的」（two-directional）である．もし $x+y$ が許されているなら，$y+x$ も許されており，その二つは同じ類である．また逆も成り立つ．
3. $x \cdot x = x$．

---

[17] G. ブール, *The mathematical analysis of logic, being an essay towards a calculus of deductive reasoning.* ケンブリッジ, 1847, p.3.
[18] ブールは現代的な意味での項を用いた計算法として彼の体系を構築しはしなかった．算法が満たすべき公準としての性質と，それから演繹される性質を区別していなかった．

4．一般的に，もし x が y の部分類ならば，$x \cdot y = x$ であり，この条件は x が y の部分類であるための十分条件でもある．

5．$z \cdot (x+y) = z \cdot x + z \cdot y$．ここでは等式は「一方向的」(one-directional) である．もし，$z \cdot (x+y)$ が許容される場合は，x と y は共通の元をもたない，だから $z \cdot x + z \cdot y$ は許容されて同一の類を表現している．しかし，逆は成り立たない——$z \cdot x$ と $z \cdot y$ に共通の元が存在しないことは必ずしも x と y に共通の元が存在しないことを意味しない．しかしながらブールはこれを明示してはいないが，いつも，いわば分配的な類を用いていた．

6．$z \cdot (x-y) = z \cdot x - z \cdot y$．5．での注意はこの場合にも適用される．

ブールは，「0」が「空類」(Nothing) を表す記号とするとき，条件「すべての類 y について $0 \cdot y = 0$」は先験的 (*a priori*) に成立すると記している．さらに，「1」がすべての類を含む一つの類を表す記号とするとき，条件「すべての類 y について $1 \cdot y = y$」は先験的に成立するであろうと主張し，1 を全体類，「宇宙」(universe) と呼んでいる．

もし，類の体系が宇宙 1 を含むならば，われわれは矛盾律を得る．すべての x に対し

$$x(1-x) = 0. \tag{1}$$

事実，$x = x \cdot x$ であり，したがって $x - x \cdot x = 0$ である．類 x は 1 の部分類であるから，類 $x(1-x)$ は定義されており，性質 6 によって

$$x(1-x) = x - x \cdot x = 0.$$

ブールによって導入された算法 $+$，$-$ は，一般には，すべての類の組に対して定義されているわけではない．ブールによる定義で特徴づけられる性格を考慮すれば，これらをすべての類に対して定義されるようにするには，普通に用いられている集合論的な算法の線にそった二つの方法がある．

(a) $x+y$ は，x と y が共通の元をもつことに関係なく，それらの和とする．あるいは

(b) $x+y$ を x と y の対称差 (symmetric difference) とする．こちらの場合は $x-y$ もまた対称差でなければならない．それは，どの元も自分の逆元だからである．

体系のなかに宇宙 1 が存在するとき，(a) の場合は，本質的には，ブール代数 (Boolean algebra) の概念の構築になり，(b) の場合にはブール環 (Boolean ring）の概念となる．ブール環としての表現はゼガルキン（I.I. Zhegalkin）[19]による．

われわれはすでに，ブールが導入した算法は至るところで定義されているとは限らないことに注意したが，しかし，「論理結合子の完全な系」(complete system of connectives) を構成している．つまり，すべての集合論的算法はこれらの算法を組み合わせて記述される．すなわち，x と y の共通部分は $x \cdot y$ で，x の補集合は $1-x$ として，また x と y の合併は $xy + x(1-y) + y(1-x)$ として表現できる．ブールは和集合に関するこの定義を彼の和の定義式を用いて記している[20]．

ブールは，「論理方程式」(logical equation) および「論理関数」(logical function) という用語を，類の変数 $x, y, \cdots$ などを含む方程式や関数の意味で用いた．たとえば，

$$f(x) = x, \quad f(x) = \frac{1+x}{1-x}, \quad f(x, y) = \frac{x+y}{x-2y}.$$

もし，$x(1-x) = 0$ が代数の方程式と見なされるならば，つまり，もし x が数値の値をとると仮定すると，この方程式は 0 と 1 を解としてもつ．ブールは記する．

> だから，論理の記号と数の記号の形式的な調和性を一般的に計ろうとしないで，それに代わって，**値として 0 と 1 のみをとる** (admitting only of values 0 and 1)[21] 関数を比較するという立場をより直接的に示唆しているのである．

この考え方から進めて，ブールは論理の関数や方程式の処理に際して，次のような一般的な手法を適用した．

> しかしながら，理由づけに関する形式的な処理は，ただ単に記号に関する規則にだけ関係して，その解釈のあり方には関係しないので，x, y, z などの記号を上に述べたような値をとる量的な変数と考えて処理することが可能なのである．与えられた方程式に現れる記号の論理学的な解釈は，**現実には無視してよい** (We may in fact lay aside)．値は 0 と 1 のみであることを承知していれば，それを量的な記号に転用し，解を得るために必要な要件を満たしている手続きに従って実行する．

---

[19] I.I. ゼガルキン, "On the technique of the propositional calculus in symbolic logic". Matem. sb. **34**, 1927, vyp. 1（ロシア語）．
[20] G. ブール, *An investigation of the laws of thought...*. ロンドン, 1854, p.62.
[21] 同上, p.41.

そして最後にもとの論理学的な解釈をする[22]．

この約束に従って，「論理関数」に表れる $x, y, z, \cdots$ に値としては 0 か 1 を代入することができる．もし $f(x) = (a+x)/(a-2x)$ ならば $f(0) = a/a$ かつ $f(1) = (a+1)/(a-2)$ である．ブールは計算の途中の結果については論理的な解釈が存在する必要はないと繰り返し指摘する．

各関数 $f(x)$ は，次のように書くことができる．
$$f(x) = ax + b(1-x).$$
事実，もし $x=1$ のとき $f(1) = a$ とし，$x=0$ のとき $f(0) = b$ なら，すなわち
$$f(x) = f(1)x + f(0)(1-x).$$
同様に
$$f(x, y) = f(1, y)x + f(0, y)(1-x).$$
しかし，さらに
$$f(1, y) = f(1, 1)y + f(1, 0)(1-y), \quad f(0, y) = f(0, 1)y + f(0, 0)(1-y)$$
であるから，
$$f(x, y) = f(1, 1)xy + f(1, 0)x(1-y) + f(0, 1)(1-x)y + f(0, 0)(1-x)(1-y)$$
を得る．

ブールは，$f(x)$ における x と $1-x$ を $f(x)$ の展開の，$f(x, y)$ における
$$xy, \ x(1-y), \ (1-x)y, \ (1-x)(1-y)$$
を $f(x, y)$ の展開の構成要素（constituent）と呼び，関数をその構成要素に展開する一般的法則を体系化した．

1．展開に必要な構成要素の完全系を与える．
2．展開の成分を計算する．
3．各構成要素に対応する係数を掛け，結果を加え合わせる．

一般の多変数関数の構成要素を得るには──たとえば x, y, z ──ブールは次の手続きを示唆している．最初に与えられた記号の積 xyz を考え，次に，この積の各成分，たとえば z を $(1-z)$ で置き換え，新しい構成要素 $xy(1-z)$ を得る．こうして得られた両方の構成要素の当初の成分，たとえば y を $(1-y)$ で置き換える．このようにして 4 個の構成要素が得られる．残りの当初の成分 x に $(1-x)$ を代入する．これで，x, y, z に対するすべての構成要素の完全な系が生成できる．

---

[22] G. ブール, *An investigation of the laws of thought...*. ロンドン, 1854, p.76.

$$xyz,\ xy(1-z),\ x(1-y)z,\ x(1-y)(1-z),\ (1-x)yz,$$
$$(1-x)y(1-z),\ (1-x)(1-y)z,\ (1-x)(1-y)(1-z).$$

同様にして，有限個の初期記号に対してその構成要素の系を生成できる．

与えられた関数の展開における構成要素の係数を決定するには，構成要素の因数としてそれ自身が入っている場合は1を代入し，その補元が因数になっているときは0を代入すればよい．こう考えると，$f(x,y) = (x+y)/(x-2y)$ では構成要素 $(1-x)y$ の係数は $f(0,1) = -1/2$ であり，$x(1-y)$ のは係数 $f(1,0) = 1$ である．

すべての構成要素の和は1である．また，異なる二つの構成要素の積はいずれも0である．したがって，論理的関数の展開に関する構成要素は，全体類を互いに交わらない類に分解することであると解釈される．つまり，類 x は全体類を x と $1-x$ に分解する．二つの類 x,y の場合は全体類を $xy, x(1-y), (1-x)y, (1-x)(1-y)$ に分解する，など．

ブールは類の演算を論理方程式を解くために導入した．

方程式 $w=v$ が与えられたとしよう．ここに w は類であり，v は論理関数である．この方程式を v に現れるある類について解くことは，その類を残りの類を用いて表現することを意味する．この目的のためにブールが推奨するのは，この類を形式的に代数的な変換を用いて表現することである．もしその結果が論理的に解釈できない場合，たとえば，結果が分数の形などの場合，そのときは，われわれはそれをそれに含まれるすべての変数に関する構成要素に分解しなければならない．そして，次の規則に従って解釈する．

1．係数が1であるすべての構成要素は最終的な表現に入れる．
2．係数が0であるすべての構成要素は取り除く．
3．係数 0/0 は，不特定類 v で置き換える．
4．上記 1.〜3. と異なる係数をもつ構成要素は0と置く．

たとえば，次の方程式（a と b には x は含まれない）
$$0 = ax + b(1-x) \tag{2}$$
を x について解きたい場合，この x を a, b を用いて表現する．与えられた式(2)を $(a-b)x + b = 0$ と表現する．これから，$x = b/(b-a)$ を得る．分数の形の項は論理では解釈できないので，右辺を構成要素に分解する．

$$\frac{b}{b-a} = \frac{1}{0}ab + \frac{0}{-1}a(1-b) + \frac{1}{1}(1-a)b + \frac{0}{0}(1-a)(1-b).$$

結果は
$$x = (1-a)b + v(1-a)(1-b), \quad ab = 0.$$
　ブールは，条件 $ab=0$ を，方程式(2)が解けるための必要十分条件と呼ぶ．この条件のもとで，x は以下のように表現できる．
$$x = (1-a)b + v(1-a)(1-b)$$
　ブールの体系は，のちの論理学者たちによって演算の簡約化，解釈不可能な表現の意味づけ，そして「論理方程式を解くこと」(solving a logical equation) という概念の精密化によって完全なものになっていった．

ジェヴォンズの論理代数

　ジェヴォンズ（William Stanley Jevons, 1835-1882）の職歴は，マンチェスター大学（1866-1876）およびロンドン大学（1876-1880）の論理学，哲学，政治哲学の教授である．彼の主要な論理学の業績は，*Pure Logic*（純粋論理学）（ロンドン，1863），*The Substitution of Similars*（類似項の置換）(1869) および，*The Principles of Science*（科学の諸原理）（ロンドン，1874）である．

　ジェヴォンズは算法 $+，\cdot，^-$ を類の集合上で定義する．類 $x \cdot y$ の意味は x と y の共通部分である．彼は $+$ の意味を拡張し，すべての類の組に対して定義されるとし，x と y の合併を $x+y$ と記した（ジェヴォンズは，この算法をブールの定義した意味での加法と区別して，あとの意味での算法を交替 (alternation) と呼び，$\dotplus$ と記した）．彼は減法の算法は定義しなかった．さらに x の補元を $\bar{x}$ で記し，0で空な類を，1で全体類を，そして $x=y$ で類の同一を表した．彼は類が等しいということは，それを構成する元が同じであることだとした．類 x が類 y に含まれることを表現するときは，$x = xy$ と書き，このような等式を部分的 (partial) と呼んだ．ジェヴォンズは，これらの算法の基本的性質として次のものを記している：
$$xy = yx, \quad x+y = y+x, \quad x(yz) = (xy)z,$$
$$x + (y+z) = (x+y) + z, \quad x(y+z) = xy + xz.$$
彼の理論体系の構築にあたって，ジェヴォンズは恒等律 (law of identity) $x = x$，矛盾律 (law of contradiction) $x\bar{x} = 0$，排中律 (law of excluded middle) $x + \bar{x} = 1$，および代入律 (law of substitution) を採用した．

　ジェヴォンズは，代入律を適用して得られる推論法則を直接的 (direct) といった．たとえば，次のものは直接推論である．等式 $x = y$ によって，恒等式 xz

ジェヴォンズ（William Stanley Jevons, 1835–1882）

$=xz$ から，あとのほうの x に y を代入して，$xz=yz$ を導くことができる．

ジェヴォンズは，矛盾律と排中律を用いる推論を間接的（indirect）といった．たとえば，$x=xy$, $y=yz$ としよう．このとき，排中律から $x=xy+x\bar{y}$, $x=xz+x\bar{z}$ である．さらに，

$$x = xyz + xyz\bar{z} + x\bar{y}yz + x\bar{y}y\bar{z}\bar{z}$$

から $x=xyz$ が得られる[23]．

特定の条件や論理的な前提条件を用いて類を特徴づける問題を解くには，ジェヴォンズは，類の代数に関する完全な選言標準形（disjunctive normal form）を基礎にした次のような方法がよいであろうと主張する．

明確に述べるため，たとえば，3個の類 x, y, z を考える．まず，ジェヴォンズは，3個の類に関する構成要素を書き上げる．彼は，これらを論理的アルファベット（logical alphabet）と呼ぶ．与えられた仮定と類や構成要素を比較すると，

---

[23] ［訳注］ $x=xy$, $y=yz$ から $x=xy$ に $y=yz$ を代入して $x=xy=xyz$ が直接得られるが，著者の主張は，$y=y+y\bar{y}$, $z=z+z\bar{z}$ を代入した $x=x(y+y\bar{y})(z+z\bar{z})$ に分配法則を適用した式が与えられたとして，矛盾律による消去の結果 $x=xyz$ を導くということにある．

構成要素のあるものは仮定と矛盾することがわかるであろう．それらは除く．「求める項と，残った項の和は等しいと見なせる．これが求める特性項を生成する方法である」[24]．

例：条件 $x=xy$, $y=yz$ のもとで，類 $\bar{z}$ を他の類を用いて表す．このために $\bar{z}$ を含む構成要素を書き出すと，$xy\bar{z}$, $x\bar{y}\bar{z}$, $\bar{x}y\bar{z}$, $\bar{x}\bar{y}\bar{z}$ である．このなかでは $\bar{x}\bar{y}\bar{z}$ のみが仮定と矛盾しない．ゆえに，$\bar{z}=\bar{x}\bar{y}\bar{z}$ である．つまり，$\bar{z}$ は $\bar{x}\bar{y}$ の部分類である．

ジェヴォンズは，逆の問題も解いている．類の組合せが与えられたとき，この組合せが解となるような条件を求めるという問題である．この問題に対する解答も，多くの類の結合の数え上げを含むものである．解答にあたっては，まず構成要素の和として表現し，かなり煩わしいが，数え上げに従って，決められた手続き通りに，同様な，おおむね簡単な簡約の手続きを繰り返す．構成要素を書き下す，与えられた条件と比較する．そしてもとの命題と矛盾するものを除く．単調で退屈なこれらの作業から，ジェヴォンズは，機械を用いて処理することに思い至った．

異なる構成要素の個数は，与えられた問題に含まれる類の個数によって決まるから，前もって構成要素を用意しておけば同じ個数の類に関するいろいろの問題を解くことができる．この着想がジェヴォンズの論理盤（Jevons' logical board）の基礎になった．問題に現れる論理アルファベット（6変数までのもの）は，学校で用いられている通常の黒板に書かれる．特定の問題の条件は黒板の空いた部分に書かれて，構成要素の列と比較される．矛盾する組合せは単に除かれる．

この除去の過程も機械的に処理されるとジェヴォンズは認識していた．彼は論理算盤（logical abacus）を案出したのである．傾斜板に4本の水平の棚状の横桟を用いて，タングラムゲームのアルファベットとでもいうように，構成要素を書いた木の円盤を積み重ねた構造を作った．変数の個数に対応したすべての構成要素は一つの横桟の上に置かれ，条件の構成要素は他の横桟の上に置かれる．条件と矛盾する構成要素は上の列から除かれる．残ったものが問題の「論理単位」（logical unit）である．これが済んだあと，個々の類に関する問題を解くことができる．

選出と構成要素の比較が機械的に可能であること，また，論理方程式を構成す

---

[24] W.S. ジェヴォンズ, *The principles of science.* ロンドン, 1874.

図3 ジェヴォンズの論理機械

ることも可能であることへの確信を得て，ジェヴォンズは，10年の歳月の努力を費し，のちにジェヴォンズの論理機械（Jevons' logical mathine）と呼ばれる機械を作り上げた．彼は，それを1870年に，彼もその会員であるロンドン王立協会に展示した．彼は，この機械について，"On the Mechanical Performance of Logical Inference"（論理的推論の機械的遂行について）（Philos. Trans., 1870, 160, pp. 497-518），および，*The Principles of Science*（科学の諸原理，1874）に記載している．

ジェヴォンズの論理機械は，小さなアップライト・ピアノあるいはオルガンのような形をしている（図3参照）．「機械」操作の記号は，"finis"（clearance）および "full stop"（output）と，論理演算·|·のための記号もキーボードの上に記されている．それらに続いて左から右へ，4個の類の記号とその補類を，繰り返して二度ずつ——ただし "is" あるいは "are" という結合子を表す中心キーの左と右に置く．ラベル "finis" の操作は，機械が問題を解くための準備である．ラベル "full stop" は問題の解を与えて止まること，たとえば，論理単位の構成の終了，つまり，類に関する問題の解答の準備が完了したことを意味している．さらに，機械は切れ込みの入った垂直な板と四つの類に対する構成要素が書き込まれた可動板が組み込まれている．

問題の条件は a is b の形と，包含関係を意味する "is" あるいは "are" の連辞

に簡約化される．等式 $a = b$ を機械に入力するには，二つの包含関係 a is ab と b is ab を入力する．条件は機械の類に対応するキーを押して入力する．結合子"is"あるいは"are"のキーの左側のキーは関係の左辺を意味し，その右側のキーは右辺を意味している．機械に問題の条件を入力し終わると，垂直の盤の上に論理単位のみが残っている．この段階が終わると，各類に対する問題を解くことが可能になる．たとえば，キー"d"を押せば，垂直盤の上に，構成要素でその和が d になる組合せが出る．キー"full stop"を押すと，問題の論理単位を復元し，また，他の類について「調べる」（inquire）ことができる．もし特定の類に関する条件が矛盾していたら，その類に対しては機械は答えを「拒否」（refuse）する——この類は垂直な盤には一つも現れない．機械を初期状態に戻すには，キー"finis"を押さなければならない．ポレツキー（P.S. Poretskiĭ）が書いているように，

> このポジションで，機械は，何も知識はもっていないけれども，物事の類について考察することができるという顔つきをする．機械は，前提条件という形で知識を受け取り，いったん動き始めると，わかりやすい形の代替物を，拒絶するか，あるいは——再び——それを返答して待機する[25]．

ジェヴォンズの論理機械（現在はオックスフォード歴史科学博物館に展示されている）は，ある観点からは，コンピュータの前身であるといえる．この機械を，あたかもピアノを演奏するように，「演奏」（playing）すると，ある種の論理問題を，他のやり方より速く解くことができる．この「論理ピアノ」（The logical piano）（ジェヴォンズ自身この装置をこう呼んでいた）にこの時代の人々はたいへんな感心を寄せた．ロシアにおいても，ポレツキーは彼の 1884 年出版の著書（上記参照）のなかでこの機械について述べている．1893 年には，ノヴォロシスク（オデッサ）大学の教授のスレシンスキー（I.V. Sleshinskiĭ, 1854-1931）も，ノヴォロシスク自然科学学会に "Jevons' Logical Mathine"（ジェヴォンズの論理機械）という表題の報告書を提出している．この報告書は同じ年に，オデッサで "Vestnik opytnoĭ fiziki i elementarnoĭ matematiki"（実験物理学および基礎数学の報告）（Vol.175, No.7, pp.145-154）に掲載されている．

---

[25] P. S. ポレツキー，"On ways of solving logical equations...". カザン, 1884, p. 109（ロシア語）.

ヴェンの記号論理

ヴェン（John Venn, 1834-1923）は聖職者の子息で，1858年にケンブリッジ大学を卒業した．家族の習わしに従って聖職者の職についたが，科学の研究に傾注して，ケンブリッジに戻り，そこで論理学と道徳科学を教え始めた．

ヴェンの最も重要な著作の一つは，数理論理学を実体のある学問に仕上げ，それを展開させる新しい方法を導入することを目途とした *Symbolic Logic*（記号論理学）（ロンドン，1881, 2nd ed. 1894）である．

ブール，ジェヴォンズ，そして，ヴェンは，記号論理学の立上げの仕事として，「記号の助けを用いて，われわれの論理の過程の可能な限り広い領域を構想し，担保し，実行する」[26]ための特殊な言語を創造することを眼目とした．

ヴェンは，ラテン文字を類を表現するのに用いた．彼と同時代の論理学者と同様に，彼も0と1で，それぞれ，空類と全体類を記し，$\bar{x}$でxの補類を記した．算法・, +（彼は$x+y$を類の合併とした）に加えて，ヴェンは，減法と除法も導入した．彼は$x-y$で，yがxの部分であるときに，xからyを除いた類を記した．彼はこの算法を類の加法の逆演算と考えていた．彼は，この算法はなくてもすませられることを，定義によって

$$x - y = x \cdot \bar{y}$$

であるから，として示した．

ヴェンは，除法を類の共通部分の作用の逆演算と考え，次のように解釈した．x/y は $x = yz$ となる一つの類zを表現していると考える．このzとしては$x + v \cdot \bar{y}$の形の任意の類をとることができる[27]．

ヴェンに従うと，$x>0$の意味はxが空類でないことを意味しており，$x>0$は$x=0$の否定と見なされる．ヴェンは，等式$x=y$を「xの元でyの元でないものはないし，yの元でxの元でないものはない」と解釈し，それを次の「零形」（null form）として記している．

$$x\bar{y} + y\bar{x} = 0.$$

ヴェンは，算法に関するいくらかの性質，たとえば，$x(y+z) = xy + xz$, $x = x +$

---

[26] J. ヴェン，*Symbolic Logic.* ロンドン，1894, p. 2.
[27] 除法は厳密な意味では語としての算法ではない．なぜならば，「求める結果」（outcome）は一意的ではない．明らかに，除法は加法と乗法（と補元）に帰着でき，これなしですますこともできる．ヴェンが減法と除法にこだわったのは，彼の体系と算術との間の類似性を強調したかったためである．

xy, $x=x(x+y)$ などを定式化している．彼は，これらの性質を例による方法で示すにとどめ，証明すべきことがらと，公準とすべき性質とを分離するといった試みはしなかった．

19世紀の他の代数的論理学者と同様に，ヴェンは，方程式の解および未知数の消去を記号論理学の最も重要な問題であるとみていた．事実，彼は他の論理学者と同様な方法でこれらの問題を解いたが，われわれは，方程式を解く彼の方法については深入りしない．ブールやジェヴォンズと異なり，ヴェンは，等式のみならず論理的な不等式も解いている．関連する問題をあげよう．

$$ax+b\bar{x}+c>0. \tag{3}$$

すなわち，類 $ax+b\bar{x}+c$ が空でないような x が存在するための必要十分条件をみつけよ．

求める必要十分条件は

$$a+b+c>0 \tag{4}$$

である．実際，$a+b+c=0$ から，$a=0$, $b=0$, $c=0$ が導かれる，つまり，すべての x について $ax+b\bar{x}+c=0$ である．逆に $a+b+c>0$ とする．これから a, b, c の少なくとも一つは空ではない．もし $a>0$ ならば $x=a$ とすれば，$aa+b\bar{a}+c>0$ である．もし $b>0$ ならば $x=\bar{b}$ とすれば，$a\bar{b}+bb+c>0$ である．もし $c>0$ ならば $ax+b\bar{x}+c>0$ はすべての x について成り立つ．ヴェンは，条件(4)を，(3)から x を消去した結果と呼んでいる．

ヴェンは，仮定される条件が等式と不等式を含む場合も考察している．たとえば，

$$ax+b\bar{x}+c>0, \quad dx+e\bar{x}+f=0. \tag{5}$$

類 $ax+b\bar{x}+c$ が空でなく，類 $dx+e\bar{x}+f$ が空となるような x が存在するための必要十分な条件は次のようである．

$$de+f=0, \quad a\bar{d}+b\bar{e}+c>0 \tag{6}$$

事実，$dx+e\bar{x}+f=0$ ならば，$dx=0$, $e\bar{x}=0$, $f=0$, $dex=0$, $de\bar{x}=0$, $de(x+\bar{x})=0$, $de=0$. もし，$dx=0$, $e\bar{x}=0$ ならば $x\subset\bar{d}$, $\bar{x}\subset\bar{e}$ であり，$ax\subset a\bar{d}$, $b\bar{x}\subset b\bar{e}$ である．仮に $ax+b\bar{x}+c>0$ とすると，当然 $a\bar{d}+b\bar{e}+c>0$ である．したがって，式(5)から(6)が導かれる．式(6)が満足されていると仮定すると，$de=0$, $f=0$ であり $a\bar{d}$, $b\bar{e}$, c の少なくとも一つは空でない．もし，$a\bar{d}>0$ ならば $x=\bar{d}$ とすると，

$$ax+b\bar{x}+c=a\bar{d}+bd+c>0,$$

$$dx + e\bar{x} + f = d\bar{d} + ed + f = 0.$$

もし，$b\bar{e} > 0$ ならば，$x = e$ とすると

$$ax + b\bar{x} + c = ae + b\bar{e} + c > 0,$$
$$dx + e\bar{x} + f = de + e\bar{e} + f = 0.$$

もし $c > 0$ であれば，$ax + b\bar{x} + c > 0$ はすべての x について成立する．もし，$x = e$ とすれば $de + e\bar{e} + f = 0$ である．したがって，式(6)は(5)を満たす x が存在するための十分条件である．

　論理的な問題を解くにあたって，ヴェンは代数的な手法と同時に，今日ヴェン図 (Venn diagrams) と呼ばれている手法も用いた．

　ヴェンは，彼の図形の概略を説明するために，まず何本かの閉曲線を用いて平面を 2^n 個の領域に分割する．この場合 n は問題に現れる類の個数である．彼は $n \leq 5$ の場合の問題しか考察していない．変数の個数が増えるに従って図は非常に複雑になる．そこで，多くの類を含む問題を図を用いて表現するために，ヴェンは 2^n 個の区画をもつ表，ヴェン表 (Venn table) を用いた．図形と表は1対1に対応している．表に対応して図形があり，逆に図形に対応して表がある．図4は $n = 1, 2, 3, 4$ の場合の表である．変数が n 個の場合の表から，それを輪郭線を境に倍にして $n + 1$ 変数の場合の表を作ることができる．

　ヴェンは沢山の例をとりながら図の書き方を示している．しかし，表の概念の一般的な定義は与えていない．これらの例を解析していえることは，n 変数のヴェン図形は n 変数の表あるいは図形で，その一部あるいは全部の区画が，影を付ける，何も書いてない，星印が書いてあるといったものである．影の付けられた区画は，問題の条件と矛盾する諸条件，つまり，ジェヴォンズの方法では取り除かれる場所である．影の付けられていない区画が問題に対応する論理単位である．星が付けられていない図形が命題計算における公式に対応している．星印によって特定の命題を提示することができる．ヴェンは星印をただ一つの例でしか付けていないことは注意しておくべきであろう．図5は4変数の図形で，区画 $abc\bar{d}$, $ab\bar{c}d$, $a\bar{b}cd$, $ab\bar{c}\bar{d}$, $\bar{a}bcd$, $\bar{a}bc\bar{d}$ に影が付けられている．この図形は命題

$$abc\bar{d} + ab\bar{c}d + a\bar{b}cd + ab\bar{c}\bar{d} + \bar{a}bcd + \bar{a}bc\bar{d} = 0$$

を表現している．

　ときには，ヴェン図形のほうが，分析的な方法よりも速く目的を達成する場合もある．シュレーダーは彼の *Vorlesungen über die Algebra der Logik：exakte Logik*

図4

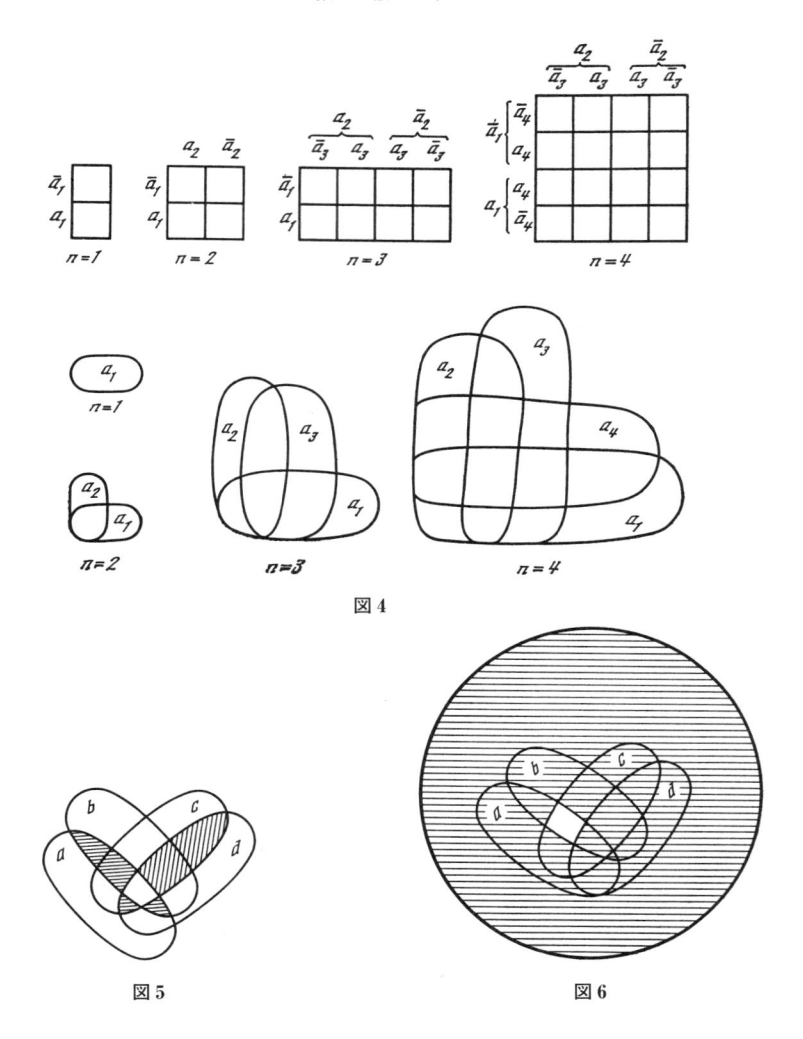

図5 図6

（論理代数学講義：精密論理学）(Bd. 1-3. ライプチヒ，1890-1905) においてジェヴォンズの条件の簡約の問題を引用している：

$$a = b + c, \quad b = \bar{d} + \bar{c}, \quad \bar{c}\bar{d} = 0, \quad ad = bcd.$$

問題の文章に応じて0になる区画に影を付けると，図6から $a = b = c = 1, \; d = 0$ が得られる．同じ結果は分析的な方法でも得られる．

よくいわれるのだが，ヴェンはオイラーの方法を借用して少し完全にしている

だけではないか．しかしながら，われわれはこの意見に同意することはできない．

オイラーの方法もヴェンの方法も概念の内容を平面の図形を用いて表現するという形をとっている．しかし，ヴェンの図形（Venn diagrams）による方法論的な基礎は，論理的関数の「構成要素」への展開であり，論理代数の一つの鍵となる着想であるから，オイラーの方法の一部ではない．構成要素への展開の助けによって描かれた図形は，単に直感的で見やすいだけではなくて，われわれは，問題の文章からさらに多くの情報を得ることができるのである．加えて，これはオイラーの方法とヴェンの方法のもう一つの決定的な差であるが，ヴェン図形は解を図で示すことを目的とするだけではなくて，論理的な問題を具体的に解く手段である．

シュレーダーとポレツキーの論理代数

シュレーダー（Friedrich Wilhelm Karl Ernst Schröder）とポレツキー（P.S. Poretskiĭ）の研究論文は，ヴェンの著作と同時代のものである．

シュレーダー（1841-1902）は，ドイツの代数学者であり論理学者でもある．1874年からダルムシュタット科学技術大学，1876年からカールスルーエの技術大学の教授であった．シュレーダーは論理代数，彼の言い方で「論理計算術」(logical calculus, *Logikkalkül*)，の研究を続けた．「命題計算術」(propositional calculus, *Aussagenkalkül*)という用語を初めて用いたのはシュレーダーである．シュレーダーも，ジェヴォンズと同様に，減法と除法は論理では必ずしも必要ではないと考えていた．彼は，算法としては・，＋，￣，等号＝，そして，定数として0, 1を用いた体系を構築した．シュレーダーは，ブール，ジェヴォンズ，あるいはヴェンとは違って，演算のどの性質を公理として認めるか，またどの性質が定理として導かれるかをはっきりと認識していた．シュレーダーの数理論理学の最初の研究論文，*Der Operationskreis des Logikkalküls*（論理計算における算法の類）[28]はライプチヒで1877年に発表され，そこに双対の原理が初めて体系化されている．彼のこの分野の研究成果は，3巻本 *Vorlesungen über die Algebra der Logik*（論

---

[28] V.V. ボビニン, "Attempt to give a mathematical exposition of logic. The works of Ernst Schröder". *The physical-mathematical sciences in the past and present, 1886-1894*, 2, pp.65-72, 178-192, 438-458（ロシア語）参照．

シュレーダー (Friedrich Wilhelm Karl Ernst Schröder, 1841-1902)

理代数学講義）（ライプチヒ，1890-1905）に収められている．第3巻には副題 *Algebra und Logik der Relative*（代数と関係の論理）が付けられ，関係に関する詳しい議論がなされている．シュレーダーは一般的な特性としての「算法」(calculi) についても研究し，今日の言葉で準群 (quasi-group) と呼ばれる概念の作用素的な試みもしている．シュレーダーは，この方面の他の数学者のように，論理方程式を解くということが論理代数の中心的な課題であると考えていた．われわれは，彼がこの問題にどのように対処したかに特別の注意を向けてみよう．

シュレーダーは，各々の等式を次の形に変形する．
$$ax + b\bar{x} = 0. \tag{7}$$
これは，次のようになされる．どんな等式 $y=z$ も $y\bar{z}+\bar{y}z=0$ と同値であるから，あとのほうの式の左辺を x, y, z の構成要素に分解すれば，
$$(y\bar{z}+\bar{y}z)x + (y\bar{z}+\bar{y}z)\bar{x} = 0$$
が得られる．これが求める $ax+b\bar{x}=0$ の形の式である．

このような等式のなかから，シュレーダーは「分析的」(analytic)，あるいは恒等的に正しい，たとえば $x\bar{x}+\bar{x}x=0$ のような式と，「合成的」(synthetic)，あ

るいは一部の x のみで正しいものを識別する．分析的な等式は，シュレーダーによると，意味ある方程式と見なさない．というのは，彼は，方程式は x の満たすべき条件を定めていると考えるから，いつでも成立するものは条件とはいえないのである．シュレーダーに従うと，一つの方程式を解くということは，解が存在するかどうかを発見することを意味する，つまり，x に代入すれば恒等式になるような表現が存在するかどうかを明らかにすること，そしてそれが存在するなら，(7)の形の方程式のすべての解を与え得るような一般的な形を求めることである．

最初の問題の解は，方程式(7)から x を消去して，あるいは解核 (resolvent) $ab = 0$ から得られる．以前にブールが注意したように（上記参照），あとのほうの式は方程式(7)が解をもつための必要十分な条件であり，一般の解は，任意の u に対して

$$x = b\bar{u} + \bar{a}u \tag{8}$$

で与えられる（ヴェンの解参照）．

もし $ab = 0$ が満足されていたら，式(7)に $x = b\bar{u} + \bar{a}u$ を代入すると

$$a(b\bar{u} + \bar{a}u) + b(\overline{b\bar{u} + \bar{a}u}) = 0$$

であり，展開して

$$ab\bar{u} + a\bar{a}u + b\bar{b}a + b\bar{b}\bar{u} + bua + bu\bar{u} = 0$$

を得る．

もし $ab = 0$ ならば，

$$0\bar{u} + 0u + 0a + 0\bar{u} + 0u + 0b = 0,$$

すなわち，これは恒等式である．ここで，u が任意の類であることは本質的である．逆に，もし式(7)を満足する x が存在すれば，$u = x$ とすれば，$x = b\bar{u} + \bar{a}u$ の形になってる．

言い換えると，シュレーダーが示したことは，各 x に対して，$ax + b\bar{x} = 0$ が成立することは，$ab = 0$ かつ $x = b\bar{u} + \bar{a}u$ なる類 u が存在することと同値であることである．

類 u で式(8)で与えられる x が式(7)を満足するようなものが存在することは，式(8)を満足する任意の u が式(7)の解を生成することを意味している．

こうして，シュレーダーに従えば，方程式(7)を解くということは，それを次の二つの条件と置き換えることと同値である．

ポレツキー (Platon Sergeevich Poretskiĭ, 1846-1907)

1. $ab = 0$
2. $x = b\bar{u} + \bar{a}u$ を満たす u が存在する.

当然のことではあるが，関係(8)は式(7)の論理的な結論であるが，それは関係(8)に u の存在という付帯条件が付いてからである．にもかかわらず逆に，どんな u についても式(7)は関係(8)からの結論である．

論理代数の開発およびそれをロシア全体に広くいきわたらせることに対して重要な役割を演じたのは，著名なロシアの学者プラトン・セルゲーヴィッチ・ポレツキー (Platon Sergeevich Poretskiĭ, 1846-1907) である．軍医の息子であったポレツキーは，1870年にカルコフ (Kharkov) 大学の物理学・数学科を，天文学を専攻して卒業した．1876年にはカザン (Kazan) 大学の天文学者として研究者の経歴を始め，そこで1886年に天文学において学位を得，天文学と数学の教科を担当した．ポレツキーはカザンでロシアでの最初の数理論理学の授業を行ってもいる．1881年から1904年までの間，彼は論理代数を集中的に研究し，多くの論文を書いた．われわれは彼のこの方面の研究の一側面，つまり彼の最初の主要論文 "On Methods of Solving Logical Equalities and an Inverse Method of Mathematical Logic"（論理方程式の解法と数理論理学の逆法について）（カザン，1884）に触れてみよう．この研究は前述の授業の基礎をなすものであった．彼のその後の著作については，この本にあるアイデアを体系化し，発展させたものであるか，あるいは，命題計算法には限られた形でしか触れていないので，ここでは取り扱わない．

ポレツキーは論理方程式を満足されるべき条件としてではなく，ある種のタイプの論理的なすべての，あるいはいくつかの結論を導くために必要な要請条件であるととらえていた．この観点から，彼は論理方程式を解くことが何を意味するかについて，通常と異なる定義を提案している．

ポレツキーは，前提条件として与えられた $x=y$ の形をした等式を，$x\bar{y}+\bar{x}y=0$，あるいは，$xy+\overline{xy}=1$ に帰着し，それらをそれぞれ，仮定の論理的零元，あるいは仮定の論理的単位元と呼ぶ．彼は仮定の論理的零元の和を，問題の論理的零元と呼び，$N(x,y,z,\cdots)$ と記した．また，仮定の論理的単位元の積を，問題の論理的単位元と呼び $M(x,y,z,\cdots)$ と記した．彼はこのようにして問題を解く方法を定式化する．類 x を残りの類を用いて定義するためには，決定すべき類に1を，その補類に0を代入して問題の論理的単位元から得られる関数をこの類に掛ければ十分である：

$$x = x \cdot M(1, y, z, \cdots),$$
$$\bar{x} = \bar{x} \cdot M(0, y, z, \cdots).$$

ド・モルガンの法則を使うと，2番目の等式から $x = x + \overline{M}(0, y, z, \cdots)$ を得るから，x に関する2通りの表現を得る．すなわち

$$x = x \cdot M(1, y, z, \cdots),$$
$$x = x + \overline{M}(0, y, z, \cdots). \tag{9}$$

ポレツキーは，この最後の2式を，「前提条件のなかに散りばめられた情報が，それぞれの類が演じる役割の全体像を描くことができるようにこの二つの式のなかに凝縮されている」ことから，一組の完全解（complete solution）と呼んでいる[29]．

さらに，ポレツキーは，x を前提条件の情報で他の類に関するようなものなどを用いなくても，x それ自身に関する情報のみを用いて表現できるかという問題

---

[29] P.S. ポレツキー，"On methods of solution of logical equalities...". カザン，1884, p.65（ロシア語）.

を提起している．類 x のこの特徴づけは解
$$x = x \cdot M(1, y, z, \cdots),$$
$$x = x + \overline{M}(0, y, z, \cdots) \cdot M(1, y, z, \cdots), \tag{10}$$
で与えられ，この式をポレツキーは正規解（exact solution）と呼んでいる．

前にも注意したように，ポレツキーの意味での方程式の解は，最初に与えられた情報から結論を導く推論方法のことである．正規解はその値が 0 となるようないくつかの項を取り去って得られる．ときとしてそれが情報の除去によって得られると呼ばれる所以である．

クーテュラ（Louis Couturat）の著書 *L'algèbra de la logique*（論理の代数）（パリ，1905）は，19 世紀の論理代数学の発展の総集編であるが，それはポレツキーの研究結果に大きく影響を受けていると著者自身が書いている．

> 論理学においては，既知項と未知項との差違は人工的なもので事実上の意味をもっていない．すべての項は基本的には知られていて，人がなすべきことは，それらが満たす与えられた関係から，新しい関係（つまり，未知の，あるいは隠伏的にしか知られていない関係）を導き出すことである．これが，ポレツキーの目的とするところである…

スレシンスキー（I.V. Sleshinskiĭ）は，p.7 で注意し，記したように，クーテュラの基礎の公式を導く過程を，クーテュラの本（1909）のロシア語訳の補遺でより精密化した．それもあって，スレシンスキーが，ポレツキーのあと，特にオデッサにおいてであるが，ロシアの数理論理学の研究の起爆剤の役割を果たすことになった．オデッサにおいて，早くも 1896-1899 年には，ブニツキー（E.L. Bunitskiĭ, 1874-1921）が論理代数とその算術への応用に関する論文を発表している．1901 年にはシャトゥノフスキー（S.O. Shatunovskiĭ, 1859-1929）は，無限集合への排中律の適用可能性に関してノボロシースク（Novorossiĭsk）自然科学者学会に報告をしている．しかし，シャトゥノフスキーのこの課題に関する報告は，1917 年になってやっと出版された．要約すると，シャトゥノフスキーの主張は，排中律の適用にあたっては，考察の対象となっている集合とそのもとの定義に関して完全な正確さを要求するというものであった．彼は，ブラウエル（L.E.J. Brouwer, 1881-1966）とは異なり，一般的な場合についての適用を否定することはしなかった．しかしながら，この問題はこの章に取り上げるべき話題か

らは遠く離れたところにある．

結　論

　19世紀の数理論理学の発展は，主として論理代数の形をとるものであった．論理代数学の創始につながる代数学との類似性は，問題に対する個々の解というものが，本質的には方程式を立てて解を算出する過程を通じて，問題の提示文から結論を導く推論方法に他ならないという事実に根差していた．ブールによって展開された着想は，代数的な方法を，束縛記号を含むような問題にまで及ぼそうというものであった．そのためには，情報を等式や不等式を用いて表現することはもちろんとして，その情報を処理する法則をも打ち立てる必要があった．そのような演算の法則を求める過程で，まずはジェヴォンズの研究，そしてそれを発展させたヴェン，シュレーダー，ポレツキーの研究が続き，今日でいうところのブール代数という代数体系を創造したのであった．得られた関係は，法則として，類——概念の内包——という言語による解釈として記述された．同時に，命題のあいだの論理的な関係も一段と明確化され，それによって，これらの関係の考察の過程も簡易化されて，19世紀の末には，その関係の処理過程はフレーゲによって「命題計算」(calculus of propositions) と呼ばれる体系として確立された．その頃には，束縛記号の導入——「すべて」(all = any, $\forall$) や「存在」(some = exist, $\exists$) などの省略記号の導入——もあり，文字通りの論理学の革命がなされた．しかし，この章ではこれらについては論じない．

2

代数学と代数的数論

2.1 代数学と代数的数論の 1800-1870 年における発展の概要

　19 世紀は，代数学を含めた数学のすべての分野において深い質的な転換が生じ，同時に，いくつもの大いなる発見がもたらされた時代であった．代数学における転換は根源的な本質をもつものであった．19 世紀の初めとその終り，あるいはむしろ，19 世紀の初めと 20 世紀の 20 年代の間に，代数学において主題となる事柄と方法，および，数学における代数学の位置は大きく変化し，それは認識されている域を超えているようにも思われる．

　18 世紀を終わる時点において代数学が何であったかを精緻に表現することは困難である．もちろん，それはもはや数，文字，および神秘的なる大きさを計算する技術でもなく，あるいは一握りの規則や公式を巻きこんだ技術でも，それらを正しく翻訳する技巧でもなかった．複素数は実際にあまねく受け入れられており，線型方程式の理論めいた何がしかが存在しており，いくつかの原理も概形化され始め，1 変数の任意の次数の代数方程式の理論が産み出され始めていた．しかし，解析学の堂々たる大伽藍の傍らに在っては，このすべてを合わせたとしても色あせて重要性など認められようもないものであった．代数学は数学においてはいわば末梢的なものであった．しかるに，20 世紀の初めまでにこういったすべてが激変してしまった．代数学は内容的にも驚異的な成長を遂げ，目を瞠るべき概念と理論によって豊かに満たされてきており，加えて，その斬新な概念と精神とは事実として全数学に浸透し始めていた．数学の代数化への判然とした傾向も現れていた．代数的数論，代数幾何学，リー群論，代数学と数論や幾何学および解析学との結びつき，といった注目すべき新分野が存在を主張し，開化しよ

2.1 代数学と代数的数論の 1800–1870 年における発展の概要

うとしていた．解析学の基礎事項と合わせ，群，体，線型空間といった新しい代数学的理論の基礎事項は，大学のみならず工業技術学校での一般教育において欠かせない構成要素となっていた．

19 世紀の 70 年代までの期間はいわば代数学の爆発的な成長の潜伏期間であった．科学史家はここで，数学的なアイデアの誕生や成長の過程と，それらが相互に影響しあう神秘的な過程をノート，論文，手紙，回想録を作業の基礎にして再構成するという課題に直面する．この仕事を特に困難にするものは，どのような偉大な数学的思案の歴史においても，それが同時代人たちには認識されないままに，特殊な場合や応用といった仮装の装束を身にまとってそこここに出没し始めるといった潜伏期間があることである．そしてそれがその端麗さのすべてを輝かして突然に出現するや，はたして誰がそのような登場のために決定的なきざはしを用意したのかを決定することは簡単ではない——ばかりか，ときにはまったく不可能である．

われわれが当面する期間を通して，明確に数学に導入された既製の新しい代数的な理論といえるものはいくつかを数えるにすぎない．すなわち，群，体と環，線型代数（当時までにかなり進展していた線型代数方程式，線形変換，および二次形式）といったものの理論の要素，さらに 70 年代になって，新と旧の代数をつなぐガロア理論，たちまちに開花した代数的なアイデアに富む代数的数論，が数えられる．

1800–1870 年の期間における代数学の発展についてさらに詳細に踏み込む前に，この発展の主たる段階と道筋を一般的な言葉によって述べることにする．

この期間における最初の重要な出来事は 1801 年のガウス（Carl Friedrich Gauss）の *Disquisitiones arithmeticae*（数論研究）の出現である．この本の七つの部分の一つの章だけが代数的な事柄に割かれている．すなわち，円分方程式 $x^n - 1 = 0$ である．しかし著者の輝ける代数的な思考法は他のすべての部分にもはっきりと現れている．この *Disquisitiones* は代数的数論に関する時代を画す著作であり，長きにわたって，代数学における手引書でありアイデアの源泉であった．円分方程式の考察を通して，ガウスは，すべての n についてその根が冪乗根で表されること，およびこの表示を明示的に見いだす方法の提示，さらには，その根が平方根のみを組み合わせて表されるような n の値，すなわち，正 n 角形で定規とコンパスで作図できるような n を特定すること，を示している．いつも

のことながら，彼の考察は驚嘆すべきほどに深く，詳細であった．それらはアーベル（Niels Henrik Abel）によって継承され，アーベルは一般的な5次方程式はもはや冪乗根で解くことができないことを示し，また，冪乗根で解ける一群の方程式で現在では彼の名前を冠して呼ばれるものを取り出した．体（有理領域）と群（方程式の群）という新しい概念が，より明確な形でアーベルの論文で提示された．この方向での次の段階，すなわちこういった理論の完成が若きガロア（Évariste Galois）のいくつかの論文によってなされた．断片的には1830年から1832年の間に出版され，さらに彼の死後，より完備した形のものがリウヴィル（Joseph Liouville）によって1846年に出版された．

アーベルの論文，および，特にガロアの論文は，現在では一般的に受け入れられているアイデアの著しく新しい傾向をすでに示している．方程式の冪乗根による解の公式を問う古くからの問題を彼の流儀で研究するなかで，ガロアは重心をその問題から解を求める方法を探るという問題へと移動させた．彼は体と方程式の群の概念を簡明に定義し，方程式の群の部分群とその方程式を与える多項式の最小分解体の部分体との対応を確立し，そして最終的には，正規部分群を抽出して群の組成列を検討した．これらはまったく新しく，最高度に実りある研究手法であったが，それでも70年代になってようやく数学者たちに理解されるようになった．一つの例外は置換群である．このような群はガロアによって考察され，その研究はすでに40年代に始まった．

群論のもう一つの源は2次形式の類の合成に関するガウスの理論であった．この理論では，数の加法（ないし乗法）と類似した演算を数とはまったく異なった対象に対して適用した．同じ判別式をもつ2次形式の研究にあたって，ガウスは結果的に巡回群と一般のアーベル群の基本的な性質を研究した．

ガウスの注目すべき2編の論文"Theoria residuorum biquadraticorum"（4次剰余の理論）が1828年と1832年に現れた．そのなかでガウスは複素数の幾何学的な解釈（これは彼以前になされていた）のみならず——そしてそれが非常に重要であるのだが——整数という考えを複素数のなかにも導入した．この整数という概念は2000年以上にわたって有理整数から離れられずにきたものであった．

ガウスは複素整数に関する算術を通常の算術とまったく平行した形で構成し，この新しい数を用いて4次剰余の相互法則を定式化した．これは，算術に対して新しい果てのない地平を開いた．まもなくアイゼンシュタイン（Ferdinand

Gothold Max Eisenstein) とヤコビ (Carl Gustav Jacob Jacobi) とが3次剰余の相互法則を定式化して証明を与えた. 彼らはこのために $k+m\rho$, $\rho^3 = 1$, $\rho \neq 1$, $k, m \in \mathbb{Z}$ の形の数を導入した. さらに 1846 年には,ディリクレ (Peter Gustav Lejeune Dirichlet) は体 $\mathbb{Q}(\theta)$ 内の整数の環のすべての単数(すなわち,この環の可逆元)を見いだした. ここで θ は

$$x^n + a_1 x^{n-1} + \cdots + a_n = 0, \quad (a_i \in \mathbb{Z})$$

の根の一つである[1]. この論文は代数的数論の深い結果を含んでいるとともに,群論の観点からも興味深い. そのなかでディリクレは無限アーベル群の自明でない最初の例を構成し,その構造を検討した.

代数的数論におけるこのあとの進展は,相互法則とフェルマの最終定理とにつながっている. この定理を証明しようとする試みのなかからクンマー (Ernst Eduard Kummer) は体 $\mathbb{Q}(\zeta)$, $\zeta^p = 1$, $\zeta \neq 1$, の算術の研究に向かうことになる[2]. 1844 年から 1846 年にかけてクンマーは次のことを発見した. もし体 $\mathbb{Q}(\zeta)$ において「素」数を整数の積としては分解できない整数として定義するとすれば,体 $\mathbb{Q}(\zeta)$ の整数に対しては素数による一意的な因数分解の法則はもはや成り立たない. この難場を救い,通常のものと類似する算術を構築する可能性を担保するために,彼は仮想的な因数「イデア数」を導入した. これによって彼は代数的数論に関する最も巧緻で最も抽象的な理論のための基礎を敷いた. クンマーの方法は局所的であった. これはさらにゾロタリョフ (Egor Ivanovič Zolotarev), ヘンゼル (Kurt Hensel), その他によって発展をみ,現在では可換環論の核を形作っている.

線型代数学は 19 世紀の前半に発展を続けていた. これとの関連で第一に注目すべきことは,ガウスは *Disquisitiones arithmeticae* のどの部分でも直接には線型代数を扱ってはいないが,線型代数の進展はこの著作に含まれている 2 変数の整数係数の 2 次形式に関する踏み込んだ研究によって先に進められることになった. コーシー (Augustin Louis Cauchy) の "Sur l'équation à láide de laquelle on détermine les inégalités séculaire des mouvements des planètes"(惑星の動きに関する積年不等式を決定するための方程式について)(1827) は任意次数の行列の固有

---

[1] ここで $\mathbb{Z}$ は(有理)整数の環であり,$\mathbb{Q}$ は有理数の体である.
[2] [訳注] クンマーが体 $\mathbb{Q}(\zeta)$ の算術に取り組んだ基本的な動機は奇素数 p に対する p 乗剰余の相互法則の研究にあった.

値を暗に扱っている．いくらか遅れて 1834 年にヤコビの *De binis quibuslibet functionibus homogeneis secundi ordinis per substitutions lineares in alias binas transformandis, quae solis quadratis variabilium constant; una cum variis theorematis de transformatione et determinatione integralium multiplicium*（二つの任意の 2 次の斉次関数を線型変換によって変数の平方しか含まない二つのものに変換することについて；重積分の変換と計算に関する多くの定理とともに）が現れた．ここでは，2 次形式とそれの標準形への還元が明示的に調べられている．ヤコビはまた，行列式の理論を完成させた（1841）．この理論にまだ欠けていたものは幾何学的な目鼻立ちと，何といっても，線型空間についての欠くべからざる基本概念であった．線型空間の，明晰ではないとしても，最初の定義はグラスマン（Hermann Günther Grassmann）が 1844 年の *Die lineale Ausdehnungslehre*（直線的な広がりの学説）で与えた．この著作は新しいアイデアに富んではいたが，もたついた書き方がなされており，著者が書き改めて改良した版を 1862 年に出版してようやく注目されるようになった．特筆すべきは，この著作には外積およびいまでは有名なグラスマン代数の構成が含まれていた．1843 年にはケーリー（Arthur Cayley）の *Chapters in the analytical geometry of (n) dimensions*（(n) 次元の解析幾何学における数章）が現れ，アイデアという点では少し劣るものの，同時代の数学者たちにはよりよく知られることとなった．線型代数学の発展と，当時かなりの興味が露わになっていた超複素数の理論（現在では多元環として知られる）とのあいだには緊密な関係がある．複素数を一般化しようとした何年もの実りのない歳月はついに 1843 年にハミルトン（William Rowan Hamilton）の四元数の発見によって報われた．ハミルトンはそれ以後の 20 年を超える人生を通して四元数を研究した．彼の研究成果は 2 編の基本的な著作にまとめられている．*Lectures on quaternions*（四元数に関する講義）(1853) と *Elements of the theory of quaternions*（四元数の理論の要論）(1866) である．以後にみるこれらの重要性は四元数によるというよりも，むしろ関連して導入された「ベクトル解析」の新しい概念と手法による．

　群論のその後の発展について，われわれの報告を続けよう．コーシーは 1844 年から 1846 年のあいだに続けて論文を発表し，置換群（対称群の部分群）についての多様な定理を証明した．このなかには有名なコーシーの定理，すなわち，位数が素数 p で割れる群は必ず位数が p の元の含む，にあたるものも含まれてい

る．群論の歴史におけるさらなる重大事はケーリーの論文——3部作（1854，1854，1859）——*On the theory of groups, as depending on the symbolic equation* $\theta^n = 1$（群論について，形式的な方程式 $\theta^n = 1$ に依拠するものとして）であった．イギリス学派の精神に則り，ケーリーは群を与えられた演算を伴う記号の抽象的な集合としてとらえ，抽象群論の基本的な概念を数多く定義した．なかでも，群の概念と同型写像の導入が主だっている．これは新しい抽象的な数学の思考法の進展においての記するべき一歩であった．

以後の群論の発展にとって非常に重大なものは，1870年のジョルダン（Camille Jordan）による基本的な *Traité des substitutions et des équations algébriques*（置換と代数方程式についての概論）の出現であった．この著作は，ガロア理論の初めての体系的な，しかも完全な解説と，当時までの群論における結果の詳細な記述が盛り込まれていた．当然，彼自身のこれらの分野における重要な結果も含まれていた．また，今日では線型変換の行列のジョルダンの標準形として知られるものも導入されていた．このジョルダンの著作の出版は数学全般にとっても主要な出来事であった．

注目を欠かせないのは，19世紀の中頃に盛んになった代数学の分野で，線型代数学と代数幾何学のあいだに位置し，今日では不変式論として知られるものである．一方ではその内容は，線型代数学における2次形式や線型変換の行列の標準形への還元といった話題の一般化ないし発展という側面をもつ．他方では，具体的な設定のもとで次の問題の答えを求めるものである．「幾何学的な対象が一つの座標系を用いてある代数的な条件によって決定されている場合に，その代数的な条件から座標系の変換に関して不変であるような幾何学的な特徴づけを導き出す方法を見いだせ」．1840年から1870年のあいだに，多様な数学者たちによる多くの論文が，異なった具体的な状況のもとで不変式の系を決定していった．最もよく知られているものとしては，ケーリー，アイゼンシュタイン（F.G.M. Eisenstein），シルヴェスター（James Joseph Sylvester），サーモン（George Salmon），および，クレブシュ（R.F.A. Clebsch）のものがあげられる．これに関連してヘセ（Ludwig Otto Hesse）の1844年と1851年の2編の論文を見過ごすわけにはいかない．これらによって彼はヘシアン（Hessian）の概念を導入し，幾何学に応用した．さらに，ゴルダン（Paul Albert Gordan）の有名な1868年の論文では不変式を生成する有限基底の存在に関する一般的な設定での代数的な定

理が証明された．これらの研究と緊密に関連する重要な論文にケーリーの *A sixth memoir upon quantics*（同次多項式についての6番目の研究報告）(1859) がある．ここではケーリーは幾何学的な形態の距離に伴う性質を不変式論という単一の視点からどのように考察するかを示している．この論文は幾何学において革命的な変動をもたらしたクライン（Felix Klein）のエルランゲン・プログラムの水源の一つである．

その頃，線型代数学において重要な業績がシルヴェスターによってあげられた．1852年の2次形式についての惰性法則の証明である．論文は文字通りの *Proof of the theorem that every homogeneous quadratic polynomial can be reduced by means of a real orthogonal substitution to the form of a sum of positive and negative squares*（斉次2次多項式が実直交行列による置換によって正と負の平方の和の形に還元されるという定理の証明）である．これはすでに少し前にヤコビによって証明されていたが，公表はされなかった．1858年にはケーリーの *Memoir on the theory of matrices*（行列の理論についての研究報告）が現れた．ここでケーリーは正方行列の多元環を導入し，四元数多元環と2次の行列からなるある多元環（2次の複素行列全体の環の部分環）との間の同型写像を与えた．この業績は多元環論と線型代数学との関係を明らかにした点で大層重要である．

60年代に入るとワイエルシュトラス（Karl Theodor Wilhelm Weierstrass）の活動が数学の発展に対して重要な影響を与えた．彼は実質的には何も出版しなかったが，ベルリン大学での講義のなかで自分の研究結果を述べた．1861年の講義で，ワイエルシュトラスは多元環の直和の概念を導入し，すべての（実数体上有限次元の）可換な多元環は，冪零元をもたなければ，実数体と複素数体のいくつかのコピーの直和であることを示した．これは代数学における分類という面での最も初期の結果の一つである．

60年代と70年代における代数的数論の主要な問題の一つはクンマーの因子論を円分体から一般の代数的数体にまで拡張することであった．これは，3種類の異なった構成法でなされ，ゾロタリョフ（E.I. Zolotarev），デデキント（Julius Wilhelm Richard Dedekind），および，クロネッカー（Leopold Kronecker）による．このなかで結局すべての数学者に認められることとなった解答はデデキントのもの——ディリクレの数論講義の補遺Xとして1871年に発表されたものと，その改訂版の補遺XIとして発表されたもの——であった．明快で数学的にすっ

きりとしたデデキントの記述はその後の何十年にもわたって数学的な方式のモデルとなった．これにとどまらず他を含めたデデキントの著作は，数学理論を公理に基づいた現代的な様式で提示する場合の基礎づけとなった．

代数学の進展についてのわれわれの通覧では，楕円関数とアーベル関数については触れてこなかった——これらは19世紀の数学の発展における中心的な方向の一つであり，ガウス，アーベル，ヤコビ，クレプシュ，ゴルダン，ワイエルシュトラス，および，彼ら以外にも数々の数学者たちが大いなる努力を傾注した分野であった．19世紀にはこの分野は第1義的には解析学に属しており，さらに限定すれば，複素変数の関数論に属する．それが提供する代数的なアイデアの役割がたいへんな重要性を発揮するのは，徐々に進んでようやく19世紀の終りになってからである．

この分野の代数化はデデキントが彼の代数的数体における理論をウェーバー (Heinrich Weber) との共著 (1882) によって代数関数体へ移したことに始まる．これは代数的数論と代数関数論とのあいだの深い平行性を確立し，体，加群，環，および，イデアルといった概念の抽象的な定義への決定的な一歩を画した．19世紀の終りからアイデアは反対の方向，代数関数論から数論へと流れ始めた．その結果，p進距離によってp進数と位相が導入された．しかしこれはすでに20世紀の数学の一部である．

上に述べてきた数々のアイデア，方法および理論は抽象的な「現代代数学」の創造へと誘い，そして，のちにわれわれが目撃するように，大きく開花する代数幾何学を生み出すこととなった．

2.2 代数学の進展

18世紀における代数学の基本定理の代数的証明

代数学の基本定理は最初は17世紀の前半にロート (P. Rothe)，ジラール (Albert Girard) およびデカルト (René Descartes) によって言明された．彼らの定式化は現代のものとは大きく異なっていた．実際，ジラールはn次の方程式は実または虚のちょうどn個の根をもつとしたが，虚の根についての明確な意味を述べてはいなかったし，デカルトは単に代数方程式の根の個数はその次数と同一であろうと述べた[3]．

18 世紀の 40 年代にはマクローリン（Colin Maclaurin）とオイラー（Leonhard Euler）はこの基本定理の定式化として現代的なものを与えた．実数係数の多項式は必ず 1 次と 2 次の実数係数の因子の積として表される．言い換えれば，次数 n の方程式は n 個の実数ないし複素数の根をもつ．

基本定理の最初の証明は 1746 年にダランベール（Jean le Rond d'Alembert）によって与えられた．18 世紀の科学者たちはその証明に欠陥は見なかったが，解析の臭いがしていると感じていた．数学者たちは基本定理を純粋に代数的に，方程式の理論のみによって正当化しようと試みた．現在われわれの知るところでは，実数の連続性の使用を最小限に簡約することは可能だが，このような性質をまったく用いないですませるような証明はあり得ない．基本定理の「最大限に代数的な」最初の証明はオイラーによる．

オイラーの *Recherches sur les racines imaginaires des équations*（方程式の虚の根についての研究）は，代数学の基本定理の証明を含んでおり，1751 年にベルリン科学アカデミーの 1749 年の紀要に発表された．そのラテン語版（*Theoremata de radicibus aequationum imaginariis*）をオイラーは 1746 年 11 月 10 日にベルリン科学アカデミーで発表した．これからすると，オイラーとダランベールは彼らのそれぞれの研究をほぼ同時点に完了していた．とはいっても，彼らの拠って立つ原理はまったく異なっていた．

われわれはダランベールの証明は考察しない．一つにはそれがよく知られているからである．またもう一つに，それがオイラーの仕事とはまったく共通する要素をもっていないからである．ダランベールの証明とは異なり，オイラーの証明は今日ではほとんど忘れられている．とはいえ，この証明が根ざしているアイデアはその後も基本定理のいわば代数的証明のすべてでそのまま，ないしは，変形を施して用いられている．こういった証明では，短いにつけ長いにつけ，大まかになぞったものであれ精緻なものであれ，欠陥があろうとなかろうと，ともかくもそのすべての大本にあるアイデアは同じである．

もう一点．この定理を証明する過程でオイラーが最初に用いたいくつかの手法は，その後オイラーに続くラグランジュ（Joseph Louis Lagrange）がさらに展開し，冪根による方程式の解法の問題を扱った彼の論文の基礎となった．またこれ

---

[3] HM, vol.2, pp.24-25, 42 ; vol.3, pp.74-76 参照．

らの手法は後にガロアの理論のなかに不可欠な構成部品として入り込んでいる．

基本定理の現代的な「代数的な証明」は三つの部分に分けられる．(1)位相的な命題で，実数係数の奇数次数の方程式 $f(x) = 0$ は実数の根をもつ，ということと同等のもの．(2)多項式 $f(x)$ の最小分解体，すなわち，$f(x)$ が一次の因子の積として表されるような［「最小の」］係数体を構成すること．(3)次数が $m = 2^k r, r$ は奇数，の方程式 $f(x) = 0$ の根を求める問題を，次数が $m = 2^{k-1} r_1, r_1$ は奇数，の方程式 $F(x) = 0$ の根を求める問題に還元させる段取り．

これらの部分はすべてオイラーの証明にみられる．彼は位相的な命題を述べて，それが明らかであるとしている．彼は次いで実数係数の多項式は必ず

$$f_m(x) = (x - \alpha_1)(x - \alpha_2) \cdots (x - \alpha_m) \tag{1}$$

の形に，何か記号ないしは仮想的な大きさ $\alpha_1, \alpha_2, \cdots, \alpha_m$ を用いて表されると仮定する．ただし，これらについては前もっては何も知られていないものであり，ただし，通常の数と同様に通常の算術的な演算と同様なもの（すなわち，これらの記号についての加法，乗法は可換であり，乗法は加法に対して分配的であり，など）が施されるものとする．これらの記号 $\alpha_1, \alpha_2, \cdots, \alpha_m$ を用いてオイラーは次数 4, 8, 16 の場合の帰着の段取りを実施し，次数が $m = 2^k$ の場合を略記する．最後の帰着過程はラグランジュによって論文 *Sur la forme des racines imaginaires des équations*（方程式の仮想的な根の形について）(Nouveaux Mémoires de l'Academie Royale des Sciences et Belles-Lettres de Berlin, 172, 1774) で必要とされる十分な厳密さのもとに実行された．ラグランジュは対称関数と相似な[4]関数についての定理を用いた．そして彼は結局 α_i が実数か複素数であることを証明した．

ラプラス（Pierre Simon Laplace）はエコール・ノルマールでの 1795 年の数学の講義（*Leçons de Mathématiques données à l'Ecole Normale en 1795*）で(1)の因子分解に基づいてオイラーの還元過程の著しい単純化を紹介している．彼は多項式

$$F_g(x) = \prod_{1 \leq i < j \leq m} [x - (\alpha_i + \alpha_j) - s\alpha_i \alpha_j] \tag{2}$$

で，s を実数とするものを考察した．もし(1)の多項式の次数が $m = 2^k r, r$ は奇数，

---

[4] 次数 n の方程式の根の関数 $\varphi(x_1, ..., x_n)$ と $\psi(x_1, ..., x_n)$ が相似 (similar) であるとは，両者がこの方程式の根の置換の群 S_n の同一の部分群 H に属すること，すなわち，H に属する置換では不変であって，H に属さない S_n の置換のすべてで変化するということをいう．

であれば，多項式(2)の次数は $g=2^{k-1}r_1$, r_1 は奇数，の形である．ラプラスは $k=1$ の場合を分析している．このとき g は奇数で，$F_g(x)$ は実根をもつ．そこで s として異なる二つの実数 s_1 と s_2 をとって二つの実数 ℓ_1 と ℓ_2 を得る．

$$\alpha_i+\alpha_j-s_1\alpha_i\alpha_j=\ell_1, \quad \alpha_i+\alpha_j-s_2\alpha_i\alpha_j=\ell_2$$

そうすれば $\alpha_i+\alpha_j$ と $\alpha_i\alpha_j$ は実数であり，したがって多項式(1)は実係数の2次の因子

$$x^2-(\alpha_i+\alpha_j)x-\alpha_i\alpha_j$$

が得られる．さて k を任意のものとする．そのときラプラスは，もし次数が $g=2^{k-1}r_1$, r_1 は奇数，の多項式(2)が実係数の2次の因子をもつならば，もとの方程式は4次の因子をもち，それは二つの実係数の2次の因子の積に分解されることを示す．あとのほうの事実は直接の計算でみることができる．

オイラーにしろラグランジュにしろラプラスにしろ，誰も証明の第二の部分を厳密化しようとしていない．彼らはそれを自明なものとみていた．また，対称関数，あるいは，相似な関数，などに関する諸定理にしても，その証明には，任意の多項式について分解体が存在することが暗黙のうちに仮定されている．

ガウスの第1証明

問題をこのようにみていた18世紀の数学者たちの方法は，若きガウス (C.F. Gauss) によって鋭く批判された．彼の論文 *Demonstratio nova theorematis omnem functionem algebraicam rationalem integram unius variabilis in factores reales primi vel secundi gradus resolvi posse*（すべての1変数の有理的整的代数的関数は1次ないし2次の実因子に分解されることの新しい証明）（ヘルムシュタット，1799）で彼は次のように書いている．

> 実と複素の大きさ $a+b\sqrt{-1}$ 以外に他のどのような形の大きさを提示することも可能でないのであるから，何が証明されるべきであるかが，基礎とする命題として何を仮定しているのかということと，どのような意味によって異なっているのかは十分に明瞭にされてはいない．そして他の形の大きさ，何らかの F, F', F'', ..., を考えることができたとしても，すべての方程式が実数の値 x, あるいは，$a+b\sqrt{-1}$ の形の値，あるいは，F ないし F' という形の値，などによって満たされるということを証明されないままに認めることはできない．すなわちこれが，この基礎とする命題は次のような意味しかもちえないとする理由である．すべての

方程式は未知数の実数値，または，$a+b\sqrt{-1}$ の形の複素数値，または，可能性として，他のまだ知られていない形の値，または，どのような形にも包摂されていない値，によって満たされうる．何であれわれわれがその概念を形作ることもできないような大きさ——この影の影——をどのように加えたり掛けたりすべきなのかということなどを，数学において要求されるような明晰さをもって理解することはできない[5]．

ガウスの第 1 証明は完全に解析的であり，ここでは検討しない．1815 年にガウスは代数学の基本定理に立ち戻り，一つの代数的な証明を与えた．*Demonstratio nova altera theorematis omnem functionem algebraicam rationalem integram unius variabilis in factores reales primi vel secundi gradus resolvi posse*（すべての 1 変数の有理的整的代数的関数は 1 次ないし 2 次の実因子に分解されることの第二の新しい証明）(1815) (Commentationes societatis regiae scientiarum Gottingensis recentiores, 1816)．この機会にも彼は 18 世紀の学者たちの理由づけを再批判した．今回は次のように書いている．

> この命題［多項式を 1 次の因子の積に分解することが可能であることについて——原注］は，少なくとも，このような分解の可能性についての一般的な証明を扱っている場所においては，循環論法（*petitio principii*）以外の何ものでもない[6]．

オイラーの証明が循環論法に陥っているという非難は公正に欠けるところがあった．これはガウスの第 2 証明を分析すれば端的に見て取れる．この証明ではガウスはオイラー，ラグランジュ，および，ラプラスと本質的には同じ還元過程を行っているが，分解体の存在に関する命題はどこにも用いていない．彼はどのようにしてこれをやってのけたのであろうか？　もちろん，多項式を法とする合同を持ち込んだ，すなわち，本質的には必要とされる分解体を構成してみせたにすぎない．われわれもガウスがどのように事を運んだかをみてみよう．

ガウスの第 2 証明

ガウスはこの論文をまず対称関数についての定理の新証明で始める．多項式の根を取り扱うのを避けるために，彼は次のように進める．まず m 個の独立した

---
[5] C.F. ガウス, *Werke*, Bd. 3. ゲティンゲン, 1866, pp.1-30.
[6] 同上, pp.31-56.

大きさ $\alpha_1, \alpha_2, \cdots, \alpha_m$ を考え，
$$\alpha_1 + \alpha_2 + \cdots + \alpha_m = \sigma_1,$$
$$\alpha_1\alpha_2 + \alpha_2\alpha_3 + \cdots + \alpha_{m-1}\alpha_m = \sigma_2,$$
$$\cdots\cdots\cdots\cdots\cdots$$
$$\alpha_1\alpha_2\cdots\alpha_m = \sigma_m,$$
と置く．そして次の定理を証明する．もし ρ が $\alpha_1, \alpha_2, \cdots, \alpha_m$ の整有理関数であれば，同じ個数の変数 $s_1, s_2, \cdots, s_m$ の整有理関数で $s_i = \sigma_i (i = 1, 2, \cdots, m)$ を代入すれば ρ になるものがあり，しかもこれは**ただ一通りに限る**．

この後半の主張は理論のなかで非常に重要な意味をもつ．すなわち，容易にわかるように，これは基本対称式 $\sigma_1, \sigma_2, \cdots, \sigma_m$ が代数的に独立であることを意味している．したがって，代数的な関係式
$$\Phi(\sigma_1, \sigma_2, \cdots, \sigma_m) = 0$$
は恒等的なものに限る．よって各 σ_i を s_i で置き換えてもよい．もし，その代わりに，任意の方程式
$$f(x) = x^m - a_1 x^{m-1} + \cdots \pm a_m = 0 \tag{3}$$
の係数 a_i を s_i に代入してもよく，その根に何ら仮定を置かなくても，関係式
$$\Phi(a_1, a_2, \cdots, a_m) = 0$$
が成り立つ．

このように，分解可能な多項式の係数に関して導かれる関係はどのような多項式に対しても成立することになる．

ガウスはこの重要な証明の技法を発見した最初の人であり，これはいまではガウスの原理，あるいは，恒等式の延長の原理として知られている．

この原理を用いて，ガウスは多項式 f の判別式 $\Delta(f)$ を導入し，その基本的な性質を証明する．特に，$\Delta(f) = 0$ のための必要十分条件は f とその導関数 f' が共通因子をもつことであることが証明される．

最初の節で分析した還元の問題に対処するために，ガウスは代数学の基本定理が次数 $2^{n-1}r, r$ は奇数，のすべての多項式に対して成り立っていると仮定して，それが次数が $m = 2^n r_1, r_1$ は奇数，のすべての多項式に対しても成り立つことを証明する．彼は m 個の任意の大きさ $\alpha_1, \alpha_2, \cdots, \alpha_m$ をとり，補助の多項式
$$F(u,x) = \prod_{1 \leq i < j \leq m} [u - (\alpha_i + \alpha_j)x + \alpha_i\alpha_j] = F(u, x, \sigma_1, \sigma_2, \cdots, \sigma_m) \tag{4}$$

を導入する．この次数は $m(m-1)/2 = 2^{n-1}r_2, r_2$ は奇数，であり，数学的帰納法の仮定がこの多項式に対して成り立っている．

ここでもし $\alpha_1, \alpha_2, \cdots, \alpha_m$ を方程式(1)の根であるとするならば，(4)の多項式はラプラスの多項式(2)とほとんど変わらない．それを構成することの原理は同じである．

もしガウスが多項式 $f(x)$ の分解体の使用を認めてしまうならば，証明で残されている部分は容易である．しかし，彼はこのような体の存在を仮定する必要がないような構成を与えなければならなかった．そのためにガウスは恒等式を用意する．もし多項式 $F(u,x) = F(u,x,\sigma_1,\sigma_2,\cdots,\sigma_m)$ が1次因子の積であるならば，各変数について整有理関数であるようなある $\varphi(u,x,w)$ に対して

$$F\left(u+w\frac{\partial F}{\partial x}, x-w\frac{\partial F}{\partial u}\right) = F(u,x)\,\varphi(u,x,w) \tag{5}$$

となっている．

ガウスの原理により，この恒等式において $\sigma_1, \sigma_2, \cdots, \sigma_m$ を $f(x)$ の係数 $a_1, a_2, \cdots, a_m$ で置き換えることができる．したがって

$$F\left(u+w\frac{\partial \overline{F}}{\partial x}, x-w\frac{\partial \overline{F}}{\partial u}\right) = \overline{F}(u,x)\,\overline{\varphi}(u,x,w) \tag{5'}$$

が得られる．ただし，F と φ の上につけたバーはそれぞれ $\sigma_1, \sigma_2, \cdots, \sigma_m$ を $a_1, a_2, \cdots, a_m$ で置き換えた関数を表す．

さて，$x = x_0$ を判別式 $\Delta(\overline{F}) \neq 0$ であるような実数とする．この判別式は x のたかだか有限個の実数値でしか消えないから，x_0 としては無限個の選択肢がある．このとき $\overline{F}(u, x_0)$ は実数係数であり，$\overline{F}(u, x_0)$ と $\dfrac{\partial \overline{F}}{\partial u}(u, x_0)$ は共通因子をもたない．

次に u の値 $\overline{u}$ として

$$\left.\frac{\partial \overline{F}}{\partial u}\right|_{\substack{u=\overline{u}\\x=x_0}} \neq 0$$

であるものをとる（この条件は単に有限個の値を除外するだけである）．ガウスは

$$\left.\frac{\partial \overline{F}}{\partial u}\right|_{\substack{u=\overline{u}\\x=x_0}} = U' \neq 0, \quad \left.\frac{\partial \overline{F}}{\partial x}\right|_{\substack{u=\overline{u}\\x=x_0}} = X'$$

と置き，

$$w = (x_0 - x)/U'$$

を代入する．そして分解式

$$\overline{F}\left(\bar{u}+\frac{x_0-x}{U'}X', x\right) = \overline{F}(\bar{u},x_0)\cdot\overline{\varphi}\left(\bar{u},x_0,\frac{x_0-x}{U'}\right) \tag{6}$$

を得る．帰納法の仮定から，多項式 $\overline{F}(u, x_0)$ は実数ないし複素数の根 $\bar{u}=u_0$ をもつ．したがって，

$$\left.\frac{\partial \overline{F}}{\partial u}\right|_{\substack{u=u_0 \\ x=x_0}} \neq 0$$

となる．恒等式(6)から，多項式 $\overline{F}(u,x)$ は $u=u_0+\{(x_0-x)/U'\}X'$ で消える，すなわち，それは差 $u-[u_0+\{(x_0-x)/U'\}X']$ で割り切れる．

ここまで進めたあと，ガウスは $u=x^2$ と置く．すると，

$$\overline{F}(x^2,x) = [f(x)]^{m-1}$$

は実数係数の3項式

$$x^2+\frac{X'}{U'}x-\left(u_0+\frac{X'}{U'}x_0\right)$$

で割り切れる．ここに基本定理は証明された．

彼の証明においては，ガウスは方程式の根を用いていない．その代わりに，彼はある恒等式を示し，多項式の整序性の法則を用いた．この方法によって，彼は本質的には $\overline{F}(u,x_0)$ が1次因子をもち，当初の多項式 $f(x)$ が2次の因子をもつような体 κ を構成する．

ガウスは彼の方法をすっかりヴェールが掛かった形で提示しており，ようやく60年後にクロネッカーがそれを目にみえる形に明かすことができた．ガウスの方法で分解体を得るには，次のように進めればよい．

関係式(6)は，もし u_0 が方程式 $\overline{F}(u,x_0)=0$ の根であれば，多項式 $\overline{F}(u,x)$ が3項式 $u-[u_0+\{(x_0-x)/U'\}X']$ で割れることを示している．すなわち，u,x についてのある整有理関数 $\psi(u,x,u_0,x_0)$ によって

$$F(u,x) = \left[u-\left(u_0+\frac{x_0-x}{U'}X'\right)\right]\psi(u,x,u_0,x_0) \tag{7}$$

と表される．このとき差

$$\overline{F}(u,x) - \left[u-\left(v+\frac{x_0-x}{U'}X'\right)\right]\psi(u,x,v,x_0)$$

は，もし v を多項式 $\overline{F}(u,x_0)$ の根で置き換えれば消える．したがって，

2.2 代数学の進展

$$[f(x)]^{m-1} \equiv \left[x^2 + \frac{X'}{U'}x - \left(v + \frac{x_0}{U'}X_0'\right)\right]\psi(x^2,x,v,x_0) \quad [\bmod F(v,x_0)] \quad (8)$$

である.これは,この3項式の係数が合同式(8)から直接に得られ,方程式(1)の根を考える必要がないことを示している.この事実が代数学の基本定理の代数的な証明を悪性循環の症状から救っている.

クロネッカーの構成法

クロネッカー (Leopold Kronecker) はガウスの「第2証明」を幾度も分析した.彼はそれを 1870/71 の授業のなかでも,また代数方程式についての自分の講義でも紹介したといっている.また,彼は論文 *Grundzüge einer arithmetischen Theorie der algebraischen Grössen* (代数的な大きさの算術的な理論の基礎) (ベルリン, 1882) の節の一つを,この証明にあてている.最後に,彼の論文 *Ein Fundamentalsatz der allgemeinen Arithmetik* (一般の算術に関する基本定理) (J. für Math., 1887) で彼は次の問題を提起してガウスのアイデアを一般化している.すなわち,与えられた多項式に対して,それが $\bmod f(x)$ の剰余体で1次の因子に完全に分解されるような既約多項式 $f(x)$ を見いだせ.

言い換えれば,多項式

$$F(x) = x^n + A_1 x^{n-1} + \cdots + A_n \quad (9)$$

が与えられたとき,クロネッカーは,基礎の有理領域 $\mathbb{Q}(A_1,\cdots,A_n)$ の有限次拡大 κ で多項式(9)が κ 係数の1次因子の積に分解するようなものを構成する問題を提起した.もちろん,κ は方程式 $F(x)=0$ の根に依拠しないで構成されなければならない.

クロネッカーは多項式 $G(x)$ で

$$F(x) \equiv (x-\alpha_1)(x-\alpha_2)\cdots(x-\alpha_n) \quad [\bmod G(x)]$$

となるものを求めている.この問題を解くために,クロネッカーは因子分解される次数 n の多項式 $P(x)$,

$$P(x) = (x-x_1)(x-x_2)\cdots(x-x_n) = x^n + S_1 x^{n-1} + \cdots + S_n \quad (10)$$

を考え,次数 $n!$ の多項式

$$G(z,u_1,\cdots,u_n,S_1,\cdots,S_n) = \prod_i (x - u_1 x_{i_1} - u_2 x_{i_2} - \cdots - u_n x_{i_n}) \quad (11)$$

を構成した.ただし,$u_1,\cdots,u_n$ は変数で,積は添字の組み $i_1,\cdots,i_n$ のすべての順

列にわたる．すなわち，$n!$ 個の因子にわたる．そこで $\theta = u_1 x_1 + \cdots + u_n x_n$ と置く．もし $x_1, \cdots, x_n$ をすべての可能性にわたって並べ替えれば，このとき θ は $n!$ 個の異なる値をとり，それを体 $K = \kappa(x_1, \cdots, x_n)$ の原始的な元としてとることができる．すなわち，$K = \kappa(\theta)$，$x_k = \varphi_k(\theta, S_1, \cdots, S_n)$，$k = 1, \cdots, n$ となっている．クロネッカーはこの最後の等式を合同式

$$x_k \equiv \varphi_k(z, S_1, \cdots, S_n) \qquad [\mathrm{mod}(z-\theta)], \qquad k = 1, \cdots, n$$

で置き換える．これらすべてまとめて(10)と合わせれば，

$$P(x) \equiv \prod_{k=1}^n [x - \varphi_k(z, S_1, \cdots, S_n)] \qquad [\mathrm{mod}(z-\theta)]$$

が得られる．この合同式の両辺を展開すれば係数には $x_1, \cdots, x_n$ の対称式しか現れないから，それは θ のみならず $\theta_2, \cdots, \theta_{n!}$ のすべてに対しても成り立ち，したがって，対応する法の積，すなわち，$G(z, S_1, \cdots, S_n)$ を法としても成り立つ．

$$P(x) \equiv \prod_k [x - \varphi_k(z, S_1, \cdots, S_n)] \qquad [\mathrm{mod}\, G(z, S_1, \cdots, S_n)]$$

さらにガウスの原理を用いて，クロネッカーは $S_1 = A_1, \cdots, S_n = A_n$ と置く．そうすれば

$$F(x) \equiv \prod_k [x - \varphi_k(z, A_1, \cdots, A_n)] \qquad [\mathrm{mod}\, G(z, A_1, \cdots, A_n)] \qquad (12)$$

である．これは任意の多項式 $F(x)$ が対応するガロア正規多項式と関連して1次因子に分解することを示している．しかし，クロネッカーは多項式 $F(x)$ が1次因子に分解するような体，すなわち，$AB = 0$ となるのは A または B が $\mathrm{mod}\, G$ でゼロと合同になるような領域，を構成したい．そこで彼は $G(z, A_1, \cdots, A_n)$ を κ 上で既約因子に分解するわけである．もしそのような因子の一つを $G_1(z)$ とするならば，

$$F(x) \equiv \prod_k [x - \varphi_k(z, A_1, \cdots, A_n)] \qquad [\mathrm{mod}\, G_1(z)] \qquad (12')$$

であり，求める構成が達成される．

クロネッカーは任意の多項式に対してその分解体を適切な既約多項式に関する剰余体として構成したが，それも実数体 $\mathbb{R}$ とか複素数体 $\mathbb{C}$ の存在を前提としなかった．この純粋に代数的な構成法は代数学においても代数的数論においても数限りない応用を見いだすことになった．

コーシー（Augustin Louis Cauchy）による同様な構成法の特殊な場合をみておく．それは1847年のコーシーの論文 *Mémoire sur une nouvelle théorie des imaginaires, et sur les racines symboliques des équations et des équivalences*（複素数についての新しい理論と方程式と合同式の記号的な根についての研究報告）（C.r. Acad. sci. Paris, 1847）に現れ，したがってクロネッカーの構成に先立っており，恐らくは関連するガウスの仕事からも独立している．コーシーは複素数の体 $\mathbb{C}$ を実係数の x についての多項式環 $\mathbb{R}[x]$ の x^2+1 を法とした剰余体として構成した．クロネッカーがこのコーシーの論文を知っていたとする理由は見当たらない．他方，いくつもの機会をとらえて，クロネッカーは彼のアイデアとガウスの第2証明にあるものとの類似性を強調した．

クロネッカーの証明はまたガロアの理論の影響を立証している．これは特に体 κ に対する原始的な要素の彼による定義に明白に現れている（ガロアの理論についての詳細は下記する）．彼の構成法からはクロネッカーがガロアのアイデアを深く理解しており，さらにそれらを達人技でもって利用することができたことが見て取れる．

複素関数論の初等的な命題としてみるならば，代数学の基本定理は大した興味をひくようなものではない．とはいっても，オイラー，ラグランジュ，ラプラス，ガウスといったそうそうたる数学者たちがそれについて研究結果を残しており，ガウスは4種類の異なった証明を与えている．この定理について何が興味を惹いたのであろうか？ 基本定理の代数的な証明に関係するかぎり，ここでこの疑問に答えることができる．上で明らかになったように，このような証明と方程式の一般的な理論との間に緊密なつながりがあったからである．

この定理の代数的な証明と方程式の根の対称関数や相似な関数の理論とのあいだのつながりはすでにオイラーとラグランジュの証明から明らかになっていた．相似な関数の考察はガロアの理論の本質的な部分であった．分解体の存在に基づいていない証明を与えるために，ガウスは彼の「恒等式の延長の理論」を用い，与えられた多項式が2次の因子をもつような体を構成していたといってもよいだろう．この体を構成するガウスの方法はその後クロネッカーによって発展をみて，代数学において最も強力な道具の一つとなった．このように代数学の基本定理は新しい代数的な方法を創造するまでに刺激的であった．

われわれは分析してきた証明をとりあえず代数的な証明と呼んできたが，いま

やそれらが本質的に代数的であることは明白である．

方程式の理論

18世紀の終わるころ，代数学における最も重要な問題は冪根による方程式の解法の問題であった．代数学は方程式の解法の科学として知られていた．もう少し明確に述べるならば，この問題は
$$a_n x^n + \cdots + a_1 x + a_0 = 0$$
という形の方程式の解を算術の四則と任意の次数の冪根をとることによって係数を用いて表示する方法を見いだすというものであった．ここで $a_0, \cdots, a_n$ は任意のもの，ないし，何らかの関係で結ばれているもの，ないし，具体的な数である．もちろん，最大の成果というのは，任意の次数の任意の係数についての方程式の解法をみつけることであったろうが，このような方法を見つけ出す試みはことごとく失敗していた．事実としては，1770年まではだれも方程式 $x^n - 1 = 0$, $n > 10$, を冪根で解く方法を知らなかったし，1770年のヴァンデルモンド（Alexandre Théophile Vandermonde）の論文で $n = 11$ の場合が解析されたとき，これは重要な進展であると見なされた（HM, vol.3, p.93, 参照）[7]．

一般の次数 n に対する方程式 $x^n - 1 = 0$ の解は，若きガウスの驚異的な成果であった．

ガウス

ガウス（Carl Friedrich Gauss）はブラウンシュヴァイクで1777年4月30日に貧しい水道配管職人の家に生まれた．少年時代には算数で示した尋常ならざる能力で小学校の先生を驚かせた．先生はブラウンシュヴァイクの公爵がこの少年に注目するようにと意を配り，公爵は少年が続けて教育が受けられるように手配した．1795年から1798年の間，ガウスはゲティンゲン大学で学んだ．彼は数学と言語学の講義に出席し，これら二つの学科のどちらを選ぶか判断できないでいた．彼の判断を助けたのは1796年3月の彼の有名な発見，正17角形が定規とコンパスで作図できること，であった．1807年にガウスはゲティンゲン天文台の

---

[7] われわれが冪根によって方程式を解くという場合，算術的な根を取り出す操作を意味する．この前提で，$x = \sqrt[n]{1}$ と書いたときは方程式 $x^n - 1 = 0$ の単に一つの解，すなわち数1を表すにすぎないが，ここではこの方程式のすべての根をみつけることが要求されている．

ガウス（Carl Friedrich Gauss, 1777-1855）

長に任命された——彼は1855年に逝去するまでこの職にあった．ガウスの科学上の興味は驚くほど広範に及んだ．純粋数学の多くの領域にとどまらず，惑星の運動の理論，測地学，および，電気力学において主要な業績を上げた．最後の分野での彼の業績としては，CGS単位系と電場のポテンシャルの概念の二つがよく知られている．純粋数学では，数論，代数学，解析学，および，曲面の幾何学に関する論文を公にしている．分野を問わず，彼の素材に関する洞察の深さ，アイデアの大胆さ，そして，彼の結果の重要性は驚嘆すべきものである．ガウスは数学王と呼ばれた．さらに驚きをもたらしたのは，ガウスの発表されていなかった論文の調査——19世紀の後半になされた——の結果であった．彼がそのアイデアを部分的にしか公表していなかったことが明らかになったのである．ガウスは，発表された論文では単に仄めかす程度であった楕円関数やアーベル関数の理論においても深く踏み込み，努力を傾注して検討していたし，コーシーに先立って複素積分を習熟していたし，非ユークリッド幾何学に力を注いでいたし，彼の天文学上の計算や観測についてもその一部のみが出版されるにとどまっていた．

ときにはガウスは未発表の結果を彼の友人たちへの手紙で漏らし,そして,そのうちにそれが数学界に噂として広まって,若手の数学者たちの考察を刺激したり方向づけを誘引したりした.ガウスの科学面での重要性についてはまずもって過大評価の誹りを受けることはない.

クライン (Felix Klein) によるガウスの日記についてのコメントから青年期 (1796-1801) のガウスの人となりが仄見えてくる.

> ここでは,公表された彼の論文にみられるような近づき難い,覆い隠された,用心深いガウスをみることはない.ここではその偉大なる発見を経験し,それに思い至ったときにガウスがどんな様子であったかがみられる.彼はその喜びと楽しさを最も生き生きとした仕方で表現し,大いなる賛辞を自分自身に惜しみなく与え,熱狂的な感嘆に浸る気分を表現している.算術,代数学,そして解析学における相次ぐ偉大なる発見の誇るべき連なりが(まだ不完全だと認められるものの)われわれの眼前を行進し,われわれは *Disquisitiones arithmeticae* (数論研究) の創造の過程を経験する[8].

同時代の人たちはガウスをユーモアのセンスをもった楽しげな人物と書き残している.彼は文学,哲学,政治学,および,経済学に鋭敏な興味を示した.ロシアの科学が盛んになるのを特に注目していた.彼はペテルスブルグ科学アカデミーとの科学上のつながりを保っていたが,彼は早くも 1801 年にその通信会員に選出され,1824 年には外国人会員となった.62 歳になってガウスはロシア語を学び,ペテルスブルグ科学アカデミーに手紙を書いてロシアの専門誌と書物を求め,特にプーシキンの『大尉の娘』をも求めた.ガウスは自分の直接の生徒をほとんどもたなかったが,世界中の数学者たちの先生であったといってもよかろう.

円分方程式の解法

ここで円分方程式 $x^n - 1 = 0$ の理論へのガウスの寄与を彼の *Disquisitiones arithmeticae* (数論研究) (ゲティンゲン,1801) の第 7 章によって考察する.

最初に例として $n = 5$ の場合を分析する.これはガウスよりも随分と前に処理されていた自明な場合である.方程式として解くべきものは,

---

[8] F. クライン, *Vorlesungen über die Entwicklung der Mathematik im 19. Jahrhundert*, Bd. 1. ベルリン, 1926, p.33.

2.2 代数学の進展

であるから，実際には

$$x^5 - 1 = (x-1)(x^4 + x^3 + x^2 + x + 1)$$

$$x^4 + x^3 + x^2 + x + 1 = 0$$

である．そこで $z = x + 1/x$ と置く．さて，$x^5 = 1$ とすれば $1/x = x^4$ であり，$z = x^4 + x$ である．さらに

$$z^2 = x^2 + 2 + \frac{1}{x^2} = x^2 + 2 + x^3$$

となる．これから z の方程式

$$z^2 + z - 1 = 0$$

が得られ，x の方程式は

$$x^2 - zx + 1 = 0$$

で与えられる．これらの方程式を解いて

$$z_{1,2} = \frac{-1 \pm \sqrt{5}}{2}, \qquad x_{1,2} = \frac{z \pm i\sqrt{z+3}}{2}$$

が得られ，最終的には四つの解が冪根を用いて

$$x_1 = \frac{-1+\sqrt{5}}{4} + i\sqrt{\frac{5+\sqrt{5}}{8}}, \qquad x_3 = \frac{-1+\sqrt{5}}{4} - i\sqrt{\frac{5+\sqrt{5}}{8}},$$

$$x_2 = \frac{-1-\sqrt{5}}{4} + i\sqrt{\frac{5-\sqrt{5}}{8}}, \qquad x_4 = \frac{-1-\sqrt{5}}{4} - i\sqrt{\frac{5-\sqrt{5}}{8}},$$

の形に表される．

現代的に述べれば，もとの方程式

$$x^4 + x^3 + x^2 + x + 1 = 0$$

は $a + bx + cx^2 + dx^3$, $a, b, c, d \in \mathbb{Q}$, の形の大きさ (magnitudes) が作る体 K を決定し，この体は $\alpha + \beta z$, $\alpha, \beta \in \mathbb{Q}$ の形の大きさからなる部分体 L を含んでいる．体 K は体 L の 2 の冪根拡大であり，体 L は有理数体 $\mathbb{Q}$ の 2 次の冪根拡大である．さてわれわれは同様な「翻訳」によってガウスの理由づけを提示しよう．

ガウスは簡明に述べるために n が素数値である場合に限定し，次の形の大きさが構成する体を考察した．

$$K = \{\alpha_0 + \alpha_1 x + \cdots + \alpha_{n-2} x^{n-2}, \ \alpha_0, \alpha_1, \cdots, \alpha_{n-2} \in \mathbb{Q}\}$$

体 K の要素を調べるために，ガウスは方程式 $x^n = 1$ の根の集合上の写像 $\varepsilon \to \varepsilon^k$, $0 < k < n$, すなわち，K の $\mathbb{Q}$ 上のガロア群，を考察した．ある箇所で彼は，正 n

角形の作図可能性はその幾何学的な対称性ではなく，もっと隠されたところにある代数的な対称性に依拠する，と書いている．

そしてガウスは体 K においてもっと便利な基底 $x, x^2, \cdots, x^{n-1}$ を選び，数 $n-1$ の $n-1 = e \cdot f$ という分割の各々に対して，

$$\alpha_1 \cdot (f, 1) + \alpha_2 \cdot (f, 2) + \cdots + \alpha_e \cdot (f, e), \quad \alpha_1, \alpha_2, \cdots, \alpha_e \in \mathbb{Q}$$

という形の大きさ全体の集合 K_e を導入した．ただし，(f, i) は有名なガウスの周期である．この周期を定義するために，ガウスは数 $1, 2, \cdots, n-1$ 自身ではなく，それらに対応する法 n での剰余類を考える．いま n は素数であると仮定しているから，これらの類は乗法的な巡回群を形成しており，$n-1$ の各因数 f に対して，この巡回群は f 個の類で構成される部分群をただ一つ含んでいる．もとの巡回群を G と表し，この部分群を $H(f)$ と表し，さらに G の $H(f)$ による剰余類の集合を $H_{(f,i)}(i = 1, 2, \cdots, e)$ と表す．周期 (f, i) は和

$$(f, i) = \sum x^k, \quad k \in H_{(f,i)}$$

で定義される[9]．ガウスは剰余類の諸性質を知っており，それらを容易に取り扱うことができた．特に，彼は与えられた f に対する周期の積がこのような周期の1次結合として表されることを証明する．

$$(f, i) \cdot (f, j) = \sum \alpha_{ijk}(f, k), \quad \alpha_{ijk} \in \mathbb{Q},$$

すなわち，K_e は体である．さらに彼は $K_{e_1} \subset K_{e_2}$ であるための必要十分条件は e_1 が e_2 を割ることであることを証明する．彼は具体的な場合を取り扱い，その場合に，大きいほうの体の生成的な要素が小さいほうの体に係数をもつ方程式を満たすこと，および，その方程式の次数が大きいほうの体の小さいほうの体上の次数と一致することを示している．さらにまた，このような方程式をどのようにみつけるかを示し，それらが**冪根で解ける**ことを証明する．締めくくりの結論として次のように定理を与える．もし n が素数であり，$n - 1 = a_1 \cdots a_k$ を $n-1$ の素因数分解とするならば，方程式

$$x^{n-1} + \cdots + x + 1 = 0$$

---

[9] ［訳注］基底 $x, x^2, \ldots, x^{n-1}$ は $\mathbb{Q}$ 上独立であるから，これら e 個の K の元 (f, i) はすべて相異なり，G の $H(f)$ による e 個の剰余類の「番号づけ」として利用することができる．

を解くことは,次数がそれぞれ $a_1, \cdots, a_k$ の k 個の方程式を解くことに帰着される.特に,$16 = 2 \cdot 2 \cdot 2 \cdot 2$ であるから,方程式 $x^{17} - 1 = 0$ の解法は4個の2次方程式を解くことに帰着される.これは正17角形が定規とコンパスで作図できることを意味している.ガウスはさらに,

> もし,$n-1$ が 2 以外に他の素数を含むならば,われわれはもっと高次の方程式を得ることになり,…そして**われわれは必要とされるだけの厳密さによってこれらの高次の方程式を消し去ることも,もっと低次の方程式に帰着することもできないことを証明することができる**[太文字はガウス自身による強調を表す(著者注)].その証明をここで示すのはこの著作の範囲を超えることになろう.とはいえ,われわれの定理によって与えられるもの以外の円分法——たとえば,7, 11, 13, 19, …をその部分に含む円分法——を幾何学的な作図に帰着させることが可能であると期待して無駄に時間を費やすべきでないことを指摘するのは,われわれの責務であると思われる[10].

ガウスは一般的な定理を展開しながら,わかりやすく輝かしい定理の証明と関連づけている.これが見事なまでに興味深い読み物を仕立て上げている.

ガウスの本のこの部分の重要性は実に大きい.ここで潜在的な役割を演じている概念は,体,群,他の体上の体の基底,にとどまらず,ガロア群までもがある.しかも,ガウスの深く美しく分析された例をもってしなければ,方程式の理論におけるこういった概念やそれらの重要性に考えを巡らせることははるかに困難事であったろう.

アーベル

代数的方程式の理論のさらなる発展はノルウェー人数学者アーベル(Niels Henrik Abel, 1802-1829)の名前とつながってくる.アーベルは1802年に生まれ,貧しいノルウェー人牧師の息子であった.1823年にクリスチャニア大学の学生であったアーベルは,一般の5次方程式の解の冪根による公式をみつけたと思った.間もなく自分の間違いに気づき,1824年に小冊子の形で,一般の5次方程式が冪根によっては解くことができないことのかなり圧縮した証明を出版した.この研究は注意を呼び,彼は海外への遊学のための奨学金を提供された.

---

[10] C.F. ガウス, *Werke*, Bd. 1. ゲティンゲン, 1863, p. 462.

アーベル (Niels Henrik Abel, 1802-1829)

1825年の秋から1826年の春までをアーベルはベルリンで過ごした．そこで彼はクレレ（August Leopold Crelle）と交友を結んだが，後者は有名な *Journal für die reine und angewandte Mathematik*（純粋・応用数学雑誌）を出版しようとしていた．その最初の分冊（1826）は，何篇かのアーベルの論文を掲載していた．その1篇が *Démonstration de l'impossibilité de la résolution algébrique des équations générales qui passent le quatrième degré*（4次よりも高い次数の一般的な方程式の代数的な解法の不可能性の証明）（J. für Math., 1826, 1）であった．

クレレの雑誌に掲載されたあと，アーベルの結果は広く知られるようになった．アーベルの論文の重要性はその結果そのものにあった——長い間数学者の努力を寄せ付けようともしなかった結果である．

1826年の夏に，アーベルはイタリアを訪ねた．その年の最後を彼はパリで過ごし，そこでパリ・アカデミーにアーベル関数の理論の有名な定理を含む研究報告を提出した．最初はこの論文は何ら反響を呼ばず，ほとんど行方不明になっていた．しかしこの論文に対して，死後ではあったが，パリ・アカデミーはアーベ

ルに大賞を贈った．1827年が初まり，しばらくをベルリンで過ごしたあと，アーベルは1827年の夏にクリスチャニアに帰った．

彼の故郷での状況は悲惨であった．仕事はないし，生計を立てる術もなかった．家庭教師によっていくばくかのお金を得て，彼は楕円関数論と代数方程式に関して奮闘を続けていた．2部作の *Recherches sur les fonctions elliptiques*（楕円関数についての研究）(J. für Math.) が1827年と1828年に発表され，*Mémoire sur une classe particulière d'équations résoluble algébriquement*（代数的に可解な方程式の特別な類についての研究報告）(J. für Math.) は1829年に出版された．1828年の終りには肺結核に感染し，1829年の初めに数学者としての円熟を見ないままに逝去した．ベルリンへの赴任要請は間に合わなかった．死の直前には彼は代数的に可解な方程式のすべてを決定するという問題に立ち向かっていた．

1829年のアーベルの研究報告の内容についていくらか詳述する．この研究報告でアーベルが最初に踏み出した一歩は，有理領域，すなわち今日の体にあたるもの，の概念を明示的に導入することである．アーベルは大きさ (magnitudes) $a_1, \cdots, a_n$ についての有理領域を，これら $a_1, \cdots, a_n$ とすべての実（すなわち，有理）数から四則演算によって得られる大きさの集合（もちろん，アーベルはこの用語を用いてはいなかった）として定義した．この概念の導入は方程式の理論についてのあらゆる一般的な考察にとって絶対に本質的である．次の本質的な一歩は，ある注目すべき類の方程式の可解性の証明であった．アーベルはこの類の方程式を次の二つの条件によって定義した．

1．この方程式の根 x_i はすべて定められた根の有理関数である：
$$x_i = \theta_i(x_1).$$
2．有理関数 θ_i は次の性質をもつ：
$$\theta_i(\theta_j(x_1)) = \theta_j(\theta_i(x_1)).$$

今日ではこのような方程式を，正規であってアーベル群をガロア群にもつもの，という．これらの可解性についてのアーベルの証明はガウスの仕事の拡張である．アーベルのこの論文は，ガウスが *Disquisitiones arithmeticae*（数論研究）で注意していたレムニスケート方程式についてのアーベル自身の研究に触発された．アーベルの論文はガウスのアイデアを根本的なやり方で補充し，発展させたものであり，代数方程式の理論に目覚ましい要素を加えた．

ガロア

代数的方程式の理論を正に転換させた一群の大いなる新発見は若きフランス人数学者ガロア（Évariste Galois）によってなされた．

彼の短い人生において，ガロア（1811-1832）は目を瞠るべき発見をなし，19世紀の偉大な数学者たちの一人となった．彼は1811年にパリの近くで裕福な階層の知的な家族の一員として生まれた．1823年に両親は彼をパリにあるリセに送った．彼は数学に興味を惹かれるようになり，しばらくはルジャンドル（A.M. Legendre），ラグランジュ，および，ガウスの仕事を楽しみながらやすやすと読んだ．彼の先生の一人が残した報告がある．

> 彼は数学に情熱をもっている．もし彼の両親が同意するなら，彼はこの科学だけを専念して学ぶべきであると思われる．ここでは彼は単に時間を無駄に過ごしており，先生を怒らせて罰を招いている[11]．

いくつもの不運が1827年から1829年の間にガロアに降りかかった．彼の父親は大きな政治的な陰謀の結果として自殺した．ガロア自身はリセでの学業を終えることなく，エコール・ポリテクニークの入学試験に2度失敗した．彼がパリ・アカデミーに提出した論文は紛失されてしまった．こういった不運，ならびに，当時のフランスにおける政治的な迫害と扇動がもたらす緊迫した状況は，彼の神経を緊張させ，短気な人間へと彼を追いやった．彼の論文 *Démonstration d'un théorème sur les fractions continues périodiques*（周期的な連分数に関する一定理の証明）（Ann. Math.）は1829年に出版された．すでにそのときには彼は方程式の理論に関する彼の最も重要ないくつかの発見を終えていた．1829年の秋に彼はエコール・ノルマールに入ったが，こちらは当時の水準ではエコール・ポリテクニークよりも低かった．代数方程式の理論における彼の発見についての論文は再度紛失されてしまった．この年の終りには，ガロアは共和主義的な演説を理由に退学させられ，1831年6月にはルイ・フィリップ（Louis-Philippe）王についての挑発的な公言を廉（かど）として法廷に立たされた．この事件は彼が若すぎることを理由に却下された．一月も立たないうちに若者たちのデモの指導者として彼は再度逮捕された．今回は，明確な理由もなしに，長い裁判の末に，1831年の

---

[11] P. デュペイ, *La vie d'Evariste Galois*. Ann. sc. de l'Ecole Norm., s. 3, t. 13, 1896, p.256.

終りに 6 カ月の入獄の刑を言い渡された．人生経験の短い神経の張りつめた若者ガロアにとっては一般房への収監は特に厳しいものであった．出獄して間もなく，彼は決闘によって殺されたが，暗い恋愛沙汰によるものであった．決闘の前夜，ガロアは再度アカデミーに提出すべく準備していた原稿を見直し，補充して，それを彼の友シュヴァリエ（Auguste Chevalier）に送った．ガロアのこの基本的な論文は 1846 年にリウヴィル（Joseph Liouville）によって出版された．

ガロアの代数的な業績

存命中に出版されたガロアのノートや論文のうちで最も注目すべきものは，*Sur la théorie des nombres*（数論について）（Bull. sci. math., 1830）である．このなかでガロアは多項式の合同方程式

$$F(x) \equiv 0 \pmod{p}$$

で，整数の解をもたないものを考察している．彼は次のように書いている．

> その場合，この合同式の根をいくらかの仮想的な記号とみなければならない．というのは，それらは整数に課されるべき条件は満たしていないからである．このような記号と計算の役割は，通常の解析学における仮想的な $\sqrt{-1}$ の役割と正に同様にしばしば有用である[12]．

ガロアはさらに続けて，本質的には，既約多項式の根を体に添加していくやり方を組み上げて（既約性が必要であることもはっきりと意識されている），有限体に関するいくつもの定理を証明している．

ここではガロアの基本的な論文 *Mémoire sur les conditions de résolubilité des équations par radicaux*（方程式が冪根によって解けるための条件についての研究報告）（J. math. pures et appl., 1846）の内容を少し踏み込んで分析しよう．ガロアはこの研究報告を有理領域の定義で始めている．

> 加えて，あらかじめ与えられたものと見なされるある種の量についてのすべての有理関数を有理的なるものと考えることが承認されよう．たとえば，整数の冪根の一つを選び出し，この冪根のすべての有理関数を有理的なるものとして考察することは可能である[13]．

---

[12] E. ガロア, *Œuvres mathématiques.* パリ, 1951, p.15.
[13] 同上, p.34.

ガロア (Évariste Galois, 1811–1832)

彼は，新しい量を既知と見なして添加することによって有理領域を取り換えることが可能であると注意している．これと関連してガロアは指摘する：

> われわれは方程式に関する性質や困難な事情がそれに添加される量によって著しく変化しうることを目の当たりにするだろう[14]．

方程式のガロア群を決定するために，彼は原始的な要素に関する補助定理を証明する．すなわち，既約な方程式のすべての根についての有理関数 V を選べば，逆にすべての根のいずれもが V の有理関数として表される（ただし重根をもたないならば）．証明に次いで次の興味ある注意が与えられる．

> この命題からは，どのような方程式も，補助的な方程式であってその根の各々が互いに他の根の有理関数であるようなものに依拠することが導かれるが，これは注目に値する[15]．

---

[14] E. ガロア, *Œuvres mathématiques.* パリ, 1951, p.35.
[15] 同上, p.37.

2.2 代数学の進展

このような方程式は現在では正規であると呼ばれる．ガロアは正規方程式の研究に乗り出してはいない．彼は単に，「このような方程式は他のものに比べて解くのはやさしくはない」と注意している[16]．

さていよいよきわめて重要な補助定理がくる．

> われわれは V についての方程式を構成し，その既約因子で V がその既約方程式の根であるものを選んだとする．この既約方程式の根を $V, V', V'', \cdots$ とする．もし $a = f(V)$ が与えられたもとの方程式の根であるならば，$f(V')$ もまたその方程式の根である[17]．

この補助定理はそれに続く定理で与えられるガロア群の定義にとっての基盤である．

> **定理**．方程式が与えられたとし，その m 個の根を $a, b, c, \cdots$ とする．これらの文字 $a, b, c, \cdots$ の順列の一群であって，次の性質を満たすものが必ず存在する．
> 1．これらの根の関数でこの一群の置換で不変であるものはすべて有理的に決定可能である（その有理領域に属する）．
> 2．逆に，有理的に決定可能なこれらの根の関数はすべてそれらの置換で不変である[18]．

この定理を理解するためには，ガロアは順列（permutation）という言葉でこれらの根の並べ方を意味し，置換（subsitution）で根の集合の自分自身への写像を意味していると了解しておく必要がある．順列の一群というのは順列の集合であって，それについてガロアは次のように述べている．

> われわれが考察する問題では常に，記号の当初の順番というのは，一群として考えられる限りはまったく影響をもたない以上，当初の順列にかかわらず同じ置換の群を得ていなければならない．したがって，もしこの種の群が置換 S と T とを含んでいれば，それは当然 ST も含んでいる[19]．

この，いくぶん奇妙な句は次のように翻訳すべきであると思われる．「順列の

---

[16] E. ガロア, *Œuvres mathématiques*. パリ, 1951.
[17] 同上, p.37.
[18] 同上, p.38.
[19] 同上, p.35.

一群」という語が用いられる場合，それは順列の集合 U で，追加的な性質，各順列 $u \in U$ に対して，置換 g で $g(u) \in U$ となるもの全体の集合 $G(u, U)$ は同一であること，を満たすものを指す．このような置換の集合は「置換の群」と呼ばれ，いずれにせよどのような順列の集合に関して形成されているかが文脈から明確でなければならない．このようにしてわれわれの意味での置換の「群」が事実浮かび上がってくるのが容易に確認される．そしてガロアは置換 S, T および ST というときにこのことに読者の注意を喚起している．

この定理を証明するにあたって，ガロアは原始的な要素 V をとり，
$$a = \varphi V, b = \varphi_1 V, \cdots, d = \varphi_{m-1} V$$
という表示を考察し，V が満たす既約方程式のすべての根 $V, V', V'', \cdots$ を用いて，根の置換の群を

$$(\varphi V, \varphi_1 V, \cdots, \varphi_{m-1} V)$$
$$(\varphi V', \varphi_1 V', \cdots, \varphi_{m-1} V')$$
$$(\varphi V'', \varphi_1 V'', \cdots, \varphi_{m-1} V'')$$
$$\cdots\cdots\cdots\cdots\cdots\cdots\cdots$$

という形で導入する．これは原始的な要素への作用を通して根の集合へのガロア群の作用を定義するもので，明瞭で申し分のないものである．

ガロアが何とか書き下したことよりも多くを理解していたことは，この定理に関する彼のコメントから明らかである．いくつかのコメントによって，彼は，問題なのは順列ではなく置換であることを強調しようとしている．最後のコメントで彼はいう．「置換は根の個数にさえ依存しない！」[20] 続いて二つの命題では，補助的な方程式の根を有理領域に添加した場合に生じる当初の方程式の群の変化を扱っている．シュヴァリエへの彼の最後の手紙では，最も重要な命題を並べて，ガロアはそれらについてこう語っている．

> 最初の研究報告の命題IIとIIIは，方程式に補助的な方程式の根の一つを添加することと，そのすべての根を添加することとで大いなる差が生じることを明らかにしている．
> いずれの場合も方程式の群は添加によっていくつかの群に分割され，それぞれが同一の置換を用いて次々に移っていくようになっている．しかし，これらの群

---

[20] E. ガロア, *Œuvres mathématiques.* パリ, 1951, p.40.

が同じ置換をもっていることが確かなのは2番目の場合だけである．これは厳密な（proper）分解と呼ばれる．

言い換えれば，ある群Gがある群Hを含んでいるとき，群GはHの順列上に同じ置換を施すことによっていくつかの群に次の形に分けられる．

$$G = H + HS + HS' + \cdots.$$

それはまた同じ置換によって

$$G = H + TH + T'H + \cdots$$

のようにもいくつかの群に分けられる．

これら2種類の分解は通常では一致しない．これが一致するときに，この分解は厳密（proper）であるといわれる[21]．

ガロアの表現を現代の知識の恩恵のもとで考察すれば，ガロアは部分群による群の左右の剰余類による2通りの分解を記述しており，両方の分解が一致する場合，すなわち，この部分群が正規（normal）部分群である場合を抽出している．

命題IIの証明はとても見事である（命題IIIの証明はない）．そのあとガロアは方程式が冪根で解ける場合の判定条件を述べている．この判定法には約2ページが費やされており，冪根を次々に添加する過程と方程式の群がそれに付随して変化する機構を記述している．次いでこの一般理論は素数次数の方程式の研究に適用される．

「このように素数次数の既約方程式が冪根で解けるための必要十分条件は，［根$\{x_k\}$の置換（訳者注）］

$$x_k \rightarrow x_{ak+l}$$

で不変な関数がすべて有理的に決定可能であることである」[22]．言い換えればこのような方程式のガロア群がメタ巡回群であることである．

「素数次の既約方程式が冪根で解けるための必要十分条件は，その方程式のどの2根が与えられても他の根はすべてそれらから有理的に決定可能であることである」[23]．

これはすでにオイラーとラグランジュによって調べられていた問題への解答であった．

ガロアがシュヴァリエに宛てた手紙の有名な締め括りを引用する．

---

[21] E. ガロア, *Œuvres mathématiques.* パリ, 1951, p.25.
[22] 同上, p.48.
[23] 同上, p.49.

どうかヤコビかガウスに公開書簡で彼らの意見を請うて下さい．これらの定理について，それが真実かどうかではなくその重要性に関して．そうすれば，願わくば，この雑然としたことがらのすべてを説き明かすことに益を見いだしてくれるような人々が現れてくれるでしょう[24]．

ガロアは方程式の理論ばかりかアーベル関数と保型関数の理論においても深い結果を思い描いていた．

ガロアの業績の重要性は，方程式の理論に関して新しく深遠な規則性を十全に明らかにしたところにある．ガロアの諸々の発見を消化・吸収したあと，代数学そのものの形態と目的はまさに一変した．方程式の理論は消え去り，その地位は体論，群論，および，ガロアの理論によって引き継がれた．ガロアの早世は科学にとっては何事にも代え難い損失であった．

ガロアの業績にあったいくつかのギャップを埋め，それらを理解し，改善するまでには二，三十年が必要であった．ケーリー（A. Cayley），セレ（Joseph Alfred Serret），ジョルダン（C. Jordan），などの努力がガロアの発見をガロアの理論へと移し替えた．ジョルダンの1870年の著作 "Traité des substitutions et des équations algébriques"（置換と代数方程式についての論文）はこの理論を体系的に提示し，それを広く受け入れられるものとした．それ以来ガロアの理論は数学教育の要目となり，新しい数学研究にとっての基本となった．

群論の進展の第1段階

群論それ自身の歴史は19世紀の中頃，ガロアの仕事の出版のあとに始まるが，この世紀の前半には群論が出現する過程をみることができる．とはいっても，群論的な考察はずっと以前から，たとえば，オイラーやフェルマ（Pierre de Fermat）の仕事にもみられる．ラグランジュとヴァンデルモンドの仕事で代数方程式に関するものには最初の群論的な対象，すなわち，置換が数学に導入されていた（HM, v.3, pp.90-93, 参照）．

ラグランジュの1771年から1773年に出版された研究報告 *Réflecxions sur la résolution algébrique des équations*（方程式の代数的な解法についての考察）は特に重要である．方程式の理論における大層重要な検討がなされているうえに，最初

---

[24] E. ガロア，*Œuvres mathématiques.* パリ，1951, p.32.

の群論的な定理が証明されている．すなわち，n 変数の関数が変数のすべての順列にわたってとる値の個数は $n!$ を割る．これは，群において部分群の指数は群自身の位数を割るという定理の特別な場合である．ラグランジュとヴァンデルモンドのあとを追う者たちのうちではルッフィーニ（Paolo Ruffini）を取り上げなければならない．1808 年から 1813 年の間になされた方程式の理論についての研究で，ルッフィーニは置換の群のみならずその部分群を調べ，推移性と原始性の概念を導入した（HM, v.3, p.95, 参照）．

群論の勃興における重要な一歩はガウスの *Disquisitions arithmeticae*（数論研究）の出版であった．この著作は，一般的な代数的アイデアが継続的に広範に使用されているという点で注目すべきものである．この本の冒頭でガウスは合同関係を定義する．これは，歴史における剰余環の構成の最初の事例である．素数を法とする合同関係の体系的な研究過程のなかで，ガウスは原始根の存在，すなわち，mod p での剰余類の乗法群が巡回群であることを証明する．証明はとても一般的で，どの有限体に対してもそのままに通用する——この事実はガロアが有限体の理論を展開し始めたときに直ちに気づかれている．

ガウス周期の性質の検討に関連して，ガウスは p 元体の乗法群のいくつもの異なった部分群による剰余類を取り扱う必要に気づいており，彼の論証からはこれらの剰余類についての彼の明確な理解のほどが納得される．

しかし，群論にとって最も興味深く重要なことは，ガウスが一連の群，すなわち（与えられた判別式ごとに）2 元 2 次形式の類の群を構成したことである．これは当時までに構成された群のなかでも最も抽象的な例である．

ガウスは形式の合成という自明からはほど遠い演算を導入し，形式の合成から出発して形式の類の合成が定義できることを示している．彼は主の類と他の類 K との合成は K を与え，各類に対してその逆の類が存在することを示し，すなわち，群の演算の初等的な性質を確認している．彼は結合律と可換律は示していないが，これらはその前に示しておいた形式の合成の結合律と可換律から直ちに従う．ここでは類の群における方程式 $K+X=L$ の解が存在してただ一つに限ることについてのガウスの証明を引用しておく．

類の合成を加法の記号「＋」で，類が同一であることを等号で表すのが簡便である．そうすればいま述べた定理は次のように表されるだろう．もし類 K' が類 K の

逆の類であるならば，$K+K'$ は同じ判別式の主の類であり，したがって，$K+K'+L=L$ である．そこで $K'+L=M$ と置くならば，求めるように $K+M=L$ となる．もし他に類 M' で同じ性質をもつものがあれば，すなわち，$K+M'=L$ であれば，$K+K'+M'=L+K'=M$ である．ところがこれから $M'=M$ となる[25]．

類の群の構成に関連してガウスは非常に重要な注意を与えている．

> 注目すべきは，この（前に取り出しておいた）場合には一つの基では十分でないから，何倍かして合成することによって他のすべての類が得られるような二つもしくはより多くの類をとることが必要である．ここでは二重のもしくは多重の添字を用いるが，その用法は単一の添字の用法とまったく同様である…[26]．

ガウスがいいたいことは，考えている群は巡回群ではなく，二つもしくはそれ以上の個数の巡回群の直積であることである．

群論にとってガウスのアイデアの大いなる重要性については疑う余地はない．

置換論の発展について論議するときには，コーシーの論文に注意を払う必要がある．この話題を扱った最初の論文，すなわち *Mémoire sur les nombres des valeurs qu'une fonction peut acquérir lorsqu'on y permute de toutes les manières possibles les quantités qu'elle renfermes*（変数の値がそのすべての順列にわたるときに関数がとりうる値の個数についての研究報告）(J.Ec. Polyt., 1815) において，コーシーは代数的な多変数の関数が変数の値のすべての順列（permutation）においてとる値の個数を検討している．変数の個数を n とし，値のほうの個数を p とする．このとき，彼の定理は p は 1 か 2 か，もしくは少なくとも n 以上であるという．これは対称群 S_n の部分群 H の指数が 1 か 2 か少なくとも n 以上であることを意味している．のちに，1844 年から 1846 年にコーシーは置換（substitution）に関する一連の論文と覚書を発表している．その多くはとりうる値の個数の問題に関連しているが，置換からなる可移群についてのいくつかの定理の証明も含まれている．次は最もよく知られた結果である．すなわち，もし置換の群の位数が素数 p で割れるならば，この群は位数 p の部分群を含む．

1846 年にガロアの基本的ないくつかの論文が公表され，群論の勃興にとっての展開点となった．これについてはすでに方程式の理論についての節で論議して

---

[25] C.F. ガウス, *Werke*, Bd. 1. ゲティンゲン, 1863, p.273.
[26] 同上, pp.374-375.

ある．それらの群論にとっての特別な価値は，古代からの重要な問題の解答が新しい対象—群—の検討に帰着されることを初めて示したところにある．群が補助的な理由づけの道具ではなく，研究の対象としてここに初めて現れた．そこにある華やかで精緻さを欠く定義にもかかわらず，単純群，正規部分群，可解群といった複合した概念をガロアが巧みに使用してのけたことは特筆すべき重要性をもっている．たとえば，彼は次のような主張を大ざっぱに定式化している（ここでは現代的な定式化を与える）．

a) 非アーベル的な最小の単純群は位数 60 の交代群 A_5 である．
b) 位数が p の剰余体を係数とする 1 次分数変換の群は $p>3$ のときは可解でない．
c) この群は $p>11$ のときは指数が p の部分群をもたない．
d) 素数次数の既約方程式が冪根で解けるための必要十分条件はその群がメタ巡回群であることである．

群論の系統的な発展はガロアの論文が現れて間もなく始まった．

抽象群の最初の定義と最初の研究はケーリー（Arthur Cayley）によって 1854 年に発表された．卓抜なイギリスの数学者ケーリーは 1821 年に堅実な商人の家に生まれ，幼年時代を，当時父が住んでいたペテルスブルグで過ごした．1838 年から 1841 年まで，ケーリーはケンブリッジで勉学にいそしみ，数学において最優秀な学生であった．1841 年から彼は数学の論文を発表し始めた．1843 年に始まる 20 年間，ケーリーは法律関係の仕事に従事していたが，この間，強烈なる数学研究を絶やすことはなかった．1863 年に彼はケンブリッジ大学の教授になり，1895 年に没するまでその地位にあった．彼は数学の種々の分野において 200 篇を超える論文を発表した．

ケーリーの最も重要な結果は代数幾何学，線型代数学，および，群論におけるものであった．クラインは数学史についての講義のなかで，ケーリーは「不変式論とその幾何学的側面の両方の意味で現代的代数幾何学の創設者」であったと述べている[27]．

ケーリーの論文 *On the theory of groups, as depending on the symbolic equation* $\theta^n = 1$（群論について，記号的な方程式 $\theta^n = 1$ に依拠するものとして）(Philos. Mag.) の

---

[27] F. クライン, *Vorlesungen* ..., Bd. 1. ベルリン, 1926, p.148.

二つの部分は 1854 年に発表された．ここでケーリーは群を記号の集合で演算の法則が与えられたものとして定義した．演算の法則としては，結合法則，単位元の存在，および，方程式 $ax=1$ と $yb=1$ とがすべての a と b に対して一意的に解をもつことが必要であるとした．実のところ，ケーリーはまず，記号の集合上の群は演算についての結合法則であると書いており，あとになって，やおら，群と呼ぶべき法則はその乗法表が各行および各列に群のすべての要素が現れるような法則である，と追加している．現代の用語では，最初の要請は半群を定義し，二番目の要請がまさしく群の定義を与える．ケーリーは群が乗法表によって与えられると考え，それを生成元と定義関係式に基づいて書き上げることを検討した．ケーリーは群の要素は単に置換にとどまらず，別種の対象，たとえば，四元数であってもかまわないと指摘している．1859 年に彼は上記の論文の第 3 部を公表し，そこで，素数位数の群はすべて巡回群であること，および，位数 8 の群すべての表を示した．ケーリーは「群（group）」という語をガロアに敬意を表して用いることにした．最初はケーリーの論文はあまり注意を惹かなかったが，のちには群の定義のモデルとなり，実質的にはすべての教科書に取り込まれている．

ケーリー（Arthur Cayley, 1821-1895）

2.2 代数学の進展

19世紀半ばの群論の発展について語るとき，ケーリーの業績に加え，各種の置換群の研究にも触れなくてはならない．またもう一つの視点からすればガロアの遺稿集（*Nachlass*）がある．こういった方面では，当時セレが多くの業績をあげており，彼のソルボンヌにおける代数学の講義ではガロアの理論がかつてなく大きい位置を占めていた．

群論における偉大な発見を加えたのはジョルダン（Camille Jordan, 1838-1922）であろう．彼はエコール・ポリテクニークの出身で，そこの教授になり，またコレッジ・ド・フランスの教授でもあった．1865年にジョルダンのガロアの理論に関する最初の論文が現れた．*Commentaires sur le mémoire de Galois*（ガロアの研究報告についての注釈）（C.r. Acad. sci. Paris）．さらに1869年にその続きの*Commentaires sur Galois*（ガロアについての注釈）（Math. Ann.），そして間もなく彼の基本的な著作 *Traité des substitutions et des équations algébriques*（置換と代数方程式に関する概論）（パリ，1870）が出版された．ジョルダンの著作は，置換群の研究，ガロアの理論そのもの，および，数学の多様な分野から生じる方程式へのガロアの理論の応用，の3部門からなっている．

ジョルダン（Camille Jordan, 1838-1922）

この著書でジョルダンは正規部分群を取り上げ，単純群の概念を導入し，ジョルダンの定理（1869年に証明された）と有名なジョルダン - ヘルダー（Jordan-Hölder）の定理の前半を提示し，多重可移群について詳細に検討した．準同型写像の概念はここで初めて登場した（厳密には，上への準同型写像，epimorphism）．ジョルダンの用語では "*l'isomorphisme mériédrique*" であった．興味ある点では，ジョルダンが「群 Γ が群 G と isomorphic である」と述べるときは，G から Γ への epimorphism が定義されているということであった．ジョルダンの概論におけるもう一つの「初めて」は，有限体上の行列群を考察したことである．20世紀にはこれらの群は詳細な研究の対象になる．ジョルダンは，ガロアの理論を彼のやり方で展開する際に，方程式に対してその根の順列を対応させる代わりに，むしろ今日の流儀のように置換の群を対応させる．そして方程式の冪根による可解性に対する判定法をガロア群の可解性という形で定式化する．一時期にはジョルダンのこの著作はガロアの理論のみならず群論の教科書としての役割を果たした．その出版は群論の誕生の時期が終わったことを象徴している．19世紀の残りの30年は——われわれの報告では扱わないが——群論における新しい大いなる発見，取り分けても，連続群やリー群といったいくつかの発見によって彩られていくことになる．

線型代数学の進展

　線型代数学には二面がある．一つは形式的な代数的公式と計算法であり，他方はそれらの幾何学的な解釈である．線型代数学は連立1次方程式の解法の理論と解析幾何学との結びつきから浮かび上がってきた．前者の理論は代数的な公式を提示し，後者は幾何学的な像を育んだ．結果として生じた新しい学問領域を n 次元空間の（線型）幾何学と呼ぶこともできるだろう．理論全体における幾何学的なアイデアを重視するとなると20世紀的な相貌が見えるが，基本的な概念や理論の基礎部分の構築は19世紀の中頃になされた．19世紀の中頃までは，そしてそれ以降であっても，この方面の結果はその幾何学的な内容を抜きにして提示されている．いくつもの場面で，著者たちが自分の仕事について，代数的なものにとどまらずどの程度にまで幾何学的な面を見通していたかを判断するのは困難事になる．

　もう少し具体的には，19世紀の初めの三分の一においては，それ以前に始まっ

ていた話題が発展を続けていった．行列式の理論，2次形式の理論（多くは数論と関連していた），連立1次方程式，および，線型微分方程式があげられる．

ガウスは彼の *Disquisitiones arithmeticae*（数論研究）(1801) の第5章で，ラグランジュのあとを受けて，整数係数の2次形式を整数係数の可逆な変数変換を用いて標準形に還元する問題を調べている．彼の深い結果は必ずしももっぱら線型代数学に属するというわけではないが，彼の方法と思考の様式は線型代数学に影響を与えた．

さらにコーシーの重要な論文 *Mémoire sur les fonctions qui ne peuvent obtenir que deux valeurs égales et des signes contraires par suite des transpositions opérées entre les variables qu'elles renferment*（その変数の置換のもとで符号が異なるだけの二つの値しかとらない関数についての研究報告）(J. Ec. Polyt., 1815) に触れるべきである．この論文でコーシーはヴァンデルモンド（Vandermonde）の研究を発展させ，後者が次数が小さい場合に得ていた行列式の性質を厳密に証明した (HM, v. 3, p.65)．彼は行列式を n^2 変数の関数とみており，それらの変数を四角い表の形に配した．

何年かのちにヤコビ（Carl Gustav Jacob Jacobi）は行列式と2次形式の理論に関する幾篇かの重要な論文を発表した．ヤコビは1804年にポツダムの裕福な家に生まれた．ベルリン大学を卒業したあと，彼はケーニヒスベルクにいった．間もなく1827年に教授となり，1843年に至るまで厳しく研究を重ね，講義を行った．その後彼はベルリンへ移った．彼は1851年に天然痘で亡くなった．ヤコビの数学への興味は大層広範な分野に及んだ．彼の最もよく知られた業績としては，アーベル関数の理論，数論，機械学，変分法，微分方程式などの分野における論文がある．彼は多くの学生を育て，ケーニヒスベルク学派の礎となった．

線型代数学におけるヤコビの最初の論文は *De binis quibuslibet functionibus homogeneis secundi ordinis per substitutions lineares in alias binas transformandis, quae solis quadratis variabilium constant; una cum variis theorematis de transformatione et determinatione integralium multiplicium*（二つの任意の2次の斉次関数を線型変換によって変数の平方しか含まない二つのものに変換することについて；重積分の変換と計算に関する多くの定理とともに）(J. für Math., 1834, 12) であり，二つの2次形式（一方が正定値である場合）を同時に対角化する可能性の証明にあてられている．同時にヤコビは平方の和 $x_1^2 + x_2^2 + \cdots + x_n^2$ を不変にする変

ヤコビ（Carl Gustav Jacob Jacobi, 1804-1851）

換が満たさなければならない条件，すなわち，変換行列の直交条件を決定した．

ヤコビの何篇かの論文は行列式を扱っている．そのうちの一つで，彼は n 変数の n 個の関数の系に対して，有名な「ヤコビ行列式」を導入している．ついでながら，行列式を2本の縦棒によって表記する方法はケーリーによって 1844 年に導入された．

1844 年に線型代数学の進展において展開点を画した二篇の論文が現れた．ケーリーの *Chapters in the analytical geometry of (n) dimensions*（(n) 次元の解析幾何学における数章）とグラスマンの *Die lineale Ausdehnungslehre*（直線的な広がりの科学）である．この n 次元空間の概念を手にするにあたっての一つの重要な役割は，当時のある幾何学的な研究，まず第一には，リーマンの有名な論文 *Ueber die Hypothesen, welche der Geometrie zu Grunde liegen*（幾何学の基礎に横たわる仮説について）（ゲティンゲンで 1854 年に発表され，1868 年にデデキントによって出版された）によって演じられた．そのなかでリーマンは n 次元多様体を定義し，空間の曲率の概念を導入し，かくして幾何学の研究の果てしない原野を拓いた．

数学者たちを多次元的な対象に馴染ませた当時の研究のもう一つの流れは，超複素数に関するものであった．

このように n 次元空間の概念と線型代数学に関連する幾何学的な概念とが豊かな大地に播かれ，クラインが述べたように，「1870 年までに n 次元空間 R_n の概念は，さらに先へと前進する若い世代の共有財産となった」[28]．

線型代数学の代数的側面の進展における一つの重要な段階はケーリーの論文 *A memoir on the theory of matrices*（行列の理論についての研究報告）(Philos. Trans., 1858) の出版であった．この論文でケーリーは行列（matrix）の概念を導入し，行列の加法を定義し，行列の乗法を変数変換の合成との類似によって定義した．彼は単位行列とゼロ行列を導入し，行列式は n^2 変数の関数としてよりむしろ行列の関数としてみることができると注意している．これによって行列式の乗法的な性質を透明な形，

$$|A \cdot B| = |A| \cdot |B|$$

で述べることが可能になった．

四元数に関するハミルトンの定理を一般化することにより，ケーリーはハミルトン－ケーリーの定理を定式化した．すなわち，（正方）行列はすべてその特性多項式の根である．そしてこれを 2 次と 3 次の場合に証明した．行列の概念の導入は，変数の線型的な置き換え——線型変換——が補助的な道具というよりはむしろ研究の対象でなければならないことを明瞭にした．

少しさかのぼって，1852 年にはシルヴェスター（James Joseph Sylvester, 1814-1897）は 2 次形式の慣性法則を論文 *The proof of the theorem that every homogeneous quadratic polynomial is reduced by real orthogonal substitutions to a form of sum of positive and negative squaes*（斉次 2 次多項式はすべて正と負の平方の和の形に実直交置換によって還元されるという定理の証明）(Philos. Mag., London, 1852) で証明した．

行列の階数の概念とクロネッカー－カペッリ（Kronecker-Capelli）の定理は何人もの数学者によって独立に発見されていた．この定理の最初に出版された証明はドジソン（Charles Lutwidge Dodgson）によるもので，彼はあの有名な小説 *Alice's adventures in Wonderland*（不思議の国のアリス）と *Through the looking glass*

---

[28] F. クライン, *Vorlesungen...*, Bd. 1. ベルリン, 1926, p.170.

（鏡の国のアリス）の著者である．定理は彼の論文 *An elementary treatise on determinants*（行列式についての初等的な論文）のなかで次のように定式化されている．

> 変数 m 個についての n 個の非斉次連立1次方程式の系が整合的である（consistent）であるための必要十分条件は行列式が0でない小行列の最大の次数がこの非斉次系と斉次系とに対応する二つの行列に対して一致することである．

線型変換の行列のジョルダンの標準形への還元の問題はワイエルシュトラス（Karl Theodor Wilhelm Weierstrass）とジョルダンによって解かれた．ワイエルシュトラスは論文 *Zur Theorie der bilinearen und quadratischen Formen*（双線型形式と2次形式の理論について）（J. für Math., 1868）において行列が相似であるための必要十分条件を単因子論の言葉で与えた．ジョルダンは *Traité des substitutions et des équations algébriques*（置換と代数方程式に関する概論）（パリ，1870）のなかで行列のジョルダンの標準形を導入し，それがただ一通りに定まることばかりか，行列がこの標準形に必ず還元されることを証明した．

かくして1870年までには，線型代数学の基本的な定理はすべて証明され，n 次元空間の基本的な概念も知られて一般に用いられるところとなった．しかし，これらの結果をすべて組み合わせて単一の調和する理論にまとめるという構想は思うに，一握りの最も有能な数学者たちだけに帰される．このあとに続く30年から50年の間に線型代数学の応用範囲は広がり続け，解説にしろ証明にしろ絶えず改良されていった．その結果，この期間の終わる頃までには線型代数学は全数学世界に認められ，一般教育の欠かせない成分となり，すべての数学者が道具として手にすべき驚くほどに秩序づけられた理論となった．線型代数学はもはやいまではわれわれの思考力の一成分になってしまったといってもいいだろう．

超複素数

超複素数の探索は徐々に多元環の理論の勃興を誘うものであったが，本質的にはイギリスの数学の流れに沿っている．いくつかの孤立した研究を別にすれば，多元環の理論の絶え間ない展開は大陸において19世紀の70年代に始まった．これはすでにその発展の第二段階——半単純多元環や表現論の構造理論の創造の時期——であった．

2.2 代数学の進展

　イギリスにおける代数学の発展を理解するためには、「記号代数学のイギリス学派」の代表者たちの仕事を追うことが重要である。それはのちの数学の一部を形作るといったきっちりと仕上がった結果を欠いてはいるが、基本的なアイデアを、初期段階の不完全な形であることを認めざるを得ないとしても、含んでおり、それがもたらした影響はわれわれの時代にまでおよんでいる数学の歴史の一時代をなしている。

　記号代数学のイギリス学派における最も重要な3名の代数学者はピーコック（George Peacock, 1791-1858）、グレゴリ（Duncan F. Gregory, 1813-1844）、および、ド・モルガン（Augustus De Morgan, 1806-1871）である。なかでもピーコックは明らかに指導的な位置にあり、彼らの仕事はピーコックとの緊密な共同によってなされた。彼らのアイデアは代数学についての一連の論文と手引書によって1830年から1850年の20年間にわたって発表された。ケンブリッジ大学とロンドン大学の教授として、彼らはそのアイデアを学者や学生の間に鼓舞し、広めていった。彼らが彼らに続くイギリスの数学の発展に対して記すべき影響を与えたのは疑う余地もない。

　これらのアイデアの解説が1834年のピーコックの *Report on the recent progress and present state of certain branches of analysis*（解析のある分野に関する最近の進展と現状についての報告書）（Rept. of the British assoc. for the advanc. of sci. for 1833, ロンドン, 1834）にみられる。その名前とは裏腹に、これは基本的には報告書ではなくて完全な創作である。ピーコックは数学における記号の使用の意味と方法に関する問題を考察している。彼は二つの異なった方法、すなわち、算術的代数と記号代数とに関するものを指摘している。前者では、記号は（既知ないし未知であるが限定的な）正整数を表す。このような記号についての演算は、本質的には数についての演算であり、その法則はわれわれの算術の知識から引き出されている。記号代数は

> 記号とそれらを組み合わせることについての科学であり、その特性的な法則によって構成され、算術にも、あるいは、他の科学にも解釈という手法によって適用され得る[29]。

---

[29] G. ピーコック, *Report on the recent progress ....* ロンドン, 1834, pp.194-195.

ピーコックは次のように強調している．すなわち，記号代数は，幾何学にも似て，いくつかのはっきりした「原理」を基礎にして構成されなければならないが，これらの原理には本性的にまったく限定されていない記号についての演算の法則が含まれている．このように，ピーコックは初めて代数学の公理的な構成というアイデアを主張するとともに，公理はそこにかかわる対象の「本性」を説明するものであってはならないと指摘している．彼はまた，記号代数における記号は完全に一般的で，その意味とか表現（実在化）の様式は制限されることから完全に解き放たれている，と力説する．グレゴリはこういったアイデアを論文 *On the nature of symbolical algebra*（記号代数の本性について）(Trans. Roy. Soc. Edinburgh, 1840, 14, 28-216) で展開するにあたって次のように説明する．演算には異なったクラスがあり，逆に，異なった理論が同じ法則を満たす演算を巻き込むこともあるが，この場合には，それらの理論の性質がこういった法則に基づく一般的な場合を処理することによって一括して確立されることもあり得る．明らかに，当時はこれらの著しいアイデアは実数や複素数の性質とか，かなり人工的な例によってのみ例証されうるものであった．ともかく，ここにみられるものは，代数学を公理化しようとする試みと，代数的な構造といった概念の出現であろう．ド・モルガンはいくつかの論文のなかでも特に *On the foundation of algebra*（代数学の基礎について）(Trans. of the Cambridge Philos. Soc., 1841) において，記号代数における演算の法則の具体的な形式を説明しようと試みている．彼は記号 $=, +, -, \times, :, 0, 1$ を考察し，公式の形で——しかし対応する言葉を用いることなく——結合性，可換性，分配性，および，1 と 0 の代数的特徴づけ，といった性質を取り出した．彼は初めて等号（＝）の公理的な性質を与えた人物である．このド・モルガンの論文はこの学派の一般的なアイデアの最も具体的な適応例であるといえよう．そのアイデアは数学のなかに最も端的なやり方で入り込んでいた．上に指摘したピーコックの論文に戻って，彼が記号代数のいくつかの変容のなかの一つを「恒久不変」(permanence) という特殊な原理，あるいは形式保存の原理によって構成したことを示そう．取り分けても，彼は，成り立たなければならないものは公式であって，そのなかの文字に任意の自然数を代入しても正しさが保たれるものである，と前提した．たとえば，

$$(a+x)-x=a$$

である．これは，いわば，代数的な構造をその実在化から得ようとする方法であ

る．この方法は後にデデキントによって，イデアル，無理数，リーマン面上の点，といったものを構成するためにもっと巧妙に用いられ，それ以降数学と数理論理学において使用され続けている．

イギリス学派の数学者たちは，注目すべきことに，公理的な方法に関連するある困難にはまったく気づいていなかった．というのは，例として上げれば，公理系の整合性の問題を決して問いかけてはいなかったし，ときには未定義の，そしてまた，意味のない主張を得てもいた．しかし，彼らの代数学の見方についてのアイデアと手法は，新しい抽象理論，すなわち群論と超複素系の理論の発展にとっては大層有用であることとなった．

1840年代にはイギリスの数学者たちは種々の超複素数の系をみつけようと試みていた．記号代数の学派のよく知られたアイデアは進展に対する信念と希望とをもたらした．超複素数の系というのは，実数 $a, b, \cdots, d$ と「基本単数」$1, \xi, \cdots, \zeta$ とによって

$$a \cdot 1 + b \cdot \xi + \cdots + d \cdot \zeta$$

の形に表されるものの系であって，加法と減法は座標ごとに行い，乗法は基本単数の対のすべての組合せに対する積を定義する必要があった．結果として得られる系がどのような性質をもつかは先験的には明確ではなかったし，得られる系が非可換であるかとか，非結合的であるかとか，ゼロ因子（すなわち，ゼロとは異なる要素 α, β に対して $\alpha\beta = 0$ となるもの）が含まれていて，体ではあり得ないとか，といったことはそのようなものが発見されて初めて知られることとなった．もちろん，その性質ができるだけ複素数に近いような系を得ることが望まれていた．

ハミルトン

超複素数の系の探索における重大なる一歩は，四元数の斜体（skew field）の発見であった．これは1843年にアイルランドの数学者ハミルトン（William Rowan Hamilton）によってなされた．

ハミルトン（1805-1865）はダブリンで生まれた．彼はきわめて有能であった．彼は8歳の時点ですでに五カ国語を知っていた．フランス語，イタリア語，ラテン語，ギリシャ語，ヘブライ語．さらに12歳で12カ国語を知るところとなった．そのなかには，ペルシャ語，アラビア語，マレーシア語が含まれていた．

1823 年に彼はトリニティ・カレッジに入り，優秀な学生であった．1827 年には彼の最初の論文を王立アイルランドアカデミー（Royal Irish Academy）に提出した．これは *Theory of systems of rays*（光線のシステムの理論）（Trans. Roy. Irish Acad.）という論文で，幾何光学に関する深い考察であった．同じ年に，カレッジの卒業を待たずして，彼はトリニティ・カレッジとアイルランド王立天文台の天文学の教授の地位を得た．1830 年と 1832 年にハミルトンは *Theory of systems of rays* に対する 2 篇の補遺を発表し，1834 年と 1835 年には，彼に特別な栄誉をもたらした 2 篇の力学の論文を著した．後者の 2 篇はいわゆるハミルトン力学を扱っていた——まったく新しい数学的な機構であり，のちに量子力学のための基礎としての役割を果たした．1837 年には，王立アイルランドアカデミー紀要（Transactions of the Royal Irish Academy）の 1833 年から 1835 年の期間についての第 17 巻が出され，これにハミルトンの有名な論文 *Theory of conjugate functions or algebraic couples; with a preliminary and elementary essay on algebra as the science of pure time*（共役な関数あるいは代数的な対の理論；および，純粋時間の科学としての代数学に関する予備的で初等的な試論）[30]（Trans. Roy. Irish Acad., 1837）が現れる．この論文には，複素数を実数の対とし，これに加法と乗法を公理的な定義のもとで与えるという，いまでは馴染みのある定義の仕方が含まれている．続く数年間をハミルトンは，何人かの他のイギリス人数学者とともに，超複素数の系を求めての旅に費やした．大層な計算のあとにハミルトンは 3 個の基本単数からなる系はゼロ因子を含むと結論した．彼はさらに 4 個の基本単数からなる系を研究し始め，1843 年に四元数を発見する．この発見は彼にきわめて深い印象をもたらし，彼は続く人生の 20 年を，複素数に対して成り立つ解析学と代数学のあらゆる理論の四元数における類似物を構築するという壮大なるプログラムの実現に捧げた．

　ハミルトンはこう考えた——そして今日ではわれわれは彼に同意する——．すなわち，四元数は超複素数の系のなかでも複素数に最も近いものである．しかしこの観点は無視できない批判を蒙った．批判する者たちは何人かの代数学者で，

---

[30] ［訳注］W.R. ハミルトン，*The Mathematical Papers* Vol. III，ケンブリッジ，1967, Introduction, p. XV，から：「この論文 I の最初の部分を構成する "*The Essay on Algebra as the Science of Pure Time*" は，空間（space）が幾何学における知識の源泉であるのと同じ意味で，時間（Time）を代数学（「代数学」は解析学（analysis）を含むべきものとされている）における知識の源泉とみる試みである．この観点はハミルトンがカント（Immanuel Kant, VI , p.117）を読んで触発されたものである」．

ハミルトン(William Rowan Hamilton, 1805-1865)

ピーコックもそのなかにいた．彼は四元数の積の非可換性に甚だしく困惑した．ハミルトンの四元数活動はダブリンにあっては「四元数家」たちの文字通りの運動をもたらしたが，一部では失敗であった．数学における四元数の役割は複素数に比べれば随分と控えめなものである．とはいっても，ハミルトンと彼に従った者たちの関連する結果は線型代数学とベクトル解析の発展を助けた．ハミルトンの人生の最後の数年は精神的錯乱によって雲の陰りのなかにあった．

ハミルトンは非凡な科学者であり，彼が手がけた数学の分野において，いずれも深く重要な結果を残した．彼は19世紀の最高の数学者たちの一人に数えられる．

それでは四元数について少し詳しく記すことにしよう．それは実数 a, b, c, d によって

$$\alpha = a + bi + cj + dk$$

の形に表され，

$$i^2 = j^2 = k^2 = -1, \quad ij = -ji = k, \quad jk = -kj = i, \quad ki = -ik = j$$

という関係を満たす．四元数は全体として斜体（skew field）を構成する．のちには，四元数の斜体は実数体 $\mathbb{R}$ 上有限次元の唯一の自明でない（すなわち，$\mathbb{R}$ と複素数体 $\mathbb{C}$ とは異なる）斜体であることが示された．これは通常（ハミルトンへの敬意を表して）$\mathbb{H}$ と記される．四元数の乗法は可換ではないから，四元数は非可換群の例をもたらす．四元数 $\alpha = a + bi + cj + dk$ のノルム $N(\alpha)$ は $a^2 + b^2 + c^2 + d^2$ で定義される．また $N(x_1 \cdot x_2) = N(x_1) \cdot N(x_2)$ である．ハミルトンは次の四元数部分空間 V,

$$V = \{ai + bj + ck\}$$

を取り出した．

彼はその要素をベクトル（vector）と呼んだ（これがこの用語の初めての顔見せである）．空間 V は3次元ユークリッド空間と見なせる．これの直交変換で行列式が1であるものは，ノルムが1の四元数 α によって

$$x \to \alpha x \alpha^{-1}$$

と表される．これは有名な注目すべき公式で，その類似物はガウスの論文に現れる．四元数の乗法を用いて，ハミルトンは3次元空間におけるベクトル積を定義した．これは代数学において最も初期に現れた「算術的でない」演算の一つである[31]．ハミルトンによって導入された二つの特に重要な概念はベクトル場，すなわち空間の各点にベクトルを一つずつ対応づける法則として定義されたもの，および，演算 ∇ ——微分形式の理論における d 作用素の原形——である．ハミルトンは彼の発見のうちのこれらと他のものに関する体系的な報告を，それぞれ，二つの著作 *Lectures on quaternions*（四元数に関する講義）（ダブリン，1853）と *Elements of quaternions*（四元数の諸要素）（ダブリン，1866）とにまとめた．四元数の研究は代数学，線型代数学，および，ベクトル解析の理論の発展にとっての一つの主要な刺激であった．

四元数の発見後間もなく，ケーリーは論文 *On Jacobi's elliptic functions, in reply to the Rev. B. Brouwin; and on quaternions*（ヤコビの楕円関数について，尊師 B. Brouwin にお答えして；および四元数について）（Philos. Mag., 1845）を発表した．

---

[31] 詳細については F. クライン, *Elementarmathematik vom höheren Standpunkt aus*, Bd. 1. ベルリン, 1924, を参照．

が，そのなかで彼は実数上 8 次元の多元環を考えている．これは八元数（octnion），あるいは，ケーリー数と呼ばれている．この環では乗法は非可換であるばかりか非結合的である（しかし，どの二つの八元数も結合的な多元環を生成する――いまでは「二者性」（alternativity）として知られる）．しかし，ゼロとは異なる八元数はすべて逆元をもつ．八元数の乗法の非結合性の観点から，これらは "loop"，すなわち，群の非結合的な類似物の例を構成するために用いることができる．

この時点で何人かの数学者たちはゼロ因子を含むような超複素数の系の変種を調べることが適当であろうとみた．特に興味深いのは，アイルランドの数学者グレイヴズ（John T. Graves, 1806-1870）の著作 *On algebraical triplets*（代数的な三つ組について）（ダブリン，1847）である．このなかで彼は $\varepsilon^3 = 1$ を満たす ε による

$$a + b\varepsilon + c\varepsilon^2$$

の形の「三つ組」を考察した．グレイヴズは三つ組の積に関して次のような幾何学的な解釈を与えた．彼は三つ組 $a + b\varepsilon + c\varepsilon^2$ に通常の 3 次元空間の点 (a, b, c) を対応させ，空間内に直線 (x, x, x) を引き，さらに，原点を通ってこの直線と直交する平面をとった．そして三つ組が掛け合わされたとき，これらの直線と平面への射影がそれぞれ実数と複素数のように掛け合わされることを示す．このやり方で，グレイヴズは彼の多元環が二つの体 $\mathbb{R}$ と $\mathbb{C}$ の直和であることを示した．ゼロ因子はこれらの直線ないしは平面への射影がゼロになる三つ組である．

行列環

低次元の多元環に関するこのような研究のあと，注目すべき一歩が 1858 年のケーリーの論文 *A memoir on the theory of matrices*（行列の理論に関する研究報告）によって踏み出された．彼はここで行列と行列の加法と乗法を導入した（p.81 参照）．彼はまた四元数の斜体を次数 2 の複素数行列の多元環の部分環として，同型写像

$$a + bi + cj + dk \cong \begin{pmatrix} a+di & b+ci \\ -b+ci & a-di \end{pmatrix}$$

をもとにして実現した．ここで四元数のノルムは対応する行列の行列式に等しい．このような形でケーリーは多元環の線型表現を考察した最初の数学者となったといえる．ケーリーによって導入された行列環はたちまち広く認知されること

になった.この考察によってケーリーは,明らかに根本的に異なっていた二つの代数学の分野,すなわち,線型代数と超複素数の理論,の間の結びつきを明らかにした.この発見は両者の発展に恵み豊かな効果をもたらした.

グラスマン代数とクリフォード代数

この時点,1862年には,グラスマン(Hermann Günther Grassmann)の著作 *Ausdehnungslehre*(広がりの科学)の第二版が現れた.この本はn次元空間の幾何学を扱っている.最初の版(1844)では「すべては最も一般的な哲学的概念から,実質的には公式なしで導かれている」.第二版は著者によって書き直されており,数学社会からもより近づきやすく,したがっていくらかの注意を惹くこととなった.特に,この本は,いまでは微分形式の外積との関連からよく知られている有名なグラスマン代数,あるいは,外積代数の構成が含まれている.

ベクトルのn次元線型空間を定義したあと,グラスマンはそこに交代的な「外積」(exterior product)を

$$[x_1 x_2] = -[x_2 x_1], [x_1 x_2 x_3] = -[x_2 x_1 x_3] = \cdots = -[x_3 x_2 x_1]$$

といった形で導入し,その複数の構成因子が線型従属であれば,彼はそれをゼロに等しいとした.もしベクトル$x_1, \cdots, x_m, x_{m+1}, \cdots, x_p$が線型独立であれば,グラスマンはまた

$$[x_1 \cdots x_m][x_{m+1} \cdots x_p] = [x_1 \cdots x_m x_{m+1} \cdots x_p]$$

として積を定義する.もし考えている複数のベクトルが線型従属であれば,それらの積はゼロに等しいとされる.このようにしてグラスマンは

$$a + \sum_i a_i e_i + \sum_i \sum_j a_{ij}[e_i e_j] + \cdots + \sum_{i_1} \sum_{i_2} \cdots \sum_{i_r} a_{i_1 i_2 \cdots i_r}[e_{i_1} e_{i_2} \cdots e_{i_r}]$$
$$+ \cdots + a_{12\cdots n}[e_1 e_2 \cdots e_n]$$

の形で表されるものを「外延的な大きさ」と呼び,それらからなる多元環を定義した.これらは現在では位数nのグラスマン数と呼ばれる.これらの数の係数の個数は

$$1 + n + \binom{n}{2} + \cdots + \binom{n}{r} + \cdots + \binom{n}{2} + n + 1 = 2^n$$

である.

イギリスの数学者クリフォード(William Kingdon Clifford, 1845-1879)は一時

期ロンドンのユニヴァーシティ・カレッジの教授であり，幾何学への寄与で有名であったが，論文 Application of Grassmann's extensive algebra（グラスマンの外延的多元環の応用）（Amer. J. Math., 1879）を著した．この論文で，彼はグラスマン代数の次のような変形版を提案した．グラスマンと同様に，彼は n 個のベクトル $e_1, e_2, \cdots, e_n$ と積 $e_{i_1} e_{i_2} \cdots e_{i_r}$ の線型結合を考え，この積では，因子が異なる場合はグラスマンの「外積」と同様に定義し，因子に同じものが繰り返し現れる場合には法則 $e_i^2 = -1$ に従って（たとえば，$e_1 e_2 e_1 = -e_1^2 e_2 = e_2$ のように）計算し，これをゼロとはしない．クリフォード数が現れて間もなく，リプシッツ（Rudolf Lipschitz, 1832-1903）は著作 Untersuchungen über die Summen von Quadraten（平方数の和についての研究）（ボン，1886）において，n 次元空間の直交変換はクリフォード代数での $x \to \alpha x \alpha^{-1}$, $x = \sum_i x_i e_i$, の形の変換で表現されることを示した．のちにはこの表現は直交変換の「スピノール表現」（spinor representation）として知られることになる．

結合代数

複素数の体，四元数の斜体，行列環，双対と二重数の環，さらには，グラスマン数やクリフォード数の多元環はすべて結合的な環の例である．結合的な多元環の一般的な概念はアメリカの代数学者でハーヴァード大学教授パース（Benjamin Peirce）によって彼の本 Linear associative algebra（線型結合多元環）（ハーヴァード，1872）で定義された．パースは多元環を，線型空間であってベクトルのあいだに結合的な乗法が定義されており，それがベクトルの加法に対応した分配法則ならびに数によるベクトルのスカラー倍との可換法則を満たすもの，として定義した．われわれが考察してきた代数に関していえば，結合法則に関する要請を満たさないものは，ケーリー数と3次元空間のベクトルのベクトル積だけである．

線型空間の基底を $e_1, e_2, \cdots, e_n$ とするとき，多元環としてのベクトルの積は基底のベクトルの対に対する積

$$e_i e_j = \sum_k c_{ij}^k e_k$$

を与えておくこと，すなわち，多元環の構造公式を与えることによって決定される（定数 c_{ij}^k は多元環の構造定数と呼ばれる）．

パースは冪ゼロ（冪零）元と冪等元の概念を導入した．元 e は，e のある冪 e^r

がゼロになるとき（たとえば，グラスマン数の e_i）冪ゼロ元と呼ばれ，その冪がすべて等しいときに冪等元と呼ばれる．これらの概念によってパースは低次元の複素数体上の多元環を分類した．

多元環の一般論はワイエルシュトラス（K.T.W. Weierstrass）の1861年の講義にみられるが，彼の研究結果は論文 *Zur Theorie der aus n Haupteinheiten gebildeten complexen Grössen*（主単位 n 個によって構成される複合量の理論について）(Gött. Nachr., 1884) によって初めて公刊された．ワイエルシュトラスは冪ゼロ元をもたない可換な多元環はすべて体 $\mathbb{R}$ と $\mathbb{C}$ のいくつかの直和であることを示した．

不変式論

古典的な不変式論は19世紀中頃にイギリスで生じ，19世紀の後半の数学において鍵となる地位の一つを占めるに至った．不変式論を興すもとには三つの分野，数論（ガウスの2変数2次形式の分類理論），幾何学（曲線の射影的性質）と代数学（行列式の理論）の寄与があった．発展の初期の段階では，イギリスのケーリーとシルヴェスター（彼らはこの理論の用語の「不変式」(invariant) を含むほぼすべての用語を考え出した），アイルランドのサーモン（George Salmon），ドイツのヤコビとヘセ（Ludwig Otto Hesse），および，フランスのエルミート（Charles Hermite）の創造的な仕事と関連していた．その後，ドイツの数学者たちが不変式論の発展において主導的になる．なかでも際立っているのはアロンホルト（Siegfried H. Aronhold），クレプシュ（Rudolf Friedrich Alfred Clebsch）とゴルダン（Paul Albert Gordan）である．19世紀の終り（1884〜1892）にこの理論の基本的な諸問題を解決し，ワイル（Claus Hugo Hermann Weyl）にいわせれば，「この主題全般をほぼ殺してしまった」のがヒルベルト（David Hilbert）である．

この理論においてすべての努力が傾注された基本的な問題は，形式ならびに形式の系の不変式を構成し，研究することにあった．変数 $x_1, \cdots, x_n$ についての位数 k の形式とは，次数が k の斉次多項式

$$P = P(x_1, \cdots, x_n) = \sum_{i_1 + \cdots + i_n = k} a_{i_1 \cdots i_n} x_1^{i_1} \cdots x_n^{i_n}$$

のことをいう．全線型群，すなわち，次数 n の行列式がゼロでない行列全体の群を $GL(n)$ とし，特殊線型群（unimodular group），すなわち，そのうちの行列

式が1であるような行列全体の群を SL(n) とする．変数 $x_1, \cdots, x_n$ の線型変換を通してこれらの群は形式 P に作用し，新しい形式
$$P^g(x_1, \cdots, x_n) = P(g(x_1), \cdots, g(x_n)), \quad g \in \mathrm{GL}(n)$$
へ移す．変数の個数 n と位数 k とを定めておくとき，形式 P の形式的な係数 $a_{i_1\cdots i_n}$ 全体は線型空間 E を構成し，各 $g \in \mathrm{GL}(n)$ に対して対応 $P \to P^g$ はこの線型空間 E の線型変換を定める．のちにはこの対応は群 $\mathrm{GL}(n)$ の E における線型表現として知られることになった．(整) 不変式というのは E 上の関数 f で次の性質をもつものをいう．1) この空間の当初の座標の多項式，すなわち，形式 P の係数の多項式，であり，さらに，2) 群 $\mathrm{GL}(n)$ ないしは $\mathrm{SL}(n)$ の作用に関して不変である，すなわち，$f(P^g) = f(P)$ がすべての $g \in \mathrm{GL}(n)$ ないしはすべての $g \in \mathrm{SL}(n)$ に対して成り立つ．

古典的な不変式論では，もっと一般の——たとえば，有理的な——関数 f を考察し，また，他の振舞い，$\mathrm{GL}(n)$ のある部分群に属する g の作用については $\det(g)$ の冪が掛かること ($f(P^g) = \det(g)^v f(P)$) を許すこともあった．

整不変式 f の全体は空間 E の座標系についての多項式全体の環 R の部分環 R^{inv} を形成する．単一の形式の代わりに形式の組み $P_1, \cdots, P_s$ と線型変換 g の作用
$$(P_1, \cdots, P_n) \to (P_1^g, \cdots, P_n^g)$$
を考える場合には，不変式は形式の系 $P_1, \cdots, P_s$ の係数全体をとり，上と同様な性質を考える．

不変式の構成は代数曲線の射影的な分類の問題と緊密に関係している．事実として，代数曲線の射影的な分類の諸結果が不変式論の創造の主なる出発点として機能した．代数的な系 X と Y がそれぞれに対応する形式の系 $P_1, \cdots, P_s$ と $Q_1, \cdots, Q_s$ によって決定されるとき，それらが射影的に同値であればこれらの系の不変式の値は一致する．一般には，逆は成り立たず，不変式の研究は幾何学的な対象の分類問題の第1段階である．

代数的不変式論の最初のアイデアは数論から発生した．端的にいえば，ガウスの *Disquisitiones arithmeticae*（数論研究）における2変数の2次形式
$$P = ax^2 + 2bxy + cy^2$$
の変数 x と y の線型変換のもとでの研究と関連している．ガウスは線型変換
$$x = \alpha x' + \beta y', \quad y = \gamma x' + \delta y'$$
が形式 P を

$$P' = a'x'^2 + 2b'x'y' + c'y'^2$$

に移す場合を調べ，変化しない，あるいは，特別な仕方で変化する量を探した．最初にみたのは「行列式」(われわれの用語では判別式)

$$D' = b'^2 - a'c' = r^2 D \; ; \; r = \alpha\delta - \beta\gamma, \; D = b^2 - ac$$

であった．

不変式論の興隆はまた行列式の研究，特に，ヤコビの二篇の論文に助けられた．すなわち，*De formatione et proprietatibus determinantium*（行列式の構成と諸性質について）(J. für Math., 1841) と *De determinantibus functionalibus*（関数の行列式について）(J. für Math., 1841) であり，これらにおいてこの方向の研究は十全なまでに発展することになった．

この分野での重要な結果の一つは，n 個の n 変数線型形式の系

$$P_i = \sum a_{ij} x_j \quad (i = 1, \cdots, n)$$

の行列式 $f = \det(a_{ij})$ は群 $SL(n)$ のもとで不変であることである．この結果の重要な一般化は，関数行列式 (Jacobian)

$$f = \det\left(\frac{\partial P_i}{\partial x_j}\right)$$

の値はゼロ点での不変量であることである[32]．ヤコビのこの仕事はヘセ (1811-1874) によって引き継がれる．彼はケーニヒスベルク，ハイデルベルク，および，ミュンヘンの大学の教授であり，特に解析幾何学的な分岐に興味をもった——不変式論の数論とのつながりをしばしの間分断するものであった．

ヘセは，どのような n 変数の形式 P に対しても，その 2 階の偏微分から得られる行列式

$$f = \det\left(\frac{\partial^2 P}{\partial x_i \partial x_j}\right)$$

が群 $SL(n)$ のもとで不変であることを示した．彼に敬意を表してこの行列式はヘシアン (Hessian) と呼ばれるようになった．

代数的な不変式の研究に携わった最初の人々のうちにブール (George Boole) がいる．1841 年の彼の仕事はケーリーの注意を惹いた．ケーリーはその重要性

---

[32] 関数行列式 (Jacobian) そのものは，以下で考察するヘシアン (Hessian) と同様に，共変 (covariant) として知られる n 変数の形式である．

を見抜き，今度はこの新理論にシルヴェスターの興味を向けさせた．アイルランドの数学者であり神学者でもあったサーモンも彼らに加わった．ケーリー，シルヴェスター，サーモンの三人は不変論に関する数多くの論文を著し，その発展における彼らの役割は大いなるものであったから，エルミートは講義のなかで彼らを「不変の三羽烏」といったことがある．

　シルヴェスター（James Joseph Sylvester）はロンドンで1814年に生まれた．1831年には彼はケンブリッジのセント・ジョンズ・カレッジに入学した．病を得て，彼はようやく1837年になって卒業した．1838年にシルヴェスターはロンドンの現在のユニヴァーシティ・カレッジで自然哲学の教授になった．その後彼はアメリカに渡り，1841年から1842年の間はヴァージニア大学の教授であった．1845年から1855年まで彼は保険数理士（actuary）かつ数学者として保険会社に勤めた．1855年から1870年の期間はウルウィックの王立軍事アカデミー（Royal Military Academy）での教授の地位にあった．1876年に彼はボルティモアに創設されたジョンズ・ホプキンス大学の教授となった．授業に加え，彼は純粋数学における問題について，本質的には不変式論の分野で生産的に活動した．彼は

シルヴェスター（James Joseph Sylvester, 1814-1897）

American Journal of Mathematics を創刊し，これは現在も最もよく知られたアメリカの学術数学雑誌の一つである．

1883 年に 69 歳のシルヴェスターはイギリスに帰り，オックスフォードで教授職に就き，そこで残りの人生を全うした．

シルヴェスターはきらめきと強靱さを具えた精神の持主であった．彼は幅広い各種の問題に強く興味を惹かれ，一見かなり異なった知識の領域から関連する現象を集めて体系化し，総合した．シルヴェスターは代数的な対象物に関して純粋に抽象的で組合せ的な研究をすすめ，成功を収めた．シルヴェスターがロンドンにいるあいだに，ケーリーは彼に不変式論についての新しい代数的なアイデアを紹介した．間もなくシルヴェスターは代数的な思索のこの分野での指導的な代表の一人になった．特に彼は新理論の基本用語，不変式 (invariant)，共変 (covariant)，判別式 (discriminant)，などのすべてを導入した．

シルヴェスターの創造的な数学的成果の主要な部分を占めるものとしては，2次形式の対の単因子の理論と標準形の理論，すなわち，斉次2次形式の最も単純な形への還元理論がある．

ブールの研究はケーリーに次数 n の斉次関数の不変式を計算すべきという発想を提起した．加えて，ヘセとアイゼンシュタインの行列式に関するアイデアを用い，彼は不変式の概念を一般化するための技術的な手法に取り組んだ．

1841 年にはケーリーはまた一連の論文を発表し始め，射影幾何学の代数的な様相を研究する．1854 年から 1878 年までのあいだに，ケーリーは論文を次々に発表して，2変数，3変数さらにはそれ以上の斉次多項式を調べていった．彼は非常に多くの具体的な結果を得，不変式の計算の記号的な方法を発見した．結果のうちの一つは，
$$g_2 = ae - 4bd + 3c^2$$
と
$$g_3 = \begin{vmatrix} a & b & c \\ b & c & d \\ c & d & e \end{vmatrix}$$
が 2 変数の次数 4 の形式
$$P = ax_1^4 + 4bx_1^3 x_2 + 6cx_1^2 x_2^2 + 4dx_1 x_2^3 + ex_2^4, \quad a, b, c, d, e \in \mathbb{C},$$
の群 GL(2) に関する不変式の完全系を形作ることである．言い換えれば，不変

式 g_2 と g_3 は不変式の環を生成する：
$$R^{\text{inv}} = \mathbb{C}[g_2, g_3].$$
たとえば，この形式 P の判別式は
$$\Delta = g_2^3 - 27 g_3^2$$
で与えられる．2 変数 3 次形式
$$P = ax_1^3 + 3bx_1^2 x_2 + 3cx_1 x_2^2 + dx_2^3$$
については，アイゼンシュタインは次の最も簡単な不変式
$$f = 3b^2 c^2 + 6abcd - 4b^3 d - 4ac^3 - a^2 d^2$$
を得ていたが，これは次のヘシアン
$$h = \frac{1}{36} \begin{vmatrix} \dfrac{\partial^2 P}{\partial^2 x_1} & \dfrac{\partial^2 P}{\partial x_1 \partial x_2} \\ \dfrac{\partial^2 P}{\partial x_2 \partial x_1} & \dfrac{\partial^2 P}{\partial^2 x_2} \end{vmatrix}$$
の判別式と定数倍を除いて等しい．このアイゼンシュタインの結果は 2 変数の場合の不変式のさらなる研究，特に，ケーリーの上に述べた研究の出発点であった．

のちに，ベルリンの数学者アロンホルト (Siegfried H. Aronhold, 1819-1884) は，不変式論の研究を 1849 年に始め，3 変数 3 次形式の不変式の研究に対して重要な貢献をなした．

いま示したいくつかの例が示すように，不変式論の創設者たちの前に立ち現れた最初の基本的な問題は特定の不変式を見つけ出すことであった．これは 19 世紀の 40 年代から 70 年代の間になされた仕事をかなり公正に記述している．

かなりの量の特定の不変式が計算されたあとに現れた第二の基本問題は不変量の完全系を見いだすという問題であった．多くの場合に気づかれていたのだが，形式の系の不変式のなかから有限個の不変式 $f_1, \cdots, f_n$ をうまく見いだせば，その系の不変式をすべて $f_1, \cdots, f_n$ の多項式として表すことができる．このような不変式の系は最初ケーリーによって着目された．2 変数の 3 次形式に対するアイゼンシュタインの結果を用いて，ケーリーは次数 3 と 4 の 2 変数の形式に対するこのような不変式の系を見いだし，これを彼の有名な *Memoirs on quantics*（同次多項式についての研究報告）(1856) の第 2 部で発表した．不変式のこのような系は完全系ないし基本的な系として知られるようになった．現代の視点からは，このよ

うな系は関連した不変式の環の有限個からなる生成系にあたる．多変数の高次の形式に対してこのような系を構成することは大層な難題となった．こういった方向で仕事をした数学者たちは，主としてドイツ学派であったが，いわゆる記号法と呼ばれるものを開発した．この方法は形式のどういった系に対してもあらかじめ与えられた次数の不変式を具体的に計算することが可能なものであった．完全系の不変式の次数は前もって知られてはいないから，原理的には，記号法によって不変式の完全系を構成することは不可能であった．とはいえ，記号法と他の考察とを組み合わせることによって，いくつかの特別な場合には求める結果を得ることができた．このアプローチの頂点は，エルランゲンの教授ゴルダン（Paul Albert Gordan, 1837-1912）によって1868年に得られた結果で，任意の次数の2変数の形式に対する不変式に有限個数の完全系が存在することの証明であった．1870年には彼は任意の次数の2変数の形式の有限の系には必ず不変式の完全系が存在することを証明した．これらの結果により，ゴルダンは「不変式論の王」の名前を獲得した．ゴルダンの構成法に限らず，記号法と関連した他の構成方法も完全に実効的（fully effective）であることを注意しておく．かかわってくる計算は大層複雑であった．次数 n の2変数の形式については，不変式の明示的な完全系は $n \leq 6$ までしか得られていなかった．さらに $n = 7$ の場合になると，すでに19世紀に可能であった水準を超える計算が入り込んできた．言葉が一切入らない数式が10ページに及ぶことも当時は異常であるとは考えられなかったが，この事実をもってしてもである．

　12年にもわたるあいだ，研究者たちはゴルダンの結果を種々の方向へ拡張していった．ゴルダン自身も3変数の2次形式，3変数の3次形式，さらには3変数2次形式の2個ないし3個の系，に対して不変式の完全系を見いだした．しかし，一般の場合に有限個からなる不変式の完全系が存在するかどうかという問題はこの理論の中心的な問題の一つであり続けた．

　これが，数学のこの分野での80年代の中頃までの状態であったが，そこでヒルベルト（David Hilbert）が不変式論の研究を始めることになった．この理論に対する彼の興味は，もしケーニヒルベルク学派の伝統を思い起こすならば，まったく自然なものであった．この学派は，19世紀前半にノイマン（Franz Ernst Neumann, 1798-1895）とヤコビとによって興された．彼らは1826年から1843年にわたって講義を続けていた．不変式論にかかわったほとんどすべてのドイツ

人数学者はこの学派の出身であった．ヤコビの学生であったヘセもそこで1840年から1855年まで講義していた．クレプシュとアロンホルトもまたこの学派に属していた．

ヒルベルトの，2篇の基本的な論文 *Über die Theorie der algebraischen Formen*（代数的な形式の理論について）(Math. Ann., 1890) ならびに *Über die vollen Invariantensysteme*（不変式の完全系について）(Math. Ann., 1893) は，不変式論の専門家たちの最善の努力を長きにわたって寄せつけなかった問題への解答を含んでいた．この問題というのは整不変式の環の生成元の個数の有限性を問うものであった．最初の論文でヒルベルトが与えた証明は，この応用を狙ってヒルベルトが確立した基底定理によっていた．その証明は簡単であっさりと書かれていた．当時の常識的な見方によって判断すれば，ヒルベルトの証明には実効性を欠くという致命的な欠陥があった．ヒルベルトの2番目の論文は不変式論に関する彼の仕事を完成させるものであった．そのなかで彼は，ゼロ形式（null form）の概念に基づき，この問題に対する明示的で構成的な解法を提示している．

これら2篇の論文の運命は驚くほど対照的である．最初の論文は20世紀数学の数多くの話題，可換環論，代数幾何学，表現論，および，ホモロジー代数，の発展を活気づけた．対照的に，第二の論文はその発表の直後から忘れ去られ，70年にもわたって数学の進化に影響を与えなかった．

2.3　代数的数論と可換環論の始まり

ガウスの数論研究

ガウス（Carl Friedrich Gauss）の仕事，そして特に *Disquisitiones arithmeticae*（数論研究）(1801) と *Theoria residuorum biquadraticorum*（4次剰余の理論）(Commentationes soc. reg. sci. Götting. recentiores Gottingae, pt.1, 1828; pt.2, 1832)，は19世紀における数論全般の形成といった効果をもたらした．ガウスを引用する場合，このあとのほうの仕事は結果として，いわば，高等算術の領域を無限に拡大した．これについては次の小分節で検討する．ここでは彼の *Disquisitiones arithmeticae* を取り上げる．

この本は内容もさることながら形式の面でも注目に値する．そのなかでガウスは，オイラー（Leonhard Euler），ラグランジュ（Joseph Louis Lagrange）およ

ルジャンドル（Adrien Marie Legendre）が正面切って立ち向かったにもかかわらず攻略できなかった大層難しい定理を証明し，19世紀の数学者にとっての手本となった完全に新しい理論を基礎づけた．取り分けても，ガウスは合同（congruence）関係を導入し，初等数論全体を合同という言葉を用いて明細に解き明かした．彼は二つの数 a と b が整数 c を法として（modulo c）合同であるということを，差 $a-b$ が c で割り切れることとして定義した．彼は合同を等号と類似する記号 $\equiv$ によって表し，

$$a \equiv b \pmod{c}$$

と書いた．ガウスによるこの記号の選択は，合同式と等式の類似性を強調して，適切であること特段であった．彼は等式に適用される法則が合同式にも適用できることを証明した．特に，合同式を加えたり掛け合わせたり，また，法（modulus）と素な数で合同式を割ることができる．

合同関係は対称的で，反射的で，推移的であるから，整数全体を同値な数の共通部分をもたない類に分解する．この類を c を法とする剰余類と呼ぶ．各類にその要素の一つ，たとえば負でない最小の数（ガウスは「最小剰余」と呼んだ）を対応させる．このとき，$0, 1, 2, \cdots, n-1$ は n を法とする剰余類の代表の集合である．これらは n を法とする剰余類のいわゆる完全代表系を与える．数の加法と乗法に従って剰余類の加法と乗法が定義され，このようにして有限環が得られる．法が素数 p であるとき，剰余類は有限体を構成する．というのは，$1, 2, \cdots, p-1$ のそれぞれの数は（乗法的な）逆元をもつからである．これは数学における最初の体の例（そして「自然でない」体，すなわち，計測と関係しない体の最初の例）であった．ガウスは合同式の理論を方程式の理論と類似的なやり方で展開する．まず線型的な合同式

$$ax + b \equiv 0 \pmod{c}$$

を考察し，継いでこのような合同式の系，そして最終的には次数2の，さらに，より高次の合同式を考察する．彼は，素数 p を法とする m 次の合同式

$$Ax^m + Bx^{m-1} + \cdots + Mx + N \equiv 0 \pmod{p}$$

で $A \not\equiv 0 \pmod{p}$ であるものは $\mathrm{mod}\, p$ で合同にならない根をたかだか m 個しかもたないことを示す（ついでながら，この結果はラグランジュによって論文 *Nouvelle méthode pour résoudre les problèmes indéterminés en nombres entiers*（整数の不定方程式を解くための新しい方法）（Mém. Acad. Berlin (1768), 1770）におい

て合同関係を用いないで示されていた).

高次の方程式との関連では，素数の法に関する原始根の存在をガウスが厳密に証明したことと，彼が対数の概念に対応する指数（index）の概念を導入し，系統的に利用したことを注意しておく．

2次の合同式に関しては，基礎的な結果はすべてすでにオイラーによって得られていた．ガウスは全理論を体系化し，オイラーによって発見された平方剰余の相互法則に対して初めて厳密な証明を与えた（HM, vol.3, pp.104-105）.

彼の本でガウスはこの注目すべき定理に二つの（そしてのちの6種類を合わせ，合計8種類の）証明を与えた．ルジャンドル記号を用いれば，平方剰余の相互法則は奇素数 p, q に対して

$$\left(\frac{p}{q}\right)\left(\frac{q}{p}\right) = (-1)^{\frac{p-1}{2} \cdot \frac{q-1}{2}}$$

と表される．ただし，p が mod q で平方剰余であるとき（すなわち，合同式 $x^2 \equiv p \pmod{q}$ が解をもつとき）は $\left(\frac{p}{q}\right) = 1$ であり，そうでないときは $\left(\frac{p}{q}\right) = -1$ である．

ガウスはこの定理が基本的であるという理由を，「実用上，平方剰余について主張しうることはすべてこの定理に基礎づけられるから」だとしている[33]．この定理とその一般化に傾注された諸々の研究は代数的数論の発展にとって最も重要な刺激の一つを提供した．

ガウスによって展開されたもう一つの基本的な方向は2次形式の理論として知られるようになった．2変数の2次形式（あるいは，単に形式）というのは

$$F(x, y) = ax^2 + 2bxy + cy^2, \quad a, b, c \in \mathbb{Z} \tag{13}$$

と表されるものをいう．ガウスはこのような形式を (a, b, c) と略記した．ただし，以降では a, b, c は共通の素因数をもたないものとする．数 N が形式(13)によって表現可能であるというのは，数 m と n で

$$N = am^2 + 2bmn + cn^2$$

となるものが存在することをいう．数 $D = b^2 - ac$ をこの形式の判別式という．

すでにフェルマ（Pierre de Fermat）は与えられた判別式をもつ形式で表現可能である整数をすべて決定するという問題を提起していた．フェルマは，形式 x^2

---

[33] C.F. ガウス, *Werke*, Bd. 1. ゲティンゲン, 1863, p.99.

$+y^2$ が $4n+1$ の形の素数をすべて表現し，$4n+3$ の形のどの素数も表現しないことを知っていた．彼はまた形式 $x^2 \pm 2y^2$ および x^2+3y^2 のそれぞれでどのような数が表現可能であるかを知っていた．オイラーはフェルマによって発見された事実を証明し，2次形式の性質についての研究を実質的に進展させた．彼は形式で表現される数の研究からそれらの約数の研究へと注目すべきところを転換させた最初の人であった．このようにして彼は加法的問題を乗法的なものに切り替えた(HM, v.3., p.102).

このアプローチからラグランジュは彼の *Recherches arithmétiques*（算術研究）(Nouv. Mém. Acad. Berlin (1773), 1775) において次の事実を示した．形式

$$u^2 + dv^2 \tag{14}$$

によって表現される数 N の約数 p は，一般には，この型の形式では表現されず，形式

$$p = ax^2 + 2bxy + cy^2 \tag{15}$$

で，$ac - b^2 = d$ となるものによって，すなわち，形式(14)と同一の判別式をもつ形式によって表現される．形式(14)のほうは，与えられた判別式 d をもつ主形式として知られる[34]．

ラグランジュはまた逆の命題を確立した．もし p が式(15)のように $x, y \in \mathbb{Z}$, $xy \neq 0$ によって表現可能な素数であるならば，それは，式(15)の形式の判別式と同一の判別式をもつ主形式で表現される数を割る．これらすべてが，同じ判別式をもつすべての形式を同時に調べる必要性を示唆しているとラグランジュはみた．彼は(13)の形の二つの形式が線型変換

$$x = Lx' + My', \quad y = \ell x' + my' \tag{16}$$

であって行列式 $Lm - \ell M = \pm 1$ であるようなもので移りあうときに同じ類に属するとして形式全体を類に分割した．このとき，形式 $F(x, y)$ は形式

$$F_1(x', y') = a_1 x'^2 + 2b_1 x'y' + c_1 y'^2 \tag{13'}$$

に移され，この判別式は $a_1 c_1 - b_1^2 = d(Lm - \ell M)^2 = d = ac - b^2$ である．これは判別式 d が(16)の変換で不変であることを示している．明らかに，形式(13′)は形式(13)に(16)と同様の変換で移される．ガウスはのちにこのような二つの形式は

---

[34] ラグランジュは形式(13)の判別式を $ac - b^2$ として，すなわち，D をガウスの意味での判別式とすると $d = ac - b^2 = -D$ として定義した．

「同値である」（また，$Lm-\ell M=1$ である場合を「厳密に同値である」）と呼んだ．容易にわかるように，数 N が形式(13)で表現されるならば，それはまた形式(13)と同値な形式で表現される．

等式と同じように，この同値関係は反射的（$F \sim F$）であり，対称的（$F \sim F' \Rightarrow F' \sim F$）であり，しかも推移的（$F \sim F_1$ かつ $F_1 \sim F_2 \Rightarrow F \sim F_2$）である．したがって，同じ判別式をもつ形式は共通部分をもたない同値類に分割される．

ラグランジュは非常に重要な定理，与えられた判別式をもつ形式の同値類の個数は有限であること，を証明した．彼の論考を再現しよう．というのも，以後のイデアルの類の個数の有限性の証明はすべて同様な原理に基づいているからである．

まず，ラグランジュは(13)形式はすべて(16)の変換で，彼が簡約形式（reduced form）と呼んだ

$$\alpha x^2 + 2\beta xy + \gamma y^2$$

で，条件 $\alpha\gamma - \beta^2 = d$, $2|\beta| \leq |\alpha|$, $2|\beta| \leq |\gamma|$ を満たすものに代えることができることを示した．形式の各類に簡約形式を対応させて（ラグランジュの簡約の方法では，形式の一つの類に対して二つ以上の簡約形式が対応することがありうる），ラグランジュは与えられた判別式をもつ簡約形式で同値でないものは有限個しかないことを示す．実際，もし $d > 0$ ならば，$d = \alpha\gamma - \beta^2 \geq 4\beta^2 - \beta^2 = 3\beta^2$ であり，よって $|\beta| \leq \sqrt{d/3}$ である．そして，β は有理整数であるから，これから β は有限個の値しかとらない．ところが β の各値に対して，等式

$$\alpha\gamma = d + \beta^2$$

から，α と γ は有限個の異なる値しかとれない．これは，与えられた判別式をもつ簡約形式の個数が事実有限であることを意味する．同様な証明が $d < 0$ の場合にも与えられる（HM, v.3, pp.114-116）．

ガウスは彼の本で2変数の2次形式の完全な理論を構築し，さらに3変数2次形式の理論を同様に作り始めた．彼は同値の概念と簡約形式の概念を精密化し，同じ判別式をもつ形式を同値な形式の同値類に分割し，同値な形式をさらに order（目）と genus（属）に分けた．

彼はまた2変数の2次形式の合成を導入し，これによって同じ判別式をもつ形式全体の集合に加法（ないしは乗法）と類似した演算を定義した．これを $F_1 \oplus F_2 = F_3$ と表そう．ガウスは，もし $F_1 \sim F'_1$ かつ $F_2 \sim F'_2$ であれば $F'_3 = F'_1 \oplus F'_2$ は

F_3 と同値であることを示した．これはこの演算が形式の類の集合に移すことができることを意味する．現代的にいえば，彼は演算の剰余法則を決定している．ガウスは次のように書いている．「二つあるいはいくつかの与えられた類から作られる類の概念は直ちに明らかになる」[35]．そしてさらに，「類の合成を加法の記号 + で，同様に，類が同じであることを等号で書き表すのが簡便である」[36]．

本質的には，ガウスは，形式の類の集合が彼の合成の法則のもとで有限アーベル群になり，ゼロの役割を主の類（principal class），すなわち主形式 $x^2 - Dy^2$ を含む類が演じることを示している．したがって，各類に対して逆の類が存在すること，および，一つの類とその逆の類を合成すると結果は主の類になることを彼は示している．

これらの研究が群論の創造にとって興味深いことに加え，それは代数的数の算術の創造にとっても最重要事である．ガウスは2次体の算術を，現代のような代数的数の言葉を用いるのではなく，2次形式を用いて創造したといってもよい．

実際，すでにラグランジュの結果は，$N = u^2 - Dv^2$ の形の数の約数が判別式 D をもつ形式 $ax^2 + 2bxy + cy^2$ で表現されることを示している．ところが，数 N が $u^2 - Dv^2$ で表現されるということは N が2次体 $K = \mathbb{Q}(\sqrt{D})$ の数 $\alpha = u + \sqrt{D}$ のノルムであることである．ラグランジュが示したように，一般には，この数 N の素因数 p は，K の数のノルムではなく，しかも判別式が D であるような形式によって表現される．最後の条件は，p が体 K では素数でないことと同値である．デデキントがイデアル論を構築したあと，このような素数 p は K のイデアルのノルムであることが示された（後述を参照）．また，$\mathbb{Q}$ の2次拡大のイデアル類はガウスの2次形式と対応し，形式の類の合成は対応するイデアル類の積と対応することが発見された[37]．

この対応を用いて，なかでも，2次体のイデアル類の個数 h_0 が有限であることを示すことができる．判別式 D の形式 $F(x, y)$ によってどの素数が表現可能であるかという問題——フェルマ，オイラー，ラグランジュ，および，ガウスによって調べられた問題——は，どの素数が体 $\mathbb{Q}(\sqrt{D})$ のイデアルのノルムとして

---

[35] C.F. ガウス, *Werke*, Bd. 1, ゲッティンゲン, 1863, p.273.
[36] 同上.
[37] 詳しくは，たとえば，E. ヘッケ, *Vorlesungen über die Theorie der algebraischen Zahlen*. ライプチヒ, 1923, 参照.

表現可能であるか，すなわち，その体の整数環で素でなくなるか，という問題と同値である．たとえば，ガウスは，どの有理素数が環 $\mathbb{Z}[i]$ で素であることをやめるのか，を直ちに判定することができた．

逆に，形式の類の合成の不体裁な理論は対応するイデアルの乗法の言葉によってはるかに単純に記述される．

ともかくも，2次体の算術の基礎はガウスの2次形式の理論に含まれていた．彼の時代の人々はガウスの本を読みにくく感じた．それをしっかりと読んだ最初の読者の一人はディリクレ（Peter Gustav Lejeune Dirichlet）であった．ガウスの仕事についてディリクレは深い理解を示した．クライン（Felix Klein）を引用しよう．

> この仕事が注目に値する影響を発揮し続けていることについては，取り分けても，ディリクレの翻訳的な講義に負うところである．これらの講義はガウスによる問題の定式化への卓抜した手引きであり，彼の思考様式をまさしく解きほぐしている[38]．

ディリクレの講義は，聴講者の一人のデデキント（Julius Wilhelm Richard Dedekind）によって出版された（初版は1863年．その後，何度も改訂出版された）．これによってガウスのアイデアと方法は広く人気を博することとなった．

2次形式の類の個数の研究

代数的数論における目覚ましい発見は，与えられた判別式をもつ2次形式の類数の——ガウスとディリクレによる——はっきりした公式である．この発見はガウスの2次形式の理論を完成させた．それ以上に，そこには深いアイデアが盛り込まれており，ディリクレの L 級数とその数論への応用に関してなされた数多くの研究の出発点であった．

ガウスは彼の生前にはこの方面についての自分の研究を公表しなかった．彼の遺稿には負の判別式をもつ形式の類数の決定についての1830年から1835年の間の未完成の論文の原稿が含まれており，正鵠を射た解答と証明の基礎的な概略が含まれていた．この問題についての出版された完全な解答はディリクレによるも

---

[38] F. クライン，*Vorlesungen...*, Bd. 1. ベルリン，1926, p.27.

のであり，クレレの雑誌（Crelle's Journal = Journal für die reune und angewandte Mathematik）の19巻と21巻に発表された論文 Recherches sur diverses applications de l'analyse infinitésimale à la théorie des nombres（無限小解析の数論への多様な応用についての研究）（J. für Math., 1838, 1840）にみられる．これは解析的手法の数論における応用に関するディリクレの非凡なる一連の論文の一つであり，本書の論説でも検討されている（第3.3節参照）．ガウスの親しい友人であり，実のところは彼の学生でもあるディリクレはこの話題に関するガウスのアイデアをよく知っていたと思われるのだが，ディリクレの論文はまったく独創的であり，ガウスからは独立したものであった．

ディリクレの論究を少し詳しく考察しよう．まず初めに，彼は判別式が D の2変数の形式の類数を決定する問題を形式

$$ax^2 + 2bxy + cy^2$$

で，a, b, c がどの二つも互いに素であるようなもの（「原始形式」）の類数を決定することに帰着させる．このような形式の類の完全代表系 S をとる．ガウスの理論から，次の結果が得られる．

> 数からなる一つの同一の無限集合を二つの方法で得ることができる．一つは D が平方剰余になるような素数 f を組み合わせることによって，そしてもう一つは，数の適格な対（admissible pair）x, y を系 S の形式に代入することによって．形式の同値と数の表現可能性に関する以前に見いだされた結果は以下の研究の指導原理である[39]．

ここで，もし m が S の形式の一つに数の適格な対 x, y を代入して得られる数だとすると，このような表現の個数は $\kappa 2^\mu$ と表され，μ は m の素因数の個数で，κ は判別式 D にのみ依存する定数である．これから，級数

$$\sum_{(a,b,d)\in S} \sum_{(x,y),\,\text{admissible}} (ax^2 + 2bxy + cy^2)^{-s},$$

s はある実数，の項を入れ換えれば，次の級数が得られる：

$$\kappa \sum \frac{2^\mu}{m^s}.$$

---

[39] P.G. ディリクレ，*Vorlesungen über Zahlentheorie*．ブラウンシュヴァイク，1871．また用語「適格な対」の定義はこの著作に含まれている．

ここで和は D が平方剰余になるような素数から合成された数 m 全体にわたる．これらの級数はともに $s>1$ のすべての実数 s に対して絶対収束し，したがって，このような s に対しては等式

$$\sum_{(a,b,c)\in S}\sum(ax^2+2bxy+cy^2)^{-s}=\kappa\sum\frac{2^\mu}{m^s}$$

が得られる．ただし，これらの和は上で説明した通りである．

ディリクレは右辺の関数を調べ，この等式から，与えられた判別式をもつ2次形式の類についての情報を得ている．類数を計算するために，ディリクレは等式の両辺の $s\to1$ の場合の振舞いを検討している．もし

指数 s が減少して1に近づくならば，これらの和［ディリクレは胸の内で各形式 $(a,b,c)\in S$ を止めた際の和

$$\sum_{(x,y),\text{admissible}}(ax^2+2bxy+cy^2)^{-s}$$

を考えている］はいくらでも増加し，より踏み込んだ検討から，このような和に $s-1$ を掛けたものが確定的な極限 L に近づく．この極限はすべての形式に共通な判別式 D にのみ依存する．これから，等式の左辺全体に $s-1$ を掛けたものの極限は hL と表され，ここで h は和の個数，すなわち**形式の系 S に含まれる形式 (a,b,c)，…の個数**である．右辺に $s-1$ を掛けたものの極限は直接に計算できるから，検討の主題である類数 h に対する表現が得られる[40]．

以上にディリクレの証明の一般的な枠組についての彼による記述を引用した．極限

$$\lim_{s\to1}(s-1)\sum(ax^2+2bxy+cy^2)^{-s}$$

の計算においては非常に精緻な論考が含まれているが，かなり入り組んでおり，ここでそれを再現しようとは思わない[41]．

この証明の一般的な方式と具体的なアイデアはのちに代数的数体の因子の類数に対する公式の証明に用いられた[42]．ここでもまた他の研究においてもディリク

---

[40] P.G. ディリクレ, *Vorlesungen über Zahlentheorie*, ブラウンシュヴァイク, 1871.
[41] 現代的な計算については，Z.I. ボレヴィッチと I.R. シャファレヴィッチの *Number Theory*（数論），第 V 章，参照．
[42] 同上．

レによって実に巧みに用いられた $\sum_n a_n n^{-s}$ の形の級数は標準的な数学の道具となり，いまやディリクレ級数として知られている．

ここで次のことを強調しておこう．このディリクレの研究は，見ての通り，2次形式の理論の深い代数的な結果と繊細な解析的な手法とを連携させており，偉大なる名人たちの仕事を一貫して特徴づける数学の調和についての説得力のある確証を与えている．

ガウスの整数とその算術

代数的数の理論は19世紀に創造された．その発展は有理整数に対して提起された二つの問題によって促された．一つは相互法則である．もう一つはフェルマの最終定理であって，$n>2$ の場合に方程式

$$x^n + y^n = z^n$$

は整数解で $xyz \neq 0$ であるものは（したがって，有理数解も）存在しないと主張する．

フェルマの最終定理の $n=3$ の場合を証明するために，オイラーは

$$m + n\sqrt{-3}, \quad m, n \in \mathbb{Z}$$

の形の表現を通常の数と同様に取り扱った．彼は「素数」と「互いに素である」数の概念を用い，また，素因数への一意的分解とその帰結を用いたが，その正当性についてはまったく触れなかった (HM, v.3, p.102, 参照)．

代数的整数の最初の厳密な導入は4次剰余の相互法則の研究と関連している．これはガウスによって論文 "*Theoria residuorum biquadraticorum*"（4次剰余の理論）(1828-1832) でなされた．平方剰余の相互法則を一般化しようと熟考を重ねた結果，ガウスは次の結論に到達した．すなわち，有理整数の領域 $\mathbb{Z}$ の2000年以上にわたって揺るぎない本来的な特性と思われてきた整数の概念を拡張することが可能であり，必要である．ガウスはこの概念をその自然な母体から切り離し，次のような数の環へ移した：

$$a+bi, \quad a,b \in \mathbb{Z} \tag{17}$$

であって，i は方程式

$$x^2 + 1 = 0 \tag{18}$$

の根である．ガウスは式(17)の数が加法，減法，および，乗法に関して閉じた領

域 $\mathfrak{O}$ を構成するばかりか，この領域で通常のものと類似した算術を確立することが可能であることを示した．そして，$1, -1, i, -i$ をこれらの新しい数の単数と指定し，単数倍することで移りあう四つの数を「随伴」(associates) と呼んだ．また，因数分解にあっては因数が単に随伴で置き換えられた場合を区別するべきではないと注意している．ガウスは(17)の形の各数 α に対して，ノルムとして整数 $N\alpha = (a+bi)(a-bi) = a^2 + b^2$ を対応させた．ノルムの定義から

$$N\alpha\beta = N\alpha N\beta$$

が得られる．ガウスは(17)の形の数が素数であるということを，それが単数でなく，どちらも単数でない二つの数の積としては表されないものと定義した．

この定義から，合成数の有理整数は $\mathfrak{O}$ でも合成数になる．しかし，$\mathbb{Z}$ の素数でも $\mathfrak{O}$ では合成数になるものがある．たとえば，$2 = (1+i)(1-i)$ であり，$5 = (1+2i)(1-2i)$ である．さらに，もっと一般に，$\mathbb{Z}$ の素数で $4n+1$ の形のもの——これは，よく知られているように，二つの平方数の和として表現されるものである——は $\mathfrak{O}$ では素数でなくなる．

$$p = m^2 + n^2 = (m+ni)(m-ni)$$

ガウスは，他方では，$4n+3$ の形の $\mathbb{Z}$ の素数は $\mathfrak{O}$ でも素数にとどまること，および，このタイプの素数 q のノルムが q^2 であることを示した．環 $\mathfrak{O}$ のすべての素数をみつけるために，ガウスは次の定理を証明する．

整数 $a+bi, ab \neq 0,$ が $\mathfrak{O}$ で素であるための必要十分条件は，そのノルムが素数であるか，あるいは，$4n+3$ の形の素数の平方であるかである．

これにより，$\mathfrak{O}$ の素数は次のように分類される．(1) 数 $1+i$（数 2 の約数），(2) $4n+3$ の形の有理素数，(3) 複素整数 $a+bi$ で，そのノルムが $4n+1$ の形の素数であるもの．

興味深いことに，ガウスはここでは本質的に**局所的な方法**によっている，すなわち，複素整数が素数であることをそのノルムの性質に帰着させている．

素因数分解の一意性を証明するにあたっては，ガウスは再び局所的な方法，ノルム，すなわち，有理整数の整除性の法則を基礎に置いている[43]．

---

[43] 興味深いことに，デデキントはガウスの整数の整除性定理の解説をするにあたって，ディリクレの *Vorlesungen über Zahlentheorie*（数論講義）(1879 年と 1894 年に出版) の付録で，ユークリッドの互除法を用いている．すなわち，局所的な方法を大域的な方法に置き換えている（局所的な方法についての詳細は，以下のクンマー (Kummer) とゾロタリョフ (Zolotarev) の理論の項を参照．

ガウスの証明はこうである．環 $\mathfrak{O}$ における数 M の素因数分解を $M = P_1^{\ell_1} \cdots P_s^{\ell_s}$ としよう．このとき M は $P_1, \cdots, P_s$（これらは相異なるとする）のいずれとも異なる素数 Q で割れない．実際，もし M が Q で割れるとすると，
$$N(M) = p_1^{\ell_1} \cdots p_s^{\ell_s}$$
（ただし $p_j = N(P_j)$）は $q = N(Q)$ で割れる．ところが，p_j は $4n+1$ の形の素数であるか，$4n+3$ の形の素数の平方であるか，そのうちの一つが 2 であるかである．したがって，q は数 p_j のいずれか一つと一致するから，それを $q = p_1$ としよう．ところが $Q \neq P_1$ である．したがって，Q と P_1 とは複素共役でなければならない．$P_1 = a + bi$, $Q = a - bi$．ここで q は奇素数でなければならない．さて，
$$P_1 \equiv 2a \pmod{Q}$$
であり，
$$M \equiv 2^{\ell_1} a^{\ell_1} P_2^{\ell_2} \cdots P_s^{\ell_s} \pmod{Q}$$
である．よって，この右辺のノルム，すなわち，
$$2^{2\ell_1} a^{2\ell_1} p_2^{\ell_2} \cdots p_s^{\ell_s},$$
は q で割れる．ところが q は 2 と a のどちらも割ることはないから，それは $p_2, \cdots, p_s$ のいずれかと一致する．そこで $q = p_2$ としよう．このとき $P_2 = a+bi$ または $P_2 = a-bi$ である．初めの場合は $P_2 = P_1$ であり，あとの場合は $P_2 = Q$ である．しかし，いずれの場合も当初の仮定と矛盾する．

ガウスは，因数分解の一意性もいまや有理整数の場合と同様に証明することができると注意している．

次いでガウスは複素数を平面上の点として見て，これらの数についての代数的な演算の幾何学的な翻訳を与える．彼の複素整数は平面を無限個の正方形に分割する格子点を形成する．ガウスはまた複素の法（modulus）による剰余を考察し，与えられた法に関する最小剰余と，最小剰余系の概念を導入する．二つの複素整数の最大公約数を見いだすために，彼はユークリッドの互除法を導入する．対応する因数に関して最小の剰余になるように余りを選んでいけばこのアルゴリズムが常に有限回で終わることも示される．記号化すれば
$$\alpha = \beta\gamma + \delta,$$
$$\beta = \delta\gamma_1 + \delta_1,$$
$$\cdots\cdots\cdots\cdots$$
$$\delta_n = \delta_{n+1}\gamma_n$$

であって，δ_{j+1} は $\mathrm{mod}\,\delta_j$ での最小剰余である．

ガウスのこの部分での検討の進め方をはっきりとさせておこう．まず $\alpha = a + bi$ を $\beta = c + di$ で割って
$$\alpha = \beta\gamma + \delta$$
を導く．このとき，
$$N\delta = N(\alpha - \beta\gamma) = N(\alpha/\beta - \gamma)\cdot N\beta$$
である．ここで γ をうまく選んで $N(\alpha/\beta - \gamma) < 1$ となるようにすることができる．そのために $\alpha/\beta = \xi + i\eta$，$\gamma = x + iy$ と置く．すると，
$$N(\alpha/\beta - \gamma) = (\xi - x)^2 + (\eta - y)^2$$
である．そこで有理整数 x, y を $|\xi - x| \leq 1/2$，$|\eta - y| \leq 1/2$ となるようにとれば（これは常に可能である），確かに $N(\alpha/\beta - \gamma) \leq 1/2$ となっている．

ガウスは数 $m + ni, m, n \in \mathbb{Z}$ に対して，通常の場合と類似した算術を展開する（彼はフェルマの定理を証明し，指数，原始根，などを導入する）．そしてそれを用いて 4 次剰余の相互法則を定式化し，一部分の証明を与える．

これらすべては各所の数学者たちに対して，複素整数は高等算術の対象として有理整数に遜色のない対象であることを納得させることとなった．ガウスの論文の衝撃は大きく，19 世紀のほぼ最後の三十年に至るまで，代数的数は $m + n\sqrt{D}$ で $D > 0$ の形，すなわち実数の整数の場合でさえ，複素整数と呼ばれていた．明らかになったこととしては，(1) この新たな数は算術の対象でありうる，すなわち，「実在の」整数であること，および (2) この拡大された算術によって他の方法では得られないような有理整数についての結果を得ることが可能であること，がある．

ガウスは彼の論文が数学者に対して限りない展望を開いたことを完璧に意識していた．彼は次のように書いている．

> この理論（すなわち，4 次剰余の相互法則）は，**ある意味で，高等算術に関する無限の拡大**というべきものを要請している[44]．

そしてさらに，

---

[44] C.F. ガウス, *Werke*, Bd. 2, p.67.

> 一般論のための自然な源泉は算術の領域の拡大のなかに求められなければならない[45]．

とも述べている．

ガウスは，3次剰余の理論（すなわち3次の相互法則）は $a+b\rho$ ($\rho^3-1=0$, $\rho\neq 1$) の形の数の研究に基礎づけられなければならないと述べている．さらに

> 高次の剰余の理論には多くは同様にことを運んで他の虚数の量を導入する必要がある[46]．

と付け加えている．

彼の研究報告の最後でガウスは4次の相互法則を定式化するにあたって複素整数を用いているのだが，この基本的な結果の証明は付けていない．彼はこの研究報告の第3部で証明を与えるつもりであったが，これは書かれずじまいであった．証明についての彼のコメントによれば，それが「算術の最も深いところに潜む諸々の秘密に属する[47]」ものである．のちに日の目をみることになったが，ガウスの遺構のなかにこの定理の証明の粗筋が含まれており，平方剰余の相互法則の第6証明に近いものであった（それは円分拡大の理論に基づいている）．

ガウスの仕事に刺激を受けて，ヤコビ（Carl Gustav Jacob Jacobi）とアイゼンシュタイン（Ferdinand Gotthold Max Eisenstein, 1823-1852）が彼の研究を継承した．すでに 1836-1837 年度の数論の講義において，ヤコビは円分拡大を用いた4次相互法則の証明を与えていた．アイゼンシュタインはこの法則の証明を出版した（1844）最初の人であったが，それは特殊な楕円関数の虚数乗法の理論に基づいていた．彼はまた3次の相互法則を証明し，これとの関連から環 $\mathbb{Z}[\rho]$ の算術を構築していた．その後彼は8次剰余の相互法則を証明した．アイゼンシュタインのこれらの研究は論文 *Beweis der Reciprocitätsgesetze für die cubischen Reste in der Theorie der aus dritten Wurzeln der Einheit zusammengesetzten Zahlen*（3次剰余の相互法則の1の3乗根で構成される数論による証明）（J. für Math., 1844）でみられる．クレレのジャーナルの第25巻とその次の巻にアイゼンシュタインによる25篇の記事があるが，当時アイゼンシュタインはまだベルリン大学の学生で

---

[45] C.F. ガウス, *Werke*, Bd. 2, p.102.
[46] 同上，p.102.
[47] 同上，p.139.

あった．ガウスはこの若き数学者の天賦の才を大層高く評価した．また彼の短い生涯の最後の年にベルリン大学で行ったアイゼンシュタインの講義は多くの聴衆を魅了した．すでに述べた業績の他にも，アイゼンシュタインは2変数3次形式の理論とか数論の他の問題，および，楕円関数の理論において多くの発見を残している．彼が証明を付けずに出版したいくつかの結果はオックスフォードの教授スミス (Henry John Stephen Smith) が証明したが，スミスは19世紀に数論を研究した数少ないイギリス人数学者の一人であった（第3.2節を参照）．

1840年代には，ガウスのアイデアを一般化しようと，アイゼンシュタイン，ディリクレおよびエルミート (Charles Hermite) はそれぞれ独立に代数的整数を次の形の方程式の根として定義した．

$$F(x) = x^n + a_1 x^{n-1} + \cdots + a_{n-1} x + a_n = 0, \quad a_1, \cdots, a_n \in \mathbb{Z}, \tag{19}$$

このうちのアイゼンシュタインだけがこの形で定義された整数の和と積が同様に整数であることを証明する必要を感じていた．

代数的整数の算術の進化における次の段階は単数の理論であった．アイゼンシュタインは3次体の単数群を考察し，クロネッカー (Leopold Kronecker) は円分的な拡大体のそれを調べた．エルミートは一般的な場合の理論に相当近いところまできていたが，最終的な形でこの理論を創造したのはディリクレであった．研究報告 *Zur Theorie der complexen Einheiten*（複素単数の理論について）(Bericht über Verhandl. Königl. Preuss. Akad. Wiss., 1846) においてディリクレは θ を(19)の形の方程式の根として，

$$\varphi(\theta) = b_0 + b_1 \theta + \cdots + b_{n-1} \theta^{n-1}, \quad b_j \in \mathbb{Z}, \tag{20}$$

の形で表されるものを研究し，これを整数と呼んだ．さらに $\varphi(\theta)$ が次の条件を満たすときに単数と呼んだ：

$$\varphi(\theta_1)\varphi(\theta_2)\cdots\varphi(\theta_n) = 1.$$

ただし，$\theta_1, \theta_2, \cdots, \theta_n$ は(19)の根のすべてである．ここで h をこれらのうちの実数の根の個数と複素数の根の共役どうしの対の個数とを合わせたものとするとき，(20)の数の環においては $h-1$ 個の基本単数があって，この環のすべての単数はこの基本単数の冪の積と1の根との積としてただ一通りに表示できる．言い換えれば，考えているこの環の単数の一般的な形は

$$\varepsilon e_1^{m_1} e_2^{m_2} \cdots e_{h-1}^{m_{h-1}}, \quad m_1, \cdots, m_{h-1} \in \mathbb{Z}$$

として表される．ただし，ε は1の根であり，$e_1, \cdots, e_{h-1}$ は基本単数の系を与え

る.

フェルマの最終定理. クンマーの発見

話しは変わるが,フェルマの最終定理を証明しようとする試みは 19 世紀の当初から続けられていた.特別な場合の証明はルジャンドル,ジェルマン (Sophie Germain),ガウス,ディリクレ,そしてラメ (Gabriel Lamé) によって提示された.素数 λ に対して $\zeta^\lambda = 1$, $\zeta \neq 1$ とするとき,

$$x^\lambda = z^\lambda - y^\lambda = (z-y)(z-\zeta y)\cdots(z-\zeta^{\lambda-1}y)$$

であるから,証明には

$$b_0 + b_1\zeta + \cdots + b_{\lambda-1}\zeta^{\lambda-1} \tag{21}$$

の形の数の取扱いがかかわってくる.ただし,

$$b_0, b_1, \cdots, b_{\lambda-1} \in \mathbb{Z}$$

である.

ついに 1847 に,ラメがフェルマの最終定理,方程式 $x^n + y^n = z^n$, $n \geq 3$, が整数 $x, y, z, xyz \neq 0$ による解をもたないこと,の一般的な「証明」を発表した.*Démonstration générale du théorème de Fermat sur l'impossibilité, en nombres entiers, de l'equation $x^n + y^n = z^n$*(整数による方程式 $x^n + y^n = z^n$ の非可解性についてのフェルマの定理の一般的な証明)(C.r. Acad. Sci. Paris, 1847).彼は整除性についての問題で,(21) の形の数が有理整数とまったく同じように振る舞うことを仮定した.

ラメは自分の研究報告をパリ科学アカデミーで 1847 年 3 月 1 日に読み上げた.この折にリウヴィル (Joseph Liouville) は次のような観察をしていた.

> C.N. [complex number, 複素数] を方程式 $x^n + y^n = z^n$ の理論に導入しようというのは 2 変数の形式 $x^n + y^n$ を取り扱う必要がある数学者にとってはまったく自然なことであろう.
>
> 私はこれからは満足すべき結果を引き出していない.どのみち,私が試みたことから次のことがわかった.まずは C.N. に対して,整数にとっての初等的な命題の,積をただ一通りに素数に分解できるということ,と同様な定理を確立することが必要である.ラメの分析から私はこの見解を再確認した.ここには埋められなければならないギャップはないのか? [48]

---

[48] R. ノゲ (R. Nogués), *Théorème de Fermat.* パリ, 1966, p.28.

リウヴィルの注意の結果として、しばらくは、代数的数体の算術はフランスの数学者たちの注目の的であった。ラメ、ヴァンゼル（P.L. Vantzel)、および、コーシー（Augustin Louis Cauchy）がそれを検討していた。アカデミーの集会で1847年3月22日にコーシーは研究報告を提示したが、それは(21)の形の数に対してユークリッドの互除法を導入しようというものであった。この研究報告は一部をコント・ランデュ（Comptes rendus, 1847）で公刊された。最後の部分でコーシーは、これはうまくはやれないと結論づけた。

同様な出来事はいくらか早くドイツでも起こっていたが、フェルマの最終定理の「証明」を含むクンマーの論文は出版されなかった。因数分解の一意性の研究が必要なことを見て取ったのは、このときはリウヴィルに代わってディリクレであった[49,50]。

クンマー（Ernst Eduard Kummer）はドイツのゾラウ（現在のツァリ）で1810年に生まれた。医者であった父親を早くして亡くし、そして家族は生計を立てるための方途を失った。彼の母親は類をみない頑張りをみせ（彼女は勇敢にもあらゆる仕事に挑戦し、兵士の下着の縫い手までやった）、クンマーに教育を受けさせた。

1828年にクンマーはハレ大学に入った。最初彼は神学を学んだが、間もなく数学に興味をもった。彼は初めは数学を、哲学を学ぶための「準備学科」の一種だと見なしていた。彼は一生を通して哲学的な事柄に興味を持ち続けた。1831年に大学の過程を終えたあと、クンマーはリグニツ（現在のリグニカ）のギムナジウムで教壇に立ち、それを1842年まで続けた。彼の学生の一人がクロネッカーで、のちに友人となった。教えながら、クンマーは解析学の問題の研究を続けた。

1842年に、ディリクレとヤコビの推薦によって、クンマーはブレスラウ（現在のヴロツラフ）で教授としての地位を得た。1855年に彼はベルリンでディリクレの後任となった（ディリクレはガウスの後任としてゲティンゲンへ赴任し

---

[49] ［英語版注］H.M. エドワーズの論文 "The background of Kummer's proof of Fermat's Last Theorem for regular primes"（正則素数に対するフェルマの最終定理のクンマーによる証明の背景)、Archive for history of exact sciences, vol. 14, 1975, pp.219-236, 参照.
[50] ［訳注］H.M. エドワーズ, *Postscript to* "*The background of Kummer's proof of Fermat's Last Theorem for regular primes*", Arch. Hist. Exact Sci., 17, 1977, pp.381-384, および、足立恒雄, 『フェルマーの大定理、第三版』, 日本評論社, 1996, p.105-110, も参照.

た).1861 年の初めに,クンマーとワイエルシュトラスはドイツで初めての純粋数学のセミナーを始めた.

クンマーの生徒にはクロネッカー,デュボア・レイモン (Paul David Gustave du Bois-Reymond),ゴルダン (Paul Albert Gordan),シュヴァルツ (Hermann Amandus Schwarz),カントル (Georg Cantor) などが数えられる.

彼が自分で述べたことだが,クンマーはガウスとディリクレから大いに影響を受けた.彼の研究は,最初は超幾何級数の理論に,次いで数論に向けられた.

ここで取り扱うクンマーの最も偉大な成果はフェルマの最終定理の証明と関連したイデア数の導入である.彼の業績の第三の方向は幾何学に向けられた.もう少し明確に述べると,直線の一般的な双の理論である.

クンマーはフェルマの最終定理に関する仕事を 1837 年に始めた.彼は (21) の形の数について次のような奇異な事実を記している.(21) の形の二つの既約な数の積 $\alpha\beta$ は同じ形の第三の既約な数で α, β のいずれをも割らないようなもので割り切れる.

クンマーの発見をより詳しく説明しよう.

よく知られているように,$\mathbb{Z}$ の素数は次の性質のいずれか一つの性質によって特徴づけられる.

1) 素数は単数とは異なる二つの因数の積として表すことはできない.
2) もし積 ab が素数 p で割れるならば,これらの因数 a, b のどちらか一つは p で割れる.

通常は最初の性質を素数を定義する性質とし,あとのほうを証明する.しかし逆も可能である.クンマーは (21) の形の数が性質 1) を満たしても,必ずしも 2) は満たさないことを発見した.この事実は (21) の形の数に対して算術を展開する可能性に問題を提起する.クンマーはこの状況を救うために,自分で「イデア数」(ideale Zahl)[51] と名づけた新たな対象を導入した.ラメの証明と関連してクンマーはリウヴィルに書いている.

　　貴方の正当なる苦情,すなわち [ラメの] 証明は,いくつかの他の問題点はさて

---

[51] [訳注] この訳語としては伝統的には「理想数」が用いられているが,「観念上の数」あるいは「イデア的な数」という意味である.ここでは簡潔に「イデア数」と訳す.以下,「イデア因子」(ideal factor) などについても同様.

おき，合成複素数がただ一通りに素数に分解され得るというこれらの複素数に対する初等的な定理の証明が含まれていないことに関して私が貴方に確言できますことは，$\alpha_0+\alpha_1 r+\cdots+\alpha_{n-1}r^{n-1}$ の形の複素数に対してはそれは一般には成り立ちませんが，しかし新たな種類の複素数，私はイデア的複素数と呼んでいます，を導入することによって克服できます[52]．

クンマーはまた，彼の新理論の結果については1846年にベルリン科学アカデミーの会合で発表され，その紀要で出版されたといっている．論文の全容には1844年の日付と次の題名が付けられている．*De numeris complexis qui radicibus unitatis et numeris integris realibus constant*（単位元の根と実整数で作られる複素数について）(Gratulationsschrift der Univ. Breslau)．これはリウヴィルの雑誌でもクンマーの手紙と同じ1847年に発表されている．また1847年にクレレの雑誌はクンマーの他の2篇の論文を出版したが，彼の理論についてのもっと完全な解説が含まれている．*Zur Theorie der complexen Zahlen*（複素数の理論について）(J. für Math., 1847) と *Über die Zerlegung der aus Wurzeln der Einheit gebildeten complexen Zahlen in ihre Primfaktoren*（単位元の根から構成された複素数の素因子分解）(J. für Math., 1847)[53]．

以下でクンマーの基本的なアイデアと手法について大ざっぱに解説する．

クンマーの理論

クンマーの方法は局所的である．彼の理論は二つのアイデアに基づいており，そのどちらをとっても十分に円分体の算術が構築される．

一つ目のアイデアは，有理素数 p の $\mathbb{Z}[\zeta]$ での素因子分解は多項式 $(x^\lambda-1)/(x-1)=x^{\lambda-1}+x^{\lambda-2}+\cdots+x+1 \pmod{p}$ の素因子分解によって決定される，というものである．このアイデアの芽はすでにラグランジュの仕事に現れている．その後，このアイデアはゾロタリョフ (Egor Ivanovič Zolotarev) とヘンゼル (Kurt

---

[52] J. math. pures et appl., **12**, 1847, p.136.

[53] [訳注] この時点で，あるいは1851年のクンマーの解説 *Mémoire sur la théorie des nombres complexes composés de racines de l'unité et de nombres entiers*（単位元の根と整数で構成される複素数の理論についての研究報告）(Jour. de math., 16, 1851, pp.377-498) にも，証明の一部に欠陥があった．これはようやく1857年のクンマー自身の論文 *Über die den Gaussischen Perioden der Kreistheilung entsprechenden Congruenzwurzeln*（円分ガウス周期に対応する合同式の解について）(J. für Math., 53, 1857, pp. 142-148) によって補われた (H.M. ハミルトン, *Fermat's Last Theorem*, Springer-Verlag, 1977, あるいは，足立恒雄, 『フェルマーの大定理，第3版』, 日本評論社, 1966, p.143, を参照).

クンマー（Ernst Eduard Kummer, 1810–1893）

Hensel）によって発展をみた．

　もう一つのアイデアは $\mathbb{Z}[\zeta]$ での局所的なパラメータと，それを用いた「付値」の定義によっている．このアイデアはゾロタリョフによって完全に掌握されて発展をみた．

　最後に，彼の理論を展開するにあたって，クンマーは本質的には分解体の概念を導入していたが，これはのちにヒルベルト理論において重要な役割を果たす．

　このように溢れんばかりのアイデアと手法は，何か直接の目的の実現にとっては冗長ですらあるのだが，通常，一つの新しい理論を打ち出すような仕事にみられる特徴である．

　さて，クンマーの構成の基礎的な段階を概観しよう．

　まず λ を素数とし，ζ を方程式

$$\Phi(x) = x^{\lambda-1} + x^{\lambda-2} + \cdots + x + 1 = 0 \tag{22}$$

の根とする．クンマーは整数の環 $\mathbb{Z}[\zeta]$ を調べる．この環の要素は

$$\varphi(\zeta) = b_0 + b_1\zeta + \cdots + b_{\lambda-2}\zeta^{\lambda-2}, \quad b_i \in \mathbb{Z}, \tag{23}$$

の形をしている．彼は，$\mathbb{Z}[\zeta]$ の素数をすべて見いだすためには $\mathbb{Z}$ の素数の $\mathbb{Z}[\zeta]$

における素因子分解を考えれば十分であることに注意する．このために，彼は $\Phi(x)$ の mod p での剰余体での振舞いを考察する．もし $\Phi(x)$ が mod p で既約であれば，クンマーは p そのものを $\mathbb{Z}[\zeta]$ の素数と見なす．もし $p=m\lambda+1$ の形であれば，クンマーは $\Phi(x)$ が mod p で 1 次の因子の積

$$\Phi(x) \equiv \prod_{k=1}^{\lambda-1}(x-u_k) \pmod{p} \tag{24}$$

に分解されることを示す．この場合にはクンマーは p がやはり $\lambda-1$ 個の，実（real）にせよイデア的（ideal）であるにせよ，異なる素因子の積に分解されるとする：

$$p = \mathfrak{p}_1\mathfrak{p}_2\cdots\mathfrak{p}_{\lambda-1}.$$

このようにして多項式 $\Phi(x) \bmod p$ の因子分解と p 自身の環 $\mathbb{Z}[\zeta]$ における因子分解との完全な平行性が生じる．クンマーは，この平行性がイデア因子（idael divisor）の導入における導きの糸として機能したという．ここで因子 $\mathfrak{p}_i$ は $x-u_i$ と連携していると見なされる．もし $\varphi(u_i) \equiv 0 \pmod{p}$ であれば数 $\varphi(\zeta)$ は $x-u_i$ に属する p のイデア素因子（ideal Primfactor）$\mathfrak{p}_i$ によって割れることになる．

さて p は mod λ で指数 f に属するとしよう（すなわち，$p^f \equiv 1 \pmod{\lambda}$ であるが各 $k, 0<k<f,$ に対しては $p^k \not\equiv 1 \pmod{\lambda}$ である）．これを因子分解すべくクンマーは $\mathbb{Q}(\zeta)$ の部分体 κ を構成するためにガウス周期を用いる．この部分体はのちに p の分解体ということになる．さて $ef=\lambda-1$ とし，$\eta_0, \eta_1, \cdots, \eta_{e-1}$ を f 項ガウス周期とすると，この体 κ の定義多項式は

$$\Phi_e(y) = (y-\eta_0)(y-\eta_1)\cdots(y-\eta_{e-1}) \tag{25}$$

で与えられる．クンマーは適当な $v_0, v_1, \cdots, v_{e-1} \in \mathbb{Z}$ に対して

$$\Phi_e(y) \equiv \prod_{k=0}^{e-1}(y-v_k) \pmod{p} \tag{26}$$

であることを示す．さらに彼は各 $y-v_k$ に対して p のイデア因子 $\mathfrak{p}_k$ を対応させ，体 κ で

$$p = \mathfrak{p}_0\mathfrak{p}_1\cdots\mathfrak{p}_{e-1}$$

であるとする．このようにしてクンマーは環 $\mathbb{Z}[\zeta]$ におけるすべてのイデア素因子を得る．

次にクンマーは p の素因子に対する局所パラメータの問題に転じる．これは $\mathbb{Z}[\zeta]$ の数であって p の因子についてはそのうちのちょうどただ一つのみに含ま

れるものである．クンマーは，もし $\pi(\eta)$ をこのような局所パラメータであるとするならば，$N_\kappa \pi(\eta)$ は p で割れるが p^2 では割れないことを示す．彼はこの重要な性質を局所パラメータの構成に用いた．

素数 p の指数 f に属する素因子を $\mathfrak{p}_i$ としよう．クンマーは複素数 $\varphi(\zeta) \in \mathbb{Z}[\zeta]$ が $\mathfrak{p}_i$ のちょうど何乗で割り切れるかを決定するために，体 $\kappa = \mathbb{Q}(\eta)$（$\eta$ は f 項ガウス周期の一つ）での局所パラメータ $\pi(\eta)$ のノルムを計算する：

$$N_\kappa(\pi(\eta)) = \pi(\eta_0)\pi(\eta_1)\cdots\pi(\eta_{e-1}) = \pi(\eta)\psi(\eta).$$

もし

$$\varphi(\zeta)\psi^m(\eta_i) \equiv 0 \pmod{p^m}, \qquad \varphi(\zeta)\psi^{m+1}(\eta_i) \not\equiv 0 \pmod{p^{m+1}} \quad (27)$$

であるならば，$\varphi(\zeta)$ は $\mathfrak{p}_i$ でちょうど m 重に割れる．

数 $\varphi(\zeta)$ がきっかり割れる $\mathfrak{p}_i$ の指数を $\nu_{\mathfrak{p}_i}(\varphi)$ と表そう．これは正またはゼロの整数の値をもつ $\mathbb{Z}[\zeta]$ 上の関数である．クンマーはこの関数の基本的な性質が

$$\nu_\mathfrak{p}(\varphi\chi) = \nu_\mathfrak{p}(\varphi) + \nu_\mathfrak{p}(\chi)$$

であることを示す．いまや彼は因子論の基本事項を容易に展開することができる．

環 $\mathbb{Z}[\zeta]$ のイデア因子の集合の構造を調べるために，クンマーは［イデア］因子の同値概念を定義し，因子全体を同値類に分割する．ここでは彼はラグランジュとガウスが彼らの2次形式の理論と関連して敷いた道に従っていく．クンマーはイデア因子の類の個数が有限であることを証明するが，このために与えられた判別式をもつ形式の類数の有限性を以前にラグランジュが証明したときの方法を用いる．特に，クンマーはイデア数の各類にその類の要素でノルムが特定される数値を超えないものを対応させる（2次形式の場合はこのような要素は簡約形式であった）．先人たちと同様に，クンマーは $\mathbb{Z}[\zeta]$ のイデア因子の類数を計算する．

クンマーの理論においては「イデア因子」(ideal Factor) という語は絶えず現れるが，これは公式的にはまったく定義されていない．クンマーは合同式(27)を特定のイデア因子（彼はその自立的な存在を認めていた）が与えられた数をきっかりと割りきるようなその指数を定義する方法として考えていた．今日では状況は変わっている．いまでは合同式(27)はイデア因子の定義と見なされている．というのは，それらの合同式はある因子について，この体の任意の整数に対してそれをきっかり割り切るこの因子の指数を見いだす手だてを与えているからである．そしてそれこそが因子論を組み上げるために知る必要があることのすべてで

ある.したがってイデア因子はその指数によって決定されるといってもよい.同様な状況は数学史において頻繁に起こっている.たとえば,19世紀に至るまでは積分は図形の面積の数学的な概念を定義するものとして見なされてはいなかったし,微分係数は曲線の接線の勾配の数学的な概念を定義するものとして見なされてはいなかった.両者はともに,ある種の自立的な存在を直観に基づいて付与されている量を計算するための手段と見なされていた.19世紀は新たな視点をもたらした.量が計測される方法がまさにその量が定義される方法である.イデア因子のこのような見方はわれわれの時代になってからのことであった.

クンマーがイデア因子を「数」と呼んだことに注意しておこう.こうみるように彼を誘ったものは彼が証明した次の定理であった.このような因子を適当な有限の冪にまで上げれば実在する複素数になる.体の数とイデア因子 (ideal Factor-divisor) との深い差違が明確になったのはようやくデデキントとウェーバーの著作であった.一般的な概念がなかったものだから,クンマーの理論はガウスの円分方程式についての仕事と絡み合った分だけ,一般的なアイデアを円分体特有の機構から切り離すために大きな努力が必要になった.

ここから先,代数的数の一般の体における算術の構築は大きい困難に入り込むことになった.

クンマーの円分体の算術についてのさらなる研究については,次の事柄を指摘しておく.

1. 1847年と1850年のクレレのジャーナルに発表された論文で,クンマーはフェルマの最終定理を,奇素数 λ で最初の $(\lambda - 3)/2$ 個のベルヌーイ数の分子に現れないものを指数とする場合について証明した.
2. クンマーは素数指数についての冪剰余の相互法則を定式化して証明した (1858年から1887年の間の多くの論文による).

長い間,クンマーの結果について改善を図ることは不可能であるかに思われた.相互法則の分野では,ようやくヒルベルト (David Hilbert, 1862-1943) が前進を果たした.彼の類体論を用い,(ノルム剰余記号と呼ばれる) ある種の記号の性質を書き上げて,ヒルベルトは相互法則を記述する際の等式の初めの部分がこの記号の有限個の積として表示されることを示した.ヒルベルトはこれらの記号に対して直接的な構成を与えることができなかった.一般的な相互法則を定式化して証明したのは,ソ連の数学者シャファレヴィチ (I.R. Shafarevich) であっ

た[54]．

一見するとクンマーが研究した円分体は代数的数体のなかではかなり特殊であると思われる．これがそうでもないことがクロネッカーによって示された．彼は有理数体上のアーベル数体はすべていずれかの円分体の部分体であると主張した（*Über die algebraisch auflösbaren Gleichungen*（代数的に解くことができる方程式について）（Ber. Königl. Akad. Wiss. zu Berlin, 1853））．この事実の厳密な証明は1886年にウェーバー（Heinrich Weber）によって与えられた[55]．この定理を一般化したものはヒルベルトの「類体論」の基礎の一部になった．

困難．整数の概念

ディリクレの頃から「代数的整数」という語は，有理整数 $a_1, a_2, \cdots, a_n$ を係数とするモニックな（すなわち，最高次の係数が1の）多項式

$$x^n + a_1 x^{n-1} + \cdots + a_{n-1} x + a_n = 0 \tag{28}$$

の根を表していた．

さて，θ をこのような方程式の根とし，数体 $\mathbb{Q}(\theta)$ を考察しよう．このとき $\mathbb{Q}(\theta)$ の整数はどのように特徴づけられるか？

ディリクレ，アイゼンシュタイン，コーシーおよびクンマーが考察したすべての場合においては，$\mathbb{Q}(\theta)$ の整数は $b_0 + b_1\theta + \cdots + b_{n-1}\theta^{n-1}$，$b_0, b_1, \cdots, b_{n-1} \in \mathbb{Z}$ の形の数であった．すなわち，それらは環 $\mathbb{Z}[\theta]$ と一致していた．これはいつも正しいか？ 言い換えれば，環 $\mathbb{Z}[\theta]$ は常に $\mathbb{Q}(\theta)$ の整数をすべて含んでいるか？ ただしこの「整数」は上で定義したものとする．

---

[54] I.R. シャファレヴィチ, *Collected Mathematical Papers*. ベルリンほか, 1989, p.20.

[55] ［訳注］このウェーバーの論文にはギャップがある．最初の厳密な証明はヒルベルトの *Ein neuer Beweis des Kroneckerschen Fundamentalsatzes über Abelsche Zahlkörper*（アーベル数体に関するクロネッカーの基本定理の新証明）(Nachr. Akad. Wiss. Göttingen, 1896, pp.29-39) であり，いわゆるヒルベルトの理論とミンコフスキーの定理による．ウェーバー自身は古典的なラグランジュの分解式に基づく完全な証明を1911年に発表している，*Zur Theorie der zyklischen Zahlkörper*（II）（巡回数体の理論について（II））(Math. Ann. 70, 1911, pp.459-470).

[56] この問題は実2次体 $\mathbb{Q}(\sqrt{D})$ に関してはニュートンによって彼の *Universal arithmetic*（普遍算術）(1707) で完全に解かれていたことを注意しておく．ニュートンは次のことを示した．すなわち，もし D が平方因数をもたず，$D \equiv 2$ もしくは $D \equiv 3 \pmod 4$ であるならば，整数は $m + n\sqrt{D}, m, n \in \mathbb{Z}$ である．他方，もし $D \equiv 1 \pmod 4$ であるならば，整数は

$$(m + n\sqrt{D})/2, \quad m \equiv n \pmod 2$$

である．しかしニュートンのこの研究は19世紀には無視されてしまっていた．

19世紀の数学者の誰が最初にこうなっていないことに気づいたのかを断定するのは難しい[56]．この問題の最初の完全な研究はデデキントにより提示された．ディリクレの *Vorlesungen über Zahlentheorie*（数論講義）の第2版（1871）に付けられた彼による有名な補遺Xでのことである．

1877年にゾロタリョフは体 $\mathbb{Q}(\theta)$ の整数をデデキントとは異なったやりかたで記述していたことを注意しておく．この2種類の記述は算術の問題へのアプローチにおける二人の科学者の深い差違を驚くほど如実に表している．

デデキントのアプローチは大域的である．彼は冪底（power basis）

$$1, \theta, \cdots, \theta^{n-1}$$

が必ずしも極小ではなく，$\mathbb{Q}(\theta)$ の整数環 $\mathfrak{O}$ は必ず（後に極小と呼ばれる）整数の基底

$$\omega_1, \omega_2, \cdots, \omega_n$$

で，$\mathfrak{O}$ の数がすべてこの ω の有理整数係数の線型形式で表されるようなものをもっていることを示した．

ゾロタリョフは問題を局所的に解いた．彼は $\mathfrak{O}$ ではなく p 整数の半局所環 $\mathfrak{O}_p$ の極小基底を構成し，そのあとで大域化を行ってすべての $\mathfrak{O}_p$ の共通部分として $\mathfrak{O}$ を得ている．

円分体から一般の代数体への移行にあたって生じるもう一つの難しさがゾロタリョフの論文 *Sur la théorie des nombres complexes*（複素数の理論について）（J. für Math., 1880）と，デデキントの研究報告 *Über den Zusammenhang zwischen der Theorie der Ideale und der Theorie der höheren Congruenzen*（イデアルの理論と高次合同式の理論との関連性について）（Abh. Ges. d. Wiss., ゲティンゲン, 1878）において明確に書かれている．クロネッカーも同じ困難に嵌まり込んでいたようである．ここではゾロタリョフのものを取り上げる．

まず

$$F(x) = 0 \tag{29}$$

を(28)の形の方程式とし，θ をその根の一つとする．クンマーの方法によって素数 p の素のイデア因子をみつけるためには，$F(x)$ を $\bmod p$ の剰余体上で考察しなければならない．もし $F(x)$ がその体の上で既約であれば，p は体 $\mathbb{Q}(\theta)$ でも素である．他方，もし

$$F(x) = V_1^{\ell_1}(x) \cdots V_s^{\ell_s}(x) - pF_1(x)$$

であれば二つの場合が生じる．

1) $F_1(x)$ は mod p で指数 ℓ_i が >1 であるようなどの V_i でも割れない．この場合，ゾロタリョフは p を「非特異」(nonsingular) と呼び，$p = \mathfrak{p}_1^{\ell_1} \cdots \mathfrak{p}_s^{\ell_s}$ と置く．ただし，$\mathfrak{p}_i$ は $V_i(\theta)$ に対応する．

2) $F_1(x)$ は mod p で指数 ℓ_i が >1 であるようなある V_i で割れる．ゾロタリョフはこのような数を「特異」(singular) であると呼び，それらは方程式 $F(x) = 0$ の判別式 Δ を割る必要があることを示す．

あとの場合は困難を種々引き起こし，クンマーの方法によって任意の代数的整数の環における因子論を構築する可能性を吹き飛ばしてしまうかに思われた．

この特異的な場合に行き当たって，デデキントとクロネッカーは局所的な方法を諦め，まったく異なった道を進むが，これはあとで述べる．ここではゾロタリョフのアプローチを検討する．これは今日でも日の当たる場所に引き出されていないが[57]，現在可換環論の肝要な部分にあるアイデアと方法がまさにゾロタリョフの論文のなかに展開されている．彼はのちにヘンゼルが選んだ道をたどる．ヘンゼルは p 進数と局所環を導入したが，ゾロタリョフは p 整数を扱い，半局所環の最初の重要な段階を研究した．

ゾロタリョフの理論．整数と p 整数

ゾロタリョフ (Egor Ivanovič Zolotarev) はチェビシェフ (Pafnutiĭ L'vovich Chebyshev) の数学学派を代表する最も才能豊かな人材の一人である．彼はペテルブルクで 1847 年に時計店の持ち主の一家に生まれた．すでに高校生のときからこの少年は数学的な才能を示していた．17 歳で彼はペテルブルク大学物理学‐数学部に入学し，そこでチェビシェフとコルキン (A.N. Korkin) の講義に出席し，のちに彼らと多くの研究をともにすることとなった．1867 年に彼は必要な単位をすべて終え，学位論文提出資格を得た．1 年後に彼は関数の多項式による最良近似の理論に関する資格論文 (*venia legendi*) を認められ，二つの試験講義を成功裡に終えたあと，ペテルブルク大学で私費講師 (*Privatdozent*) として講義を始めた．さらに 1 年後に修士論文 "On the solutions of the third-degree

---

[57] たとえば，ブルバキ (Nicolas Bourbaki) の可換環論を扱っている本の "Historical note (歴史的な覚書)" を参照．

indeterminate equation $x^3+Ay^3+A^2z^3-3Axyz=1$ (3次不定方程式 $x^3+Ay^3+A^2z^3-3Axyz=1$ の解について)"(ペテルブルク,1869)が,さらには1874年に博士論文"The theory of whole complex numbers with application to the integral calculas(複素整数の理論とその積分法への応用)"(ペテルブルク,1874)が認められた.この目覚ましい論文により彼は当時最も傑出した数論研究者と見なされることになった.1876年にはゾロタリョフはペテルブルク大学の教授に任命された.彼は楕円関数論,数理解析,機械学と代数学について講義し,解析学の入門的な授業を行った最初の人であった.1876年に彼はペテルブルク科学アカデミーの会員に選出された.

1872年と1876年の夏,ゾロタリョフは4カ月にわたって外国に大学から派遣された.彼はベルリン,ハイデルベルク,パリを訪ね,ワイエルシュトラス,クンマー,キルヒホフ(Gustav Robert Kirchhoff)の講義を聴講し,エルミートと話した.エルミートは2次形式の算術に関するコルキンとの共同研究を高く評価していた.ゾロタリョフは近しい友人であったコルキンに外国旅行での彼の印象やドイツやフランスの数学者について書き送っていた.彼らの交信はほぼ完全に

ゾロタリョフ(Egor Ivanovič Zolotarev, 1847–1878)

（合計 64 通の手紙が）伝わっており，大いに興味を惹く．というのは，手紙では具体的な問題についての質問とか，さまざまな理論の評価や当時の数学における流れといった事柄が扱われているからである．

ゾロタリョフの人生は 1878 年の夏に突然に悲劇的な終焉を迎える．7月2日に，彼は親戚をその夏の家に訪ねる準備をしていたのだが，車の下に倒れ込み，7月 19 日に敗血症で亡くなった．

彼の時代の人々の意見によると，ゾロタリョフは極端なまでに優しく，直截で，友好的な人物であった．彼は同僚たちや学生たちに好かれており，素晴らしい先生として書き残されている．彼の科学的な活動は十年を少し超えるほどであったが，その間に彼は多くの重要な発見をして数学を豊かにするのに貢献した．彼の最も重要な論文は数論，代数関数論，および，関数の多項式による最良近似の理論に関するものであった．

すでに彼の修士論文のなかに，彼の独創的な業績の二つの重要な方向がみられる．上述の3次の不定方程式について A が整数で3乗数でない場合の整数解を求めるなかで，ゾロタリョフは3変数の2次形式でパラメータつきの係数をもつものの最小値を見いだし，それによって純3次体 $\mathbb{Q}(\sqrt[3]{A})$ の基本単数を計算するちょっとしたアルゴリズムを構成した．当然ではあろうが，ゾロタリョフの数論に関する以後の論文では2次形式の算術的な理論と代数的数に関する算術が扱われている．

ゾロタリョフは 1874 年に博士論文で初めて代数的数に関する算術に向かった．この問題に彼を誘ったのは代数関数論に関するある問題であった．アーベルは次のことを示していた．それぞれの次数が $2n$ と $n-1$ の多項式である $R(x)$ と $\rho(x)$ についての積分

$$\int \frac{\rho(x)dx}{\sqrt{R(x)}} \tag{30}$$

が，もし初等関数で表示できるならば，$\sqrt{R(x)}$ は周期的な［回文的］連分数に展開できる．また逆に，$\sqrt{R(x)}$ がそのように展開されるならば，ある $\rho(x)$ に対して積分 (30) は初等関数で表される．その重要性にもかかわらず，このアーベルの判定条件は実効的（effective）ではない．というのは，近似分数がいくら非周期的にみえていても，いくらでも長大な周期をもつ場合を排除できないからである．

特に $R(x)$ が有理数係数の 4 次多項式である場合，チェビシェフは，積分(30)が初等関数で表示されるかどうかを有限のステップで判定するためのアルゴリズムをみつけた．彼はこのアルゴリズムを証明なしで公表した．1872 年にゾロタリョフはチェビシェフのアルゴリズムに証明を与え，彼の博士論文で，実無理数係数の $R(x)$ の場合にこれを拡張する問題を提示した．これを解くためには代数的数の体における算術を構築する必要があることを認識し，彼は，前の小節の意味での非特異な場合にこれを実行した．積分(30)に関する問題を解くためにはこの場合をおさえれば十分である．

ゾロタリョフはのちに数体の算術に立ち返り，最も一般な形でその算術を構築した（彼は関係する論文 "*Sur la théorie des nombres complexes*"（複素数の理論について）を 1876 年にリウヴィルのジャーナルに送った．これは 1880 年に公刊されたが，彼の死からすでに 2 年が経っていた）．

数論的な論文のもう一つの流れは，コルキンとの共著のもので，エルミートによって提示された 2 次形式の最小値に関する問題を扱った．これらは第 3 章で検討される．

1872 年には，平方剰余の相互法則を群論的な考察に基づいたまったく独創的な証明をゾロタリョフが与えたことにも注意しておく．

チェビシェフの勧めもあって，ゾロタリョフは関数の多項式による最良近似の問題を，まだ学生であった頃に考察した．彼はこの問題に学位論文で立ち返り，さらに 1877 年と 1878 年の論文で扱った．

ゾロタリョフの独創的な業績を大ざっぱに分析すると，彼は数学の難解な具体的な問題を見事に解いた――チェビシェフ学派の特徴――ばかりか，新しい手法や理論を創造した．彼は代数的数の算術の構築に携わった一人であり，大層有用になった局所的な方法の構築に寄与した一人でもあった．これらの方法を分析しよう．

博士論文に加え，ゾロタリョフは因子論の問題を次の 2 篇の論文で検討した．*Sur les nombres complexes*（複素数について）(Bull. Acad. sci. St.-Pétersbourg, 1878) と *Sur la théorie des nombres complexes*（複素数の理論について）(J. math. pures et appl., 1880) である．

このうちの最初のものは，因子論が非特異な場合にも特異な場合にも適用できるための基礎となる補助定理の証明を含んでいる．2 番目のものは因子論の完全

に一般的な構成を含んでいる．

　すでに指摘しておいたように，クンマーは素数 p のイデア因子を，p を法とする剰余体上の基本方程式と，さらには p の素因子に対応する局所パラメータ (local uniformizing element) を考察することによってとらえ，それらを用いて素因子 $\mathfrak{p}$ が与えられた数 α を割る際の重複度を決定した．

　ゾロタリョフのアイデアは，因子論を構成するにあたって，各素数 p に対応する局所パラメータを合同関係式を用いずに見いだそうとするものであった．

　これを達成するために，彼は $\mathbb{Q}(\theta)$ における p 整数の半局所環に相当するものを構成し，この環が（p 単数倍を除いて決定される）有限個の素な要素

$$\pi_1, \pi_2, \cdots, \pi_s \tag{31}$$

で，局所パラメータとなるものを含んでいることを示した．そして最後に，この半局所環 $\mathfrak{O}_p$ の要素が（p 単数と）これら (31) の因子の積として必ずただ一通りに表示されることを示した．

　ゾロタリョフは第二の論文を体 $\mathbb{Q}(\theta)$ の整数環 $\mathfrak{O}$ をもっと正確に定義することから始めた．博士論文では $\mathfrak{O} = \mathbb{Z}[\theta]$ となる体のみを考察し，整数を θ の多項式

$$b_0 + b_1\theta + \cdots + b_{n-1}\theta, \quad b_i \in \mathbb{Z} \tag{32}$$

によって定義していた．彼は，一般の代数的数体ではこのような定義は不適切であり，事実

$$\alpha = \varphi(\theta)/M, \quad \varphi(\theta) \in \mathbb{Z}[\theta], \quad M \in \mathbb{Z}$$

の形の数で (28) の形の方程式を満たすものがあることを示している．彼は，まず M は特異な素数のみを含んでいること，さらに，それらが M に現れる際の冪には上界があって，もし $\alpha = \varphi(\theta)/M$ が整数であるならば，α の定義方程式の判別式は M^2 で割れることを指摘している．

　この説明に続いて，ゾロタリョフは整数について次のように定義を与える．

　　複素数
$$y = a + bx + \cdots + \ell x^{n-1}$$
　で $a, b, \cdots, \ell$ が有理数であるものは，もし (α) の形の（われわれの番号づけでは (28) の形の，原注）方程式を満たすとき，整数と呼ばれる[58]．

---

[58] E.I. ゾロタリョフ, *Collected works*, vol.2. レニングラード, 1931, pp.105-106（ロシア語）．

2.3 代数的数論と可換環論の始まり

そして，ゾロタリョフは本質的には p 整数にあたるものを考察する．実のところ，彼は p 整数を明確には定義していない．これにあたる定義は 30 年後にヘンゼルによって与えられた．ここではヘンゼルの定義を示そう．

有理数 $\alpha = m/n$ は，もしその分母 n が p で割れないとき，「p を法とする（mod p での）整数」と呼ばれる[59]．

さらに

代数的数 β は，もし p を法とする（mod p での）整数を係数とする自明でない方程式
$$\beta^m + B_1\beta^{m-1} + \cdots + B_m = 0$$
を一つでも満たすならば，「p を法とする（mod p での）整数」と呼ばれる[60]．

容易にわかるように，もし α が p を法とする整数，あるいは，以降では $\mathbb{Q}(\theta)$ の p 整数ということにするが，であるならば，それは必ず $\beta \in \mathfrak{O}$ と有理整数 M で p で割れないものによって β/M の形に表される．逆に，この形の $\alpha = \beta/M$ はヘンゼルの意味で p 整数である．このように，たとえば，商 β/α が p 整数であることを示す必要がある場合は，β に何か $M, M \in \mathbb{Z}, (M, p) = 1$ を掛けて $M\beta/\alpha$ が整数であることを示せばよい．このタイプの論議をゾロタリョフは幾度も用いている．

有理数体 $\mathbb{Q}$ においては p 整数全体が局所環 $\mathbb{Z}_p$ を構成することはわかりやすい．ここで，局所環 A というのは，それが（A 自身以外に）唯一の極大イデアルをもつことをいう．

この $\mathbb{Z}_p$ は与えられた素数 p で分母が割れないような商 m/n 全体からなっている．この環のただ一つの極大イデアルは素数 p で生成される単項イデアル (p) である．

環 A は，もしそれが有限個の極大イデアル $\mathfrak{p}_1, \mathfrak{p}_2, \cdots, \mathfrak{p}_k$ しかもっていないならば，半局所環と呼ばれる．ゾロタリョフはこのような環，すなわち，体 $\mathbb{Q}(\theta)$ における「mod p での整数」の環 $\mathfrak{O}_p$ を研究した草分けである．彼は以下でみるよ

---

[59] K. ヘンゼル, *Theorie der algebraischen Zahlen*. ライプチヒ-ベルリン, 1908, p.76.
[60] 同上．

うに，この環が素なイデア因子を有限個しかもたないことを証明した．

ゾロタリョフは前述した言い回しを用いている．彼は「環 A」の概念を，したがって，当然「半局所環 A_p」の概念を導入してはいない．それでも，彼の一連の考え方を簡潔に描き進めるために，ここではこれらの用語を用いることにする．特に環 $\mathfrak{O}_p$ の数，ならびに，この環における整除性について話しを進めよう．

ゾロタリョフは，$\mathbb{Q}(\theta)$ の数 α が整数であるための必要十分条件は，それがすべての素数 p に対して p 整数であること，すなわち，

$$\mathfrak{O} = \bigcap_p \mathfrak{O}_p$$

であることを証明した．

さらに p 整数の算術の研究を進めるために，ゾロタリョフは $\mathfrak{O}_p$ のなかで $\bmod p$ での（0以外の，訳注）完全剰余系

$$\alpha_1, \alpha_2, \cdots, \alpha_\sigma, \tag{33}$$

を構成する．ただし，$\sigma = p^n - 1, \alpha_i \in \mathfrak{O}$ である．彼は各剰余類の代表 α_i としてノルムが p の最小の冪で割れるものを選ぶ．

ゾロタリョフは $\mathfrak{O}_p$ の数 β が p と互いに素であることを，(33) の数列のなかの α_i に対して，どの $\alpha_i \beta$ も $\mathfrak{O}_p$ のなかで p では割れないこととして定義する（われわれはこのような β を p 単数（p-unit）とよぶ）．彼は，β が p と互いに素であるための必要十分条件はそのノルム $N\beta$ が p では割れないことであることを証明する．また $\mathfrak{O}_p$ の二つの数 β と γ に対して，(33) の数列の α_i で $\alpha_i \beta$ と $\alpha_i \gamma$ が同時に p で割れるようなものがないときに，彼は β と γ は互いに素であるという．そして次の定理を証明する．

1. 環 $\mathfrak{O}_p$ の数 α, β, γ に対して，もし α がそれぞれ β および γ と互いに素であるならば，α は積 $\beta\gamma$ と互いに素である．

2. もし α と β が $\mathfrak{O}_p$ 内で互いに素であるならば，$\gamma, \delta \in \mathfrak{O}$ で

$$\alpha\gamma + \beta\delta \equiv 1 \pmod{p}$$

を満たすものが存在する．

さらにこのとき，どのような自然数 m に対しても，$\gamma', \delta' \in \mathfrak{O}$ で

$$\gamma'\alpha + \delta'\beta \equiv 1 \pmod{p^m}$$

となるものが存在する．

もし数列 (33) のなかの α_i がすべて p と互いに素（すなわち，$\mathfrak{O}_p$ の単数）であ

るなら，ゾロタリョフは p を $\mathfrak{O}$ でも素であると見なす．

これ以外の有理素数を因子分解するために，ゾロタリョフは次の基礎的な補助定理を証明する．

環 $\mathfrak{O}_p$ の数 α が p 整数 $b_1, b_2, \cdots, b_n$ による方程式
$$\alpha^n + b_1 \alpha^{n-1} + \cdots + b_{n-1}\alpha + b_n = 0 \tag{34}$$
を満たすとする．このとき，もし b_n が p^μ で割れ，b_{n-1} が p^{μ_1} で，b_{n-2} が p^{μ_2} で，等々と割れるならば，
$$\lambda = \frac{r}{s} = \max\left(\mu - \mu_1, \frac{\mu - \mu_2}{2}, \frac{\mu - \mu_3}{3}, \cdots, \frac{\mu}{n}\right)$$
とするとき，p^λ/α は p 整数である．

これが補助定理の最初の主張である．

そこで整数 α をそれが属する剰余類のなかでノルムを割る p の冪が最小であるものとすれば，
$$\lambda \leq 1$$
であり，$\mu_k \geq \mu - k$ である．

また
$$p^\lambda/\alpha = p^{r/s}/\alpha$$
は環 $\mathfrak{O}_p$ に含まれていないが，
$$(p^{r/s}/\alpha)^s = p^r/\alpha^s \in \mathfrak{O}_p$$
であることに注意しよう．

この補助定理から，ゾロタリョフは二つの重要な帰結を導く．

1) 素数 p は環 $\mathfrak{O}_p$ 内で数列(33)のすべての α_i で割れる．
2) もし $\beta \in \mathfrak{O}_p$ ならば，数列(33)のなかの α_i で β を割るものが存在する．

これら二つの帰結を用いて，ゾロタリョフは因子論の基本定理を証明する．

もし $\beta, \gamma \in \mathfrak{O}_p$ に対して，積 $\beta\gamma$ が $\alpha \in \mathfrak{O}_p$ で割れ，しかも α と β が互いに素であるならば，γ は α で割れる．

このあと，ゾロタリョフは，$\mathbb{Z}$ でのユークリッドのアルゴリズムと同様な役割を $\mathfrak{O}$ で果たすべき命題を証明する．

もし $\alpha, \beta \in \mathfrak{O}_p$ がいずれも p 単数ではなく，互いに素ではなく，そのいずれもが他方で $\bmod p$ で割れなければ，これら α と β の両方を $\bmod p$ で割るような $\gamma \in \mathfrak{O}_p$ が存在する．また $N\gamma$ の p 冪因子は $N\alpha$ と $N\beta$ の p 冪因子のいずれよりも

実際に小さい.

この命題によって,彼は数列(33)のなかから素なもの,すなわち,環 $\mathfrak{O}_p$ の局所パラメータを選び出すことができる.

数列(33)のなかの α について,もし α と互いに素ではないすべての α_i が α で mod p で割れるとき,これは素であるという.

基本的な補助定理からの帰結の 2) は,素な要素を選び出すためには,α を数列(33)のすべての項と比較すれば十分であることを保証している.

実際に選び出してみよう.もし α_1 が p 単数であればこれを捨てる.もし α_1 が p 単数でなければそれを $\alpha_2, \alpha_3, \cdots, \alpha_\sigma$ と比較する.ある α_k に対して α_1 と α_k は互いに mod p で素ではないとし,さらにそれらは他方で割れることがないとする.このとき,すでに確立された命題によって,(33)に現れるある γ によって α_1 と α_k はともに mod p で割れ,しかも $N\gamma$ に現れる p の冪は $N\alpha_1$ と $N\alpha_k$ のいずれに現れるものよりも小さい.この γ が素でなければ同様の手順を繰り返す.このようにして,有限の段階を経て素な要素の一つ π_1 を取り出すことができる.

これを繰り返して,結局,素な要素
$$\pi_1, \pi_2, \cdots, \pi_s \tag{35}$$
がすべて得られ,(35)の数はいずれも互いに素であるとしてよい.このようにして局所パラメータの完全系が取り出され,そのいずれもが p のイデア因子をただ一つだけ含んでいる.また p 単数 ε と自然数 $e_1, \cdots, e_s$ によって
$$p = \varepsilon \pi_1^{e_1} \cdots \pi_s^{e_s}$$
と表される.

この結果から,環 $\mathfrak{O}_p$ は有限個の素なイデア因子しか有していない.すなわち,現代の用語では半局所環である.

この後,ゾロタリョフは大域理論を考察する.彼は数 p のイデア素因子は定義しないが,彼の論文から,彼が(35)の各 π_i に一つの記号 $\mathfrak{p}_i$ を対応させ,(35)の異なる数には異なる記号を対応させていることは明白である.あとは数 $\alpha \in \mathfrak{O}$ がどのようにイデア因子に分解されるかを決定するだけである.

ゾロタリョフは次の定義を導入する.数 α が素数 p の π_i に属するイデア因子を m 重に含んでいるとは,α が mod p で π_i^m で割れ,π_i^{m+1} では割れないことを意味する.

これから,イデア因子は本質的には指数(付値,valuation)として決定される

2.3 代数的数論と可換環論の始まり

ことがわかる．

実際，構成されるものは関数 $\nu_p(\alpha)$ であり，これは負でない整数値をとる．
この関数が性質
$$\nu_p(\alpha\beta) = \nu_p(\alpha) + \nu_p(\beta)$$
を有することは明らかである．

ゾロタリョフはこれを彼の論文の最後の定理で証明する．それは次のように述べられている．

> 二つの複素数の積 $\beta\gamma$ は π に属するイデア因子 $\mathfrak{p}$ を，二つの数 β と γ のそれぞれが含む回数を合わせたのと同じ回数だけ含んでいる[61]．

いまや環 $\mathfrak{O}$ での通常の算術を進めるのは容易であろう．

驚くべきことに，クンマーもゾロタリョフも「イデア因子」を語っていたが，本質的には，イデア因子が整数に含まれる指数の決定というところにとどまっていた．それこそがイデア因子についてわれわれが必要とするもののすべてである．

われわれがみるところでは，ゾロタリョフは，実質的には，クンマーの局所的な方法を発展させて，代数的数に対して完全に厳密な算術を構築した．彼はまた局所的ないし半局所的な環を（これらの概念を明示的に導入はしなかったが）研究し，局所化と大域化の方法を応用した．この道こそのちにヘンゼルがたどったところであり，彼を p 進数に誘ったところである．ゾロタリョフとヘンゼルの論文は局所代数の核心を形作るアイデアと方法の連環の始まりであった．

また注目すべきことは，代数的数の構成において，ゾロタリョフは代数的数と代数的関数の両者に対して成立する補助定理に立脚しており，彼の理論は直ちに代数関数の環に対しても展開されるものである．

デデキントのイデアルの理論

デデキント（Julius Wilhelm Richard Dedekind）は 1831 年にドイツのブルンスヴィクで生まれた．父親はそこで教授と企業の弁護士を務めていた．デデキントは生まれた町でギムナジウムを終えたあともコレギウム・カロリナムに学ん

---

[61] E.I. ゾロタリョフ, *Collected works*, vol. 2. レニングラード, 1931, p.129（ロシア語）．

だ．彼は最初は化学と物理学に興味をもち，数学はこれらの科学の道具であると見なしていた．しかし間もなく，純粋に数学的な問題が彼をしっかりととらえ始め，彼は解析幾何学，代数解析学および微分・積分学の基本をすっかり身に付けた．1850 年に彼はゲティンゲン大学への入学を許された．当時この大学は自然科学における最高学府の一つであった．ここでの数理物理学のゼミナールで彼は数論の諸要素に出会い，以後これが彼の研究の主たる対象となった．またゲティンゲンで彼はリーマン（Georg Friedrich Bernhard Riemann）と知遇を得た．1852 年にガウスを指導教授として，デデキントはオイラー積分の理論に関する博士論文を書いた．

1854 年の夏，リーマンとほぼ同時期に，デデキントは大学講師の資格を得，私費講師（*Privatdozent*）として教員活動を始めた．ディリクレがガウスの後任になって以来，デデキントは彼の友人となった．彼らのあいだで交わされた論議はデデキントを刺激し，彼をまったく新しい方面への研究に誘うことになった．デデキントはのちに振り返って，自分の学問上の地平をディリクレが押し広げ，「新しい人間」に仕立て直してくれた，と述べた．

1858 年にデデキントはチューリヒの工科大学（Polytechnikum）にラーベ（J.L. Raabe, 1801-1859）の後任として招聘された．ラーベの名前は冪級数の収束判定法に残されている．デデキントの頃には，チューリヒはドイツでの専門職への最初の段階とする伝統ができ上がっていた．先例をあげれば，クリストッフェル（E. Christoffel），シュヴァルツ（H.A. Schwarz），フロベニウス（Ferdinand Georg Frobenius），フルヴィッツ（Adolf Hurwitz），ウェーバー（Heinrich Weber），ミンコフスキ（Hermann Minkowski）がそうであった．

1859 年 9 月にデデキントはリーマンとともにベルリンへ旅し，ワイエルシュトラス，クンマー，ボルヒャルト（K.B. Borchardt），クロネッカー（Leopold Kronecker）といった当地の数学界の指導的な面々と会った．1862 年にデデキントはブルンスヴィクの工科大学（Polytechnikum）のウーデ（A.W. Uhde）の後任に選ばれ，その後の終生にわたりその任にあたった．彼は 1916 年に没した．

すでに指摘したことであるが，代数的数の算術に関する仕事において，デデキントは，クンマーの方法を一般の場合に適用することは本質的な改造を施さないかぎり不可能であるという問題に直面した．彼自身が述べたように，まず彼は高次合同式の理論の上に算術を組み立てようと試みたが，最終的にはまっ

たく異なった道を選んで目的に到達した．彼はこの新しい基礎，のちにイデアルの理論として知られるものを，まず初めに，ディリクレの"*Vorlesungen über Zahlentheorie*"（数論講義）の第二版（1871）の補遺Xで，さらには（最終的な形のものを）同じ著書のあとの版（1879, 1894）の補遺XIに書き上げた．

デデキントの新しいアプローチは大ざっぱには集合論的で公理的であると特徴づけられる．クンマーの論文を分析して，デデキントは，クンマーはイデア数を定義することなしにイデア数による整除性を定義していると記し，結論として，イデア数を取り扱うよりもむしろイデア数によって割られる $K=\mathbb{Q}(\theta)$ の整数の集合に対するべきであると述べた．これらの集合，あとで「イデアル」（Ideal）と呼ばれるもの（クラインは，「リアル」（reals）と呼ぶほうがよかったと書いているが，恐らくは的確な指摘であろう），を定義し，数論的な概念，整除性とか法のもとでの合同，などを集合論の言葉で定義する必要があった．デデキントはこれらを補遺Xでやってのけた．これは代数学の基本的な対象が公理的に導入された最初の著述である．ブルバキを引用すれば，この補遺は「一般的なやり方によって，しかも完全に新しいスタイルによって」書かれた．「実質的には一つの急激な動きによって，代数的数論は，最初の試みのおずおずとした数歩から，それ自身の基本的な枠組みを伴う成熟した学科への転換を成し遂げた」[62]．

デデキントの新しい概念が代数学と数論にとって大いなる重要性をもつことに鑑み，ここで補遺Xを追ってみよう．

まずデデキントは体（Körper）の概念を導入し，次のように定義する．

> 体によって，実ないし複素数の無限系で，その二つの数に対しての加法，減法，乗法，除法の結果が必ず再びその系の数になるように閉じており，完全であるものを意味することにしよう[63]．

デデキントの定義においては，彼の体の要素が実または複素数であるとしている点で現代のものと異なっている．しかし，彼が導き出した諸結果はまったく一般的であり，任意の体に適用できる．

ディリクレの"*Vorlesungen über Zahlentheorie*"（数論講義）の第四版（1894）

---

[62] N. ブルバキ, *Eléments d'histoire des mathématiques*. パリ, 1974, p.130.
[63] R. デデキント, *Gesammelte mathematische Werke*, Bd. 3. ブラウンシュヴァイク, 1932, p.224.

デデキント（Julius Wilhelm Richard Dedekind, 1831-1916）

の補遺 XI では，デデキントは彼の理論を一新する．体の定義はいまや簡明である．

> 実ないし複素数の系 A は A の二つの数の和，差，積，商が必ず A に属するときに体と呼ばれる．

デデキントは「最小の体は有理数によって構成され，最大の体はすべての数によって構成される」と付け加える．彼は部分体，基底，体の次数，さらに，共役数，ノルムの概念のみならず，n 個の数 $\alpha_1, \alpha_2, \cdots, \alpha_n$ の判別式をこれらの数とその共役のすべてから得られる行列式の平方として定義する．彼はすべての代数的数が作る環を考察し，整除性の理論をそこに移植するような合理的な方法がないことを示す．しかし，有限拡大 $\Omega = \mathbb{Q}(\theta)$ で θ がモニックな多項式による方程式

$$x^n + a_1 x^{n-1} + \cdots + a_{n-1} x + a_n = 0$$

で，$a_i \in \mathbb{Z}$ であって，$\mathbb{Q}$ 上既約であるものの根である場合には，その整数に対して整除性の理論を移植することができる．

体 Ω の整数の環 $\mathfrak{O}$ を取り上げるに先立って，デデキントは重要な新しい概念，

2.3 代数的数論と可換環論の始まり

加群（Modul）を導入する．これは代数的数論において重要な役割を演じるべく定められ，しかも結局，現代の代数学においてもその重積を果たしている．その定義を引用しよう．

> 実ないし複素数の系 $\mathfrak{a}$ はその数の和と差が同一の系 $\mathfrak{a}$ に属するとき，加群と呼ばれる[64]．

もし $\alpha - \beta \in \mathfrak{a}$ であるならば，デデキントは
$$\alpha \equiv \beta \pmod{\mathfrak{a}}$$
と書く．もし $\mathfrak{a} \subset \mathfrak{b}$ であるならば，デデキントは $\mathfrak{a}$ は $\mathfrak{b}$ の倍加群（Multiple）であると，また，$\mathfrak{b}$ は $\mathfrak{a}$ の約加群（Divisor）であるという．彼は二つの加群 $\mathfrak{a}$ と $\mathfrak{b}$ の共通部分 $\mathfrak{a} \cap \mathfrak{b}$ をそれらの最小公倍加群という．

デデキントは加群を単に環 $\mathbb{Z}$ 上のものとしている．したがって，彼は，環 $\mathfrak{O}$ の要素 ω と $\mathfrak{a}$ の要素 α に対して $\omega\alpha \in \mathfrak{a}$ であることを要請しない．この要請はあとでイデアルを定義する際に現れることになる．また，デデキントは系統立てて数論的な概念（「で割れる」，「の倍数である」，など）を集合論的なもの（「を含む」，「の部分集合である」，など）で置き換える．加群を調べるなかで，デデキントは加群の基底の概念を導入し，一つの加群の数全体を他の加群に関して合同なものを集めた類に分解する．彼は加群に関する知識によって体 Ω の整数の環 $\mathfrak{O}$ を調べる．彼が注意を促しているところでは——そしてこれは数学の文献では「初めて」のことであるが——もし $\omega_1, \cdots, \omega_n$ が体の Ω の基底であり，しかも各 ω_i が整数であるとき，$h_i \in \mathbb{Z}$ に対する
$$h_1\omega_1 + \cdots + h_n\omega_n \tag{36}$$
の形の数をすべてとったとしても，一般には，Ω の整数のすべてを尽くすとは限らない．もう少し端的にいえば，(36)の形で整数を表そうとするとき，Ω のある整数については $h_1, \cdots, h_n$ として分数を選ばなければならないことがある．

デデキントの基本的な結果は基底
$$\overline{\omega}_1, \overline{\omega}_2, \cdots, \overline{\omega}_n$$
であって，体 Ω の整数のすべてが有理整数を係数とする(36)の形で表現されるようなもの（デデキントがいうところの基本数列）が存在することであった．デ

---

[64] R. デデキント, *Gesammelte mathematische Werke*, Bd. 3. ブラウンシュヴァイク, 1932, p.242.

デキントはこの基底の判別式を体 Ω の判別式，あるいは，「基本数」(Grundzahl) と呼んだ[65]．

例として，彼は 2 次体 $\Omega = \mathbb{Q}(\sqrt{D})$ を考察し，もし $D \equiv 1 \pmod{4}$ であるならば，数 1 と $(1+\sqrt{D})/2$ がその「基本数列」であり，D が「基本数」であると述べている．他方，もし $D \equiv 2$ または $3 \pmod{4}$ であるならば，1 と $\sqrt{D}$ が「基本数列」であり，$4D$ が「基本数」である．本質的にはこの事実はすでにニュートンに知られていた[66]．

デデキントは体 Ω の整数の領域 $\mathfrak{O}$ ――彼はこれを「オーダー」(Ordnung) と呼ぶ――においては既約性と素であることの概念は一致しないことを思い起こし[67]（これはすでにクンマーによって注意されていた），このような数に関する算術を構築するために，彼は公理的に定義されるイデアルという新しい概念を導入する．

環 $\mathfrak{O}$ の無限個の数の系 $\mathfrak{a}$ は，もし次の二つの条件を満たすならば，イデアルと呼ばれる．

（Ⅰ）系 $\mathfrak{a}$ の二つの数の和と差は必ずまた $\mathfrak{a}$ の数である．

（Ⅱ）系 $\mathfrak{a}$ の数と $\mathfrak{O}$ の数との積は必ず $\mathfrak{a}$ の数である[68]．

デデキントのイデアルはオーダー $\mathfrak{O}$ 上のゼロでない加群であることはわかりやすい．

イデアルによる数の加除性はやはり集合論的な用語で定義される．デデキントは，もし $\alpha \in \mathfrak{a}$ であれば α は $\mathfrak{a}$ で割れるという．また，もし $\alpha - \beta \in \mathfrak{a}$ であれば $\alpha \equiv \beta \pmod{\mathfrak{a}}$ である．彼は，こういった合同式は，数の等式と同様に，加え合わせたり，引いたり，また整数を掛けたりすることができることを指摘する．合同関係は推移的であるから，$\bmod \mathfrak{a}$ での合同は $\mathfrak{O}$ の数を合同な数からなる共通部分のない類に分解する．デデキントはこのような類の個数 $N(\mathfrak{a})$ を $\mathfrak{a}$ のノルム (Norm) と呼ぶ．

---

[65] この用語はディリクレの *Vorlesungen über Zahlentheorie* の第四版［の補遺XI］では抜けている．

[66] I.G. バシュマコフの論文，"On a question in the theory of algebraic numbers in the works of I. Newton and E. Waring"（I. ニュートンと E. ウェアリングの仕事における代数的数論），IMI, issue 12. M., Fizmatgiz, 1959, pp.431-456（ロシア語）をみよ．また脚注56 も参照のこと．

[67] 彼の理論の続く説明においては，デデキントは分解できない (indecomposable) が素 (prime) ではない数の簡単な例をあげている．体 $\Omega = \mathbb{Q}(\sqrt{-5})$ において，$6 = 2 \cdot 3 = (1+\sqrt{-5})(1-\sqrt{-5})$ であり，$2, 3, 1+\sqrt{-5}, 1-\sqrt{-5}$ はもはや分解できない整数である．

[68] R. デデキント，*Gesammelte mathematische Werke*, Bd. 3. ブラウンシュヴァイク，1932, p.251．

もし $\eta \in \mathfrak{O}$ で $\eta \neq 0$ であれば，η で割れる数全体の集合 $I(\eta)$ は明らかに（Ⅰ）と（Ⅱ）を満たしており，よってイデアルである．デデキントはこのようなイデアルを単項イデアル（Hauptideal）と呼ぶ．次いでデデキントはイデアルの整除性と素イデアルを定義する．

もし $\mathfrak{a} \subset \mathfrak{b}$ であるならば，$\mathfrak{a}$ は $\mathfrak{b}$ で割られる，あるいは，$\mathfrak{b}$ の倍イデアルであるといい，$\mathfrak{b}$ は $\mathfrak{a}$ の因子（Divisor）といわれる．

このとき，イデアル $\mathfrak{b}$ の数は $\bmod \mathfrak{a}$ による一つないしいくつかの類を構成するのは明らかである．この類の個数を r とすると，等式
$$N\mathfrak{a} = rN\mathfrak{b}$$
が成り立つ．

デデキントはイデアルが有限個の因子しかもたないことを示す．単項イデアル $\mathfrak{O}$ はすべてのイデアルを割り，単位元の役割を務める．このイデアルは次の性質のいずれでも特徴づけられる．(1) 数 1（もしくは他の単数のどれか）を含んでいる，(2) $N\mathfrak{O} = 1$．

デデキントは二つのイデアル $\mathfrak{a}$ と $\mathfrak{b}$ の共通部分 $m = \mathfrak{a} \cap \mathfrak{b}$ をそれらの最小公倍因子，また，$\alpha \in \mathfrak{a}$，$\beta \in \mathfrak{b}$ の和 $\alpha + \beta$ 全体からなる系 D をそれらの最大公約因子と呼ぶ．また，$N\mathfrak{a}N\mathfrak{b} = NmND$ を示す．最後に，イデアル $\mathfrak{p}$ が素イデアルであることを，その因子が $\mathfrak{O}$ と $\mathfrak{p}$ だけであるものとして定義する．

次の定理が成立する．

もし $\eta\rho \equiv 0 (\bmod \mathfrak{p})$ であれば，数 η，ρ のいずれかは素イデアル $\mathfrak{p}$ で割れる．

この結果に対するデデキントの証明を上げておこう．

数 η が $\mathfrak{p}$ で割れないと仮定する．このとき，合同式
$$\eta x \equiv 0 \quad (\bmod \mathfrak{p})$$
の解全体は $\mathfrak{p}$ を含むイデアル X を形成する．しかし，これは 1 を含んでいないから，$X \neq \mathfrak{O}$ である．よって $X = \mathfrak{p}$ であり，したがって $\rho \in \mathfrak{p}$ である．

この命題が素イデアルばかりか素数を特徴づけることがわかる．

イデアルの積を定義する前に，デデキントは素イデアル $\mathfrak{p}$ の羃 $\mathfrak{p}^r$ を次のように定義する．

1) 彼は，数 η がイデアル $\mathfrak{a}$ で割れないならば η で割れる数 ν で合同式
$$\nu x \equiv 0 \quad (\bmod \mathfrak{a})$$

の解 π の全体が素イデアルをなすものが存在することを示す[69]．
 2) 彼は，もし $\mu \in \mathfrak{O}, \mu \neq 0, \mu \neq 1$, であれば，1) によって，数 ν で合同式
$$\nu x \equiv 0 \pmod{\mu}$$
の解 π の全体が素イデアル $\mathfrak{p}$ をなすものが存在すると主張する．

デデキントはこのようなイデアルを「単純である」(einfach) と呼ぶ．さらに，もし r を自然数とするならば，合同式
$$\nu^r x \equiv 0 \pmod{\mu^r}$$
の解全体は，デデキントがイデアル $\mathfrak{p}$ の r 乗と呼ぶイデアルを与え，これを $\mathfrak{p}^r$ と表す．

この定義による素イデアルの冪の概念は準素イデアルの概念と一致することを注意しておく．

デデキントは彼の $\mathfrak{p}^r$ を割る素イデアルは $\mathfrak{p}$ のみであることを証明する．そのあとで，彼は，有理整数がもつ整除性についての性質と類似したイデアルの基本定理を確立する．

 1) 各イデアルはそれに含まれる素イデアルの冪の最小公倍因子である．
 2) イデアル m がイデアル $\mathfrak{a}$ で割れるための必要十分条件は $\mathfrak{a}$ に含まれるすべての素イデアルの冪が m にも含まれることである．

証明においては，デデキントは，イデアル $\mathfrak{a}$ に対する $\bmod \mathfrak{a}$ での合同式の性質と，無限降下法を用いている．

しかし，オーダー $\mathfrak{O}$ において，通常の算術と完全に類似した算術を構築するためには，イデアルの積を定義し，この演算と先に導入された割算との間の関連を確立する必要がある．デデキントによるイデアルの積は次のように与えられる．

> もしイデアル $\mathfrak{a}$ の数とイデアル $\mathfrak{b}$ の数を掛け合わせるならば，これらの積およびそれらの和をすべて合わせて一つのイデアル $\mathfrak{ab}$ が得られ，これは $\mathfrak{a}$ によっても $\mathfrak{b}$ によっても割れる[70]．

彼はこの定義から $\mathfrak{ab} = \mathfrak{ba}, \mathfrak{aO} = \mathfrak{a}$ および $(\mathfrak{ab})\mathfrak{c} = \mathfrak{a}(\mathfrak{bc})$ が導かれることを指摘し

---

[69] 証明のなかでデデキントはイデアルのノルムを応用した降下法を用いる．
[70] R. デデキント, *Gesammelte mathematische Werke*, Bd. 3. ブラウンシュヴァイク, 1932, p.259.

ている．しかし，1871年の時点では，デデキントは彼のイデアルの乗法とイデアルによる除法とを関係づけられなかった．彼が証明し得たのは，$\mathfrak{p}^a$ と $\mathfrak{p}^b$ をそれぞれイデアル $\mathfrak{a}$ と $\mathfrak{b}$ に含まれる素イデアル $\mathfrak{p}$ の最高冪とするならば，$\mathfrak{p}^{a+b}$ が積 $\mathfrak{ab}$ に含まれる $\mathfrak{p}$ の最高冪であること，ならびに等式 $N\mathfrak{ab} = N\mathfrak{a}N\mathfrak{b}$ であった．

通常の算術との完全な類似を確立するには，次のことを示す必要があった．もしイデアル $\mathfrak{a}$ がイデアル $\mathfrak{b}$ で割れるならば，すなわち，もし $\mathfrak{a} \subset \mathfrak{b}$ であるならば，イデアル $\mathfrak{c}$ で $\mathfrak{a} = \mathfrak{bc}$ となるものがただ一つ存在する．数年後にはデデキントはこの定理に関連した基本的な困難を克服することができた．彼はその新たなるイデアルの理論をディリクレの "*Vorlesungen über Zahlentheorie*"（数論講義）の第三版（1879）の補遺XIによって提示した．彼はそこで

> イデアルに関するわれわれの以前の考察においては，われわれは本質的には単に加群の整除性の応用に依拠していたのだが，いまやわれわれはイデアルの新しい構成，すなわち，イデアル論の本質的な核をなすイデアルの乗法へと転じる[71]．

ここでデデキントは次の定理（上記を参照）を証明する．

もしイデアル $\mathfrak{a}$ が素イデアル $\mathfrak{p}$ で割れるならば，イデアル $\mathfrak{q}$ で

$$\mathfrak{a} = \mathfrak{pq}$$

となるものがただ一つ存在する．イデアル $\mathfrak{q}$ は $\mathfrak{a}$ の真の因子であり，したがって，$N\mathfrak{q} < N\mathfrak{a}$ である[72]．

そのあとで，彼は素イデアルによる一意分解定理を例の馴染みある形で証明する．

> イデアル $\mathfrak{O}$ 以外のイデアルは，素イデアルであるか，あるいは，素イデアルの積としてただ一通りに表示される[73]．

この定理を証明する過程で，デデキントはオーダー $\mathfrak{O}$ を調べ，次の特徴的な性質を取り出している．

1) $\mathfrak{O}$ は有限［生成］の加群で，その基底 $[\omega_1, \cdots, \omega_n]$ は同時に体 Ω の基底でもある．

---

[71] R. デデキント, *Gesammelte mathematische Werke*, Bd. 3. ブラウンシュヴァイク, 1932, p.297.
[72] 同上，p.309.
[73] 同上．

2) $\mathfrak{O}$ の二つの数の積はそれ自身 $\mathfrak{O}$ に含まれる．

3) 数 1 は $\mathfrak{O}$ に含まれる．

これらの性質は，本質的には，環の概念の最初の定義である．

イデアル論の最後の（第三の）解説はディリクレの本の第四版の補遺 XI にみられる．それは現代のものに最も近い．注目すべきことは，デデキントはここで分数イデアルを導入し，それらが群をなすことを示している．デデキントの解説は現在でさえ論理的な明瞭性，透明性，および，厳密性の手本と見なせる．

デデキントは論文 *Über die Discriminanten endlicher Körper*（有限［次代数］体の判別式）[74] で差積（Differente）の概念を導入し，それを用いて判別式の新しい定義を与え，判別式に含まれる素因子について，その素イデアルの判別式に含まれる最高冪を決定したことを付け加えておく．

デデキントの方法．イデアルと切断

イデアル論において，デデキントが終始一貫して集合論的な，また公理的な方法を採用していたことをみてきた．われわれはこれらの論考の手立てに慣れ親しんでいるが，彼の時代の人々にとっては，それらは完全に新しいものであった．そのようなしだいで，デデキントは彼の方法を解説する必要を知って，論文 *Sur la théorie des nombres entiers algébriques*（代数的整数の理論について）(Bull. sci. math. et astron., sér. 1, 1876, 9; sér. 2, 1877, 1) を著した．これはまた本の形で 1877 年にパリで出版された．彼は無理数を導入するために用いた切断の理論の構成手段との比較に訴えた．この場合，定義となるべきものは，1) 有理数の領域 $\mathbb{Q}$ のなかで得られる事実と関係に立脚しなければならない（たとえば，彼は算術とは異境にある斉次的な量の比に基づく定義を退けた）．2) またすべての無理数を一気に生成しなければならない．3) また算術的な演算の導入が明白な形でなされなければならない．

デデキントが指摘するところでは，それぞれの有理数 r は $\mathbb{Q}$ を二つの類に分断する：A は $q<r$ のすべての有理数 q を含み，B は r より大きいすべての $\mathbb{Q}$ に含まれる有理数を含む．また r 自身は A または B のいずれに振り分けられてもよい．デデキントはこのような分断を「切断」(Schnitt) と呼んだ．次の段階で

---

[74] ［訳注］Abhandl. kgl. Ges. Wiss. Göttingen, 29, 1882, pp.1–56.

は切断を，それを定めた数 r に依拠することなく，公理的に定義することができるような切断の基本的な性質を抽出することであった．そして，デデキントは切断の新しい定義 (α) を次のように与えた．(α) それは有理数全体 $\mathbb{Q}$ の二つの類 A と B への分断で，A のすべての数は B のすべての数よりも小さいようにするものである．

この定義によって，切断が与えられたとき，それが有理数で生成されるのがまれであることは明らかになる．

> 有理数によって示されたやり方で生成されることがあり得ない切断は無数に存在する．このような切断の一つ一つに対して，この切断に対応する無理数を算術のなかに作る，あるいは，導入する[75]．

この定義に基づいて，デデキントは「数-切断」の新たなる集合のなかに大小関係（「よりも大きい」と「よりも小さい」）と算術の四則演算を導入する．デデキントはすべての数-切断からなるこの新しい領域 $\mathbb{R}$ が完備性，すなわち，定義 (α) を満たす各分断に対応して $\mathbb{R}$ の数でそれを生成するものが存在することを示す．

同様な状況がイデアルの定義と関連して生じた．もし $\mu \in \mathfrak{O}$ であるならば，明らかに，μ によって割れる $\mathfrak{O}$ の数全体の集合 $\mathfrak{a}$ は上記のイデアルの定義の（Ⅰ）と（Ⅱ）を満たす．すなわち，もし α と β がともに μ で割れるならば $\alpha \pm \beta$ も μ で割れ，$\alpha \pm \beta \in \mathfrak{a}$ （条件（Ⅰ））である．またもし α が μ で割れ，$\omega \in \mathfrak{O}$ であるならば，$\omega\alpha$ は μ で割れ，$\omega\alpha \in \mathfrak{a}$ （条件（Ⅱ））である．さて，デデキントがいうには，$\mathfrak{O}$ のなかに整除性の規則を通常のものと類似した形で定義したいのであるから，

> われわれはイデア数およびイデア数による整除性を定義して，上で定式化された二つの基本原理（Ⅰ）と（Ⅱ）が，たとえ μ が存在する数ではなくてイデア数であっても成り立つようにしなければならない[76]．

これが，なぜデデキントは性質（Ⅰ）と（Ⅱ）を単項イデアルにとどまらずにすべ

---

[75] R. デデキント, *Gesammelte mathematische Werke*, Bd. 3. ブラウンシュヴァイク, 1932, p.269.
[76] 同上，p.271.

てのイデアルを定義する公理として採択するか，という理由である．

もし $\mathfrak{O}$ が $\mathbb{Z}$ であるならば，何も新しいものは得られない．もし $\mathfrak{a}$ が有理整数の集合で，和と差のもとで閉じているならば，容易に示されるように，$\mathfrak{a}$ は絶対値が最小の数を含んでおり，それは他のすべての $\mathfrak{a}$ の数を割る．デデキントの用語によるならば，これは $\mathbb{Z}$ のすべてのイデアルが単項であることを意味している．もし $\mathfrak{O}$ が体 $\Omega = \mathbb{Q}(\theta)$ の整数環であるならば，それはイデアル $\mathfrak{J}$ で $\mathfrak{J}$ のすべての数を割るような数 $\mu \in \mathfrak{O}$ をまったく含まないようなものが存在するだろう．

整除性および素であることの概念の直接的定義を用意することによって，デデキントが体 $\mathbb{Q}(\theta)$ の整数環 $\mathfrak{O}$ のなかに通常のものと類似する算術を構成することが可能であったことはこうして了解された．

デデキントは切断の理論とイデアル論において同じ道筋をたどった．彼は，ある対象を基本的に決定する性質（有理数による切断，および，ある数で割れる整数の集合）を見いだし，これらの性質を公理として採用し，新しい領域（それぞれ，もとの領域の切断全体の集合ならびに体におけるイデアル全体の集合）で「古い」ものよりも大きく，しかも，「古い」ものを特殊な例として含むようなものを手にした．しかも，新しい領域は求められる性質を有していた．切断の場合は完備性であり，イデアル論の場合は素因子による一意的な分解である．

次にデデキントが同じアプローチを三度目に用いた場面を付け加えよう．すなわち，代数関数の体での算術理論の構成である．リーマン面の点がこのような方法で定義された．この問題を以下で少し詳しく調べることにする．

代数関数体におけるイデアル論の構築

すでにみてきたことであるが，デデキントは，代数的数の整除性の理論を基礎づけた際に，体，加群，イデアルといった非常に重要な概念を抽出した．彼はそれらを公理的に，また，集合論的な基盤の上に導入した．これは可換な多元環の構成へとつながる最初の重要な一歩であった．

2番目の，重要さにおいては劣らない一歩はすべての理論を代数関数の体へ移植することにあった．デデキントはこれをウェーバーと共同で行った．

ハインリヒ・ウェーバー（Heinrich Weber）は，1843年にハイデルベルクで生まれた．彼は，ハイデルベルク大学で学び，ヘルムホルツ（Hermann von Helmholtz）とキルヒホフの講義に出席した．1873年から1883年の間，彼はケー

ウェーバー（Heinrich Weber, 1843-1913）

ニヒスベルクで働き，1892年から1895年の間はゲティンゲンの正教授であった．彼はシュトラスブルク（ストラスブール）で1913年に逝去した．ウェーバーは19世紀の数学のほぼすべての領域に意味深い足跡を残した．クラインが記すところでは，ウェーバーは「自分にとって新しい概念，リーマンの関数論とかデデキントの数論といったもの，を習熟するにあたっての驚嘆すべき能力」をもっていた[77]．

19世紀における代数関数論の発展は，「素数」への因数分解が一意的でないことの発見によって引き起こされた代数的数体の研究と平行していた．代数関数の場合，中心問題は多価の複素変数関数の取扱いであった．この問題はアーベルやヤコビといった数学者によって研究され，そしてその最終的な解決はリーマン（Georg Friedrich Bernhard Riemann）により，いわゆるリーマン面の構成によっ

---

[77] F. クライン, *Vorlesungen über die Entwicklung der Mathematik im 19. Jahrhundert*, Bd. 1. ベルリン, 1926, p.275.

てもたらされた．このような曲面のそれぞれの点に対して，問題とする関数のただ一つの値が対応している．しかし，リーマンによる構成はデデキントとウェーバーを満足させなかった．というのは，それが連続性と級数による表示の可能性——何といってもある種の幾何学的な直観に立脚した概念——によっていたからである．研究報告 *Theorie der algebraischen Funktionen einer Veränderlichen*（1変数代数関数論）（J. für reine und angew. Math., 1882, 1892）では，デデキントとウェーバーは「リーマンの研究における主要な成果である代数関数論の基礎を，最も単純で，同時に厳密であり，しかも最も一般的なやり方によって提示する」ことを提案している[78]．

注目すべきことに，デデキントとウェーバーの展開は標数が0であるようなのような基礎体に対しても適用される（唯一の前提条件はその体が代数的に閉じていることであると思われる）．「もし変数の領域を代数的数に制限しようと望んだとしても，どこにも問題が生じるところはまったくないであろう」[79]．

彼らの理論を構成するにあたって，デデキントとウェーバーはかなり以前から注目されていた代数関数と代数的数との間の類似性に導かれた．すでにステヴィン（Simon Stevin）は，1変数の多項式が整数のように振る舞い，既約多項式が素数の役割を果たすことをみていた．ステヴィンは多項式に対してユークリッドの互除法を導入して，多項式が既約多項式の積として一意的に表示されることを証明した．のちに，合同式の方法はやはり多項式にも移植された．しかし，この類似性の奥深い全容は，ここで考察しているデデキントとウェーバーの研究報告によって十全に明かされたのであった．

前節で述べられた彼の一般原理に沿って，デデキントはリーマンの展開法の「上下をひっくり返した」．リーマンは「リーマン面」の構成をまず行い，それに代数関数の類が対応させる．これに対し，デデキントとウェーバーはリーマンの関数の類に対応して体を構成することから始め，この関数の体に対して，代数的数論とまったく類似した理論を展開し，この体のなかに加群とイデアルを定義する．それからようやくリーマン面の点を自分たちの理論の助けをかりて構成する．

---

[78] R. デデキント, *Gesammelte mathematische Werke*, Bd. 1. ブラウンシュヴァイク, 1930, p.238.
[79] 同上, p.240.

2.3 代数的数論と可換環論の始まり

デデキントとウェーバーの研究報告は前半部分はすべて代数関数の形式的な理論に割かれている．まず代数関数の定義から始まる．既約的な方程式
$$F(\theta, z) = 0 \tag{37}$$
で，z の有理整関数 $a_0, \cdots, a_n$ を係数とする多項式
$$F(\theta, z) = a_0 \theta^n + a_1 \theta^{n-1} + \cdots + a_{n-1} \theta + a_n$$
を考える．そして方程式(37)で定義される関数 θ を代数関数と呼ぶ．

次に彼らは「クロネッカーの構成法」（本書 pp.55-58）を用いて代数的関数体 Ω を z と θ のすべての（θ については次数が $<n$ の）有理関数からなるものとして与える．この体の要素は z の有理関数 $b_0, \cdots, b_{n-1}$ によって
$$\zeta = b_0 + b_1 \theta + \cdots + b_{n-1} \theta^{n-1}$$
と著され，体の次数は $\mathbb{Q}(z)$ 上 n 次である．このあと，デデキントとウェーバーはデデキントの理論を代数関数体へほとんど逐語的に移し込む．彼らは関数のノルムとトレース（跡）と n 個の関数の系の判別式を定義し，この体での整関数の概念を導入し，このような関数の環を検討し，加群（*Funktionenmodul*）の概念を定義し，加群に関する合同式を導入し，最後に，イデアルの概念を定義して因子論の基本定理を証明する．

一例として，彼らの加群の定義を引用しよう．

> （体 Ω 内の）関数の系は，もしそれが和と差，および，z の有理整関数による積のもとで閉じているならば，加群と呼ばれる[80]．

最も興味あるところは，関数体 Ω に対応するリーマン面の点の定義である．これは研究報告の後半の冒頭に現れる問題である．すでに記してきたように，ここでも再度理由づけに関するデデキントの特徴的な流儀に出くわす．もしすでに点 P があるとすれば，体 Ω のすべての関数の P での値を考えることにより，Ω から定数の体 C への写像が得られる：
$$F \to F(P) = F_0 \in C.$$
もし $F \to F_0$ であり $G \to G_0$ であるならば，明らかに
$$F \pm G \to F_0 \pm G_0, \quad FG \to F_0 G_0, \quad F/G \to F_0/G_0$$
が成り立つ．

---

[80] R. デデキント, *Gesammelte mathematische Werke*, Bd. 1. ブラウンシュヴァイク, 1930, pp.251-252.

デデキントとウェーバーは一般性を確保するために，定数体 C に「数」∞ を補充して，通常の算術的な演算を拡充すると指摘する．ただし，$\infty \pm \infty, 0 \cdot \infty$, $0/0, \infty/\infty$ は例外とされ，対応する数は定義されない．もしこの拡充された領域 $\overline{C}$ をとり，Ω から $\overline{C}$ への準同型写像をすべて考慮するならば，このような準同型写像の各々に点 P を対応づけることができる．これがデデキントとウェーバーによって採択された定義である．

> もし体 Ω のすべての要素 $\alpha, \beta, \gamma, \cdots$ に確定した数値 $\alpha_0, \beta_0, \gamma_0, \cdots$ を対応づけ，（Ⅰ）もし α が定数ならば $(\alpha)_0 = \alpha$ とし，一般的に（Ⅱ）$(\alpha+\beta)_0 = \alpha_0 + \beta_0$，（Ⅲ）$(\alpha-\beta)_0 = \alpha_0 - \beta_0$，（Ⅳ）$(\alpha\beta)_0 = \alpha_0\beta_0$，（Ⅴ）$(\alpha/\beta)_0 = \alpha_0/\beta_0$ であるとするならば，これらすべての数値の系に対して点 P を対応させるべきである… そして，点 P において $\alpha = \alpha_0$ である，あるいは，α は P で値 α_0 をもつという．2 点が異なるための必要十分条件は，Ω の関数 α でその 2 点で異なる値をもつものが存在することである[81]．

デデキントとウェーバーは次の注意を与える．この定義は，それがこの体 Ω の関数を表示する独立変数の選び方にはよらないから，Ω にとって不変的である．

点 P を導入するこの方法は現代数学では随分と好まれている．ブルバキ（N. Bourbaki）[82] は，ゲルファント（I.M. Gel'fand）がこの方法をノルム代数の理論を見いだすために用い（1940 年），その後は数多くの場面で同じ手法が用いられてきた，と指摘している．

点の集合からリーマン面を構成するために，デデキントとウェーバーは次の定理を証明する．

1. もし $z \in \Omega$ が点 P で有限の値をもつならば（z についての）整関数 $\pi \in \Omega$ で P で消えるものすべての集合は（z についての）素イデアル $\mathfrak{p}$ を形成する．

デデキントとウェーバーは点 P は素イデアル $\mathfrak{p}$ を形成するという．また，もし ω が Ω の整関数であり，P で有限の値 ω_0 をもつならば，

$$\omega \equiv \omega_0 \pmod{\mathfrak{p}}$$

と表す．

2. 異なる二つの点が同一の素イデアルを生成することはない．

---

[81] R. デデキント, *Gesammelte mathematische Werke*, Bd. 1. ブラウンシュヴァイク, 1930, p.294.
[82] N. ブルバキ, *Eléments d'histoire des mathématiques*. パリ, 1974, p.134.

3．もし $z \in \Omega$ で $\mathfrak{p}$ が（z についての）イデアルであるならば，このイデアルを生成する点 P が一つ（そして前項2．よりただ一つ）存在する．これはイデアル $\mathfrak{p}$ の零点と呼ばれる．

これらの定理からリーマン面 T を構成する方法が得られる．まず任意の関数 $z \in \Omega$ をとり，z の整関数の環を作り，その素イデアル $\mathfrak{p}$ とそれに対応する零点 P をすべて集める．このようにして，リーマン面 T 上にある点で関数 z が有限値をもつものがすべて得られる．残りの点 P'（そこで $z = \infty$ となるもの）を含めるために，関数 $z' = 1/z$ をとれば，この関数は残りの点のすべてで消える．そこで z' の整関数の環をとり，その素イデアル $\mathfrak{p}'$ で z' を含むものをすべて構成する．これらの素イデアル $\mathfrak{p}'$ に対応する新しい点 P' を T に加えれば，リーマン面 T のすべての点が得られる．

見ての通り，数論における種々の方法の関数論への移行は随分と生産的であった．これらの方法は，その手助けとして導入された新しい概念と相まって，ほとんどすべてにわたって移し込めることが明らかになった．

よく知られているように，幾何学における公理的な方法は古代に生み出された．紀元前3世紀にはそれがユークリッドの ΣTOIXEIA（原論）の基礎を担った．その類似物が代数学に出現するまでに2000年以上もの時が流れた[83]．これが代数学の深い変成に連なっていることをみてきた．代数学は，（本質的には最初の4次までの）方程式の，そして初等的な変換の科学から，本性的には任意の対象の集合上に定義された代数的な構造の科学へと変容した．

代数的数の算術を取り扱ったデデキントの著作は，代数学における公理的な方法の，最初の，それゆえに最も重要な足取りをみせてくれる．デデキントは，1）彼の公理主義を集合論のうえに基礎づけた．2）代数的数に対して体，加群，環，および，イデアルの概念を公理的に導入した．これらの新しい対象は，明示的に定式化された多様な性質を満たす数の集合として定義された．3）最後に，彼は理論の総体を代数関数の領域に移植し，その理論の総体を初めて厳密に構成してみせたにとどまらず，さらに抽象的なリーマン面を定義した．

彼の公理は体，加群，環，イデアルという新しい概念を二つの根本的に異なっ

---

[83] S.A. ヤノフスキー, "From the history of axiomatics", in *"The methodological problems of science"*, モスクワ, 1972, pp.150-180（ロシア語）を参照．

た数学的な対象の集合に対して確定させた．事実としては，これらの概念はどのような本性をもつ対象の集合にも応用できる．デデキントの定理と方法の多くは，優れて一般的な特性を有していた．しかし，数学者たちがこの事実を理解するまでにはさらに数十年が必要であった．

デデキント自身が抽象代数の構成における最後の一歩を記したことを指摘しておく．彼はこれを「双対群」(*Dualgruppen*)，のちにはデデキント構造ないし束 (lattice) として知られるもの，を調べる過程で実行した．論文 *Über Zerlegungen von Zahlen durch die größten gemeinsamen Teiler*（数をそれらの最大公約数によって因子分解することについて）(Festschrift der Techn. Hochschule zu Braunschweig, 1897, S.1-40)[84] および *Über die von drei Modulen erzeugte Dualgruppe*（三つの加群によって生成される双対群について）(Math. Ann., 1900, 53, 371-403)[85] のなかで，彼は「双対群」を任意の対象に対して定義し，その性質を明記された公理のみに基づいて研究した．2番目の論文の初めで，後は次のように述べている．もし二つの加群 $\mathfrak{a}$ と $\mathfrak{b}$ の最大公約因子を $\mathfrak{a}+\mathfrak{b}$ と表し，それらの最小公倍因子を $\mathfrak{a}-\mathfrak{b}$ と表すならば，これらの2種の演算は以下の性質を満たす．

(1) $\quad\quad\quad\quad\quad \mathfrak{a}+\mathfrak{b}=\mathfrak{b}+\mathfrak{a}; \quad \mathfrak{a}-\mathfrak{b}=\mathfrak{b}-\mathfrak{a};$

(2) $\quad\quad\quad (\mathfrak{a}+\mathfrak{b})+\mathfrak{c}=\mathfrak{a}+(\mathfrak{b}+\mathfrak{c}); \quad (\mathfrak{a}-\mathfrak{b})-\mathfrak{c}=\mathfrak{a}-(\mathfrak{b}-\mathfrak{c});$

(3) $\quad\quad\quad\quad\quad \mathfrak{a}+(\mathfrak{a}-\mathfrak{b})\mathfrak{a}; \quad \mathfrak{a}-(\mathfrak{a}+\mathfrak{b})=\mathfrak{a}$

これから次が従う．

(4) $\quad\quad\quad\quad\quad\quad \mathfrak{a}+\mathfrak{a}=\mathfrak{a}, \quad \mathfrak{a}-\mathfrak{a}=\mathfrak{a}$

さらにデデキントは次の定義を導入する．

> 系 G（有限であれ無限であれ）の任意の二つの要素 $\mathfrak{a}, \mathfrak{b}$ についての演算 $\pm$ が同じ系 G の二つの要素 $\mathfrak{a}\pm\mathfrak{b}$ を生成し，条件(1), (2), (3)を満たしているならば，これらの要素の本性にかかわらず，G は演算 $\pm$ に関する双対群と呼ばれる[86]．

このような双対群の一例として，デデキントは前もって考察した加群の系を引用している．他の例は彼の最初の論文にみられる．またいくつかの事柄のなかで，彼は，論理系においては，$\mathfrak{a}+\mathfrak{b}$ は論理和として，また $\mathfrak{a}-\mathfrak{b}$ は論理積として

---

[84] R. デデキント, *Gesammelte mathematische Werke*, Bd. 2. ブラウンシュヴァイク, 1932, pp.103-147.
[85] 同上, pp.236-271.
[86] 同上, p.237.

解釈することができると指摘している．これは実際シュレーダー（Friedrich Wilhelm Karl Ernst Schröder）によって著作 *Vorlesungen über die Algebra der Logik：exakte Logik*（論理代数学講義：精密論理学）（ライプチヒ，1890-1905）（第 1 章を参照）で取り上げられた．デデキントはさらにどの双対群でも成り立つべき性質を導き，そしてそのあとでようやく二つないし三つの加群で生成される双対群を検討する．

これらの随分興味深い論文をさらに詳しく分析することはしない．われわれにとってここで重要なことは，これらがともに首尾一貫して 20 世紀の 20 年代の抽象代数学の体裁で書かれたことである．

他の代数的な概念についての一般的な公理的定義に関しては，体の一般的な定義が 19 世紀の末と 20 世紀の初めに定式化され，環の抽象的な定義がいくぶん遅れて（1910〜1914；フレンケル（Abraham Adolf Fraenkel），シュタイニツ（Ernst Steinitz））与えられたことを指摘しておく．最終的にはネーター（Amalie Emmy Noether）と彼女の学派が数学のこの部分に対して決定的な定式化を施し，19 世紀の代数学と数論のアイデアと方法を統合し，それがファン・デル・ヴェルデン（Bartel Leendert van der Waerden）の広く知られた著書によって，現代代数学として広く知られることになった．

数論——数学的な手法の作業現場——は，現代代数学，集合論，および，公理的な方法の創造においてその基礎となる役割を担った．これを再度強調しておく．

クロネッカーの因子論

レオポルト・クロネッカー（Leopold Kronecker）は一般的な因子論を構築するという問題にかかわった一人であった．彼はドイツのリークニッツ（現在のレグニツァ，ポーランド）に 1823 年に生まれた．地域の高等学校（Gymnasium）での先生がクンマーであり，のちに友人となったが，卒業後ベルリン，ボン，ブレスラウの大学で受講した．クンマーに加え，数学者としてのクロネッカーに大きく影響を与えたのは，ディリクレであり，彼の講義をベルリンで聴講した．1861 年にクロネッカーはベルリン科学アカデミーの会員に選ばれ，1883 年にベルリン大学の教授になった．クロネッカーの基本的な業績は，代数学と数論を扱ったものであり，2 次形式と群論に関してクンマーの研究を継続した．数学の「算術化」に関するクロネッカーの見方は，数学は整数の算術に立脚すべきであ

クロネッカー (Leopold Kronecker, 1823-1891)

るというものとして，広く知られている．その見方から，彼はワイエルシュトラス学派の関数論的な原理とカントルの集合論的な姿勢に積極的に対立した．クロネッカーは1891年にベルリンで逝去した．彼は最も卓越した19世紀の数学者の一人であった．クラインによれば，クロネッカーを際立たせたのは次のような驚くべき才能であった．「彼の業績の多様な領域において，彼は，根本的な重要性をもついくつもの関係を，それらを丹誠込めて申し分のない透明性をもって仕立てる状況に至る前に予知するという本物の感性を示した」[87].

特に，クロネッカーはクロネッカー‐ウェーバーの定理を定式化し，部分的に証明を与えた．これは類体論の最初の定理であった（p.122参照）．さて，代数的数論における彼の因子論を記述しよう．

クロネッカーによって作り出された理論についての噂や断片的な情報は19世紀の中頃から流れていたが，「クロネッカー流の」因子論の構成についての完全

---

[87] F. クライン, *Vorlesungen...*, Bd. 1. ベルリン, 1926, p.275.

な解説は，ようやく 1882 年になってクレレの雑誌のクンマー記念号で発表された論文 *Grundzüge einer arithmetischen Theorie der algebraischen Grössen*（代数的な大きさの算術的な理論の基礎）(J. für Math., 1882) で発表された．クロネッカーの論文は，取り分けても，問題の定式化のさらなる一般性によって特徴づけられる．というのも，彼は，有理数体に独立な変数をいくつも添加して得られる有理関数の体上で代数的な大きさによって生成される体の因子論を考察しているからである．クロネッカーは，独立な変数を添加することは独立な超越数を添加することと同値であると指摘している．

この枠組みで生じる代数的な困難を，クロネッカーは補助的な未知数を添加するという特殊な技術を開発することによって解決する．ここではクロネッカーの議論の詳細には立ち入らない．このような論説はワイル (Claus Hugo Hermann Weyl) の著書 *Algebraic Theory of Numbers*（代数的数論）にみられる．

クロネッカーによって考察された問題は，代数的数体での因子論を構築するという，当の時点ではデデキントとゾロタリョフによって解答が得られていた問題よりはさらに複雑なものであった．現代から振り返れば，後者は代数的数体の整数環は次元が 1 であり，デデキント領域であるのに対し，k 個の独立変数を添加し，さらに何か代数的な大きさを添加して得られる体の整数環は次元が $k+1$ であることからも説明されるだろう．この第二のクロネッカーの場合には，さらに各種のイデアルも考察に入れるならば，それらの次元は $(0, 1, \cdots, k$ にわたって）変動することになるが，初めの場合はイデアルの次元はすべて 0 である．第二の場合は因子と対応するイデアルは単に次元が k のものだけであって，すべてのイデアルというわけではない．

クロネッカーとデデキントの論文を比較して，ワイルは次のように書いている．

> 要するに，K（クロネッカー理論）はより基本的であるのに対して，D（デデキント理論）はより完成度が高い理論である[88]．

その時代の人々はクロネッカーの論文の真価を享受し損なった．問題のより一般な定式化の重要性は理解されなかった．デデキントの明解な論文が魅力的な集

---

[88] H. ワイル, *Algebraic Theory of Numbers*, Ch. II, §11.

合論的な言語を伴って出現したあとでは，代数的数についての算術の構成に対するクロネッカーの新しいアプローチは屋上屋を架する嫌いがあった．ワイルは彼の本のなかでクロネッカーの理論の真価を読者に納得させようと大いに努力を傾注した．もちろん今日では，クロネッカーは代数関数の環における因子論の構成に関しては最初の一歩を踏み出したにすぎない，と評することも可能であろう．とはいえ，これは代数的多様体（あるいはこのような多様体上の関数の環）の因子論を創造する方向への大いに重要な一歩であった．こういった理論は代数幾何学における多くの問題の研究にとって欠かすことができない道具である．

結　論

われわれがすでに述べてきたところでは，19 世紀の 70 年代は，ある意味で，代数学と代数的数論の発展にとっての分水界であった．その世紀の初めの 30 年少々のあいだに世に現れてきたアイデアや方法が数学における潮流となったのはこの 70 年代であった．主立ったものをあげれば，群とその不変式のアイデア，体，加群，環およびイデアルの概念，そして，線型代数学の概念と機構，などが数えられる．またその時期に，算術は代数的数の新しい領域に移植された．

それに続く 50 年のあいだに，われわれが取り上げてきた概念はことごとくもっと抽象的に扱われるようになり，と同時に代数的なアイデアと方法が数学の多方面の分野に浸透しはじめる．

群論では無限群や位相（連続）群の研究が有限群の研究と手を携えるようにして推し進められ，鍵を握る地位を占める．これは，（クラインのエルランゲンプログラムに始まる）幾何学，（特にポアンカレ（Henri Poincaré）の業績における）関数論，および，微分方程式への群論の応用に負っていた．連続群論の創造と，特にリー（Marius Sophus Lie），キリング（Wilhelm Karl Joseph Killing），および，E. カルタン（Élie Cartan）の研究は，それに続く代数学とトポロジーの発展に対する主要なる影響力となった．

19 世紀の 80 年代には，群の表現論の，体系的な構築が始まる．ここでは，その発展の第 1 段階における基本的な結果を，フロベニウス（Ferdinand Georg Frobenius）とモリーン（Theodor Molien）に負っている．特筆すべき重要事は群の表現論と多元環論のあいだの深い内的関係の発見であった．それは異なる代数的なアイデアの統一性とその相互関連のもたらす実りの豊かさを実証し，新し

い代数学の発展における主要な役割を担った．

　また19世紀には数学者たちは代数的数体と代数関数体のあいだの深い類似性に注意を促したことをみてきた．この類似性は，デデキントによって展開された数論における方法を関数論に移植したデデキントとウェーバーの研究報告を分析する際の道しるべであった．他方では，独自の因子論を構築するにあたって，ゾロタリョフは代数関数論の方法を用いた．同じアプローチは19世紀の末にヘンゼル（Kurt Hensel）によって数論にピュイズー級数の類似物，p進数を定義して数論に導入する際にみられた．少し遅れて，位相がp進数の体に導入された．これはp進解析学を生み出し，局所的な検証法を広範囲に活用する道を開き，多くの難問題を調べるにあたってかなりの単純化をもたらした．

　この世紀の終り（1899年）に，ヒルベルト（David Hilbert）は代数的数論について，初めての体系的な総合報告を与えた．それまではこの理論は何篇もの論文に分散された状態にあった．ヒルベルトの有名な *Zahlbericht*（数論報告）はこの理論のさらなる発展の礎となった．この著書でヒルベルトは代数的数体と代数関数体のあいだの類似性を深め，ノルム剰余記号に新しい形式を与え，コーシーの留数定理の類似物によって一般相互法則を定式化した．彼はまた数論に，もと

コーシー（Augustin Louis Cauchy, 1789–1857）

はといえば関数に対応づけられていた「分岐因子」(ramification divisor) を導入した．

最後に，上で示唆したように，クロネッカーは彼の研究報告で，代数的数と多変数代数関数を統合した理論の素描を初めて与えた．とはいえ，彼はその構想を十分に実現するに足る技術的な方法を欠いていた．

19世紀の終末から20世紀の初めには，代数関数論の発展は一段落を迎えた．数学者たちは彼らの地位を堅固に固めるためにいくぶんか撤退の構えをみせた．この時期には集合論的な概念による公理的な手法が代数学の内部で進化していた．姿を取り始めていたのは，抽象群論，体論，環論，イデアル論，局所および半局所環論の構築といったもので，スキームの理論に通じるものであった．すなわち，現代の抽象代数学の諸装具が発展した．この代数学（スキームの理論は除く）の最初の変異種はネーターの学派によって創造され，ファン・デル・ヴェルデンによって現代の数学者なら誰もが知っている本により提示された．何世代もの科学者たちは彼らの代数学をこの本から学んだ．

同時に，代数的な方法は幾何学，数理解析学，および，のちには物理学においても，かつてない広範囲にわたって応用された．このことからも，数学の代数化と呼ぶことさえ許されるだろう．

3

数論の問題

3.1　2次形式の数論

形式の一般論；エルミート

前章には，2元2次形式

$$ax^2 + 2bxy + cy^2, \quad a, b, c \in \mathbb{Z}$$

に関するガウスの研究の説明がなされている．ガウスは，"Digressio continens tractatum de formis ternariis"（3元形式の研究を含む寄り道）と表題づけられた彼の *Disquisitiones arithmeticae*（数論研究）第5部の後半において，3元形式

$$\sum_{i,k=1}^{3} a_{ik} x_i x_k, \quad a_{ik} = a_{ki}$$

の研究を始めた．彼はこのような形式に対する判別式（彼自身はそれを行列式 (determinant) と呼んだ）の概念を導入し，与えられた判別式をもつ3元形式の類の個数は有限であることを示した．ガウスは3元形式の研究のさらなる展開についてその計画を素描した．そこでは，数を三つの平方数の和として表す問題，および正の整数は各々三つの三角数の和，あるいは四つの四角数の和として表されるという定理の証明が考えられている．

定値3元形式の同値の問題は，ジーバー (L.A. Seeber) により研究された (p.177 参照)．これらの研究は，アイゼンシュタイン (F.G.M. Eisenstein) により受け継がれた．

ガウスに従い，ディリクレ (P.G.L. Dirichlet) は2次形式の一般論に力をそそいだ．彼は多くの論文と，前章ですでに論じた彼の著作 "Vorlesungen über Zahlentheorie"（数論講義）(1863) の主要部分をそれに捧げた．

彼の最初の論文は *Untersuchungen über die Theorie der quadratischen Formen*（2次形式論についての研究）(Abhandl. Preuss. Akad. Wiss., 1833) であった．そのなかで，彼は数を2次形式により表す問題，2次形式の素因数の問題，およびその他の関連する問題を論じた．彼はガウスの時代に至るまでにこの理論において何がなされているかを要約した．1838年の論文 *Sur l'usage des séries infinies dans la théorie des nombres*（数論における無限級数の使用について）(J. für Math., 1838, 18) において，ディリクレは，算術数列のなかに素数が無限に多く存在すること (p.199参照) の証明に，与えられた判別式をもつ2次形式の類の個数は有限であることを用いた．これと関連して，彼はガウスとラグランジュによる形式の類別を比較し，正定値形式の類数に対する種々の表現を見いだした．

ディリクレは，論文 *Recherches sur diverses applications de l'analyse infinitésimale à la théorie des nombres*（無限小解析の数論への種々の応用についての研究）(J. für Math. 1839, 19 ; 1840, 20)[1] を，与えられた正または負の判別式 D をもつ2次形式の類数決定の問題に捧げた．彼は，この研究方法が *Disquisitiones arithmeticae*（数論研究）第5部の後半にガウスがいろいろ述べていることの証明にも用いられるであろうと注意した．ディリクレは，ガウスの仕事のこの部分を幾何学的に言い換えて，より簡単な，より近づきやすい形に表現した．ここで彼はいろいろな種類のディリクレ級数に対するオイラーの等式の類似も構成し，与えられた判別式をもつ形式の類数に対する公式を導いた[2]．この論文に含まれる多くの結果のうちのいくつかはヤコビに負う．その一つは，「方程式 $x^2+y^2=n$ の整数解の個数は，n の $4\nu+1$ の形の約数の個数と $4\nu+3$ の形の約数の個数との差の4倍に等しい」という結果である．他に，「方程式 $x^2+2y^2=n$ の整数解の個数は，$8\nu+1$ または $8\nu+3$ の形の n の約数の個数と，$8\nu+5$ または $8\nu+7$ の形の n の約数の個数との差の2倍に等しい」という結果もある[3]．

このディリクレの論文は，新しい結果や，方法，そして積分法，級数，数論，2次形式論，不定方程式および三角和といった数学の異なる分野間の関連にきわめて富んでいる．それは解析数論に関するチェビシェフ (P.L. Chebyshev) の仕

---

[1] P.G.L. ディリクレ, *Werke*（全集）, Bd.1. ベルリン, 1889, pp.411-496.
[2] すでにガウスは与えられた判別式をもつ異なる形式の個数の計算を試みていた．C.F. ガウス, *Werke*, Bd.1. ゲティンゲン, 1863, pp.278-290, 365-379 ; Bd.2, pp.269-304.
[3] P.G.L. ディリクレ, *Werke*, Bd.1. ベルリン, 1899, pp.462-463.

事を含む多くの研究の出発点として貢献した．

ディリクレはまた，正定値2次形式の簡約理論に対する幾何学的な解説の著者でもあった．

2次形式の分野で活躍したもう一人の著名な学者はエルミートである．彼について，クライン（F. Klein）は「彼の魅力的な個性の，他を惹きつける力の結果として…彼は何十年もの間，数学の世界における最も重要な中心の一人であった」，と書いている[4]．きわめて多くの彼の学生，広範囲にわたる交流，世界中のほとんどすべての科学界に対する彼の関与，多くの国の数学者との友情——これらすべては，エルミートが19世紀後半の数学者に与えた途方もなく大きな影響の証拠である．

シャルル・エルミート（Charles Hermite, 1822-1901）は，パリのルイ・ル・グラン（Louis-le-Grand）カレッジに通学し，1842年にエコール・ポリテクニーク（理工科大学）に入学した．彼の最初の何篇かの論文は1842年に発表された．そのうちの一つ，*Considérations sur la résolution algébrique de l'équation du 5-me degré*（5次方程式の代数的可解性についての注意）（Nouv. Ann. Math., 1842, 12）には，一般5次方程式が代数的に非可解であることの独自の証明が含まれている．

1843年の1月に，リウヴィル（Joseph Liouville）はエルミートに，アーベル関数の等分点に関する彼の研究をヤコビに報せるよう薦めた．彼は，楕円関数の等分についてのアーベルとヤコビの定理を，アーベル関数に拡張していた．ヤコビはこれに熱く反応した．同じ年にエルミートはエコール・ポリテクニークを去ることを余儀なくされ，独力で研究を続けることになった[5]．

1848年にエルミートはエコール・ポリテクニークにおける試験官および復習教師（*répétiteur*）に任命された．彼は，これらのつつましい役割を，多年にわたり，しかも1856年にパリ科学アカデミー会員に選出されたあとも遂行したのである．わずかに1862年，パストゥール（Pasteure）の影響もあって，エルミートは師範学校（エコール・ノルマール）で講義をすることができた．1869年に彼はエコール・ポリテクニークの教授に任命された．彼はそこに1876年までと

---

[4] F. クライン，*Vorlesungen über die Entwicklung der Mathematik im 19. Jahrhundert*（19世紀数学の発展についての講義），Bd.1，ベルリン，1926, p.292.

[5] 彼は生まれつき脚が不自由であったので，卒業に際して公的な職業に指名されることは一切なかったのであろうといわれている．

どまったあとソルボンヌ大学理学部で1897年まで講義した．彼の講義はまさに記憶されるべきものであった．エルミートは，簡単な事柄を用いて聴講者に無限の地平を切り開き，科学の未来図を描いてみせた．19世紀の最後の30年におけるほとんどすべてのフランス人数学者は彼の直接の学生である．最も有名ないくつかの名前として，ポアンカレ（H. Poincaré），アッペル（P. Appell），ピカール（E. Picard），ダルブー（J.G. Darboux），パンルヴェ（P. Painlevé）そしてタンヌリ（P. Tannery）があげられる．

エルミートは，代数学，数論，楕円関数およびアーベル関数の理論，そしてモデュラー関数論の分野で仕事をし，これらの各分野で新しいアイデアと重要な結果をもたらした．最も広く知られているのは，e が超越数であることの証明である．

エルミートは科学の発展の道筋，数学的な創造の仕組み，そして数学と実世界とのかかわりについて深い関心をもっていた．1882年10月28日づけのスティルチェス（T.J. Stieltjes）への手紙に，彼は次のように書いた．

エルミート（Charles Hermite, 1822-1901）

私は，解析学における最も抽象的な思索にも，われわれの外部にあるがやがてはわれわれの自意識に組み込まれるであろう実在が対応していると確信する…．科学の歴史は，数学的に調べることができる実世界の現象の研究において，新しい進歩が可能になるのに適合した瞬間に解析的な発見が生ずることを証明しているように私には思われる[6]．

彼はまた観察法を数学的な探求の構成要素の一つであると見なした．彼は数学の異なる分野の間の関連を重要視し，このような関連を確立する研究をこのうえなく価値あるものとした．

エルミートは，共役複素変数をもつ双1次形式（エルミート形式）の概念を導入し，この型の定値形式に対する完全な簡約理論を与えた．この仕事から彼は多くの結果を導いた．それには複素量のガウスの分数による近似についての結果が含まれる．

彼は，係数がガウスの整数である複素変数の形式を研究し，新しい結果を得た．彼はエルミート形式を用いて，代数方程式の根の分離に関するステュルム（J.C.F. Sturm）とコーシー（A.L. Cauchy）の定理の新証明を得た．

1844年に，エルミートはヤコビとの文通を再開した[7]．この書簡には，エルミートと彼の学生たちのその後の研究に対する基本的なアイデアの萌芽が含まれている．エルミートにより概説された第1目標の一つは，二つ以上の周期をもつ関数が存在しないことを証明する試みに関連して，ヤコビによって導入された非有理的な量を近似する新しい方法を研究することであった．エルミートはヤコビの方法を広い範囲の非有理量に拡張した．ヤコビへの手紙に，エルミートは，2次形式の最小値に対する上界を求めるために用いた連続パラメータ法のアイデアを初めて明らかにし，他の応用が可能であることを指摘した．

エルミートは，2次形式の最小値に対する限界の決定を問題にした最初の数学者の一人である．正定値の n 変数2次形式

$$f = \sum_{i,k=1}^{n} a_{ik} x_i x_k, \quad a_{ik} = a_{ki}$$

---

[6] バイロウ（B. Baillaud）とブールジェ（H. Bourget）の入念な編集のもとに刊行された，E. ピカールの序文がある．*Correspondance d'Hermite et de Stieltjes*（エルミートとスティルチェスの間の書簡），T.1，パリ，1905, p.8.
[7] C.G.J. ヤコビ，*Opuscula mathematica*（数学論文集），Bd.1，1846；Bd.2，1851；エルミート，*Œuvres*（全集），T.1，パリ，1905, pp.100-163.

を考えよう．ここで a_{ik} は実数である．形式の判別式とは，行列式

$$D = \begin{vmatrix} a_{11} & a_{12} & \cdots & a_{1n} \\ a_{21} & a_{22} & \cdots & a_{2n} \\ & \cdots\cdots\cdots & \\ a_{n1} & a_{n2} & \cdots & a_{nn} \end{vmatrix}$$

のことである．変数 $x_1, x_2, \cdots, x_n$ に（$(0,0,\cdots,0)$ 以外の）有理整数値を与え，それらに対する最小の f の値を f の最小値と呼ぶ．この最小値は f の係数の関数である．与えられた判別式 D をもつ一つの形式をとり，係数を連続的に変化させてそれから得られる判別式 D の形式の集合を考える．そのとき最小値もまた連続的に変化する．はじめにとった形式に同値なすべての形式に対して最小値は同一である．形式が変化するにつれて，最小値は非同値な形式に対して一つあるいはいくつかの極大値をとり得る．問題は，与えられた判別式 D をもつ n 変数正定値 2 次形式の最小値の上界を定めることである．エルミートは 2 元 2 次形式

$$(y-ax)^2 + x^2/\Delta$$

の最小値を，a がある実数で，Δ が 0 から ∞ まで連続的に変化するという条件のもとで研究し，対応する比 y/x が a を表す連分数の一群の近似分数（convergent）であることを見いだした．そしてエルミートは同じ問題を 3 元形式

$$A(x-az)^2 + B(y-bz)^2 + z^2/\Delta$$

に対して考える．ここで A, B は正の数，a, b は実数であり，Δ は 0 から ∞ まで連続的に動く．彼は，

$$A(x-az)^2 + B(y-bz)^2 < \sqrt[3]{\frac{2AB}{\Delta}}$$

が成り立つように必ず調整できることを示す．そのとき Δ を ∞ に飛ばして，Δ が連続的に増加するときに分数 x/z および y/z はそれぞれ極限 a, b に近づくこと，そして各々の近似において誤差 $x-az$ の平方に A を乗じたものと $y-bz$ の平方に B を乗じたものの和は最小であることを示すことができる（ルジャンドル–ガウスの最小 2 乗法を思わせる定式化である）．

次にエルミートは任意個数の変数の 2 次形式に対して最小値問題を考え，n 変数の 2 次形式の最小値に対する上界を決定し，最小上界に対する次の仮説を定式化する．

与えられた判別式 D をもつ n 変数の形式の場合に対する私の最初の研究により，上限（最小値に対する最小上界）

$$(4/3)^{(n-1)/2} \sqrt[n]{D}$$

を得た．しかし私は，証明することはできないが，上の数値係数 $(4/3)^{(n-1)/2}$ は $2/\sqrt[n]{n+1}$ で置き換えられるべきであると思う[8]．

エルミートは，解が2次形式の最小値を見いだすことにかかっている他の問題群をヤコビに告げる．彼は次のように書いている．

> われわれは再び，可能なすべての値をとるとした多変数のパラメータの異なる系に対応して，一つの2次形式の最小値をすべて見いだすという奇妙な問題に…遭遇する．これは前述の解析が切り開いてくれる多くの問題の解へ通ずる道である．次はこのような問題の一つである．いま $\varphi(\alpha)$ を，最高次の係数が1である整数係数の方程式 $F(x)=0$ の根 α に依存する複素整数とする．そのとき，「$\varphi(\alpha)$ のノルム $=1$」という方程式のすべての解を求めよ[9]．

エルミートにより提起された問題は，体 $\mathbb{Q}(\alpha)$ の単数を求めることと同値である．1869年の修士論文でゾロタリョフ（E.I. Zolotarev）は方程式

$$x^3 + Ay^3 + A^2z^3 - 3Axyz = 1, \qquad (1)$$

に対するこの問題を解くために，エルミートのアイデアに基づく方法を用いた．ここで A は，立方数でない与えられた整数である．偶然にもこの方程式は，ガウスとアイゼンシュタインを含む多くの数学者により研究されたものである．

連続パラメータ法およびそれを用いて得られた結果によって，エルミートは，数を四つの平方数の和として表すこと，a^2+1 あるいは x^2+Ay^2 の形の数の約数を定めることなどの数論における多くの定理を証明することができた．彼はまた代数学におけるいくつかの定理の証明に2次形式およびエルミート形式の理論を応用した．連続パラメータ法は，19世紀の終りから20世紀の初めにかけて，引き続きヴォロノイ（G.F. Voronoï），ウスペンスキー（Ya.V. Uspenskiĭ）および他の何人かの数学者が発展させた．

多くのロシア人数学者たちが2次形式の理論について仕事をした．ブニャコフスキー（V.Y. Bunyakovskiĭ, 1804-1889）は，*Dictionary of pure applied mathematics*

---

[8] C. エルミート, *Œuvres*, T.1, パリ, 1905, p.142.
[9] 同上, p.146.

（純粋・応用数学辞典）（サンクトペテルブルク，1839）に，この話題に関するいくつかの項目を執筆した．現在 AS USSR の史料保管所のレニングラード支所に保存されているこの辞典の続編のための関連する資料についても同様である．論文 *Forme contiguës*（隣接形式）で，彼はガウスの *Disquisitiones arithmeticae*（数論研究）から定義を引用し，その第5部を読むよう薦めている．未完の論文 *Théorie des formes*（形式の理論）において，彼は形式の理論の内容の簡潔な定式化を与えた．しかしブニャコフスキーはガウス理論のための単なる宣伝の域を超えていた．論文 *Recherches sur différentes lois nouvelles relatives à la somme des diviseurs des nombres*（数の約数の和に関するいろいろな新しい法則の研究）(Mém. Acad. sci. St.-Pétersburg (6), sci. math. et phys., 1850, 4) において，2次形式による数の表現に対するいくつかの関係式を与えた．関連する論文 *Nouvelle méthode dans les recherches relatives aux formes quadratiques des nombres*（2次形式による数の表現に関する研究の新しい方法）は特別な2次形式による数の表現をも扱っている．

チェビシェフ（P.L. Chebyshev）はブニャコフスキーとほとんど同じ頃に2次形式の研究をした．この領域で，彼はガウスよりもむしろ，オイラー，ラグランジュおよびルジャンドルに従った．彼の "Teoriia sravnenii"（合同の研究）（サンクトペテルブルク，1849，Theorie der Congruenzen：(Elements der Zahlen theorie)，独語訳，Chelsea，1972）の第Ⅶ章および第Ⅷ章では2次形式を扱っている．ここでチェビシェフは2次形式の因子の理論を整数の因数分解に応用する．彼は，いかにして2次形式の1次あるいは2次の因子を見いだすかという問題を，法が素数である2項2次合同式の可解性に結びつける．そしてチェビシェフは x^2+ay^2 および x^2-ay^2 の1次因子を決定し，この研究を数の素因数分解に応用している．

論文 *Sur les formes quadratiques*（2次形式について）(J. math. pures et appl. (1), 1851, 16) において，チェビシェフは，数が素数であるかどうかを判定するために，負の判別式をもつ形式だけでなく，正の判別式をもつ形式を用いることもできることを示した．2次形式 x^2-Dy^2 は正の判別式をもつとする：$D>0$ ($D=b^2-ac$)．その2次の因子は $\lambda x^2-\mu y^2$ の形である．数 N を D に素で，N の1次因子は2次形式 $f=\pm(x^2-Dy^2)$ に含まれるとする．また α を $x^2-Dy^2=1$ を満たす $x>1$ の最小値とし，x と y はそれぞれ区間

$$0 \leq x \leq \sqrt{\frac{(\alpha \pm 1)N}{2}}, \quad 0 \leq y \leq \sqrt{\frac{(\alpha \mp 1)N}{2D}}$$

に属するとする．もし N が互いに素な x と y をもって形式 f により一意的に表現されるならば N は素数である．その他の場合には N は合成数である．チェビシェフは平方因子をもたないすべての $D \leq 33$ に対して N の1次表現における x, y の限界の表を作成した．チェビシェフの方法はのちにマルコフ (A.A. Markov) により用いられた (p.174 参照)．

チェビシェフの学生であるコルキン (A.N. Korkin)，ゾロタリョフおよびマルコフもまた2次形式について仕事をした．チェビシェフ自身にとっては，2次形式は彼が興味をもった多くの領域のなかでは比較的小さいものである．

2次形式論におけるコルキンとゾロタリョフの仕事

コルキンとゾロタリョフのこの領域における最初の仕事は，上に引用したゾロタリョフの修士論文 "On a certain indeterminate equation of the third degree"（ある3次の不定方程式について）（サンクトペテルブルク，1869）であった．この学位論文は二つの部分からなっている．第1部ではゾロタリョフは2次形式の最小値の上界に関するエルミートの研究を受け継いでいる．この問題は2元形式に対してはラグランジュにより，3元形式に対してはガウスにより解かれた．エルミートはガウスの研究を n 変数の場合に一般化し，n 変数2次形式の最小値は $(4/3)^{(n-1)/2} \sqrt[n]{D}$ より小さいことを示した．ここで D はその形式の判別式の絶対値である．エルミートはこの上界が最小でなく，

$$2\sqrt[n]{\frac{D}{n+1}}$$

で置き換えられるであろうと予想した．

ゾロタリョフはこの予想を $n=2$ の場合に証明し，一般の場合に，最小値がこの上限に等しい2次形式を構成することができることを示した．このような形式の一つの例は

$$2\sqrt[n]{\frac{D}{n+1}}(x_0^2 + x_1^2 + \cdots + x_{n-1}^2 + x_0 x_1 + x_0 x_2 + \cdots)$$

である．

彼は上述のエルミートの定理の簡単な証明を与え，正定値3元2次形式のガウ

スとは異なる簡約法を示唆し，そして2次形式の最小値の決定に帰着される他の問題の解を検討した．ゾロタリョフは数論における連続パラメータ法の応用についてのエルミートのアイデアを用い，2次形式

$$(x-az)^2 + (y-bz)^2 + \frac{z^2}{\Delta}$$

のすべての最小値を見いだすための彼自身の方法を示唆した．ここで a, b は与えられた実数であり，Δ は変化するパラメータである．修士論文の第2部ではゾロタリョフは彼の新しい方法を不定方程式(1)を解くことに応用した．

コルキンとゾロタリョフの共同研究は，ゾロタリョフが彼の修士論文の最終口頭試問を終え，コルキンがそれに意見を述べたときに始まるとするのが穏当であろう．彼らがしばしば出会い，議論をしたことが，彼らの密接な科学的協力を生み出したのである．

彼らの仕事を解析する前に簡単にコルキンの生涯と活躍について触れておこう．

アレクサンドル・ニコラエヴィチ・コルキン (Alexandr Nikolaevich Korkin, 1837-1908) は，農夫の息子であり，ボログダ (Vologda) の中等学校 (gymnasium) を終え，のちにサンクトペテルブルク大学の物理・数学科を卒業した．チェビシェフの薦めを受け，コルキンは1860年の10月にこの大学で教鞭をとり始めた．1868年に彼は教授となり，生涯の終りまでその職にあった．コルキンはまた海軍兵学校でも教えた．そこでの彼の学生クリロフ (A.N. Krylov) は1900年にコルキンのあとを継いだ．

コルキンの科学的な仕事は三つの主な領域にわたる．すなわち常微分方程式の解法，偏微分方程式の解法，および2次形式の理論である．彼の初期の仕事は偏微分方程式と数理物理学に捧げられた．たとえば，彼の博士論文の題名は "On simultaneous partial differential equations of the first order and some problems of mechanics"（1階の連立偏微分方程式と力学の諸問題について）（サンクトペテルブルク，1864）であった．彼の地理学的地図の数学的理論に関する研究もこの研究領域に属している．

1871年から1877年までコルキンは2次形式論においてゾロタリョフと共同研究した．

彼らの最初の共著論文 *Sur les formes quadratiques positives quaternaires*（正定

コルキン (Alexandr Nikolaevich Korkin, 1837-1908)

値4元2次形式について)(Math. Ann., 1871)において，コルキンとゾロタリョフは4変数の正定値2次形式の最小値の最小上界を求める問題を論じた．

彼らは，3変数の形式に関するゾロタリョフの修士論文において得られた結論から歩を進めて結果を得た．ユニモデュラー変換を用いて，彼らは4変数の形式から3変数の形式に問題を移した．そのとき，新しい形式の最小値は，初めの形式のそれと変わらず，第1係数に等しい（この係数は，はじめの形式においてその最小値に等しいと前定されている）．コルキンとゾロタリョフは「随伴形式」（adjoint form）の概念を導入し，それを用いてはじめの形式の第1係数に対する次の不等式を導いた．

$$a_{11} \leq \sqrt[4]{4D}.$$

彼らはこの上界が最小であることを示した．それは最小値 $\sqrt[4]{4D}$ をもつ正定値形式，たとえば

$$V_4 = \sqrt[4]{4D}(x_1^2 + x_2^2 + x_3^2 + x_4^2 + x_1 x_2 + x_1 x_3 + x_1 x_4)$$

が存在するからである．

彼らはその研究を次の定理に要約している．「判別式 D のどのような正定値 4 元形式の変数にも，その形式の値が $\sqrt[4]{4D}$ を超えないような整数値が対応づけられる．そして最小値が $\sqrt[4]{4D}$ である形式が存在する」[10]．

彼らの次の共著論文 *Sur les formes quadratiques* （2次形式について）（Math. Ann., 1873, 6) は，判別式が D で任意実数係数の n 変数正定値2次形式の最小値問題を扱っている．そこで彼らは，判別式が D であるような任意実数変数のすべての n 変数正定値2次形式の集合を考えた．これら形式のすべてはそのうちの一つから連続的に係数を変化させることにより得られる．この形式の最小値は連続的に変化し，すべての同値な形式に対して同じ値である．彼らは，極限形式 (limit form) ないし極値形式 (extremal form)，すなわち判別式を変えない，係数のどのような極小変化に対してもその最小値が減少するだけであるような形式，の概念を導入する．

コルキンとゾロタリョフはエルミートにより与えられた量 $2\sqrt[n]{D/(n+1)}$ が極値形式の最小値であること，すなわちそれは形式のある集合に対する最小値の最小上界であることを明確にした．しかし $2\sqrt[n]{D/(n+1)}$ を超える最小値が存在する．すなわち，その値は与えられた判別式をもつすべての形式に対する最小上界ではない．これらの形式の全集合に対する最小値の最小上界は，この集合に属する極値形式がとる最小値の最大値である．

次にコルキンとゾロタリョフは共著論文のなかで，n 変数極値形式の性質を研究した．それら性質の一つは次のようなものである：n 変数の極値形式の最小値は少なくとも $n(n+1)/2$ 通りに表される（すなわち，形式が最小値をとるような変数の値の系は少なくとも $n(n+1)/2$ 個存在する）．

彼らは不定符号形式について適切に次のような注意をする．

> 上で考えた極限（限界）は不定符号2次形式の理論に対しても有用である…．このように，不定符号形式の値に対するいくつかの極限を求めることができる．しかしここで，正定値形式の理論におけると同様，われわれは最小上界を見いだすことについて話をしよう．たとえば，行列式が D の不定符号2元形式に対してはその限界は $\sqrt{4D/5}$ によって与えられる．しかしながら，最小値がこの値であるときは，不定符号形式と定符号形式の間に基本的な差が存在する．この差異を2

---

[10] E.I. ゾロタリョフ, *Collected works* （全集), vol.1. レニングラード, 1931, p.68 （ロシア語).

変数の，上界が $\sqrt{4D/5}$ である形式について明らかにするために，われわれは次のことを付け加える．形式
$$f_0 = \sqrt{4D/5}(x^2 + xy - y^2)$$
とそれに同値な形式を除くならば，この行列式 D をもつ他の形式に対する最小上界は $\sqrt{D/2}$ である[11].

コルキンとゾロタリョフは，彼らが「最小値による形式の分割」と呼ぶ正定値形式に対する特殊な方法を提案し，n 変数で判別式が D の 2 次形式に対して不等式
$$A = \min f \leq (4/3)^{(n-1)/2} \sqrt[n]{D}$$
を得た．右辺の値は，かつてエルミートが得た最小値の上界である．彼らの最小値による分割法を用いて，コルキンとゾロタリョフはエルミートが得たものよりも最小上界に近い他の上界を得た．彼らは，この上界は $n = 2, 3, 4$ に対しては最小であるが，$n = 5$ に対してはそうでないことを確証した．彼らはまた，$n = 2m$ および $n = 2m + 1$ に対して，それぞれ最小値の上界を見いだした．

2 次形式についての彼らの最後の共著論文 *Sur les formes quadratiques positives*（正定値 2 次形式について）(Math. Ann., 1877, 11) において，コルキンとゾロタリョフは再び正定値 2 次形式の最小値に対する上界を扱った．彼らは極値形式の基礎的な性質を研究し，$n = 2, 3, 4, 5$ に対してすべての極値形式を見いだした．第 1 章において彼らは n 元形式を考える．形式が特定されたならば，それが極値形式かどうかを，コルキンとゾロタリョフが三つの具体的な形式に応用した方法を駆使することによって判定することが可能である．その三つの形式の二つ，U_n と V_n と書かれたものは n 変数であり，三つ目の Z と書かれたものは 5 変数である．しかし，与えられた個数の変数のすべての極値形式を求めるためには他の方法が必要である．コルキンとゾロタリョフは，彼らが論文 "Sur les formes quadratiques"（2 次形式について）で定式化した定理を証明する．すなわち，極値形式の最小値を表現する方法の個数は $n(n+1)/2$ より小さくはない．最小値が知られたならば，これらの表現はその形式を完全に決定する．最小値の最小上界の決定は，最大最小値をもつ極値形式を決定することに還元される．与えられた判別式と与えられた変数の個数に対するすべての極値形式を得ることができる

---

[11] E.I. ゾロタリョフ，*Collected works*（全集），vol.1．レニングラード，1931, pp.111-112（ロシア語）．

ならば問題は解かれるであろう.

次にコルキンとゾロタリョフは，形式の最小値を表現する数から作られる（簡単に，「最小値の表現」から作られる，という）行列式の決定に駒を進める．彼らは，この行列式を「特性的」と呼び，Δ で表す．この Δ は n 変数の形式に対して，n 次の行列式である．各極値形式に対して，少なくとも一つの 0 でない特性的行列式が存在する．最小値の表現の個数が $\geq n$ であるような n 変数の正定値形式に対して，特性的行列式の絶対値は変数の個数 n にのみ依存するある限界を超えない．たとえば $n=2$ に対しては，このことは明白な等式

$$(u^2+v^2)(u'^2+v'^2) = (uv'-u'v)^2 + (uu'+vv')^2$$

から従う．実際 $f(x,y)$ を平方の和

$$f(x,y) = (ax+by)^2 + (a'x+b'y)^2$$

として表される判別式 D の 2 元形式とする．そのとき二重の置換

$$u=ap_1+bp_2, \quad u'=aq_1+bq_2, \quad v=a'p_1+b'p_2, \quad v'=a'q_1+b'q_2$$

により

$$f(p_1,p_2) = u^2+v^2, \qquad f(q_1,q_2) = u'^2+v'^2$$

が生ずる．積 $f(p_1,p_2) \cdot f(q_1,q_2)$ は

$$f(p_1,p_2) \cdot f(q_1,q_2) = (ab'-ba')^2(p_1q_2-p_2q_1)^2 + (uu'+vv')^2$$

である．ゆえに

$$f(p_1,p_2)f(q_1,q_2) \geq D\Delta^2$$

である．ここで

$$D = (ab'-ba')^2$$

であり，

$$p_1q_2-p_2q_1 = \Delta$$

である．そして，値 $f(p_1,p_2)$ と $f(q_1,q_2)$ がともに最小値 M に等しいならば $M^2 \geq D\Delta^2$ である．しかし $M \leq \sqrt{(4/3)D}$ である．それゆえ，特性的行列式 Δ について $\Delta \leq \sqrt{4/3}$ である．ところが p_1, p_2, q_1, q_2 は整数であるから，$\Delta=0$ または $|\Delta|=1$ である．しかし $\Delta=0$ は不可能である（もしそうならば $p_1q_2-p_2q_1=0$ すなわち $p_1/p_2 = q_1/q_2$ となるであろう．そして $(p_1,p_2)=1$, $(q_1,q_2)=1$ であるから $p_1=\pm q_1$, $p_2=\pm q_2$ となり，$(p_1,p_2)=1$, $(q_1,q_2)=1$ に対する表現は異ならないことになる）．ゆえに $|\Delta|=1$ である．

コルキンとゾロタリョフは同様の考えを，よく知られたオイラーの公式

$$(p^2+q^2+r^2+s^2)(p'^2+q'^2+r'^2+s'^2)$$
$$= (pp'-qq'+rr'-ss')^2 + (pq'+qp'-rs'-sr')^2$$
$$+ (pr'+sq'-qs'-rp')^2 + (ps'+qr'+rq'+sp')^2$$

を用いて，3変数形式に応用した．こうして彼らは $|\Delta| \leq \sqrt{2}$ を得るが，それから $\Delta = 0$ または $|\Delta| = 1$ ということになる．次に彼らは n 変数正定値2次形式に対する一般的な証明を展開する．こうして得られた不等式 $|\Delta| \leq \mu$ から

1) 2元形式に対して $|\Delta| = 1$,
2) 3元形式に対して $|\Delta| = 1$ または $\Delta = 0$,
3) 4元形式に対して $|\Delta| = 0, 1, 2$

が従う．論文 "Sur les formes quadratiques"（二次形式について）から，$|\Delta|$ は上で与えた形式 V_4 に対してのみ2となり得ることがわかる．この形式の最小値は $\sqrt[4]{4D}$ に等しい．5変数の形式に対しては $|\Delta| = 0, 1, 2$ である．

コルキンとゾロタリョフはこれらの結果を用いて極値形式を見いだそうと続ける．このために，彼らは各形式の最小値の表現を求める．このような表現の個数は $n(n+1)/2$ であり，こうして彼らはその形式を完全に決定する．これらの表現の数の系は表の形で書かれている．このような表の一つについて，作り方の詳細が与えられている．次に，コルキンとゾロタリョフはその特性的行列式の絶対値が ≤ 1 であるような極値形式を見いだす．結局，特性的行列式が $0, +1$ あるいは -1 である n 変数のすべての極値形式は同じ一つの形式 U_n に同値であることになる．特に2元形式に対し，ただ一つの極値形式は

$$\sqrt{\frac{4}{3}D}\,(x_1^2 + x_2^2 + x_1 x_2)$$

であり，3元形式に対して，唯一の極値形式が存在し，

$$\sqrt[3]{2D}\,(x_1^2 + x_2^2 + x_3^2 + x_1 x_2 + x_1 x_3 + x_2 x_3)$$

で与えられる．コルキンとゾロタリョフは，彼らの論文の第2章で4元形式を考える．この場合，二つの極値形式

$$2\sqrt[4]{\frac{D}{5}}\,(x_1^2 + x_2^2 + x_3^2 + x_4^2 + x_1 x_2 + x_1 x_3 + x_1 x_4 + x_2 x_3 + x_2 x_4 + x_3 x_4)$$

および

$$\sqrt[4]{4D}\,(x_1^2 + x_2^2 + x_3^2 + x_4^2 \pm x_1 x_4 \pm x_2 x_4 + x_3 x_4)$$

が存在する．これは $\sqrt[4]{4D}$ が4元形式の最小値に対する最小上界であることを意

味する（彼らはここで，以前最初の共著論文で証明した定理の新しい証明を与えている）．5変数に対して，彼らは与えられた D をもつ三つの極値形式を得，そのなかから最大の最小値をもつ形式を選ぶ．量 $\sqrt[5]{8D}$ は5変数形式の最小値の最小上界である．

論文 *Sur l'équivalence des formes algébriques*（代数的形式の同値について）（C.r. Acad. sci. Paris, 1879, 88, pt. 1）においてジョルダンは，コルキンとゾロタリョフの最小値による形式の分割法を，代数的整数を係数にもち行列式が $D \neq 0$ である簡約形式の類数が有限であるという定理の証明に応用した．彼は，n 変数の2次形式に対して，同様の定理がすでにエルミートにより，またコルキンとゾロタリョフにより「注目すべき簡単な方法」で証明されていることを注意した．ジョルダンはまた，より詳しい論文 *Mémoire sur l'équivalence des formes*（形式の同値について）（Acta math., 1882）において，コルキンとゾロタリョフの簡約手順について書いている．ポアンカレは，3元3次形式を研究するあいだ，形式の簡約に関するコルキン-ゾロタリョフ法を応用した．1933年に，ホフライター（N. Hofreiter）は $n=6$ に対して，極値形式のすべての類を決定した．そのなかから，彼はコルキンとゾロタリョフにより選び出された最小値 $\sqrt[6]{64/3}$ をもつ類を見いだした．1934年にブリヒフェルト（H. Blichfeldt）はコルキン-ゾロタリョフにより確立されたいくつかの他の関連事項と合わせてコルキン-ゾロタリョフ法を用い，

$$\mu(6) = \sqrt[6]{64/3}, \quad \mu(7) = \sqrt[7]{64}, \quad \mu(8) = 2$$

を証明した．これはコルキンとゾロタリョフによって導入された極限形式の最小値が最小値のなかの最大値であることを意味する．ミンコフスキはまた $n=6$ に対する極限形式を見いだした．彼はしばしばコルキンとゾロタリョフの結果を用い，彼らの仕事を参照した．ヴォロノイは任意個の変数に対するすべての極限形式を見いだす問題を解いた．

アルカイヴのいくつかの史料により，2次形式論におけるコルキンとゾロタリョフの研究についての付加情報が得られる．コルキンは，彼の原稿の一つで不定符号3元2次形式に対する最小値の最小上界を決定している．コルキンは同様の問題をマルコフに示唆し，マルコフはそれを解いた．

マルコフの研究

数論におけるマルコフ（Andreĭ Andreevich Markov, 1856-1922）の論文は主に3または4変数の不定符号2次形式の理論に関係している．それらのほとんどすべては与えられた判別式Dの極限形式の決定を扱っている．コルキンとゾロタリョフは，不定符号2次形式に対するこの問題を研究した草分けである．彼らは最初の二つの極値形式を得た．そして正定値と不定符号形式に対する最小上界の間にある主要な差異を発見した．

マルコフは，彼の修士学位論文"On binary quadratic forms with a positive determinant"（正の行列式をもつ2元2次形式について）（サンクトペテルブルク，1880）において，不定符号2元2次形式に対する最小値を見いだす問題を考え，そして続く論文において，3および4変数形式に対するこの問題を検討した．コルキンは彼に$\sqrt{D/2}$が形式

$$f_1 = \sqrt{\frac{D}{2}}(x^2 - 2xy - y^2)$$

に同値な形式に対する最小値であることを報せた．マルコフは，$f_0 = \sqrt{(4/5)D}(x^2 + xy - y^2)$にも，また$f_1$にも同値でないすべての2元形式の最小値に対する最小上界が$\sqrt{100D/221}$であること，そしてそれが形式

$$f_2 = \sqrt{\frac{4D}{221}}(5x^2 - 11xy - 5y^2)$$

に同値な形式に対する最小値であることを示した．彼はここにとどまらなかった．連分数を用いて，彼は，lが2/3より小さな与えられた数ならば，与えられた判別式Dの形式で，その最小値の絶対値が$l\sqrt{D}$より小さいようなものの類は有限個しか存在しないことを証明した．もしlが2/3に近づくと，与えられた判別式Dのこのような形式の類の個数は限りなく増加する．

マルコフは最小値を見いだすための彼の方法を，不定方程式

$$x^2 + y^2 + z^2 = 3xyz$$

を解くことに応用した．

マルコフの研究は，*Über die Reduction der indefiniten binären quadratischen Formen*（不定符号2元2次形式の簡約について）（Sitzungsber. Preuss. Akad. Wiss., 1913）および*Über die Markoffschen Zahlen*（マルコフ数について）（Sitzungsber. Preuss. Akad. Wiss., 1913）においてフロベニウス（F.G. Frobenius）により受け

継がれ，さらに *Zur Theorie der indefiniten binären quadratischen Formen*（不定符号2次形式について）(Sitzungsber. Preuss. Akad. Wiss., 1913) において，シューア (I. Schur) により受け継がれた．

1900年代の初期に，マルコフは3および4変数の不定符号形式に対して同様の問題の研究を始めた．論文 "On indefinite ternary quadratic forms"（不定符号3元2次形式について）(Izv. Petersburg. Akad. Nauk (5), 1901, 14)[12] において，彼は最初の二つの極値形式を決定した（そのうちの一つは，コルキンの示唆による）．そして証明なしで，第三の形式を与えた．その証明を彼は，論文 *Sur les formes quadratiques ternaires indéfinies*（不定符号3元2次形式について）(Math. Ann., 1903, 56) で与えた．マルコフは "A table of indefinite ternary quadratic forms"（不定符号3元2次形式の表）(Zap. Akad. Nauk, (8), 1909, 23) でこの問題に立ちもどった．そこでは，彼は証明なしに第四の極値形式を与え，さらに二つの形式を指摘した．それはのちにヴェンコフ (B.A. Venkov)[13] により第六および第七の極値形式であることが示されたものである．4変数の形式に対しては，マルコフは "On indefinite Quadratic Forms in Four Variables"（4変数の不定符号2次形式について）(Izv. Petersburg. Akad. Nauk (5), 1902, 16, No. 3) において最初の二つの極値形式を見いだした．

論文 "On Three Indefinite Ternary Quadratic Forms"（三つの不定符号3元2次形式について）(Izv. Petersburg. Akad. Nauk (5), 1902, 17, No.2) において，マルコフは三つの2次形式を調べ，それらの各々に対して，その形式による数の異なる表現のなかから，3変数 x, y, z が数個の不等式により縛られるような表現を選ぶことができること，したがって x, y, z の異なる値は有限個しか存在しないこと，を立証した．彼は，チェビシェフが "Sur les formes quadratiques"（2次形式について）(J. math. pure. et appl.1 série, T. XVI, 1851, pp.257-282) において見いだしたこと，およびルジャンドル-ヤコビの記号の性質と，ディリクレの算術数列定理を駆使し，形式 $x^2 + xy + y^2 - 2z^2$ は3で割り切れないどのような奇数 $\pm C$ をも表現することができることを証明した．特に，方程式

$$x^2 + xy + y^2 - 2z^2 = C$$

---

[12] A.A. マルコフ, *Collected works*（全集）．モスクワ，1951, pp.143-163（ロシア語）．
[13] B.A. ヴェンコフ, *On Markov's extremal problem for the indefinite ternary forms*（マルコフの不定符号3元形式に対する極値形式問題）．Izv. AN SSSR, ser. matem, vol. 9, 1945, pp.429-494（ロシア語）．

は，不等式
$$0 \leq z \leq \frac{1}{2}(x+y/2), \quad x \geq y \geq 0, \quad x+y/2 \leq \sqrt{2C}$$
を満たす少なくとも一つの解をもつ．また，方程式
$$x^2 + xy + y^2 - 2z^2 = -C$$
は，不等式
$$x \geq y \geq 0, \quad x+y/2 \leq z \leq \sqrt{\frac{3}{2C}}$$
を満たす少なくとも一つの解をもつ．マルコフは，この論文で考えた他の形式についても同様の命題を証明している．

デローネ (B.N. Delone) はマルコフの仕事を深く分析した．そしてマルコフとその後継者によって得られた結果に系統的な幾何学的解釈を与えた[14]．

マルコフの研究の主題は，過去の，そしてなお引き続き，多くの数学者，なかでもモーデル (L. Mordell)，デイヴンポート (H. Davenport)，マーラー (K. Mahler)，ジーゲル (C.L. Siegel)，デローネ，その他の注意を引いている．

A.A. マルコフの兄弟であるウラディミール・アンドレーヴィチ・マルコフ (Vladimir Andreevich Markov, 1871-1897) は，与えられた行列式をもつ3元2次形式の類数に対するアイゼンシュタインの未証明の公式を "On the number of classes of ternary quadratic forms with given determinant" (与えられた行列式をもつ3元2次形式の類数について) (Soobshch. Khar'k. matem. ob-va (2), 1893, 4) において証明した．没後に出版された V.A. マルコフの2番目の仕事 "On positive ternary quadratic forms" (正定値3元2次形式について) (サンクトペテルブルク，1897) もまた，アイゼンシュタインの仕事に関係するが，それは形式による数の表現の理論，および，扱っている形式の同値の理論の問題に捧げられている．

V.A. マルコフ以前でも，ボリソフ (E.V. Borisov) は "On the reduction of positive ternary quadratic forms by Selling's method" (正定値3元2次形式のゼリングの方法による簡約について) (サンクトペテルブルク，1890) を発表した．そこには彼が簡単化したゼリング (E. Selling, 1834-1920) の理論を含むいろいろな簡

---

[14] B.N. デローネ，*The Petersburg school of number theory* (数論のペテルブルク学派)．モスクワ−レニングラード，1947, pp.141-193 (ロシア語)．

約理論について，批判的な概観が与えられている．エルミートの学生シャルヴ（L. Scharve）は彼の研究を正定値4元2次形式の簡約に捧げた．

1918年にモーデル（L. Mordell）はアイゼンシュタインの公式を，論文"On the Class Number for Definite Ternary Quadratics"（定符号3元2次形式の類数について）（Messenger of Math., 1918, 47, 65-78）で再証明した．明らかに，彼はV.A. マルコフの論文には通じていない．

後に，ウスペンスキー（Ya.V. Uspenskiĭ, 1883-1947）もまた2次形式論を研究した．彼の修士学位論文は，エルミートの連続パラメータ法の応用に捧げられた．ウスペンスキーの論文は正定値2元2次形式の類数を確立する公式の証明を含んでいる．1857年から1860年までの間に，この型の最初の公式を発表したクロネッカー（Kronecker）以来，この領域における研究者は二つの方法を用いた．すなわち，クロネッカーおよびエルミートの方法である．クロネッカーは，彼の結果の一部分を数論的に得ることができたが，二つの方法とも解析的である．リウヴィルは他の数論的方法を示唆した．ウスペンスキーはリウヴィルの方法を改善し，クロネッカーとリウヴィルの公式を数論的に導き，数を三つの平方数の和として表す方法の個数に対するガウスの公式を含め，多くの結果を証明した．数の2次形式による表現の個数に対するリウヴィルの公式を導くことについての歴史的な概括は，コーガン（L.A. Kogan）の本に与えられている[15]．

3.2 数の幾何学

理論の起源

デローネが，数の幾何学的理論を研究するにあたり，ラグランジュの論文 *Solution analytique de quelques problèmes sur les pyramides triangulaires*（三角ピラミッドに関するいくつかの問題の解析的な解）（Nouv. mém. Acad. sci. Berlin, 1773）をまず最初に取り上げたのは，正鵠を射ている．この論文でラグランジュは，一つの頂点を原点に固定し，残りの三つの頂点の座標をいろいろ与えることによって定まる四面体の性質を調べた[16]．ここでフライブルク大学物理学教授のジー

---

[15] L.A. コーガン, On the representation of whole numbers by quadratic forms with positive determinant（正の行列式をもつ2次形式による整数の表現について）．タシケント, "Fan", 1971.

[16] B.N. デローネ, "Gauss' work on number theory"（数論におけるガウスの業績）．*Carl Friedrich Gauss*. モスクワ, 1956, p.63（ロシア語）所収．

バー (Ludwig August Seeber, 1793-1855) の仕事, すなわち論文 *Versuch einer Erklärung des inneren Baues der festen Körper* (固体の内部構造を明示する試み) (Ann. Phys. und Chem., 1824, 76), および, 著書 *Untersuchungen über die Eigenschaften der positiven ternären quadratischen Formen* (正定値 3 元 2 次形式の性質についての研究) (フライブルク, 1831) について言及すべきであろう.

上述の論文でジーバーは, 有名な結晶学研究者アウイ (R.J. Haüy) に従い, 合同な平行六面体による空間の分割を調べた. このような平行六面体の頂点間のユークリッド距離の平方を調べて, ジーバーは正定値 3 元 2 次形式の幾何学的解釈に導かれた. ジーバーは正定値 3 元 2 次形式の理論は, 彼が大学で教えている結晶学にとって有用な道具である, と注意した.

ジーバーはその著書では正定値 3 元 2 次形式の簡約理論を考えた. ジーバーの本についての特別な覚書で, ガウスはジーバーによって解かれた主要問題に 1831 年に言及している. すなわち,

(1) 与えられた正定値 2 次形式の各々に対して, それに同値な簡約形式を見いだすことができること.

(2) 二つの異なる簡約形式は同値ではない. あるいは同じことであるが, 各類には, ただ一つの簡約形式が存在すること.

(3) 与えられた形式がそれに同値でない他の形式を割り切るかどうかを判定すること.

(4) 与えられた形式を, それに同値なあるいはそれによって割り切れるような形式に移すすべての変換を決定すること.

(5) 与えられた判別式の正定値 3 元形式のすべての類を見いだすこと.

最後の問題を解くために, ジーバーは 3 元 2 次形式

$$ax^2 + by^2 + cz^2 + 2a'yz + 2b'xz + 2c'xy$$

の, 平方項の係数の積 abc は $2D$, すなわちその形式の判別式の 2 倍 (いま, われわれは判別式の絶対値をとっている), を超えないという, 定理を用いた.

ガウスは, その覚書に, 正定値 2 元 2 次形式

$$f(x, y) = ax^2 + 2bxy + cy^2$$

の幾何学的解釈を与えた. ここで a, b, c は実数, x, y は整数である. これは, 座標軸のなす角の余弦が $b/\sqrt{ac}$ であるとした場合の, ある点 P と原点との距離の平方である. 変数 x, y は整数値をとるから, 形式 $f(x, y)$ に, 座標軸 Ox に平行で

相互の距離が $\sqrt{a}$ である直線系と，座標軸 Oy に平行で相互の距離が $\sqrt{c}$ である直線系との交点の集合を対応づけることができる．こうして，全平面は合同な平行四辺形の集まりに分割される．さらに，これらの平行四辺形の頂点は座標が $\sqrt{a}$, $\sqrt{c}$ の整数倍である点であり，さらに格子（ラティス，lattice）と呼ばれる点集合を構成している．判別式の絶対値 $D=|ac-b^2|$ は基本平行四辺形の面積の平方に等しい．

2元形式でなく3元形式を考えるならば，平行四辺形は，相互に等距離にある平行な平面の三つの系が交わってできる平行六面体で置き換えられる．それらの頂点は空間内に格子（ラティス）を作る．ガウスは以下のような注意を与えている．これらの幾何学的な表現を用いて，2ないし3変数の2次形式論の多くの概念，結果の意味を説明することが可能であり，このようにして3元形式の理論の，残りの主要な側面，「形式が他の形式により割り切れるという性質，3元形式による数あるいは不定符号2元形式の表現の性質…」の幾何学的意味を説明することができる[17]．

覚書の終りに，ガウスはジーバーの定理の彼自身による（算術的）証明の輪郭を描いている．ディリクレはガウスの幾何学的な研究を継承した．ディリクレは，論文 *Recherches sur diverses applications de l'analyse infinitésimale à la théorie des nombres*（無限小解析の数論への種々の応用についての研究）(J. für Math., 1839, 18) において2元形式の理論を論じ，ジーバーの本についてのガウスの注釈に言及し，解析的に得られるいくつかの結果に幾何学的解釈を与えている．幾何学的な表現を用いて，彼はたとえば，次の問題を解く．幾何学的に

$$ax^2+2bxy+cy^2=m \tag{2}$$

を表し（これは $a>0$, $b>0$, $c<0$ に対して，双曲線の方程式である），方程式(2)の無限に多くの解のなかから，ある特別な条件を満たすものを選べ．

もう一つの問題：座標 x, y が

$$x=2D_1v+\alpha, \quad y=2D_1w+\beta, \quad (D<0, \; D_1=-D), \tag{3}$$

の形をもつような点の個数を決定せよ．ただし，α, β, v および w は整数であり，点 (x, y) は楕円

$$ax^2+2bxy+cy^2=\sigma$$

---

[17] C.F. ガウス, *Werke*（全集），Bd.2. ゲティンゲン，1866, p.195.

の内部または境界曲線上にあるとする．

ここでディリクレは，境界曲線が相似のままで領域の面積が限りなく大きくなるときの，閉曲線で囲まれた領域に属する整数点の個数についての近似表現に関する命題を用いる．ディリクレは，双曲扇形の内部または境界に属し，式(3)の形の座標をもつ整数点の個数に関する同様の問題を解く．

同様の幾何学的考察が，ディリクレをして，約数の個数の和に対する近似公式を樹立させたのは明らかである（*Über die Bestimmung asymptotischer Gesetze in der Zahlentheorie*（数論における漸近法則について）(Bericht. Verhandl. Akad. Wiss., 1838)[18] および *Über die Bestimmung der mittleren Werthe in der Zahlentheorie*（数論における平均値の決定について）(Abhandl. Preuss. Akad. Wiss., 1849[19])参照）．この公式は，のちに，ヴォロノイにより改善された．

最終的には論文 *Über die Reduction der positiven quadratischen Formen mit drei unbestimmten ganzen Zahlen*（三つの整数変数をもつ正定値2次形式の簡約について）(J. für Math., 1850, 40)[20] において，ディリクレは，ジーバーの本に対するガウスの注意から歩を進め，2ないし3変数形式の理論の幾何学的解釈へと展開する．ジーバーの方法は複雑であったので，ディリクレは3元形式を簡約する他の方法を探すことを志した．彼の論文でディリクレはジーバーの結果の幾何学的な言い換えを行った．

1. 各平行六面体格子は，適当に生成系を選んで対応する基本平行六面体が側面の対角線および平行六面体自身の対角線より大きくない辺をもつように変形することができる．
2. この変形は与えられた格子系に対してただ一通りになされる．言い換えれば，形式の各類にはただ一つの簡約形式が存在する．

ディリクレは正定値3元2次形式
$$ax^2 + by^2 + cz^2 + 2a'yz + 2b'xz + 2c'xy = F(x, y, z) \qquad (4)$$
を考える．ここで，係数 a, b, c は正の実数で，係数の各組合せに対して
$$a'^2 - bc, \quad b'^2 - ac, \quad c'^2 - ab, \quad -D = aa'^2 + bb'^2 + cc'^2 - abc - 2a'b'c'$$
は負である．判別式 $-D$ は負である．こうして平面角の余弦がそれぞれ

---

[18] P.G.L. ディリクレ, *Werke*（全集）, Bd.1. ベルリン, 1889, pp.351-356.
[19] 同上, Bd.2. ベルリン. 1897, pp.49-66.
[20] 同上, Bd.2. ベルリン. 1897, pp.21-48.

$$\cos\lambda = \frac{a'}{\sqrt{bc}}, \quad \cos\mu = \frac{b'}{\sqrt{ac}}, \quad \cos\nu = \frac{c'}{\sqrt{ab}},$$

で与えられ，$D > 0$ に対して不等式

$$\cos^2\lambda + \cos^2\mu + \cos^2\nu - 2\cos\lambda\cos\mu\cos\nu < 1$$

を満たすような三面立体角を得る．二つの辺の対からなる角としては，（原点に向かって）右から左に回る向きをとる．三面立体角の辺は座標軸と見なされる．第1座標軸の上に単位の長さ $\sqrt{a}$ の線分を，第2座標軸上には長さ $\sqrt{b}$ の線分を，第3座標軸上には長さ $\sqrt{c}$ の線分をとる．そのとき，形式(4)は点 $P(x\sqrt{a}, y\sqrt{b}, z\sqrt{c})$ と原点との距離の平方である．もし x, y, z が「すべてが0」でない整数値のみをとると仮定するならば，等距離平行平面の三つの系の交わりから作られる点集合が得られる．ディリクレは形式(4)を，整数係数で0でない行列式

$$E = \alpha\beta'\gamma'' + \beta\gamma'\alpha'' + \gamma\alpha'\beta'' - \gamma\beta'\alpha'' - \alpha\gamma'\beta'' - \beta\alpha'\gamma''$$

をもつ線型置換

$$x = \alpha x' + \beta y' + \gamma z', \quad y = \alpha'x' + \beta'y' + \gamma'z', \quad z = \alpha''x' + \beta''y' + \gamma''z' \qquad (5)$$

によって変換する場合を詳しく調べた．新しい形式 $F_1(x', y', z')$ の幾何学的な表現は，それぞれ等距離にある平行平面の三つの系——第1系に対しては距離は $\sqrt{a'}$，第2系に対しては距離は $\sqrt{b'}$，第3系に対しては距離は $\sqrt{c'}$ ——の交点の集合である．その集合の任意の一点を原点にとることができる．新しい点集合の原点を初めの点集合の原点に重ねる．行列式 E の符号に従い，初めの点集合に一致するかあるいは対称である点集合がこの線型置換によって得られる．式(5)の係数が整数で行列式が $E = \pm 1$ ならば，新しい点集合も座標は整数である．もし $E = +1$ ならば，新しい点集合は初めの点集合に重ねられる．すなわち，正同値な (properly equivalent) 形式には，初めの点集合と一致する平行格子点の集合が対応づけられる．

次にディリクレは2元形式の場合を考え，正同値な形式は，回転を含まない平面の移動により重ね合わせられるような点集合をもつことを示す．非正同値な (improperly equivalent) 形式に対しては点集合は回転されなければならない．ディリクレは2または3変数の場合，同値な形式に対して基本図形（平行四辺形または平行六面体）は等しい面積，または体積をもつことを明らかにする．これは，整数係数で行列式 $E = \pm 1$ の線型置換により結ばれる形式の判別式の絶対値は等しい，という事実に基づく．

図7　　　　　　　　　図8

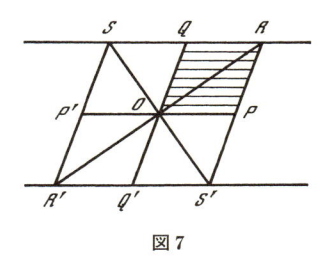

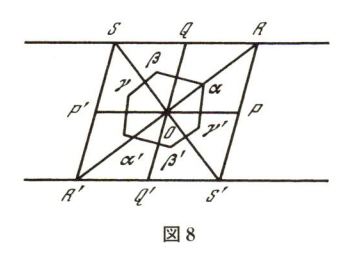

　ディリクレは2元2次形式 $ax^2+2bxy+cy^2$ に対応する整数点の系（点格子，point lattice）を考え，このような系は，辺の長さが対角線より大きくない基本平行四辺形に常に分割されることを証明する．ディリクレはこの基本四辺形を「簡約された」と呼ぶ．点集合の点は常に二つずつ等距離でしかも O を中心として反対側に並ぶという点対をなす．P を点対のうちの1点で O からの距離は，他のどの点対に対するよりも小とする．そのような最短距離の点がいくつかあれば，そのうちの1点を選ぶ．次に，点集合の点 Q をとり，$Q \neq P$ で P より O に近いとする（いくつかあれば，どれか一つをとる）．このようにして平行四辺形 $POQR$（図7）を得るが，そこでは作り方からみて $OP \leq OQ$, $OQ \leq OS = PQ$, $OQ \leq OR$ である．これは簡約された平行四辺形である．$OP = \sqrt{a}$, $OQ = \sqrt{c}$ とする．そうすれば $a \leq c$ である．

　点集合の点と原点 O との距離の最小値は $\sqrt{a}$ であり，次の最小値は $\sqrt{c}$ である．次に $\cos POQ = b/\sqrt{ac}$ と置く．ここで $b \geq 0$ である．そのとき $(PQ)^2 = a - 2b + c \geq c$ でそれゆえ $2b \leq a, 2b \leq c, 4b^2 \leq ac$ である．さらに k を平行四辺形の高さの平方とする．そのとき平行四辺形の面積の平方として

$$\Delta = ak = ac - b^2 \geq \frac{3}{4}ac$$

を得る．それゆえ平行四辺形の高さは

$$h = \sqrt{k} \geq \frac{1}{2}\sqrt{3c}$$

である．

　平行2直線 OP と QR との距離は $\geq (1/2)\sqrt{3c}$ である．すなわち，第二の直線 QR は直線 OP から少なくとも距離 $(1/2)\sqrt{3c}$ にある．言葉を変えれば，簡約され

た平行四辺形の辺の長さは常に$\sqrt{a}$と$\sqrt{c}$である．

ディリクレはまた異なる種類の問題を解いた．平面格子の与えられた点Oに対し，平面の部分域であってその内点は他のどの格子点よりもOに近いものを定めよ．この図形は六角形$\alpha\beta\gamma\alpha'\beta'\gamma'$である（図8）．この六角形の内部の各点は格子に属する他のどの点よりOに近い．

ディリクレは第三位の点集合（3次元格子）に対して類似の問題の解答へと進む．すなわち，簡約された基本平行六面体——その辺の長さはすべて対角線よりもまた側面の対角線よりも小さい——を作ることに向かう．ディリクレは原点からの「順次最小距離」を構成し，三つの順次最小距離の辺上に座標軸を選ぶ．そうして彼は，このように得られた幾何学的結果を2次形式に応用する．簡約された2次形式は簡約された平行六面体に対応する，など．ディリクレはまた「ジーバーの美しい定理」を証明するのに幾何学的方法を用いた．その解析的証明はかつてガウスにより与えられた[21]．

ガウス-ディリクレの幾何学的方法はのちにスミス（H.J.S. Smith）により，彼の *Reports on the theory of numbers*（数論報告）に詳細に与えられた．クラインはこの方法を研究し，また用いた．ミンコフスキとヴォロノイはそれをさらに発展させた．

スミスの仕事

スミス（Henry John Stephen Smith, 1826-1883）は，アイルランドの法廷弁護士の息子である．彼はオックスフォードの学生であったが，1850年に卒業し，直ちに講師に任ぜられ，1860年に教授となった．スミスは言語学的および数学的才能両方の持ち主で，古典学者と数学者とどちらの道を選ぶかを決めるのは難しかったのであるが，彼は結局数学を選んだ．

スミスは最も活動的なイギリス・アカデミー会員の一人であった．彼はイギリス学術協会（British Association）の数学部門の総裁，かつオックスフォードのコールパス・クリスティ・カレッジ（Córpus Chrísti College）の評議員であった．

---

[21] ジーバーの定理はまたエルミート，コルキンおよびゾロタリョフを含む他の数学者によっても証明されている．ゾロタリョフはそれを彼の修士学位論文 "On a certain indeterminate cubic equation"（ある種の不定3次方程式について）(1869) で，コルキンとゾロタリョフは，論文 "Sur les fomes quadratiques"（2次形式について）(1873) で証明した．

スミス（Henry John Stephen Smith, 1826-1883）

　彼は1859年と1865年とのあいだに *Reports on the theory of numbers*（数論報告）を学術協会で発表した．このなかで彼は，ルジャンドル（1798）およびガウス（1801）に始まり1860年代に至る数論の歴史を完璧かつ系統的に記述した．さらに論文 *On the present state and prospects of some branches of pure mathematics*（純粋数学のある部門の現状と展望）(Proceed. Lond. Mathem. Soc., 1876, vol.8, pp.6-29 ; Collect. Mathem. Papers, 1894, vol.2, pp.166-190) において数論の歴史的概説を1876年まで延長した（文献参照）．スミスの仕事はまた，チェビシェフ，コルキン，ゾロタリョフによって得られたいくつかの重大な結果とともに幾何学的方法を含む2次形式の理論の包括的な議論に及んだ．

　スミスは2次形式論，楕円関数論，幾何学，その他の分野で仕事をした．

　1883年に，パリ科学アカデミー（Paris Academy of Sciences）は数理科学大賞（Grand Prix des Sciences Mathématiques）を二人の候補者スミスとミンコフスキに授与した．ミンコフスキは，ケーニヒスベルク大学（University of Königsberg）の学生で，賞は，五つの平方数の和としての整数の表現についての試論に対するものである．スミスは賞の授与の数日前に亡くなった．賞は公式には2月

26日に授与されたがスミスは2月9日に亡くなったのである．18歳のミンコフスキにとってこの仕事は彼の科学者としての経歴のほんの序の口であった．実際には，整数を五つの平方数の和として表す問題は，1867年にすでにスミスにより解かれている．論文 On the order and genera of ternary quadratic forms（3元2次形式の目と種について）(Philos. Trans., 1867) において，彼は四つの平方数の和および他の単純な2次形式による整数の表現に関するヤコビ，アイゼンシュタインおよびリウヴィルのいろいろな定理がこの論文に定式化された原理から一括して導かれることを示した．五つの平方数の和としての整数の表現に関する基本的定理はアイゼンシュタインにより論文 Neue Theoreme der höheren Arithmetik（高次の数論における新しい定理）(J. für Math., 1847, 35) において与えられた．しかし平方因子をもたない数に対してだけであった．これに関連して，論文 On the order and genera of quadratic forms containing more than three indeterminates（三つ以上の不定文字を含む2次形式の目と種について）(Proc. Roy. Soc., 1867, 16) において，スミスはアイゼンシュタインの研究を精密にし，5平方数の場合に対して完全な証明を与えた．さらに，7平方数の場合に，対応する定理を付け加えた．

　スミスの仕事はヨーロッパ大陸では広く知られることはなかった．そしてフランスの学界は明らかに1882年に懸賞が発表されるまで，スミスの仕事を知っていなかった．懸賞を発表したとき，フランス学界は証明を講演して懸賞に参加するようにとスミスを招待した．

数の幾何学：ミンコフスキ

　ミンコフスキ（Hermann Minkowski, 1864-1909）はロシアのアレクソティ（Aleksoty）（現在はリトアニアの一都市）に生まれたが，彼がまだ子供のときにケーニヒスベルク（Königsberg）に移住した．15歳のときに，地方高等学校を卒業しケーニヒスベルクとベルリンの大学で学んだ．そこではヘルムホルツ（Helmholtz），フルヴィッツ（Hurwitz），リンデマン（Lindemann），クロネッカー，クンマー，H. ウェーバー，ワイエルシュトラス，キルヒホフ（Kirchhoff）その他の講義に出席した．1881年に彼は2次形式の理論に興味をもち研究を始め，パリ科学アカデミーの懸賞論文に応募した．彼の論文は，エルミート，ベルトラン（Bertrand），ボネ（Bonnet），ブーケ（Bouquet）および論文を紹介した

ミンコフスキ (Hermann Minkowski, 1864-1909)

ジョルダン (Jordan) を含む審査員に深い印象を与えた. 判定は, 論文が学士院の規定に反するドイツ語で書かれていたのが許されるほど感銘を与えるものであった.

そのときまでにミンコフスキは, ディリクレ級数やガウスの三角和のような, 数論のさまざまな方法に精通していた. 彼はディリクレ, ガウスおよびアイゼンシュタインの仕事から深く学んだ. 彼の論文の出発点は, 三つの平方数による整数の表現が, ガウスの証明に示されているように2元2次形式に依存しているのと同じく, 整数の五つの平方数の和としての表現は, 4元2次形式に依存するはずである, という考えである.

ミンコフスキは n 元2次形式を考え, これらの形式の理論における主要概念および定義を定式化した. 彼は少ない変数の形式の多い変数による表現を研究してガウスの方法を一般化した. 懸賞問題の解は一般論から容易に得られた. クレレの雑誌に発表されたエルミートの論文およびエルミートの学生であるシャルヴ (L. Scharve) の論文 *Note sur la réduction des formes quadratiques positives quaternaires* (正定値4元2次形式の簡約についての注意) (Ann. Ecole Norm., 1882,

11) を研究して，ミンコフスキは論文 *Sur la réduction des formes quadratiques positives quaternaires*（正定値4元2次形式の簡約について）（C.R. Acad. sci. Paris, 1883, 96）にみずからのアイデアを述べた．

エルミート，スミスおよびポアンカレの研究を利用して，ミンコフスキは n 変数の正定値2次形式の理論に関する一群の論文を発表した．これらの論文は，彼が1885年にケーニヒスベルク大学に受諾された博士論文の主題となっている．この博士論文は2次形式の空間的表現を用いる数学的研究を正当化するアイデアを含んでいた．

ミンコフスキは1885年にケーニヒスベルクで教鞭をとり始め，1887年にボン（Bonn）に移った．1892年に助手になり，そして1894年には正教授になった．1895年，大学の同僚であり友人であるヒルベルト（D. Hilbert）（ヒルベルト自身はゲティンゲンに移った）のあとを継ぎ，ケーニヒスベルク大学に移った．そこに2年滞在したあと，1896年に彼はチューリヒ（Zürich）にあるエコール・ポリテクニーク（理工科大学）からの招待を受諾した．1902年の秋から死に至るまで，彼はゲティンゲン大学の教授であった．

論文 *Über die positiven quadratischen Formen und über kettenbruchähnliche Algorithmen*（正定値2次形式および連分数に似たアルゴリズムについて）（J. für Math., 1891, 107）は数の幾何学におけるミンコフスキの一連の研究の魁となった．任意個数の変数に対する2次形式の簡約問題を研究して，この問題が2次形式論における他の問題と同様，幾何学的方法を通して取り組むとき著しく簡単にかつ透明になることを明確に理解した．ガウスとディリクレに従い，ミンコフスキは数の格子を調べ[22]，これを任意個数の変数の場合に一般化した．この概念に彼は別のものを付け加えた．正の数 a, b, c を係数とする正定値2元形式

$$F(x, y) = ax^2 + 2bxy + cy^2 \tag{6}$$

に対する幾何学的な像は楕円である．「形式(6)は整数 $x=p, y=q$ に対して，値 m をとる」ということは，楕円 $F(x, y) = m$ が点 (p, q) を通ることを意味する．判別式が1の正定値3元2次形式 $F(x, y, z)$ に対して方程式

$$F(x, y, z) = ax^2 + by^2 + cz^2 + a'xz + b'yz + c'xy = m$$

---

[22] F. クラインもまた数格子を研究した．しかし次のように述べている．「ミンコフスキは新しい結果を発見しようと企てていたのに対して，私は当時ある種の知られた原理を幾何学的に説明することにとどまった」（F. クライン Vorlesungen...（19世紀数学…），T.1，ベルリン，1926, p.328 参照）．

は，原点を中心とする楕円体（面）を生ずる．ここに m は正の定数である．ミンコフスキは一般的な幾何学的補題から始める．2次元の場合に彼の補題は，平面 xOy の領域 R は，次の条件を満たすとき，原点とは異なる整数座標の点 (p, q) を含むことを示す．

1. 領域 R は原点に関して対称である，すなわち，それが点 (x, y) を含むならば $(-x, -y)$ をも含む．
2. 領域 R は凸である，すなわち，(x_1, y_1) および (x_2, y_2) が領域 R の2点ならば，これら2点を結ぶ線分
$$[\lambda x_1 + (1-\lambda) x_2, \ \lambda y_1 + (1-\lambda) y_2] \quad (0 \leq \lambda \leq 1)$$
の全体は R に含まれる．
3. 領域 R の面積は4より大である．

楕円 $F(x, y) \leq m$ は条件1, 2を満たす．それはまた，$m\pi > 4\sqrt{D}$ ならば条件3も満たす．ここで D は形式 $F(x, y)$ の判別式 D_1 の絶対値である．キャッセルズ (Cassels) によれば「数の幾何学全体はミンコフスキの凸領域定理から生じた，といえよう」[23]．次はこの定理を一般的に述べたものである：平行体格子系の原点を中心とする凸領域は，その体積が格子系の基本平行体の体積の 2^n 倍（n は空間の次元）よりも大きいならば，原点以外に格子点を少なくとも一つ含む．

この命題を用いて，たとえば，ミンコフスキは，与えられた判別式 D の正定値 n 変数2次形式の最小値に対する上界が
$$M < A(n)\sqrt[n]{D} \tag{7}$$
で与えられることを証明した．ここで
$$A(n) = \frac{4}{\pi}\left(\Gamma\left(\frac{n}{2}+1\right)\right)^{2/n}$$
であり M はその形式の最小値である．ミンコフスキはこの評価を幾何学的考察により得た．それは，雑にいえば，次の通りである：互いに凹ますことのない固体球が閉じた箱のなかに置かれている．そのとき，これらの球の総体積は箱の体積より小である．なぜならば，球の間に間隙があり，そしてどの場合にも球によって占められる体積は箱の体積を越えることはできないからである[24]．

---

[23] J.W.S. キャッセルズ, *An introduction to the geometry of numbers*（数の幾何学入門），ベルリンほか，1959, p.64.
[24] B.N. デローネ, "Hermann Minkowski"（ヘルマン・ミンコフスキ），UMN, 1936, #2, 34-35（ロシア語）．

ミンコフスキは，彼の数の幾何学に関する研究は，2次形式の最小値の上界についてのエルミートの定理を含むヤコビあてのエルミートの手紙と，クレレの雑誌第40巻に載ったディリクレの論文 "Über die Reduction der positiven quadratischen Formen mit drei unbestimmten ganzen Zahlen"（三つの整数変数をもつ正定値2次形式の簡約について）を読んだときに始まる，と述べている．これらの論文を比べて，ミンコフスキは，エルミートがいっていることを幾何学的に表現しようと決心した．のちに彼は，この楕円体の性質はそれが中心をもつ凸領域である事実に基づくことを発見し，種々の凸領域に応用した彼の豊穣な原理を導き出したのである．不等式(7)の結果はエルミートのそれより精密である（p.142参照）．

　論文 *Über positive quadratische Formen*（正定値2次形式について）(J. für Math., 1886, 99)においてミンコフスキは2, 3, 4, 5変数のこのような形式の最小値を考え，「極限形式」の概念を導入した．コルキンとゾロタリョフの論文を読んで，彼は次のように結論した．

> これら極限形式の類は，コルキンとゾロタリョフが数学年報 *Mathematische Annalen* の第6, 7巻に発表した興味深い論文で導入した「極値形式」と同じである．彼らはこれにより，形式の行列式が増加しないような係数の極小変換によって最小値が減少するという性質をもつ正定値形式を意味した．このような形式と最大の最小値との間の密接な関係は，エルミートの簡約法の特徴である[25]．

　ミンコフスキは，多くの他の機会に，たとえば論文 "Über die positiven quadratischen Formen und über kettenbruchähnliche Algorithmen"（正定値2次形式，および，連分数に似たアルゴリズムについて）におけるように，コルキンとゾロタリョフを参照する．ここでは次を引用しよう．

> コルキンとゾロタリョフは新しい観点を発見した．彼らは，5変数までの場合に完全に決定された特別な形式——それに対してはエルミートの基本定理に言及された（行列式の n 乗根に対する最小値の）比が最大である——を用いた[26]．

---

[25] H. ミンコフスキ, *Gesammelte Abhandlungen*（全集）, Bd.1. ライプチヒ-ベルリン, 1911, p.156.
[26] 同上, p.245.

ミンコフスキが，n 変数の正定値形式の最小値 M が不等式(7)を満たすこと，およびガンマ関数の漸近表示を用いて，評価

$$M < \frac{2n}{\pi e}\sqrt{n\pi e^{1/3n}}\sqrt[n]{D}$$

を見いだしたのは，この論文である．ここで $2/\pi e \sim 0.234\cdots$ である．ミンコフスキは，この補題から，代数的単数の理論，与えられた判別式の整数係数2次形式の類数の有限性定理，同じ分母の有理数によるいくつかの実数の近似，連分数の理論とその一般化，などの多くの結果を得た．

1896年に，ミンコフスキは著書 *Geometrie der Zahlen*（数の幾何学）（ライプチヒ，1896）を公刊した．そこで彼は系統的にこれらの結果を論じた．この著書の概要（フランス語による）が，それを捧げたエルミートへの手紙にある[27]．

続く数編の論文でミンコフスキは彼の結果を数論のいろいろな分野に応用した．とくに，彼はチェビシェフおよびエルミートの不等式を一般化し，より精密にした．チェビシェフは，彼の論文 "Sur une question arithmétique"（ある数論的問題について）（Œuvres de P.L. Tchebychef, Tome 1, pp.639-684, traduit pos D. Sélivanoff, 1866）において，不等式

$$|x - ay - b| \leq \frac{1}{2|y|}$$

を満たす整数の対 x, y が無限に多く存在することを証明した．エルミートは（J. für Math., 1880, 88）に載った論文において

$$|x - ay - bz| \leq \sqrt{\frac{2}{27}}\frac{1}{|yz|}$$

を示した．それゆえ

$$|x - ay - b| \leq \sqrt{\frac{2}{27}}\frac{1}{|y|}$$

である．

著書 *Diophantische Approximationen*（ディオファントス近似）（ライプチヒ，1907）においてミンコフスキは，不等式

---

[27] H. ミンコフスキ，*Extrait d'une Lettre adressée à M. Hermite*（M. エルミートにあてた手紙の抜粋）．*Gesammelte Abhandlungen*, Bd.1. ライプチヒ-ベルリン，1911, pp.266-270 所収．

$$\left|(\alpha x+\beta y-\xi_0)(\gamma x+\delta y-\eta_0)\right|<\frac{1}{4}$$

を満たす無限に多くの整数 x, y が存在することを示した．ここで ξ_0, η_0 は任意に与えられた数，α, β, γ, δ, ξ_0, η_0 は実数で，行列式が $\varepsilon=|\alpha\delta-\beta\gamma|\neq 1$ である場合に，右辺には $|\varepsilon|$, $|\varepsilon|\neq 0$, が乗ぜられる．この著書はミンコフスキが1903年および1904年にゲティンゲンで行った講義に基づき，アクセル（A. Axer）が筆記し編集したものである．ここでは数の幾何学の基本事項およびその応用がより明確に，より詳細に，多くの図とともに与えられている．

ミンコフスキは数の幾何学から凸領域の幾何学，そして多面体の理論へと歩を進めた．彼はまた，力学と物理学の問題に深く興味をもっていた．ミンコフスキは特殊相対性理論の運動学について，双曲的距離を備えた4次元時空多様体を導入し，彼以前では分離していた空間と時間の統合に基づく重要な解釈を与えた（1909）．

数の幾何学の分野で成功したもう一人の数学者はヴォロノイである．

ヴォロノイの仕事

ゲオルギー・フョードセヴィッチ・ヴォロノイ（Georgiĭ Fedoseevich Voronoĭ, 1868-1908）はニェジンスクの学園（Lyceum）のロシア文学の教授の家庭に生まれた．1885年にプリルキ（Priluki）の高校を卒業したあと，ヴォロノイはサンクトペテルブルク大学の物理・数学学部の数学部に入学した．まだ高校の学生であったとき，彼は雑誌 *Journal of Elementary Mathematics*（初等数学）に代数学に関する最初の論文を発表した（1885）．同じ時期に彼は与えられた整数 $m>0$ に対するディオファントス方程式 $x^2+y^2+z^2=2mxyz$ の整数解を見いだそうとしたが，やがて問題は複雑すぎることに気づいた．

大学生時代に，ヴォロノイはベルヌーイ数の性質を研究し，この分野における彼の発見を，マルコフ（A.A. Markov）が主催する数学同人の会合で報告した．1889年に，彼はベルヌーイ数に関する仕事を提出し，それは1890年に公刊された．マルコフ，コルキンやその他の教授の推薦によりヴォロノイは教授候補として大学にとどめられた．

ヴォロノイの最初の仕事は代数的数の理論に捧げられた．それは当時サンクトペテルブルクの多くの数学者が仕事をしていた分野である．ヴォロノイは3次の

ヴォロノイ (Georgiĭ Fedoseevich Voronoĭ, 1868-1908)

無理数に応用するべく，連分数のアルゴリズムの拡張を模索していた．ラグランジュは2次の無理数が周期的無限連分数に展開されることを見いだしていた．問題は3次無理数に対する周期的アルゴリズムを見いだすことにあった．この問題はヤコビ，ディリクレほか傑出した数学者たちにより追及されていた．

ヴォロノイは，修士学位論文 "On integral algebraic numbers depending on a root of an equation of the third degree"（3次方程式の根に依存する代数的整数について）（サンクトペテルブルク，1894）において，既約3次方程式 $\rho^3 = r\rho + s$ に依存する代数的整数の形を決定した．それ以前，A.A. マルコフは方程式 $\rho^3 = s$ の根に依存する数を調べていた．ヴォロノイはさらに一般な場合を考えた．彼の修士論文にあるすべての問題の解は，素数あるいは合成数を法（modulo）とする3次合同方程式の解の研究に基礎を置く．彼は，「p を法とする複素数」すなわち，i を $i^2 \equiv N \pmod{p}$ の仮想解（imaginary solution）とするときの $X+Yi$ の形の数を導入した．ここで p は素数，N は法 p に関する平方非剰余である．

修士学位論文が受理されたあと，ヴォロノイはワルシャワ大学の教授となり，1年間の例外を除いて，終生その地位にあった．

ヴォロノイは，その博士論文 "On a generalization of the algorithm of continued fractions"（連分数アルゴリズムの一般化について）（サンクトペテルブルク，1896）において，連分数の一つの一般化を与えた．それは，3次方程式の根が生成する数へ応用するとき，周期性をもち，基本単数を見いだすこと，および関連する他の問題を解くことに役立つ．

ヤコビはオイラーのアイデアを発展させ，分数列 $M_k/N_k, M_k'/N_k', \cdots$ による二つの実数の同時近似に対するアルゴリズムを作り上げた．ここで $M_k, N_k, \cdots$ は普通の整数である．彼は，そのアルゴリズムを3次方程式の根が生成する代数的整数に応用し，また，特別な例を用いて，それらの周期性を発見した．連分数の他の一般化（ディリクレの，エルミートの，そしてクロネッカーの）が当時知られていたが，すべてこれらは，実際の応用には程遠かった．ヤコビのアルゴリズムを既約3次方程式の根により生成される代数的数を係数とする形式に応用して，ヴォロノイはいくつかの場合に，こうして得られた形式は周期的に繰り返されることに注目した．そのとき次の問題が起こる．すなわち，ヤコビのアルゴリズムの応用の結果として常に周期的に繰り返される形式が得られるのか？

ヴォロノイは格子系の相対最小点 (relative minima) の概念に基づく，連分数の新しい一般化を示唆した．（実数体上）次元 $n = k + 2m$ の空間の点は，k 個の実数座標と m 個の複素座標により定められているとする．座標部分空間の点を含まない n 次元格子がこの空間に与えられる（明らかにヴォロノイは幾何学的に考えていたが，点の座標軸および座標平面への射影を共変形式と呼び，代数的な用語を用いた）．格子系の相対最小点とは，座標が $(x_1^0, \cdots, x_k^0, \xi_{k+1}^0, \cdots, \xi_m^0)$ の格子点であって，その格子系は絶対値がそれぞれ $|x_1^0|, \cdots, |x_k^0|, |\xi_{k+1}^0|, \cdots, |\xi_m^0|$ より小さい座標の点を含まないものをいう．相対最小点の各々に対して，実数軸および複素座標平面の方向の隣接相対最小点 (adjacent minima) が自然に定義される．ヴォロノイは三つの場合を考えた．

1) $k = 2, m = 0$（実2次体），
2) $k = 1, m = 1$（負の判別式をもつ3次体），
3) $k = 3, m = 0$（正の判別式をもつ3次体）．

第一の場合に，隣接相対最小点は連分数のアルゴリズムの助けを借りて得られる．第二，第三の場合に，ヴォロノイは隣接相対最小点を計算するためのアルゴリズムを示唆する．有理数体の3次拡大体の格子に応用するとき，アルゴリズム

は周期的となり,それらを,二つのイデアルの同値問題の代数的解を得るために,また単数の決定のために用いることができる.それらの問題は実2次体に対しては連分数のアルゴリズムを用いて解くことができる.3次体の二つの場合の難しいほう,すなわち総実な体において,基本単数は相対最小点の配列の深い研究に基づいて構成されるが,それは他の二つの場合に比べてかなり複雑である.

1896年にサンクトペテルブルク科学アカデミー(St. Petersburg Academy of Sciences)はヴォロノイに,彼の二つの学位論文に対して,ブニャコフスキー(Bunyakovskiĭ)賞を授与した.そして1907年に,彼はそのアカデミーの会員に選出された.彼の短い生涯の残る5年間に,ヴォロノイは二つの主要な話題,2次形式論と解析的数論,の研究に没頭した.

1907年,1908年と1909年,ヴォロノイによる壮大な論文 *Nouvelles applications des paramètres continus à la théorie des formes quadratiques*(連続パラメータの2次形式論への新しい応用)(J. für Math., 1907, 133;1908, 134;1909, 136)が発表された.そこには彼の幾何学的思考が用いられている[28].

この研究の第1部 *Sur quelques propriétés des formes quadratiques positives parfaites*(正定値完備2次形式のある性質について)(J. für Math., 1907, 133)では,ヴォロノイは,極限形式の最小値の表現により決定される性質を基礎に置き,新しい観点からコルキン-ゾロタリョフの研究を推し進めた.ヴォロノイはこの性質をもつ形式を完備形式と名づけた.このとき,極限公式はすべて完備であるが,完備形式は必ずしも極限形式とは限らない.ヴォロノイは完備形式に正定値2次形式の錐体に含まれる,ある無限多面体の側面を対応づけた.次に彼は,非同値な完備形式と同様に,非同値な側面が有限個しか存在しないことを証明し,一つの側面から隣接側面へ移行するためのアルゴリズムを与えた.それによって彼は,すべての非同値な完備形式を,それとともにコルキン-ゾロタリョフの意味でのすべての極限形式を作り上げる(明らかにきわめて扱いにくい)アルゴリズムを構成した.

彼の研究の第2部である *Recherches sur les parallèloèdres primitifs*(原始的平行体の研究)(J. für Math., 1908, 134;1909, 136)と題された論文において,ヴォロ

---

[28] B.N. デローネ,ファデーエフ(D.K. Faddeev), *Theory of cubic irrationalities*(3次の無理数の理論).モスクワ-レニングラード,1940(ロシア語).この本はヴォロノイの博士論文の幾何学的説明を含んでいる.

ノイは，正定値2次形式の類を定義する格子系に，その「ディリクレ-ヴォロノイ領域」すなわち，与えられた格子点に他のどの格子点よりも近い空間の点の集合，を対応づけた．この領域は結局多面体となる．明らかに，それらの一つの，格子点を終点とするベクトルによる平行移動像全体は空間を満たす．ヴォロノイはこの性質をもつ多面体を平行多面体（paralleropolyhedron）と呼んだ．与えられた n に対し，有限個のタイプの平行多面体しか存在しないことになる．彼は，すべてのタイプの原始的（一般の位置にある）平行多面体を構成するアルゴリズムを与えた．ヴォロノイのこれらの研究はいくぶんか，ロシアの結晶学者フョードロフ（E.S. Fedorov）の仕事と結び付けられる．フョードロフはその著作 "Elements of the theory of figures"（図形の研究）（サンクトペテルブルク，1885）においてユークリッド空間の平行多面体を研究した．

ヴォロノイはまた，不定符号2次形式の理論で重要な結果を得た．その結果は，死後，彼の全集（キエフ，1952-1953）に収録された．この全集の編集者は，これらの結果は数学のこの分野におけるヴォロノイの遺産のほんの少しの部分にすぎないと考えている．

ヴェンコフ（B.A. Venkov）は2次形式論におけるミンコフスキの研究の性質とヴォロノイのそれとを比較した．彼の実数係数，整数値（0でない）変数の正定値2次形式の最小値の上限に関するエルミートの定理の幾何学的定式化は，この問題を n 次元球の最も稠密な配置にかかわる離散幾何学の問題と見なしたミンコフスキに負っている．

> しかしながら，このような言い換えは単純さと直感的な理解に最善であるとはいうものの，問題の解を，たとえばコルキンとゾロタリョフによりなされたこと以上に，すなわち $n=5$ を超えては決して推し進めはしない．上にあげた論文 "New applications of continuous parameters to the theory of positive quadratic forms"（連続パラメータの正定値2次形式論への新しい応用）においてヴォロノイは，2次形式の係数の空間の幾何学を用いてすべての n に対して問題のアルゴリズム的な解を与えた．（彼の時代の幾何学の文脈において）彼の思想の大胆さと構成の簡明さ，自然さのおかげで，ヴォロノイの仕事は，正定値2次形式の最小値問題を解くための新しい重要な歩みを刻した[29]．

---

[29] B.A. ヴェンコフ "On certain properties of positive, perfect quadratic forms"（正定値完備2次形式のある性質について）．ヴォロノイ，*Collected works*（全集），vol.2. キエフ，1952, p.379（ロシア語）所収．

ウスペンスキー（Ya.V. Uspenskiĭ）の修士学位論文 "Some applications of continuous parameters in the theory of numbers"（数論における連続パラメータのいくつかの応用について）（サンクトペテルブルク，1910）は，ヴォロノイとミンコフスキの研究に従っており，数論のいろいろな問題へのエルミートの原理の応用にあてられている．

2次形式と同様に，他の斉次形式の研究も19世紀に異なる方向に向かって成功裏に続けられた．正定値，不定符号にかかわらず，より一般な種類の形式が考えられ，また結果の新しい証明が与えられ，より精密な評価が計算されている…．ディリクレの（類数に対する）公式の新しい初等的証明は，ヴェンコフ（B.A. Venkov）に負う．数の幾何学はソビエト連邦においてデローネ，ヴェンコフ，ヴァルフィッシュ（A.Z. Val'fish）および彼らの学生たちにより成功裏に発展した．ソビエト連邦（USSR）の外では，モーデル，デイヴンポート，マーラー（K. Mahler），ワイル，ホフライター（N. Hofreiter），オッペンハイム（A. Oppenheim），キャッセルズ（J.W.S. Cassels），コックスマ（J.F. Koksma），その他により斉次形式の理論，数の幾何学について多くの結果が得られている[30]．

ヴォロノイはまた解析的数論の研究にもかかわった．それについて彼は，二つの論文を発表し，1904年ハイデルベルクで行われた国際数学者会議（International Congress of Mathematicians in Heidelberg, 1904）で一つの報告を行っている．解析的数論におけるヴォロノイの研究についての情報はそれ以外にも，彼の未発表の原稿にみることができる．

彼の論文 *Sur un problème du calcul des fonctions analytiques*（解析関数の理論の一つの問題について）（J. für Math., 1903, 126）の主結果は，和 $\sum_{k \leq n} \tau(k)$ に対するディリクレの近似公式における残余項の改良である．ここで $\tau(k)$ は k の約数の個数である．この目的のためにヴォロノイは，幾何学的な考え，ファレイ（Farey）数列を修正した特殊数列およびソニン（N.Ya. Sonine）の和公式を用いた．ワルシャワ大学におけるヴォロノイの学生シエルピンスキー（W. Sierpiński, 1882-1969）は，のちにポーランドの傑出した数学者となったが，彼の最初の論

---

[30] 数の幾何学の領域における結果の詳しいまとめについては，ケラー（O. Keller）*Geometrie der Zahlen*（数の幾何学）．*Enzyklopädie der mathematischen Wissenschaften*（数学百科事典）（Bd.1, 2, 1959）所収，キャッセルズ（J.W.S.Cassels）の著書 *Introduction to the geometry of numbers*（数の幾何学入門），およびロジャーズ（C.A.Rogers），*Packing and covering*（パッキングとカバリング）．ケンブリッジ，1964参照．

文もアカデミー会員ヴィノグラドフ（I.M. Vinogradov）の最初の論文もこの研究の線上にある．

ヴォロノイは，第二の論文 Sur une fonction transcendente et ses applications à la sommation de quelques séries（超越関数とある数列の和へのその応用）（Ann. Ecole Norm., III sér., 1903, 20）において，数論に初めてベッセル（Bessel）関数を応用した．

ヴォロノイの手稿からは，彼がリーマン・ゼータ関数，素数に関する数列の和，および，その他の問題にも着手していたことがみられる．

3.3　数論における解析的手法

ディリクレと算術数列定理

レオンハルト・オイラー（Leonhard Euler）の仕事は数論における解析的方法を生み出した根源である．ゼータ関数に対するオイラーの等式

ディリクレ（Peter Gustav Lejeune Dirichlet, 1805-1859）

$$\zeta(s) = \sum_{n=1}^{\infty} \frac{1}{n^s} = \prod_p \left(1 - \frac{1}{p^s}\right)^{-1} \tag{8}$$

は素数分布の研究に決定的な役柄を演じた．ここに，n は自然数で，右辺の積はすべての素数にわたり，s は 1 より大きい実数である．オイラーはまた級数と無限積の間にある他の関係も研究し，それは数論における多くの定理の源泉となっている．オイラーのアイデアは，ルジャンドル，ディリクレ，ヤコビ，チェビシェフ，リーマンおよび 19，20 世紀の他の数学者によりさらに発展した．

19 世紀前半の数論における解析的方法の領域で最も注目に値する研究は，ディリクレ（Peter Gustav Lejeune Dirichlet, 1805-1859）のものである．H.J.S. スミスは 1859 年に次のように書いた[31]．

> 彼の独自の研究はおそらく，ガウスの時代以来の他のどの著者よりもその進歩［すなわち，数論の進歩 (A.S)］に貢献した…．彼はまた（彼の研究報告のいくつかによれば），ガウスの仕事に現れているように，冗長で判然としない算術理論に基本的な性格を与えることに専心した．そして数論を数学者のあいだにも普及させることに多くの努力を傾けた．その働きはどんなに高く評価しても，しすぎることはない．

ドイツに移住したフランス人家族の子孫であるディリクレは，16 歳でボンの高等学校を卒業し，パリでさらに教育を受けることにした．この青年は深く数学に興味をもった．当時，数学のパリ学派（Paris school of mathematics）は世界でも最も優れていた．ここでディリクレは，家庭教師で生計をたてながら，ソルボンヌの科学部（Faculté des Sciences）およびコレージュ・ド・フランス（Collège de France）の講義に出席した．

ディリクレの数学における第一の興味は数論にあった．この興味は，早くから勉強していたガウスの *Disquisitiones Arithmeticae*（数論研究）（1801）によりかきたてられた．

1825 年に，ディリクレはパリ科学アカデミーに彼の最初の論文 *Mémoire sur l'impossibilité de quelques équations indéterminées du cinquième degré*[32]（5 次のある不定方程式が解をもたないことについての覚書）を提出した．そこではいくつかの

---

[31] H.J.S. スミス，*Report on the theory of numbers*（数論報告），part I (1859). *The collected mathematical papers of H.J.S. Smith*（全集），vol.1. オックスフォード，1894，p.72，所収．
[32] P.G.L. ディリクレ，*Werke*（全集），Bd.1. ベルリン，1889，pp.1-20.

$x^5 + y^5 = Az^5$ の形の方程式が整数解をもたないことが証明されている．この論文は彼の多くの数論研究の最初のもので，アカデミーにより受理されたものの，実に3年後にクレレの雑誌（1828, vol.3）に発表された．論文は1826年，パリを訪れていたアーベル（Abel）に強い印象を与え，二人の若い数学者が出会ってアイデアを交換する機会となった．

1826年にディリクレはドイツに戻り，1827年にフンボルト（Alexander von Humboldt）の推薦によりブレスラウ大学（University of Breslau）の私講師に任命された．ブレスラウ（現在はヴロツラフ）への途中，ディリクレはゲティンゲンにガウスを訪ねた．ガウスは彼をたいへん丁寧に迎えた．彼らはその後，互いに手紙をかわすようになった．ブレスラウの科学的雰囲気は，視野の狭いものであった．次の年，再びフンボルトのおかげでディリクレはベルリンに移った．ベルリン大学でまず助手に，ついで正教授となった．彼はその地位に，続く27年間とどまった．1831年に彼はベルリン科学アカデミー（Berlin Academy of Sciences）の会員になった．ガウスが1855年に亡くなり，ディリクレはそのあとを継ぐよう要請され，受諾した．彼は晩年をゲティンゲンで過ごした．

ディリクレの研究の主な方向は，一部分はフーリエ（J.B. Fourier）の影響のもとに形作られた．彼の指導のもとに，ディリクレはパリにおいて数学の仕事を始めた（ディリクレはフーリエ級数の理論および数理物理学における基本的な論文を著した）．もう一部分は，数論における彼の先輩の仕事，主として彼が毎日読んだというガウスの *Disquisitiones arithmeticae*（数論研究）の影響下にあった．ディリクレは数学のこれらの部門に，そして全数学の発展にさえも突出した影響を与えた．これは彼の教育者としての才能とともに，彼の仕事の話題性に負っている．ミンコフスキはディリクレの文章表現様式について簡明に次のようにいっている．「彼は最小量の洞察のおよばない公式と，最大量の洞察に満ちた思索とをうまく混ぜ合わせるコツを心得ている」[33]．ミンコフスキはポテンシャル論におけるディリクレの原理になぞらえて，彼の文章表現様式を，これこそ真のディリクレの原理であると呼んでいた．

これについて，われわれは次のことを付け加えるべきであろう．彼の思考様式により，またその厳密さと正確さによって，ディリクレは，おそらく，19世紀

---

[33] H. ミンコフスキ，*Gesammelte Abhandlungen*（全集），Bd.2．ライプチヒ-ベルリン，1911, pp.460-461.

数学において徐々に確立されてきた新しい傾向の第一にあげるべき代表者である．ヤコビはフンボルトへの彼の手紙の一つに次のように書いている．

> ただディリクレだけが――私より，コーシーあるいはガウスより――完全に厳密な数学的証明とは何かを知っている．われわれはそのことを彼から学んだ．ガウスがあることを証明したと宣言するとき，わたしはそれはおそらくそうであろう，と思う．コーシーがそういうとき，五分五分といったところである．しかしディリクレがそういうとき，それは疑いのないことである[34]．

オイラーの例に従い，ディリクレは数論に数学解析を応用することに成功した．数論におけるディリクレの最も重要な研究は次の通りである．

算術数列についての素数定理の証明．彼はそれを解析的に見いだし，さらにそれを複素数列および複素係数の2次形式に拡張した．

与えられた判別式の2元2次形式の類数の決定．

すでに論じた高次の代数的整数論の展開．

ディリクレは，数論に「指標」と「ディリクレ級数」という新しい概念を導入した．またはじめて一般的な形で漸近法則を定式化し，多くの例について漸近公式を証明した．

ディリクレの論文 *Beweis eines Satzes über die arithmetische Progression*（算術数列定理の証明）(Bericht. Verhandl. Preuss. Akad. Wiss., 1837)[35] は，彼の名前で呼ばれる基本的定理，すなわち初項と公差が互いに素な算術数列（等差数列）の各々は無限に多くの素数を含むという定理，の最初の厳密な証明の短い概要のみを含んでいる．それは，古代人によって証明された素数の無限性以後，素数分布に関する初めての厳密に証明された定理である[36]．証明は，算術数列の公差が素数の場合に与えられている．そしてディリクレが指摘したように，オイラーが "Introductio in Analysin Infinitorum"（無限解析入門）(1748), 第1巻，第15章，第229節に与えた理由づけと類似している．すぐあとで，彼はより詳しく論文 *Beweis des Satzes, dass jede unbegrenzte arithmetische Progression, deren erstes Glied*

---

[34] K.R. ビールマン, *Die Mathematik und ihre Dozenten an der Berliner Universität*（ベルリン大学における数学とその講師たち）, 1810-1920. ベルリン, 1973, p.31.
[35] P.G.L. ディリクレ, *Werke*（全集）, Bd.1. ベルリン, 1889, pp.307-312.
[36] 1783年にオイラーがこの命題を仮定として述べていたこと，そしてルジャンドルは1798年にそれを証明しようとしたことを思い起こそう（HM, vol.3, pp.109-120）．

und Differenz ganze Zahlen ohne gemeinschaftlichen Factor sind, unendlich viele Primzahlen enthält（初項と公差が共通約数をもたない無限算術数列の各々は無限に多くの素数を含むという定理の証明）(Abhandl. Preuss. Akad. Wiss., 1837)[37] を書いた．

彼以前にオイラーが行ったように，ディリクレは級数と無限積との関係を確立した．しかし級数

$$\sum_{n=1}^{\infty}\frac{1}{n^s}=\zeta(s)$$

の代わりに級数

$$\sum_{n=1}^{\infty}\frac{\chi(n)}{n^s}=L(s,\chi)$$

を考える．ここで $\chi(n)$ は，素数の集合を交わりのない剰余類の集合に分解する関数である（ディリクレの「指標」と呼ばれる）．この級数 $L(s,\chi)$ はいまではディリクレ級数として知られている．ディリクレの方法を説明するために，彼の定理を一般項が $4n+1$ の特別な算術数列に対して証明しよう．証明はアユブ（R. Ayoub）に基づく[38]．

指標 $\chi(n)$ を次のように定義する．

$$\chi(n)=\begin{cases}(-1)^{(n-1)/2} & \text{奇数 } n \text{ に対して,}\\ 0 & \text{偶数 } n \text{ に対して.}\end{cases}$$

そのとき，$n\equiv 1\pmod 4$ ならば $\chi(n)=1$ であり $n\equiv 3\pmod 4$ ならば $\chi(n)=-1$ である．また容易に $\chi(mn)=\chi(m)\chi(n)$ が証明される．すなわち $\chi(n)$ は完全乗法的である．

実数 s に対して級数 $L(s,\chi)$ を考える．

$$L(s,\chi)=\sum_{n=1}^{\infty}\frac{\chi(n)}{n^s}=1-\frac{1}{3^s}+\frac{1}{5^s}-\frac{1}{7^s}+\cdots.$$

これは $s>0$ に対して収束，$s>1$ に対して絶対収束し $s<0$ に対して発散する．乗法的関数の性質より[39]，$s>1$ に対して

---

[37] P.G.L. ディリクレ, *Werke*, Bd.1, pp.313-342.
[38] R. アユブ, *An introduction to the analytic theory of numbers*（解析的数論入門）．プロヴィデンス, 1963, pp.6-8.

$$L(s,\chi) = \prod_{p:\text{奇素数}} \left(1 - \frac{\chi(p)}{p^s}\right)^{-1}$$

を得る．この等式の両辺の対数をとれば，

$$\log L(s,\chi) = \sum_{p:\text{奇素数}} \sum_{k=1}^{\infty} \frac{(\chi(p))^k}{kp^{ks}} = \sum_{p:\text{奇素数}} \frac{\chi(p)}{p^s} + \sum_{p:\text{奇素数}} \sum_{k=2}^{\infty} \frac{(\chi(p))^k}{kp^{ks}} = \sum_{p\equiv 1(\text{mod }4)} \frac{1}{p^s} - \sum_{p\equiv 3(\text{mod }4)} \frac{1}{p^s} + R_1(s)$$

が得られる．ここで第二の二重和を $R_1(s)$ と書いた．オイラーの証明のように，$\zeta(s)$ に対して

$$|R_1(s)| \leq \frac{1}{2} \sum_{p:\text{奇素数}} \sum_{k=2}^{\infty} \frac{1}{p^{ks}} < \frac{1}{2} \cdot \frac{1}{1-2^{-s}} \zeta(2s)$$

が得られる．こうして，$s \to 1+0$ に対して $R_1(s)$ は有界である．算術数列 $p \equiv 1 \pmod{4}$ において，すなわち $p = 4m+1$ において素数を分離するためにすべての素数 p についての和を加える．さて，

$$\log \zeta(s) = \sum_p \frac{1}{p^s} + R(s) = \frac{1}{2^s} + \sum_{p:\text{奇素数}} \frac{1}{p^s} + R(s) = \frac{1}{2^s} + \sum_{p\equiv 1(\text{mod }4)} \frac{1}{p^s} + \sum_{p\equiv 3(\text{mod }4)} \frac{1}{p^s} + R(s)$$

であり，$R(s)$ は $s \to 1+0$ のとき有界であるから

$$\log L(s,\chi) + \log \zeta(s) = \frac{1}{2^s} + 2 \sum_{p\equiv 1(\text{mod }4)} \frac{1}{p^s} + R_1(s) + R(s)$$

が得られる．ここで $s \to 1+0$ のとき $\log \zeta(s) \to \infty$ であり，二つの項 $R_1(s)$ と $R(s)$ は $s \to 1+0$ に対して有界である．また，$s \to 1+0$ のとき，$L(s,\chi)$ は有界で $L(s,\chi) \to L(1,\chi)$ であるから $L(1,\chi) \neq 0$ がいえれば定理は証明される．われわれの場合，このことを証明する多くの方法がある．たとえば，

$$L(1,\chi) = 1 - \frac{1}{3} + \frac{1}{5} - \frac{1}{7} + \cdots = \frac{\pi}{4} \neq 0$$

である．

　一般の算術数列 $kn+a$, $(k,a)=1$, の場合には簡単な証明はない．$L(1,\chi) \neq 0$ の証明は，この定理に対するディリクレの証明の主要な難点であった．ディリクレは実指標に対して $L(1,\chi)$ がある判別式に属する2元形式の類数の表示の因数であり，そして類数は0にはなり得ないという事実に依拠した．

---

[39] 集合論的関数 $f(n)$ が乗法的ならば，$\sum_{n=1}^{\infty} f(n) = \prod_p (1 + f(p) + f(p^2) + \cdots + f(p^k) + \cdots) = \prod_p \sum_{k=0}^{\infty} f(p^k)$ である．$f(n)$ が完全乗法的ならば，$\sum_{n=1}^{\infty} f(n) = \prod_p (1 - f(p))^{-1}$ である．どちらの場合も，積はすべての素数 p にわたる．ただしこれらの等式の両辺は絶対収束するとする．

また，類数と数論の他の問題，すなわち，負の判別式に対しては，平方剰余，非剰余と，正の判別式に対してはフェルマ（ペル，Pell）の方程式の解，ならびに，円周等分の理論との間の関係も確立された．

論文 *Über eine Eigenschaft der quadratischen Formen*（2次形式のある性質について）(Bericht. Preuss. Akad. Wiss., 1840)[40] において，算術数列定理は「三つの係数が自明でない共通約数をもたない2次形式は，無限に多くの素数を表す」という形に拡張された．最後に論文 *Untersuchungen über die Theorie der complexen Zahlen*（複素数の理論の研究）(Abhandl. Preuss. Akad. Wiss., 1841)[41] においてディリクレは定理を複素整数に持ち上げた．すなわち，k, a が複素整数で $(k, a) = 1$ であるならば，数列 $kn+a$ は無限に多くの複素素数を含む．

数論における漸近法則

ディリクレの研究のもう一つの分野は，数論的関数に対する漸近法則を確立することに関連している．この分野における彼の最初の論文は *Über die Bestimmung asymptotischer Gesetze in der Zahlentheorie*（数論における漸近法則の決定について）(Bericht. Verhandl. Preuss. Akad. Wiss., 1838) であった[42]．ディリクレは次のように指摘した．限りなく増加する独立変数の値に対して複雑な関数をより簡単な関数で近似することは，原点からはるか遠くにある点に対する漸近線によって曲線を近似的に表現することができるのに似て，しばしば可能である．幾何学との類似により，ディリクレは，その簡単な関数と，複雑な関数の比が，限りなく変数が増加するにつれ1に近づくならば，簡単な関数を，複雑な関数に対する漸近法則と呼ぼうと提案した．

漸近法則の非常に古い例として，ディリクレは，π に対してウォリス（J. Wallis）が得た無限積公式からスターリング（J. Stirling）により導かれた大きい偶数次数の2項係数に対する公式を引用した．その後の研究により，この種の多くの，特に確率論にとって重要な結果が生み出された．ディリクレは同様の漸近法則が数論的関数に対して存在すると注意している．例示するために彼は与えられた限界 x を超えない素数の個数に対するルジャンドルの漸近公式

---

[40] P.G.L. ディリクレ，*Werke*（全集），Bd.1. ベルリン，1889，pp.497-502.
[41] 同上，pp.503-532.
[42] 同上，pp.351-356.

$$\pi(x) \approx \frac{x}{\log x - 1.08366} \tag{9}$$

および，2次形式の理論において，このような形式の類（class）と目（order）の平均個数の漸近的表現に対するガウスの公式に触れている．ガウス，ルジャンドルはともに帰納的方法により，厳密に証明することなく彼らの公式を得た．ディリクレは特別な場合としてガウスとルジャンドルが得た結果の証明をもたらすような方法の開発を目指した．彼はこのような方法を，与えられた自然数 n の約数の個数の問題に応用した．今日，この関数は $\tau(n)$ と書かれているが，ディリクレは記号 b_n を用いた．関数 $\tau(n)$ は不規則に変化するから，その代わりに平均値 $(1/n)\sum_{k \le n}\tau(k)$ を考えるのがよいと彼は注意した．定積分[43]

$$\Gamma(k) = \int_0^\infty e^{-x} x^{k-1} dx$$

の性質を用いて，ディリクレは平均値 $(1/n)D(n)$ に対する漸近法則を見いだした．ここで

$$D(n) = \sum_{k \le n} \tau(k)$$

であり，それから

$$D(n) = \sum_{k=1}^n \tau(k) = \left(n + \frac{1}{2}\right)\log n - n + 2Cn \tag{10}$$

という結果が得られる．ここで C はオイラーの定数である．同じようにしてディリクレは，いくつかの他の数論的関数に対する漸近法則を確立した．のちに論文 *Über die Bestimmung der mittleren Werthe in der Zahlentheorie*（数論における平均値の決定について）（1849）[44] においてディリクレは再び約数の個数の問題に戻ったが，このたびは異なる議論を展開した．やはり $D(n) = \sum_{k=1}^n \tau(k)$ とする．整数 s, $s \le n$, の倍数の個数は $[n/s]$ である（$[x]$ は数 x の整数部分）．よって

$$D(n) = \sum_{s=1}^n [n/s]$$

であり，$n/s - [n/s] < 1$ であるから，誤差 $O(n)$ をもって

---

[43] ディリクレに従い，チェビシェフ，リーマンおよびその他の数学者は解析的数論の問題にガンマ関数を用いたことに注意する．
[44] P.G.L. ディリクレ，*Werke*（全集），Bd.2. ベルリン，1897, pp.49–66.

$$D(n) = n \sum_{s=1}^{n} \frac{1}{s}$$

である．しかし

$$\sum_{s=1}^{n} \frac{1}{s} = \log n + C + \frac{1}{2n} + \cdots$$

が成り立つ．ここで C はオイラーの定数である．それゆえ $D(n) = n \cdot \log n + O(n)$ である．

数論的関数 $D(n)$ に対してさらに精確な表現を与えるために，ディリクレは次の恒等式を用いた．もし μ が整数で

$$\mu^2 \geq n, \quad \mu(\mu+1) > n, \quad [n/\mu] = \nu, \quad \psi(s) = \sum_{k=1}^{s} \phi(k), \quad [n/p] = q$$

であるならば，そのとき

$$\sum_{s=1}^{p} [n/s]\phi(s) = q\psi(p) - \nu\psi(\mu) + \sum_{s=1}^{\mu} [n/s]\phi(s) + \sum_{s=q+1}^{\nu} \psi([n/s])$$

である．ゆえに $p = n, q = 1$ に対して

$$\sum_{s=1}^{n} [n/s]\phi(s) = -\nu\psi(\mu) + \sum_{s=1}^{\mu} [n/s]\phi(s) + \sum_{s=1}^{\nu} \psi([n/s])$$

が得られ，$\phi(s) = 1, \psi(s) = s$ に対して

$$D(n) = \sum_{s=1}^{n} [n/s] = -\mu\nu + \sum_{1}^{\mu} [n/s] + \sum_{1}^{\nu} [n/s]$$

が得られる．こうして，約数の和 $D(n)$ に対する新しい公式

$$D(n) = n \cdot \log n + (2C-1)n + O(\sqrt{n}) \tag{11}$$

が得られた．ここで C はオイラーの定数である．

後年，公式(11)の残余項をより精確にする問題は何人かの数学者の注意を引いた．ヴォロノイは大きな成功を収めた．彼は論文 "On a certain problem in the determination of asymptotic functions"（漸近関数の決定におけるある問題について）(1903)[45] において，公式(11)は次のように精密にできることを示した：

$$D(n) = n \log n + (2C-1)n + O(\sqrt[3]{n} \log n).$$

オイラーの *Introductio in Analysin Infinitorum*（無限解析入門）第1巻（ローザ

---

[45] G.F. ヴォロノイ，*Collected works*（全集），vol.2. キエフ，1952, pp.5-50（ロシア語）．

ンヌ・ブーケ，1748）と同じような無限級数と無限積の性質の研究を続行して，ディリクレは，それらは数論の多くの問題に応用をもつと結論する．彼は次のように書いている．

> 私の方法は，無限小解析と超越的算術の間の関連を確立するから，私には特に注目すべきであると思われる[46]．

論文 *Sur l'usage des séries infinies dans la théorie des nombres*（数論における無限級数の応用について）（J. für Math., 1838, 18）[47]において，彼は，$\zeta(s)$ の代わりに級数 $\sum_{n=1}^{\infty}\left(\dfrac{n}{q}\right)\dfrac{1}{n^s}$（ここで，$\left(\dfrac{n}{q}\right)$ はルジャンドルの記号）を考え，さらに一般な級数 $\sum_{n=1}^{\infty}(F(n)/n^s)$（$F(n)$ はさまざまな数値関数）を考えて，オイラーの等式(8)を一般化した．

これらの級数（「ディリクレ級数」）を用いて，彼はいくつかの数論的関数の平均値に対する漸近法則を見いだす．ディリクレは，ある限界を超えない素数の個数に対するルジャンドルの公式の証明に同様の原理を応用したと書いている．しかしながら，この証明はディリクレの発表された論文あるいは彼の遺稿には見いだされていない．

ディリクレは，彼の級数を *Recherches sur diverses applications de l'analyse infinitésimale à la théorie des nombres*（数論への無限小解析の種々の応用についての研究）（J. für Math., 1839, 19；1840, 21）で用いた[48]．ここで彼は与えられた判別式 D の 2 次形式の類数を決定する問題を解決した．

さらにディリクレは，彼の方法により，ガウスの *Disquisitiones arithmeticae*（数論研究）第 5 部の後半に述べられている多くの定理が簡単な方法で証明されることを発見した．ディリクレは，ルジャンドルが *Théorie des nombres*（数論）（1808, 1830）の第二，第三版にガウスの結果すべてを含めることを断念したのは，ガウスの本のまさしくこの部分の難しさのゆえであった，と書いている．

論文 *Recherches sur les formes quadratiques à coefficients et à indéterminées complexes*（複素係数をもつ，複素変数の 2 次形式の研究）（J. für Math., 1842, 24）[49]にお

---

[46] P.G.L. ディリクレ，*Werke*（全集），Bd.1, ベルリン，1889, p.360.
[47] 同上，pp.357–374.
[48] 同上，pp.411–496.
[49] 同上，pp.533–618.

いてディリクレは，すぐ上で触れた 1839 ～ 1840 年の論文の方法と結果を複素整数係数をもつ 2 次形式に拡張する．ここで彼は複素整数の理論における基本的定理と 2 次形式の最も本質的な定理を定式化し，形式の類別を与える．ディリクレ級数と複素整数の一意分解性を用いて，彼はオイラーの等式の新しい一般化を得る．彼はルジャンドル記号の類似を導入する．そして，彼は，与えられた実数の判別式とその $\sqrt{-1}$ 倍に対する複素係数をもつ 2 次形式の類数を定義する．

これらの研究によりディリクレは彼の有名な複素単数の定理に導かれた．リウヴィルへの手紙でディリクレは次のように書いている．与えられた判別式をもつ複素整数係数の，異なる 2 次形式の個数を探求しているときに，この個数は，レムニスケートの等分に依存し，一方，実数係数で正の判別式をもつ 2 次形式の場合には，円周等分論と関係づけられる，という結論に達した（*Sur la théorie des nombres*（数の理論について）(C.r. Acad. sci. Paris, 1840, 10)[50]）．

ディリクレの有名な論文 "Zur Theorie der complexen Einheiten"（複素単数の理論について）(Bericht. Preuss. Akad. Wiss., 1846)[51] はこれらの研究に基づいていた．これらすべてに加えて，デデキント（Richard Dedekind）により編集され，補充され，そして刊行されたディリクレの *Vorlesungen über Zahlentheorie*（整数論講義）（ブラウンシュヴァイク，1863；2. Aufl. 1871；3. Aufl. 1879；4. Aufl. 1894）は数論の発展に，そして数世代にわたる数学者の教育に途方もなく大きい影響を与えた．ディリクレにより展開された解析的および代数的方法はさらにデデキント，クンマー，クロネッカー，およびリーマンにより磨きをかけられ，19 世紀の終りから 20 世紀の初めにかけての数学者たちは指標の理論および，複素冪，複素係数のディリクレ級数を考えることにより，ディリクレ級数の理論を発展させた．ディリクレ，リウヴィルに従い，多くの数学者たちはさまざまな数論的関数を得るのに無限級数を使用した（ブニャコフスキー (V.Y. Bunyakovskiĭ)，チェザロ (E. Cesàro)，ブガーエフ (N.V. Bugaev) と彼の学生たち）．オイラーにより切り開かれた道に従い，ルジャンドル，および彼のあと，ヤコビや他の数学者たちは，加法的数論のいろいろな定理を証明するために楕円関数論において無限級数と無限積を用いた．

---

[50] P.G.L. ディリクレ，*Werke*, Bd.1. ベルリン，1889，p.619.
[51] 同上，pp.639-644.

チェビシェフとリーマンは解析的数論の分野におけるディリクレの研究を受け継いだ．

チェビシェフと素数の分布理論について

チェビシェフ（Pafnutiĭ L'vovich Chebyshev）の経歴はこの本の第4章に与えられる．ここでは，数論における彼の優れたかつ有名ないくつかの業績を論じよう．この分野におけるチェビシェフの研究の主な方向は，彼により本質的な進展をみた素数分布の理論，一般項が素数の関数である級数の理論，2次形式論の問題，ディオファントス近似，および，連分数に対するアルゴリズムの一般化である．

チェビシェフはこれらの研究を，数論におけるオイラーの仕事の出版を手伝うようブニャコフスキーからの依頼を受けたときに始めた．ブニャコフスキーとの共同作業のあいだに，チェビシェフは，オイラーの数論に関する仕事に関して，多くの論文に注釈をつけた「系統的索引」を用意した．チェビシェフはいくつかのオイラーの原稿を再構成し，注意を与え，誤りを正した．オイラーの仕事にみられるこれらの誤りは，オイラーの学生たちが彼の口述を筆記し，また彼の指示を受けて先へ進んだという事実から説明される．なにしろ，オイラーは当時盲目であり，彼ら学生たちの仕事を点検することはできなかった．

この編集版 L. Euleri *Commentationes arithmeticae collectae*（解註オイラーの数論論文集）（Vol. 1-2, ペトロポリ，1849）は，19世紀数論のさらなる発展に強い影響を与えた．ヤコビは，助言を与えたり，ベルリン科学アカデミーにおいてオイラーの仕事の情報を集めるなどして出版を援助した．オイラーの仕事に関するこれら2巻本の出版後直ちに，ヤコビとディリクレは，この再刊行された資料に多くの興味ある事柄があることを発見した．同じ1849年に，チェビシェフは博士論文 "The theory of congruences"（合同の理論）を，ペテルブルク大学に提出し受理された．それは1849年に別冊本の形で刊行された（サンクトペテルブルク，1849）[52]．

オイラーの仕事に対する知識，ラグランジュ，ルジャンドル，ガウス，ディリ

---

[52] P.L. チェビシェフ，*The complete collected works*（全集），vol.1．モスクワ-レニングラード，1944, pp.10-172（ロシア語），*Theorie der Congruenzen*, Chelsea, 1972（ドイツ語訳）．

クレその他の数学者が書いたものの研究はチェビシェフのさらなる数論研究に対する基礎となった．"The theory of congruences" の書評者ブニャコフスキーとフス (P.N. Fuss) は，チェビシェフの仕事はこの重要な主題についてロシア語で書かれた最初の専攻書であり，その厳格な一貫性，表現の簡明さ，また著者により考え出された方法の美しさにより際だっている，と書いた．のちにこの本は数度にわたり再刊され，1888年にドイツ語に，1895年にイタリア語に翻訳された．サンクトペテルブルク科学アカデミーはこの業績に対しチェビシェフにデミドフ (Demidov) 賞を授与した．

チェビシェフの素数分布に関する論文 "On the determination of the number of primes not exceeding a given number"（与えられた数を超えない素数の個数の決定について）は "The theory of congruences" への付録である．この論文のフランス語訳 "Sur la fonction qui détermine la totalité des nombres premiers inférieurs à une limite donnée" はサンクトペテルブルク科学アカデミーの *Mémoires des savants étrangers*（外国語学術紀要）(vol.6, 1851) およびリウヴィルの雑誌に掲載された[53]．

数論への解析の応用における問題は，数論に関するオイラーの仕事を勉強し，そしてその関連でディリクレの論文 "Sur l'usage des séries infinies dans la théorie des nombres"（数論における無限級数の応用について），"Recherches sur diverses applications de l'analyse infinitésimale à la théorie des nombles"（数論への無限小解析の種々の応用についての研究）および "Über die Bestimmung asymtotischer Gesetze in der Zahlentheorie"（数論における漸近法則の決定について）を読んだときにチェビシェフの興味を惹きつけた．いま挙げた論文で，以前注意したように，ディリクレは x を超えない素数の個数 $\phi(x)$ に対するルジャンドルの公式(9)を与えた．チェビシェフはこの公式を点検し，それは関数 $\phi(x)$ を十分精密には近似していないことを見いだした（1909年のランダウの提唱に従い，この関数は現在では $\pi(x)$ と書かれている）．チェビシェフは関数 $\phi(x)$ の性質を広範に研究した．論文の第1定理は次の通りである．「$\phi(x)$ が x より小さい素数の個数，n が整数で ρ が0より大ならば，和

$$\sum_{x=2}^{\infty}\left[\phi(x+1)-\phi(x)-\frac{1}{\log x}\right]\frac{\log^n x}{x^{1+\rho}}$$

---

[53] P.L. チェビシェフ, *The complete collected works*, vol.1. モスクワ-レニングラード, 1944, pp.173-190.

は，ρ が 0 に近づくとき有限な極限値に近づく関数を生成する」[54]．この定理の証明は，実数変数のオイラーのゼータ関数 $\zeta(s)$ の使用（HM, vol.3, p.109），すなわち，$\zeta(s)$ のその極 $s=1$ の近くにおける挙動に基づいている．これからチェビシェフは，素数分布の理論で基本的に重要な $\phi(x)$ の性質に関する第 2 定理を導いた．すなわち，$\phi(x)$ は関数

$$\text{Li } x = \int_2^x \frac{dx}{\log x}$$

に沿って振動すること（HM, vol. 3, pp.360–361），あるいは，チェビシェフの表現によれば，$x=2$ と $x=\infty$ の間で関数 $\phi(x)$ は，任意に小さな正の α および任意に大なる n に対して二つの不等式

$$\phi(x) > \int_2^x \frac{dx}{\log x} - \frac{\alpha x}{\log^n x}$$

$$\phi(x) < \int_2^x \frac{dx}{\log x} + \frac{\alpha x}{\log^n x}$$

の両方を無限回満足する，という定理である．これは，$x \to \infty$ のとき，差 $x/\phi(x) - \log x$ が -1 以外の極限に収束することはできないという結果，順番からいって第 3 定理，をもたらす．ルジャンドルの公式によれば $x \to \infty$ のとき，差 $x/\phi(x) - \log x$ は極限 -1 ではなくむしろ -1.08366 に収束する．チェビシェフの証明では定積分，級数および微分という数学解析の道具に対する評価が用いられている．

チェビシェフの結果からは，$x \to \infty$ のとき，$\phi(x)$ の $x/\log x$ に対する比——現在の記号で書けば，$\pi(x)$ の $x/\log x$ に対する比——の極限が存在するならば，それは 1 である，ということが導かれる．

漸近法則の概念を完全にするためにチェビシェフは，他の関数を「大きさの程度がたかだか $x/\log^n x$ の程度で正しく」表す関数という概念を導入した．第 5 定理で彼は，関数 $\phi(x)$ が代数的に x, e^x および $\log x$ によって，大きさの程度がたかだか $x/\log^n x$ の程度で正しく表現されるならば，この表現は

$$\text{Li } x = \int_2^x \frac{dx}{\log x}$$

---

[54] P.L. チェビシェフ，*The complete collected works*, vol.1. モスクワ–レニングラード，1944, p.173. チェビシェフの書いたものでは自然対数は ln ではなく log である．

であることを示した．チェビシェフは彼以前の数学者たちによって予想されていた素数分布の漸近法則に向かって大きな一歩を踏み出した[55]．関数 $\phi(x)$ に対する新しい漸近公式を導いて，チェビシェフはルジャンドルによって得られていたすべての公式を，彼自身のもので置き換えた．ルジャンドルの公式

$$\sum_{2\leq p\leq x}\frac{1}{p}\approx\log(\log x-0.08366)\quad(p \text{ は素数})$$

の代わりに，チェビシェフは

$$\sum_{2\leq p\leq x}\frac{1}{p}\approx C+\log\log x \tag{12}$$

を得ている．また，ルジャンドルの公式

$$\prod_{2\leq p\leq x}\left(1-\frac{1}{p}\right)\approx\frac{C_0}{\log x-0.08366}$$

の代わりに，彼は

$$\prod_{2\leq p\leq x}\left(1-\frac{1}{p}\right)\approx\frac{C_0}{\log x} \tag{13}$$

としている．

チェビシェフの名は，論文がリウヴィルの雑誌にフランス語訳 *Sur les nombres premiers*（素数について）(1852) が掲載され，さらに広く知られるようになった[56]．

この論文は，チェビシェフにより展開された方法の簡明さ，そしてまた結果の素晴らしさで注目される．彼は関数

$$\theta(x)=\sum_{p\leq x}\log p,\quad \psi(x)=\sum_{p^\alpha\leq x}\log p$$

を考える．ここで p は 2 から x までの素数で，$\alpha\geq 1$ である．独特の方法で導かれた $\theta(x)$ に対する等式から始めて，彼は「チェビシェフの基本等式」

$$\sum_{n\leq x}\psi\left(\frac{x}{n}\right)=T(x) \tag{14}$$

---

[55] 漸近法則 $\pi(x)\approx\int_2^x dx/\log x$ はすでにガウスには知られていた．*Werke*（全集），Bd.2，ゲティンゲン，1863，p.444 にある 1849 年 12 月 24 日づけの，エンケ (Enke) 宛の彼の手紙参照．ガウスはこれを公刊しなかったし，またこの法則の証明をもっていなかった．

[56] P.L. チェビシェフ，*The complete collected works*（全集），T.1．モスクワ-レニングラード，1944，pp.191-207（ロシア語）．

に到達した．ここで
$$T(x) = \log\{1 \cdot 2 \cdot 3 \cdot \cdots \cdot [x]\}$$
である．これから彼は $\psi(x)$ に対する不等式

$$\psi(x) \geq T(x) + T\left(\frac{x}{30}\right) - T\left(\frac{x}{2}\right) - T\left(\frac{x}{3}\right) - T\left(\frac{x}{5}\right)$$

$$\psi(x) - \psi\left(\frac{x}{6}\right) \leq T(x) + T\left(\frac{x}{30}\right) - T\left(\frac{x}{2}\right) - T\left(\frac{x}{3}\right) - T\left(\frac{x}{5}\right)$$

を得ている．

さらに $T(x)$ をスターリング（James Stirling）の漸近公式で置き換えて，チェビシェフは

$$\psi(x) > Ax - \frac{5}{2}\log x - 1, \quad \psi(x) - \psi\left(\frac{x}{6}\right) < Ax + \frac{5}{2}\log x$$

を見いだしている．ここで

$$A = \log\frac{2^{1/2} \cdot 3^{1/3} \cdot 5^{1/5}}{30^{1/30}} = 0.92129202\cdots$$

である．そのとき彼は次のように関数 $\theta(x)$ に対する上界，下界を与える：

$$Ax - \frac{12}{5}A\sqrt{x} - \frac{5}{8\log 6}\log^2 x - \frac{15}{4}\log x - 3$$
$$< \theta(x)$$
$$< \frac{6}{5}Ax - A\sqrt{x} + \frac{5}{4\log 6}\log^2 x + \frac{5}{2}\log x + 2, \quad x > 160. \qquad (15)$$

特にこれらの評価により，チェビシェフは「ベルトラン（J.L.F. Bertrand）の公準」を証明することができた．それを彼は次のように述べている．どの数 $n > 3$ に対しても，n より大きく $2n - 2$ より小さい素数が必ず存在する[57]．

同じ論文で与えられている他の結果は，一般項が素数に依存する級数の収束に関するものである．この分野における最初の発見はオイラーによる．チェビシェフは彼の論文の初頭でオイラーに触れている．オイラーは級数 $\sum_{p \geq 2}(1/p^k)$ およ

---

[57] J.L.F. ベルトラン, *Mémoire sur le nombre de valeurs que peut prendre une fonction quand on y permute les lettres qu'elle renferme*（与えられた文字を置換するとき言葉として成立するようなものの個数についての覚書）. J. Ec. Polyt. Paris, 1845, 18, 123-140. ベルトランはこの公準を置換群論におけるある命題を証明することに用いた．彼は 600 万までのすべての数について公準が成り立つことを検証した．

び $\sum_{n=2}^{\infty}(1/n^k)$ は，$k>1$ に対してともに収束し，$k\leq 1$ に対してともに発散することを証明した．しかしながら，一般に，級数 $\sum_{n=2}^{\infty}u_n$ の収束は，級数 $\sum_{p\geq 2}u_p$ の収束に対して必要条件ではない．たとえば，チェビシェフが示しているように，$\sum_{p\geq 2}\{1/(p\log p)\}$ は収束するが（その和は，有効桁小数点以下第2位までで，1.63 である），他方 $\sum_{n=2}^{\infty}\{1/(n\log n)\}$ は発散する．

チェビシェフは次の判定法を樹立した．十分大きな x に対して関数 $F(x)$ が >0 であり $F(x)/\log x$ が減少するならば，級数 $\sum_{p\geq 2}F(p)$ が収束するための必要かつ十分条件は級数 $\sum_{n=2}^{\infty}\{F(n)/\log n\}$ が収束することである．証明は和 $\sum_p F(p)$ を上，下から評価することに基づく．ただしこの和では素数 p は l と L の間にある．

特別な $F(x)=1$, $l=2$, $L=x$ の場合に，チェビシェフは，x を超えない素数の個数を表す関数 $\pi(x)$ に対する限界を見いだした．そのために彼は

$$\sum_{l\leq p\leq L}F(p)=\sum_{k=l}^{L}\frac{\theta(x)-\theta(k-1)}{\log k}F(k)$$

と表し，$\theta(x)$ の評価を用い，$F(x)=1$, $l=2$, $L=x$ とおいた．彼の $\pi(x)$ に対する評価は

$$A\frac{x}{\log x}<\pi(x)<\frac{6}{5}A\frac{x}{\log x}$$

あるいは

$$0.92129<\frac{\pi(x)}{x/\log x}<1.10555$$

である．

チェビシェフの発見は，大コーシーの注意を引いた．これに関して，エルミートはチェビシェフに次のように書いた．

> コーシーとはこの木曜日に会いましたが，彼は素数理論におけるあなたの発見に非常に興味をもっていることをお伝えしたく思います．そして特にベルトランの公準の証明と級数 $u_1, u_2, u_3, \cdots, u_p, \cdots$（$p$ は整数）の収束にかかわる結果に深く感動していました[58]．

他にも，フランス人数学者セレ（J.A. Serret）は，チェビシェフの第2論文を，

---

[58] P.L. チェビシェフ, *The complete collected works*（全集）, vol.5. モスクワ-レニングラード, 1951, p.425（ロシア語）.

彼のよく知られた *Cours d'algèbre supérieure*（高等代数教程）(T.2, パリ, 1866, pp.203-216) の第 2 巻に取り入れた．

上に引用したもののほかに，解析数論の問題を扱ったチェビシェフの数編の論文がある[59]．これらの論文でチェビシェフは，算術数列 $4n+1$ および $4n+3$ に含まれ，大きな数 x を超えない素数に関係する一般項をもつ級数の反転公式を考えている．彼は等式

$$\sum_{n \leq x} \psi\left(\frac{x}{n}\right) = \sum_{n \leq x} \log n$$

と，ゼータ関数に対するオイラーの等式

$$\sum_{n=1}^{\infty} \frac{1}{n^s} = \prod_{p} \left(1 - \frac{1}{p^s}\right)^{-1}$$

との間の関係を確立しようと試みている．

チェビシェフと同じころ，フランスの士官で数学者であるポリニャク（A. de Polygnac, 1826-1863）は素数に関係する同様の問題を研究した．彼はチェビシェフの方法をよく勉強したあとでそれらの優秀さを認め，のちに自分自身の研究にそれらを取り入れた．

チェビシェフの論文により，他の数学者たちも多様な研究に導かれた．彼らはチェビシェフの関数の評価を改良し，他の同様の関数を評価し，定理を一般化し，そして彼の結果の新しい証明を提供した．チェビシェフの結果に最初に向き合った数学者の一人のメルテンス（Franz Carl Joseph Mertens, 1840-1927）はベルリン大学の数学の教授であったが，1869 年からクラコウ（Cracow）大学に移った．論文 *Ein Beitrag zur analytischen Zahlentheorie*（解析数論についての一注意）(J. für Math., 1874, 78, 46-62) において，彼はチェビシェフの結果を用い，$\sum_{p \leq x}(1/p)$ および $\prod_{p \leq x}(1-1/p)$ (p は素数) に対するチェビシェフの漸近表現を，より精確な表現

$$\sum_{p \leq x} \frac{1}{p} = \log\log x + B + O\left(\frac{1}{\log x}\right); \quad \prod_{p \leq x}\left(1 - \frac{1}{p}\right) = \frac{e^{-C}}{\log x}\left\{1 + O\left(\frac{1}{\log x}\right)\right\}$$

で置き換えた．ここで C はオイラーの定数，B はある定数である．彼はこの定数の値を非常に精密に計算した．メルテンスは，証明の途中で $\sum_{p \leq x}(\log p/p)$ に

---

[59] それらはすべて彼の *The complete collected works*（全集）の第 1 巻に含まれている．

対する漸近公式

$$\sum_{p \leq x} \frac{\log p}{p} = \log x + O(1)$$

を導いた.

　この論文および論文 *Über einige asymptotische Gesetze der Zahlentheorie*（数論におけるいくつかの漸近法則について）(J. für Math., 1874, 77) においてメルテンスはいくつかの付加的な公式を得た. それらについては $4n+1$, $4n+3$ および $kl+m$ の形の算術級数に含まれる素数の逆数の和に対する漸近公式, および和 $\sum_{m \leq x} \phi(m)$（ここで $\phi(m)$ はオイラーの関数）に対する漸近公式, をあげておこう.

　シルヴェスター (J.J. Sylvester) は $\pi(x)$ の $x/\log x$ に対する比の限界をいくらか改良し, この比が 0.95695 と 1.04423 のあいだにあることを証明した. 彼はまた十分大なる n に対して n と $1.092n$ のあいだに少なくとも一つの素数が存在することを証明し, ベルトランの公準をより精密にした (Amer. J. Math., 1881, 4 ; Messenger of Math., ser. 2, 1891, 21).

　チェビシェフの定理を複素素数に一般化する試みは, ポアンカレ (Henri Poincaré) による (*Sur la distribution des nombres premiers*（素数分布について）C.r. Acad. sci., Paris, 1891, 113 ; *Extension aux nombres premiers complexes des théorèmes de M. Tchébicheff*（チェビシェフの定理の複素素数への拡張）(J. math. pures et appl., sér. 4, 1892, 8, 25-69 参照). チェビシェフの関数 $\theta(x)$ と $T(x)$ の代わりに, 彼はノルムが $\leq x$ であるようなすべてのイデアルのノルムの対数の和として与えられる関数 $T^*(x)$, ノルムが $\leq x$ であるようなすべての素イデアルのノルムの対数の和である関数 $\theta^*(x)$ を試考した. しかし, これらの関数に対するチェビシェフの不等式(15)の類似を得ることに失敗した. ポアンカレは, その論文では, $4n+1$ の形の素数の対数の和, および $4n+1 \leq x$ の形の素数の個数に関する他のいくつかの結果を得ている.

　論文 "On prime numbers of the forms $4n+1$ and $4n-1$"（$4n+1$ および $4n-1$ の形の素数について）(Sb. In-ta inzh. puteĭ soobshcheniya, vyp.50, サンクトペテルブルク, 1899) においてスタネヴィチ (V.I. Stanevich) は, チェビシェフが彼の "On prime numbers"（素数について）で考案した方法を, 十分大きな x に対する $4n+1$ および $4n-1(\leq x)$ の形の素数の個数に対する限界を決定するために応用した. そしてチェビシェフの論文の結果に似たものを得た. 特に, 彼はベルトラン

の公準の類似を得た．すなわち a と $2a$ の間に（$a>15/2$ ならば）少なくとも一つの $4n+1$ の形の素数が存在し，そして（$a>9/2$ ならば）少なくとも一つの $4n-1$ の形の素数が存在する．

与えられた数を超えない素数の個数の決定に関する仕事の概括がトレリ（G. Torelli）の包括的な論文 *Sulla totalità dei numeri primi fino a un limite assegnato*（与えられた限界より小さい素数の全個数について）(Atti Accad. sci. fis. e mat. Napoli, ser. 2, 1902, 11）に，およびイヴァノフ（I.I. Ivanov）の博士論文 "On some problems connected with the calculation of prime numbers"（素数の数え上げに関連するいくつかの問題について）(サンクトペテルブルク，1901）に与えられている．証明と広範な参考文献の付いたこの分野における結果が，ランダウの *Handbuch der Lehre von der Verteilung der Primzahlen*（素数分布の理論のハンドブック）(Bd. 1, 2. ベルリン，1909）に実に詳細にわたって述べられている．チェビシェフの1849年および1852年の論文が発表されて以来，永らくチェビシェフにより示唆された線に沿った進歩はみられなかった．そしてこの方向へのさらなる発展に対する展望は暗いものであった．この景色は1949年になってようやく，解析数論において「初等的」方法を復活させたセルバーグ（A. Selberg）とエルディシュ（Paul Erdös）により明るく転じられることになった．ここで「初等的」とは，それが複素変数の関数を用いないという意味である．

このことが起きるよりはずっと以前に，素数分布の法則の解析的証明が見いだされていた．これはリーマンにより創始された新しい方法によって可能であった．

ベルンハルト・リーマンのアイデア

われわれは以下リーマン（Georg Friedrich Bernhard Riemann）という名前をしばしば口にする．彼の経歴は解析関数の歴史を扱う部分で与えられるであろう．ここでは，この分野におけるリーマンの仕事が解析数論一般に，特には素数分布の理論に，新しい地平を切り開いたという事実を強調するにとどめておこう．

リーマンは，ゲティンゲンにあるときはガウスの，ベルリンではディリクレの生徒であり信奉者であった（彼はゲティンゲン大学およびベルリン大学の学生であった）．2, 3年の間，リーマンはディリクレと同じ時期にゲティンゲンで勤めた．リーマンはディリクレに対し，彼らの思考様式の類似性からくる深い内的な

共鳴感を抱いていた,とクライン(Klein)は書いている[60].

ガウスとディリクレはリーマンに大きな影響を与えた.しかし,どのような特別な環境がリーマンに論文 *Über die Anzahl der Primzahlen unter einer gegebenen Grösse*(与えられた限界を超えない素数の個数について)を書かせたのかわれわれは知らない[61].リーマンはその論文を学会通信会員に選ばれた感謝のしるしとして1859年にベルリン科学アカデミーに提出しそれは同じ年に"Monatsberichte"(月報)に掲載された.

関数論[62]——それはリーマンの仕事の主な領域の一つである——と同じく,数論——その研究はリーマンの生涯におけるほんの短い挿話にすぎない——にも属するリーマンの仕事の出発点は,オイラーの等式

$$\sum_{n=1}^{\infty} \frac{1}{n^s} = \prod_p \left(1 - \frac{1}{p^s}\right)^{-1} \tag{16}$$

であった.ここで p はすべての素数を動き, n はすべての正の整数を動く.リーマンは変数 s を複素変数 $s = \sigma + it$ とした.等式(16)は,両辺がともに収束するとき,すなわち $\sigma > 1$ のときに存在し,リーマンが $\zeta(s)$ と書いた関数を定義する.しかしリーマンはすべての s の値に対して意味をもつ関数 $\zeta(s)$ の表現を与えることができると指摘する.リーマンは $\zeta(s)$ のいくつかの深い性質を与えるが,必ずしもすべてを完全に証明するわけではない.彼は $\zeta(s)$ を,被積分関数の特異点を囲む無限積分路上での経路積分として表現する.彼は2通りの方法でゼータ関数に対する関数等式[63]

$$\zeta(1-s) = 2(2\pi)^{-s} \cos\left(\frac{1}{2}\pi s\right) \Gamma(s) \zeta(s) \tag{17}$$

を導き, $\zeta(s)$ は $s=1$ に1位の極をもつこと, $s = -2, -4, -6, \cdots$ に「自明な」ゼロ点をもつこと,さらに帯領域 $0 \leq \sigma \leq 1$ 内のゼロ点は直線 $\sigma = 1/2$ に関して対称な位置にあることを確定した.リーマンは, $\zeta(s)$ のすべての自明でないゼロ点は直線 $\sigma = 1/2$ 上に並ぶと予想した.これが有名な「リーマン仮説」であり,い

---

[60] F. クライン, *Vorlesungen über die Entwickelung der Mathematik im 19 Jahrhundert*(19世紀数学の発展について). Bd.1. ベルリン, 1926, p.250.
[61] G.F.B. リーマン, *Gesammelte mathematische Werke*(全集). ドーバー, ニューヨーク, 1953.
[62] コーシー,ワイエルシュトラスとともに,リーマンは,その発展時期を通して解析関数論の最も卓越した代表者である.
[63] 記号は異なるが,等式(17)はすでにオイラーに知られていた(HM, vol.3, p.338).

まだに証明も，否定もされていない．

リーマンにより用いられた素数分布の法則の解析的証明に対する出発点は，複素数 $s=\sigma+it, \sigma>1$，に対する公式(16)である．オイラーに従い彼はこの等式の対数

$$\log \zeta(s) = -\sum_p \log\left(1-\frac{1}{p^s}\right) = \sum_p \sum_{k=1}^\infty \frac{1}{kp^{ks}}$$

をとり，実数 s に対して実数値をとる対数の枝を選ぶ．右辺をディリクレ級数として書き表すためには，関数 $\Lambda_1(m)$ を導入しなければならない[64]：

$$\Lambda_1(m) = \begin{cases} 1/k, & m=p^k, \ p: 素数のとき, \\ 0 & 他の場合. \end{cases}$$

そのとき，

$$\log \zeta(s) = \sum_{m=1}^\infty \frac{\Lambda_1(m)}{m^s}$$

である．そこで

$$\sum_{m \leq x} \Lambda_1(m) = f(x)$$

と置く．アーベルの総和法を用いれば

$$\sum_{m=1}^k \frac{\Lambda_1(m)}{m^s} = \frac{f(k)}{k^s} + s \int_1^k f(x) x^{-s-1} dx$$

が得られる．これから $k \to \infty$ として

$$\frac{\log \zeta(s)}{s} = \int_1^\infty f(x) x^{-s-1} dx$$

が得られる．リーマンの次の一歩はこの関係（それは $s=\sigma+it$ に対するフーリエ変換と見なされる）を反転することである．結果として，$a>1$ に対して

$$f(x) = \frac{1}{2\pi i} \int_{a-i\infty}^{a+i\infty} \log \zeta(s) \frac{x^s}{s} ds \tag{18}$$

が得られる．リーマンは

$$f(x) = \sum_n \frac{1}{n} \pi(x^{1/n})$$

---

[64] R. アユブ，*An introduction to the analytic theory of numbers*（解析的数論入門），プロヴィデンス，1963.

であることを指摘する．ここで$\pi(x)$，$x>1$，は$\leq x$である素数の個数を示す．メービウス（August Ferdinand Möbius）の反転公式を用いて，逆に関数$\pi(x)$を$f(x)$で表すことができる．

$$\pi(x) = \sum_{n=1}^{\infty} \frac{\mu(n)}{n} f(x^{1/n}). \tag{19}$$

ここで$\mu(n)$はメービウスの関数である．

リーマンは(18)の$\log \zeta(s)$を

$$\log \zeta(s) = \log \xi(0) + \sum_{\rho} \log\left(1 - \frac{s}{\rho}\right) - \log \Pi\left(\frac{s}{2}\right) + \frac{s}{2} \log \pi - \log(s-1) \tag{20}$$

で置き換える．ここでρは$\zeta(s)$のすべての自明でないゼロ点を動き，関数$\xi(t)$は

$$\xi(t) = \Pi\left(\frac{s}{2}\right) \pi^{-s/2} (s-1) \zeta(s), \qquad \Pi(s) = \Gamma(s+1), \quad s = \frac{1}{2} + it$$

により$\zeta(s)$と関係づけられる．また

$$\xi(t) = \xi(0) \prod_{\alpha} \left(1 - \frac{t^2}{\alpha^2}\right)$$

である．ここでαは$\xi(t)$の正の根を動き，ρおよびαは関係

$$\alpha = (2\rho - 1)/2i$$

により結ばれている．そして$|\operatorname{Im} t| < 1/2$である．

等式(18)の代わりに，リーマンは数項からなる$f(x)$の表現を得る．関数$f(x)$に対する最後の表現を得るために，彼にはこれらの各項を評価する必要がある．しかし$f(x)$のこの表現の主要項は(20)の項$-\log(s-1)$から得られる．これは

$$\frac{1}{2\pi i} \frac{1}{\log x} \int_{a-i\infty}^{a+i\infty} \frac{d}{ds}\left[\frac{\log(s-1)}{s}\right] x^s ds \tag{21}$$

である．リーマンは$x>1$に対してこれが対数積分であることを示す．そして(19)を用い，彼は$\pi(x) \approx \operatorname{Li} x$を得る．さらに，彼は差$\operatorname{Li} x - \pi(x)$の大きさの位数が$\zeta(s)$の自明でないゼロ点の位置に依存することを示す．関数$\zeta(s)$のすべての自明でないゼロ点が直線$\sigma = 1/2$上にある，というリーマンの仮説が成り立つならば$|\pi(x) - \operatorname{Li} x| < c\sqrt{x} \log x$である．ここで$c$はある定数である．

リーマンはまた長方形$0 \leq t \leq T$，$0 < \sigma < 1$に含まれる$\zeta(s) = 0$の根の個数$N(T)$に対する近似値を示唆した．すなわち

$$N(T) = \frac{T}{2\pi} \log \frac{T}{2\pi} - \frac{T}{2\pi} + O(\log T)$$

である.

ゼータ関数 $\zeta(s)$ の挙動に関してリーマンが実行していた詳しい計算は,彼の死後 2,3 年たって,ゲティンゲンの大学図書館で発見された[65].

素数分布の漸近法則の証明

エルミートの発議により,数学者はリーマンの証明の欠落部分を埋めようと,リーマンの方法を研究し始めた[66].

エルミートは,1889 年 3 月 28 日づけの手紙で,1886 年以来トゥールーズ (Toulouse) 大学教授であるオランダ人数学者スティルチェス (Thomas Joannes Stieltjes, 1856-1894) に数論に関するリーマンの論文の内容を報せてくれるよう依頼した(リーマンの論文はドイツ語で書かれており,エルミートはドイツ語を読めなかった).1890 年にパリ科学アカデミーは次の数年に対する賞金プログラムを発表した.そのなかにエルミートにより示唆された話題「与えられた限界を超えない素数の個数」についての,1892 年「数学に対する国家大賞」[67] があった.その話題および解法の本質は次のように説明される.

> この重要な問題の解決への新しい研究法はリーマンにより,非常に注目を引く彼の有名な論文で発見された.しかし,この偉大な数学者の仕事には,いくつかの本質的な点で,単に描写したにとどまる結果が含まれており,それらを証明することはきわめて興味あることである.当アカデミーはリーマンの論文に $\zeta(s)$ と書かれた関数の深い研究を通してこれらの欠陥を埋めることを問題とする[68].

エルミートはスティルチェスにこの懸賞に参加するよう求めた.しかし病気お

---

[65] C.L. ジーゲル, *Über Riemanns Nachlass zur analytischen Zahlentheorie*(解析数論に対するリーマンの遺稿について). *Quellen und Studien zur Geschichte der Mathematik, Astronomie und Physik*, Bd 2, Ht 1. ベルリン, 1932 所収, pp.45-80.
[66] リーマンの業績の詳細と彼のアイデアの進展については,H.M. エドワード *Riemann's zeta function*(リーマンのゼータ関数), ニューヨーク, 1974 ; E.C. ティッチマーシュ, *The theory of the Riemann zeta function*(リーマンのゼータ関数の理論), オックスフォード, 1951 参照.
[67] 1891 年 1 月 17 日づけ,エルミートからスティルチェスへの手紙. *Correspondence d'Hermite et de Stietjes*(エルミートとスティルチェスのあいだの書簡), T.1. パリ, 1905 所収.
[68] C.R. Acad. Sci. Paris, 1890, 111, pt.2, 1090-1092 参照.

よび他の個人的事情によりスティルチェスはそうすることができなかった．1893年1月17日，エルミートはアカデミーの大賞がアダマール（J.S. Hadamard）に授与されたことをスティルチェスに報せた．そしてまた，この問題に対するカエン（E. Cahen）の論文（C.r. Acad. sci. Paris, 1893, 116）について手紙を書いた．アダマールの論文——*Etude sur les propriétés des fonctions entières, en particulier d'une fonction considérée par Riemann*（整関数の性質，特にリーマンが考えた関数の性質の研究）(J. math. pures et appl.(4), 1893, 9, 171-215)——の結果は整数の性質の深い研究に基づいている．これらの結果ならびにカエンの論文の結果は間もなく，アダマールおよびド・ラ・ヴァレ-プサンにより，素数分布の漸近法則を証明するために用いられることになった[69]．

フランス人数学者アダマール（Jacques Salomon Hadamard, 1865-1962）およびベルギー人数学者ド・ラ・ヴァレ-プサン（Charles Jean de la Vallée-Poussin, 1866-1962）の主な研究は数論に関するものではない．そして以下の他の文脈で彼らの名前にしばしば出会うであろう．ここでの言及は，彼らの素数分布論への貢献にのみとどまるであろう．彼らは独立にかつ同時に，リーマンが解析関数論を用いて証明に肉迫した漸近法則を証明した．ド・ラ・ヴァレ-プサンはこれを彼の論文 *Recherches analytiques sur la théorie des nombres*（数論についての解析的研究）((I pt). Ann. Soc. sci. Bruxelles, 1896, 20, N 2, 183-256) において，そしてアダマールはこれを論文 *Sur la distribution des zéros de la fonction $\zeta(s)$ et ses conséquences arithmétiques*（関数 $\zeta(s)$ のゼロ点分布とそれから得られる数論の結果について）(Bull. Soc. math. France, 1896, 24, 199-220) においてそれぞれ成し遂げた．アダマールにより与えられた証明はやや簡単である．しかしド・ラ・ヴァレ-プサンは，第2論文 *Sur la fonction de Riemann et le nombre des nombres premiers inférieurs à une limite donnée*（リーマンの関数と与えられた限界を超えない素数の個数について）(Mém. couronnées Acad. Belgique, 1900, 59) において，関数 $\pi(x)$ の漸近精度の問題を詳細に研究した．

ド・ラ・ヴァレ-プサンの公式は

---

[69] 解析数論における結果の，そして特に素数の分布法則の解析的証明に関係する詳しいまとめは，ランダウの基本的な著書の *Handbuch der Lehre von der Verteilung der Primzahlen*. Bd.1, 2. ライプチヒ，1909 にみられる．

$$\pi(x) = \int_2^x \frac{dx}{\log x} + O\left(xe^{-\alpha\sqrt{\log x}}\right), \quad \alpha > 0$$

である.

1930年代に，この公式の残余項の評価は，ヴィノグラドフ (I.M. Vinogradov) が発展させた方法を用いることによりかなり改良された.

のちに，漸近法則の解析的証明はかなり簡単化され，もはや整関数の理論は必要でなくなった．証明の一般的枠組みは次の通りである．関数 $\zeta(s)$ は直線 $\sigma = 1/2$ の左側へ解析接続により拡張される．そのとき，$\zeta(s)$ は，$\sigma = 1$ の左側で評価される．この操作においては，$\zeta(s)$ のゼロ点は $\log \zeta(s)$ の特異点であるから，$\zeta(s)$ のゼロ点の挙動についての知識が必要とされる.

関数 $\pi(x)$ の漸近法則における残余項の大きさは，$\zeta(\sigma + it) \neq 0$ であるような σ ($0 \leq \sigma \leq 1$) の値の最大下界に直接に依存する．リーマン仮説は $\zeta(s)$ のすべての複素ゼロ点は実数部分 $\sigma = 1/2$ をもつことを述べている．$\sigma = 1$ の左側での $|\zeta(s)|$ に対する限界は，つい最近までの多くの論文の主題であった．実際，$|\zeta(s)|$ に対する限界をより精確にすれば，素数分布に関係する他の漸近公式における残余項をより精確にすることができる.

一方，$\zeta(1 + it) \neq 0$ である事実の証明は，素数の法則のすべての解析的証明に対して基本的である．かなりあとになり，1927年から1932年にかけて，サイバネティックスにおける仕事で有名なウィーナー (Norbert Wiener, 1894-1964) は，素数分布の法則の証明に要求される $\zeta(s)$ に関する命題としてはこのことだけが本質的に必要なものであることを示した.

20世紀になって素数分布の法則の他の解析的証明および類似の命題が得られた．上述のように，20世紀の半ばに素数分布の漸近法則を「初等的方法で」，すなわち複素変数関数論を援用することのない方法で証明することが可能になった．これはセルバーグとエルディシュにより，1949年に遂行された[70].

解析数論のいくつかの応用

解析学の方法は数論の他の問題にも用いられる．一つの重要な応用は，数の分

---

[70] A. セルバーグ, *An elementary proof of the prime number theorem* (素数定理の初等的証明). Ann. Math. (2), 1949, 50, 305-313 ; P. エルディシュ, *On a new method in elementary number theory* (初等的数論における新しい方法について). Proc. Nat. Acad. U.S.A., 1949, 35, 374-384.

割問題（partitio numerorum）にみられる．

オイラーは，無限積を冪級数に展開することにより，この種の興味ある定理を得た．彼の五角数の理論は特によく知られている（HM, vol.3, 参照）．

オイラーの研究は，ルジャンドルにより受け継がれた．ルジャンドルは彼の著書 *Essai sur la théorie des nombres*（数論試論）（パリ，1798, 2d. edition, 1808），*Théorie des nombres*（数論）（パリ，t.1, 2, 1830）において数の分割についてのいくつかの結果を付け加えた．ルジャンドルにより用いられた技法は，無限積を冪級数へ展開すること，同じ次数の項の係数を等しいと置くことである．

ヤコビは，特別な種類の成分への数の分割に関係する恒等式およびその他の数論的恒等式を樹立するために，無限級数および楕円関数の積を用いた．ロシアにおいては，同様の問題はブニャコフスキー，ブガーエフと彼の学生ナジモフ（P.S. Nazimov）その他により取り組まれた．20世紀になって，ウスペンスキーにより解析的方法が数の分割問題に応用された．分割の個数に対する漸近公式は，ハーディ（Godfrey Harold Hardy）とラマヌジャン（Srinivasa Ramanujan）（1918），およびウスペンスキー（1920）により見いだされた．

この種の問題はまた，組合せ解析の分野で仕事をしている数学者たちにより研究されていることを注意しておく．特に，多くの結果がシルヴェスター（J.J. Sylvester），ケーリー（A. Cayley）およびマクマホン（M.P.A. MacMahon）により得られている．

20世紀には，ラマヌジャン，ハーディ，リトルウッド（J.E. Littlewood），ウスペンスキー，および，ヴィノグラドフ（I.M. Vinogradov）が解析的な方法を加法的数論に成功裏に応用した．

三角和の現代的方法は，19世紀に源を発し，ガウス，ディリクレ，ランダウ，そしてのちにファン・デル・コルプ（J.G. van der Corput），ヴィノグラドフと彼の学生，およびヴァルフィッシュ（A.Z. Val'fish）その他により発展した．

解析的方法はまた数の幾何学にも浸透する．数論の古典的問題は，平面内と同じく3次元空間のいろいろな領域における整数点の個数を見いだすというものである．円 $x^2+y^2 \leq r^2 = R$ 内にある整数点の個数の問題は，差

$$\Delta(R) = A(R) - S(R) \quad \text{または} \quad \Delta(R) = A(R) - \pi R \tag{22}$$

をできるだけ精確に評価することにある．ここで $A(R)$ は円内の整数点の個数，πR はその円の面積である．式(22)の最もよい残余項の決定は，円内の整数点の

個数問題と呼ばれる．この問題は，約数問題に密接に関係する．ヴォロノイ (Georgiĭ F. Voronoĭ) が約数の個数の和に対する公式の新しい残余項を樹立したあと，ワルシャワ大学における彼の学生シエルピンスキー (Wacław Sierpiński) はそれを改良した (*O pewnem zagadnieniu z rachunku funkcyj asymptotycznych.* Prace mat.-fiz, ワルシャワ，1906，17，77-118)．のちにこの問題は多様に一般化された．

数論においては初等的方法が主役を演ずる．数論の範囲外の方法によって結果を証明したあとも，数学者は通常それを数論の方法だけを用いて「初等的に」証明することを試みる．その方法というのは，篩法であり，数値的等式を用いるものであり合同理論の方法である．

われわれは，篩法および応用上のその改良——それは特に20世紀の初めに成功をもたらした——について述べることはない．すでに19世紀にいろいろな篩法がルジャンドル，ブニャコフスキーおよび種々の篩法を比較研究したポレツキー (P.S. Poretskiĭ)[71] らにより，また20世紀になってメルラン (Jean Merlin)，ブルン (Viggo Brun)，セルバーグ (A. Selberg)，リニク (Yu. V. Linnik)，ブクシュタブ (A.A. Bukhshtab) およびタルタコフスキー (V.A. Tartakovskiĭ) により用いられていたことだけを注意しておく．篩法は普通，素数表の製作者により使用されている．

ここではやや詳しく，数値的等式法のいくつかの光景を考えよう．ガウス，ディリクレ，ヤコビ，リウヴィル，クロネッカーおよび他の外国人科学者に加えて，ロシアの数学者はこの数学の分野に活発に貢献した．

数論的関数と等式．ブガーエフの仕事

数論的関数は数論において重要な役割を演ずる．特にしばしば現れる数論的関数はメービウスの関数であり，それは次のように定義される．自然数 n が 1 以外の平方数で割り切れるならば $\mu(n) = 0, n = 1$ ならば $\mu(n) = 1, n$ が k 個の異なる素数の積ならば $\mu(n) = (-1)^k$．この関数は多くの数論的等式において重要な役を演ずる反転公式に現れる：

---

[71] P.S. ポレツキー，*On the study of primes*（素数の研究）．Soobshch. i protokoly sektsii fiz.-matem. nauk. カザン，1888, 6, vyp.1-2, 1-142（ロシア語）．

$$f(n)=\sum_{d|n}f_1(d), \quad f_1(n)=\sum_{d|n}\mu\left(\frac{n}{d}\right)f(d).$$

これらの公式では一方から他方が得られる．オイラーはすでに関数 $\mu(n)$ を知っていた[72]．この関数およびそれに結び付いた反転公式の系統的な研究は，メービウスの仕事とともに始まった (1832)[73]．彼は幾何学における研究のほうでよく知られている．1851年にチェビシェフは論文 "Note sur différentes séries" (級数についての注意) (J. math. pure et appl., (1), 1851, pp.337-346) に，3組の反転公式を発表した[74]．

ディリクレは1849年の論文 *Über die Bestimmung der mittleren Werthe in der Zahlentheorie* (数論における平均値の決定について) (p.179参照) のなかで一連の数論的等式を考えた．のちには多くの数学者がディリクレに負う等式の変換を用

ブガーエフ (Nikolai Vasil'evich Bugaev, 1837-1903)

---

[72] L. オイラー，C. ゴルドバッハ，*Briefwechsel 1729-1764* (往復書簡 1729-1764)．ユシュケヴィッチ (A.P. Juškevič) とウィンター (E. Winter) により編集，紹介．ベルリン，1965, pp.71-73.
[73] A.F. メービウス，*Gesammelte Werke* (全集), Bd.4, pp.589-612.
[74] P.L. チェビシェフ，*The complete collected works* (全集), vol.1. モスクワ-レニングラード，1944, pp.229-236 (ロシア語)．

いた．リウヴィルは，1857年から1860年にかけてリウヴィルの雑誌に発表された彼の論文 *Sur quelques fonctions numériques*（いくつかの数値関数について）および *Sur quelque formules générales qui peuvent être utiles dans la théorie des nombres*（数論で有用ないくつかの一般公式について）において多数の等式を樹立した．

数論的微分法の概念と反転公式を基礎とする数論的等式の最も系統的な初等的な構成は，ブガーエフにより，彼の数論的微分法の理論を用いて与えられた．それに続く乗法的な数論的恒等式は，大体のところ，ブガーエフ理論の苦心の作である．

ニコライ・ヴァシリエヴィチ・ブガーエフ (Nikolai Vasil'evich Bugaev, 1837-1903) は，1859年にモスクワ大学を卒業した．そこでは彼はブラシュマン (N.D. Brashman) の指導のもとで勉強した．級数論についての修士論文が受理された (1863) あと，ブガーエフは教授職への準備として外国に送られた．彼はベルリンではクンマー，クロネッカーおよびワイエルシュトラスの講義に，パリではリウヴィル，ラメ (Gabriel Lamé) およびデュアメル (Jean M.C. Duhamel) らの講義に出席した．博士論文が認められた (1866) あと，ブガーエフはモスクワ大学の教授になった．彼は，モスクワ数学会 (Moskow Mathematical Society) の設立者の一人であり，1891年にはその会長になった．彼はこの数学会に実績ある数学者ばかりか学生も参入させた．多くの，名前の知られた数学者がブガーエフの学生であった．なかでも，ソニン (N. Ya. Sonine)，エゴロフ (D.F. Egorov)，ラハティン (L.K. Lakhtin)，アンドレーエフ (K.A. Andreev)，ナジモフ (P.S. Nazimov) などがいる．ブガーエフは数論，微分方程式，近似計算などの分野で仕事をした．

ブガーエフの中心的関心事は，数論に解析学のような一般的な方法を作り上げることであった．この目標は，約数上の数論的微分積分法の理論における関数 $E(x)$ を含む恒等式についての仕事，および数論への楕円関数の応用と数の分割問題に関係する恒等式についての研究によって果たされた．

ブガーエフの研究に最も強い影響を与えたのはディリクレの解析的数論における研究（p.179 参照）およびリウヴィルの講義であり，それは数学的解析が数論の問題を研究するに用いられるだけでなく，逆に数論的関数が数学的解析の問題を研究するのに有用であるという考えを詳しく説くものであった．ブガーエフは彼の博士論文 *"Arithmetic identities connected with the properties of the symbol E."*

(記号 E の性質に関係する数論的恒等式)(モスクワ,1866)をこの一群の問題に捧げた.これに続いて,論文 "A general theorem of number theory involving an arbitrary function"(任意の関数を含む数論の一般定理)(Matem. Sb., 1867, 2, otd. 1, 10-16)および "Some particular theorems for arithmetic functions"(数論的関数に対するいくつかの特殊定理)(Matem. Sb., 1868, 3, otd. 1, 69-78)が発表された.これらの論文においてブガーエフは級数の形で書かれた同一の関数の異なる表現を比較し,それから得られる一般的な数論的等式を考えた.その例として,彼は,リウヴィルの雑誌に発表された論文(J. math. pures et appl., 1857, 2)にある未証明のリウヴィルの公式を得た.ブガーエフの論文で導かれた一般公式のなかには,たとえば次のものがある.

$$\sum_{d\delta=n} \theta(d) \sum_{d'|\delta} \psi(d') = \sum_{d\delta=n} \psi(d) \sum_{d'|\delta} \theta(d').$$

ここで $\psi(n)$,$\theta(n)$ は乗法的な数論的関数である.

これらはブガーエフの数論的微分,積分論における一群の仕事の最初に位置するものである.彼は,論文 "The theory of arithmetic derivatives"(数論的微分の理論)(Matem. Sb., 1870, 5, otd.1, 1-63;1872-1873, 6, otd. 1, 133-180, 201-254, 309-360)において基礎的な方法と結果を与えた.これの要約がダルブー(Jean Gaston Darboux)の雑誌(Bull. sci. math. et astr.(1), 1876, 10)に掲載された.

ブガーエフは $\sum_{k|n} \theta(k) = \psi(n)$ を関数 $\theta(n)$ の約数上の数論的積分と呼び,$\theta(n) = D\psi(n)$ を関数 $\psi(n)$ の,約数上の数論的微分と呼んだ.次に彼は自然数上の数論的積分と微分という概念を導入した.すなわち,$f(n)$ が任意の数値関数ならば,和 $\sum_{k \leq n} f(k) = F(n)$ は関数 $f(n)$ の自然数上の数論的積分と呼ばれ,表現 $f(n) = F(n) - F(n-1)$ は関数 $F(n)$ の自然数上の数論的微分と呼ばれる.ブガーエフは数論的な和

$$F(n) = \sum_{k \leq n} Q(k) E(n/k)$$

を $E(n/k)$ 上の数論的級数と呼ぶ.ここで $E(x)$(または $[x]$)は x の整数部分である.彼はこの級数の係数を $Q(n) = D(F(n) - F(n-1))$ により定義する.

ブガーエフは,彼の一般的恒等式を用いて,知られているものばかりか,多くの新しい数論的恒等式を導いた.数論的級数の係数は,数論において重要な役を演ずるメービウス関数のような数論的関数である.

ブガーエフにより考察された数論的関数のなかには，二つの任意の関数の合成（convolution）

$$\sum_{d\delta=n} \theta(\delta)\chi(d) = \psi(n)$$

がある．関数 $\theta(n)$ および $\psi(n)$ が知られたならば，$\chi(n)$ は数論的微分によって見いだされる（ただし関数 $\theta(n)$ は乗法的であると仮定される）．ブガーエフは合成 $\sum_{d\delta=n}\theta(\delta)\chi(d)$ の数論的微分，積分の法則を考えた．彼は $\sum_{d|n}\theta(d)=D^{-1}\theta(n)$ と置き，ゼロでない整数 k に対して一般恒等式

$$D^k \sum_{d\delta=n} \chi(\delta)\theta(d) = \sum_{d\delta=n} \chi(\delta)D^k\theta(d) + \sum_{d\delta=n} \theta(d)D^k\chi(\delta)$$

を得た．ついで，ある種の級数の和，級数と無限積の反転，および，関数の数論的級数への展開に対して数論的微分の性質を用いるといったいくつかの応用を与えている．

自然数 n を超えない「平方因子に無縁な数」の個数，すなわち，>1 かつ $\leq n$ で平方数で割り切れない自然数の個数，を表す関数 $H_1(n)$ を研究しているなかで，ブガーエフは次のようないくつかの関係式を見いだした．

$$H_1(n) = \sum_{k=1}^{n} \sum_{u=1}^{E(\sqrt{n/k})} \mu(u), \quad H_1(n) = \sum_{k\leq\sqrt{n}} \mu(k) E\left(\frac{n}{k^2}\right),$$

$$\sum_{k\leq\sqrt{n}} H_1\left(\frac{n}{k^2}\right) = n.$$

これらはのちにゲーゲンバウアー（Leopold Gegenbauer）により独立に，ディリクレ級数を用いて導かれた[75]．

ブガーエフは同様の関係式を関数 $H_2(n), H_3(n), \cdots, H_m(n)$ に対して得た．ここで $H_2(n)$ は立方数（3乗数）で割り切れない自然数($\leq n$)の個数，$H_3(n)$ は4乗数で割り切れない自然数($\leq n$)の個数，以下同様，である．これらのブガーエフの結果はゲーゲンバウアーの注意を引いた．彼は，多くのブガーエフの結果を証明し，また一般化した．チェビシェフは，第3回ロシア自然科学者・物理学者会議（1873）におけるブガーエフの報告に興味をもち，*Sur les nombres premiers*（素数

---

[75] L. ゲーゲンバウアー，*Über die Divisoren der ganzen Zahlen*（整数の約数について）．Sitzungsber. Acad. Wiss. Wien, Math.-Naturwiss. Kl., 1885, 91, Abt.2, 600-621.

について)(p.210 参照)で展開された彼自身の方法を $H_1(n)$ に応用し,$H_1(n)$ に対する限界評価を見いだした.ブガーエフにより考察された数値関数のなかには $\Lambda(n)$ と書かれ普通マンゴルト(H.C.F. von Mangoldt)の関数と呼ばれる「数 n の位数」という関数がある.この関数は,対数関数の約数上の数論的微分である:$\sum_{d|n}\Lambda(d) = \log n$.この和 $\sum_{d|n}\Lambda(d) = \log n$ を用いて,ブガーエフは,なかんずく,チェビシェフの等式を導いている.すなわち $\sum_{d|n}\Lambda(d) = \log n$ であるから,2 から n までの連続する自然数の積 $\Pi(n)$ の対数は

$$\log \Pi(n) = \sum_{k=1}^{n} \sum_{m=1}^{E(n/k)} \Lambda(m)$$

に等しい.ここで対数から数に移ってブガーエフはチェビシェフの等式を得るのである.

数学的解析との類似を探ることを続けて,ブガーエフはまた「約数上の数論的定積分」を考え,約数上の積分と約数上の定積分の関係,などを樹立した.

ブガーエフの研究は彼の生徒たちバスカコフ (S.I. Baskakov),ベルヴィ (N.V. Bervi),ミニン (A.P. Minin),ナジモフ (P.S. Nazimov),(部分的に) ソニン,その他によって受け継がれた.ブガーエフのアイデアの影響は,ゲーゲンバウアー,グラム (Jørgan Pedersen Gram),チポッラ (M. Cipolla),ペッレグリノ (F. Pellegrino) その他の外国人数学者の仕事に明白にみられる.

ブガーエフと同時に,同様の問題がチェザロ (Ernesto Cesàro) のような何人かの他の数学者をとらえていた.チェザロは,ブガーエフにより一般的な見地から以前に発見された結果を再発見した.

のちに,数学者たちは多変数をこめた数論的関数に対する演算子法を展開すること(ベル (E.T. Bell),ヴァイディヤナトハスワミ (R. Vaidyanathaswamy)),そして新しい結果の獲得,有名なセルバーグの等式のようなよく知られた命題の証明(ポプケン (I. Popken),ヤマモト (C. Yamamoto) その他)のためにブガーエフ-チポッラの演算子法(これらの名前をあげようとあげまいと)を応用することに努力をし続けた.新しい型の演算子法は,たとえばアミズル (A.L. Amizur) により発展させられた.これらの仕事は,しかしながら 20 世紀に属する.

ブガーエフの学生ソニン (N.Y. Sonine, 1849-1915) は,特殊関数や他の解析の問題についての基本的な著作と論文 "On Arithmetic Identities and Their Application to the Theory of Infinite Series"（数論的恒等式とその無限級数論への応用）(Varshavsk. univ. izv., 1885, no.5, 1-28) に加え，数論的関数[x]の使用に関係するいくつかの結果を発表した（ブガーエフは[x]を$E(x)$と呼んだ）．この関数の積分計算への応用により，ソニンはよく知られたオイラー－マクローリン (Colin MacLaurin) の公式の一般化を得た ("On a Definite Integral Containing the Arithmetic Function [x]"（数論的関数[x]を含む定積分について）) (Varshevsk. univ. izv., 1885, no.3, 1-28) 参照）．

ソニンの仕事は，ヴォロノイの仕事に顕著な影響を及ぼした．彼はワルシャワ大学でソニンと一緒に仕事をした．ヴォロノイは，また，ソニンの研究の主題をなす円筒関数，ならびにソニンの公式を数論の問題に応用した．のちにソニンとヴォロノイの公式群はヴィノグラドフに用いられた．

3.4 超　越　数

ジョセフ・リウヴィルの仕事

われわれは解析的数論についての論考を締めくくるにあたって，19世紀に展開されてやがて数論において不可欠の部門となった解析的数論の一分野を概括しよう．これは超越数の理論である．代数的数は有理数係数の代数方程式の根であり，超越数は代数的でない無理数であることを思い出しておこう．

いくつかの数学的な定数の超越性についての予想は，早くも17世紀になされていた．1656年にウォリス (John Wallis) は，数πが通常の非有理性とは異なる特別な性質をもつという考えを提出した．百年後の1758年にオイラーはやや異なる形で同じ考えを表明し，のちに数πを「冪根数」によって表現することが不可能であることはまだ確証されていないことを指摘した（1775年．出版されたのは1785年）．1767年にランベルト (Johann Heinrich Lambert) はeとπの非有理性を証明した（完全に正しいとはいえない．それぞれ，1768年と1770年に発表）が，彼はそれらがともに「冪根数」では表せないことを深く確信していた．この考えをルジャンドルも共有しており，彼は1800年にランベルトの証明の欠陥を埋めた．ルジャンドルは現代的に超越数の概念を定式化した最初の人である．そしてπの超越性を証明することはどうやらたいへん難しいと付け加えた．18世紀に，数学者たちはある種の型の数全体の超越性を研究した．こう

リウヴィル (Joseph Liouville, 1809-1882)

してオイラーは彼の "Introductio in Analysin Infinitorum"（無限解析入門）(1748) の第1部に a, b が有理数で b が a の有理数冪でないならば $\log_a b$ は超越数である，と書いた（HM, vol. 3, p.110-114 参照）．

　超越数の存在を最初に証明したのはリウヴィルである（1844, 1851）．

　ジョセフ・リウヴィル（Joseph Liouville, 1809-1882）はエコール・ポリテクニーク（理工科大学）の学生であったが，のちにそこの教授になった．彼は，コレッジ・ド・フランスで教え，1857年以後はパリ大学理工学部で教えた．彼はたいへん活動的で，多才であり，影響力のある科学者であった．おかげで彼は1839年に容易にパリ科学アカデミー会員に選出された．1836年にリウヴィルは19世紀主力数学誌の一つ *Journal des mathématiques pures et appliquées*（純粋と応用数学雑誌．リウヴィルの雑誌）を創刊した．

　彼はこの雑誌の39巻分を担当，刊行した．1874年にリウヴィルがソルボンヌ（パリ大学文理学部）の教授職を辞任したとき，他の編集者が彼を引き継いだ．彼は1879年までコレッジ・ド・フランスで講義を続けた．そこでは，教授は自身の研究を講義することができた．

3.4 超越数

リウヴィルは代数関数の積分論,二重周期関数,常微分方程式(彼の名はステュルム-リウヴィル方程式の重要な類,線型微分方程式論でよく知られたリウヴィル-オストログラツキー (Mikhail Vasil'evich Ostrogradskiĭ) の公式に残されている),数理物理学,微分幾何学,その他を含む多くの話題に関する約400の論文を発表した.すでに指摘したように,リウヴィルには,当時数学界には知られていなかったガロアの仕事の意味を正しく評価し,1846年に最初に公刊した,という名誉がある.

われわれはまた以前に代数的数論へのリウヴィルの寄与について論じた.

リウヴィルの業績の一つの特徴は,さまざまな問題の非可解性(いろいろな意味で)の証明に,そして逆にさまざまな対象の存在証明に,絶えず興味をもっていたことである.存在定理と非可解性の証明が当時の数学者の大関心事であったことは真実であるが,一方,リウヴィルは特にこの種の問題の広範囲にわたる研究に意をそそいだ.たとえば,代数関数の閉形式の積分可能性の問題の研究,リッカティ (Riccati) 方程式の求積法による可解条件,そして数論におけるいくつかの仕事などがそうである.また当時知られていない分野——超越数の理論——における彼の基本的研究もそうである.

リウヴィルは超越数が無限に多く存在することの証明を含む彼の基本的結果を,最初1844年の科学アカデミー報告 (*Comptes rendues*) に短い覚書として提出し,より詳しくは1851年の論文 *Sur des classes très étendues de quantités dont la valeur n'est ni algébrique, ni même reducible à des irrationelles algébriques* (代数的数でなく代数的無理数にも帰着されない数の非常に大きな類について) (J. math. pures et appl., 1851, 16, 133-142) に発表した.

われわれは,この問題の歴史についての偉大な専門家であるゲルフォント (A.O. Gel'fond) に従い,リウヴィルの仕事の主な内容を述べよう.彼は1930年の論文の一つに次のように書いた.

> これらの仕事で樹立された,数が超越的であるという特性は,代数的数 α と,近似的に α を表す有理数 p/q との距離が分数の分母と α が満たす方程式の次数のみに依存するある数より小さくなり得ないという事実に基づいている.代数的数のこの性質の精確な定式化は次の通りである.
>
> 数 α は整数係数の n 次方程式を満たすとする.また p および q を互いに素な整数とする.そのとき,差の絶対値 $|\alpha - p/q|$ は不等式

$$\left|\alpha - \frac{p}{q}\right| > \frac{1}{Aq^n}$$

を満たさなければならない．ここで A は q に無関係な定数である．

証明は非常に簡単である．まず

$$f(x) = a_0 x^n + a_1 x^{n-1} + \cdots + a_n = 0$$

を α が満たす整数係数の n 次既約方程式とする．

微分学におけるラグランジュの公式により

$$f\left(\frac{p}{q}\right) - f(\alpha) = \left(\frac{p}{q} - \alpha\right) f'\left[\alpha + \theta\left(\frac{p}{q} - \alpha\right)\right], \quad |\theta| < 1,$$

あるいは，$f(\alpha) = 0$ であるから

$$\frac{p}{q} - \alpha = \frac{f(p/q)}{f'[\alpha + \theta((p/q) - \alpha)]} = \frac{a_0 p^n + a_1 p^{n-1} q + \cdots + a_n q^n}{q^n f'[\alpha + \theta((p/q) - \alpha)]}$$

である．分子は整数で分母は 0 ではないから

$$\left|\alpha - \frac{p}{q}\right| > \frac{1}{Aq^n}, \quad A > \max_{|\theta| \leq 1} \left| f'\left[\alpha + \theta\left(\frac{p}{q} - \alpha\right)\right]\right|$$

が従う．このリウヴィルの不等式から直ちに，実数 ω に対して，整数 p, q が存在して

$$\lim_{q \to \infty} \frac{\log|\omega - p/q|}{\log q} = -\infty \tag{23}$$

ならば，ω は超越数でなければならないことがわかる．すなわち，等式 (23) は ω が超越数であるための十分条件である．この等式から出発して超越数の簡単な例を構成することができる．整数 $l > 1$ から，級数

$$\omega = 1 + \frac{1}{l} + \frac{1}{l^{1 \cdot 2}} + \cdots + \frac{1}{l^{1 \cdot 2 \cdots n}} + \frac{1}{l^{1 \cdot 2 \cdots n(n+1)}} + \cdots \tag{24}$$

によって与えられる数 ω を考える．式 (24) の両辺に $l^{n!}$ をかける．そうすれば

$$l^{n!} \omega = \sum_{k=0}^{n} l^{n! - k!} + \frac{1}{l^{n! n}} \left[1 + l^{-(n+1)!(n+1)} + \cdots \right]$$

である．$l^{n!} = q$, $\sum_{k=0}^{n} l^{n! - k!} = p$ と置き $1 + l^{-(n+1)!(n+1)} + \cdots < 2$ に注意して

$$|\omega q - p| < 2/q^n \tag{25}$$

が得られる．ここで $\lim_{q \to \infty} n = \infty$ である．

不等式 (25) を判定法 (23) と比較してわれわれは数 ω が超越数であると結論する．

級数 (24) から得られる数 ω はリウヴィルにより見いだされた．それらは超越数の最初の実例であった[76]．

リウヴィルはまた自然対数の底 e の数論的性質に興味をもっていた．超越数論についての論文を書く前に，彼は数 e は整数係数の 2 次方程式あるいは 4 次方程

式の根ではあり得ないことを証明していた（J. math. pures et appl., 1840, 5）．次の見事な結果——e の超越性の証明——はエルミートにより得られた．彼はこの目的のために古典解析の道具を駆使したのであった．

エルミートと数 e の超越性の証明：リンデマンの定理

エルミート（Charles Hermite）の最初の研究のなかには，数 e が無理数であることの新しい証明があった．それを彼は，1873 年にイギリス科学促進協会（British Association for the Advancement of Science）に報告した．

エルミート[77)] は e^x に対する級数

$$e^x = 1 + \frac{x}{1} + \frac{x^2}{1 \cdot 2} + \frac{x^3}{1 \cdot 2 \cdot 3} + \cdots$$

から出発する．彼はこの級数の部分和を

$$F(x) = 1 + \frac{x}{1} + \frac{x^2}{1 \cdot 2} + \cdots + \frac{x^n}{1 \cdot 2 \cdots n}$$

と書く．そして差 $e^x - F(x)$ の x^{n+1} に対する比

$$\frac{e^x - F(x)}{x^{n+1}} = \sum_{k=0}^{\infty} \frac{x^k}{(n+k+1)!} \tag{26}$$

を考える．等式（26）を n 回微分してエルミートは等式

$$e^x \Phi(x) - \Phi_1(x) = \frac{x^{2n-1}}{n!} \sum_{k=0}^{\infty} \frac{(k+n)!}{(n+1)(n+2)\cdots(2n+k+1)} \cdot \frac{x^k}{k!} \tag{27}$$

に達する．ここで $\Phi(x)$ および $\Phi_1(x)$ は整数係数の多項式である．ある整数 $x = x_0$ に対して e^{x_0} は有理数，すなわち $e^{x_0} = b/a$ と仮定して，エルミートは $x = x_0$ を等式（27）に代入する．こうして彼は等式（27）の左辺では $1/a$ より大なる数を得，右辺では $n \to \infty$ のとき与えられた任意の小さい数より小さくなることのできる量を得る．この矛盾は，e^x が任意の整数 x に対して有理数とはなり得ないことを証明する．特に，e は無理数である．

エルミートは，e の超越性の証明に同様の方法を用いた．そのことを彼は論文

[76)] A.O. ゲルフォント，*Selected Works*（選集）．モスクワ，1973, pp.16-17（ロシア語）．引用は論文 "Sketch of the history and present state of the theory of transcendental numbers"（超越数論の歴史と現状の素描）からである．その初出は 1930．
[77)] C. エルミート，*Œuvres*（全集），T.3. パリ，1912, pp.127-134.

Sur la fonction exponentielle（指数関数について）(C.r. Acad. sci. Paris, 1873, 77) で報告した[78].

われわれは，ここでエルミートの定理の，簡単化された最新の証明を与えよう．A.O. ゲルフォントは，その背後にあるアイデアはドイツ人数学者でゲティンゲン大学，ケーニヒスベルク大学およびチューリヒ大学で仕事をしたフルヴィッツ（Adolf Hurwitz, 1859-1919）に負うと記した．証明はペテルブルク大学の教授ポセ（K.A. Posse, 1847-1928）により遂行された[79].

さて，$f(x)$をxの多項式，$f^{(k)}(x)$を$f(x)$の第k階導関数とし $F(x)=\sum_{k=0}^{\infty} f^{(k)}(x)$ を$f(x)$と同じ次数の多項式とする．部分積分により等式

$$e^x F(0) - F(x) = e^x \int_0^x e^{-t} f(t) dt \tag{28}$$

が得られる．そこでeは有理整数係数の代数的方程式

$$a_0 + a_1 e + a_2 e^2 + \cdots + a_n e^n = 0 \quad (a_0 \neq 0) \tag{29}$$

を満たす，すなわち，eは代数的数であるとする．等式(28)で$x=k$と置き，得られた等式にa_kを乗じ，順に$k=0,1,\cdots,n$とおいて得られた等式を加えれば

$$F(0)\sum_{k=0}^n a_k e^k - \sum_{k=0}^n a_k F(k) = \sum_{k=0}^n a_k e^k \int_0^k e^{-t} f(t) dt \tag{30}$$

である．仮定よりeは等式(29)を満たすから，

$$a_0 F(0) + \sum_{k=1}^n a_k F(k) = -\sum_{k=0}^n a_k e^k \int_0^k e^{-t} f(t) dt \tag{31}$$

を得る．そこで$f(x)$として

$$f(x) = \frac{1}{(p-1)!} x^{p-1} \prod_{k=1}^n (k-x)^p$$

をとる．ここで$p > n + |a_0|$でpは素数である．さてわれわれは，eの無理数性の証明にエルミートにより使用されたのと同じ技巧を用いよう．容易に示されるように，等式(31)の右辺は$p \to \infty$のときゼロに収束する．そして十分大なるpに対して左辺の絶対値は1より大か1に等しいかである．こうして，eが代数的数であるという仮定は矛盾を生じた．これは，eが超越数であることを証明する．

---

[78] C. エルミート, *Œuvres*, T.3. パリ, 1912, pp.150-181.
[79] A.O. ゲルフォント, *Selected Works*（選集）. モスクワ, 1973, p.19（ロシア語）.

エルミートは円周率 π に対して同様の証明を構成するのは困難であると信じていた．しかし 1882 年，リンデマンはエルミートのアイデアを用い π が超越数であることを証明した．

リンデマン（Carl Louis Ferdinand von Lindemann, 1852-1939）は，幾何学者クレプシュ（Rudolf Friedrich Alfred Clebsch）の学生であり，ドイツのいくつかの大学で教えた．なかではケーニヒスベルク大学で最も長い期間（1883 年以来）を送り，1893 年からミュンヘン大学に移った．リンデマンが，曲線の幾何学と同様，楕円関数，アーベル関数の理論を継承したのはクレプシュからである．彼はまた，等角写像の理論，超越関数を用いる代数方程式の解法，2 次形式の幾何学的表現の問題，不変式の理論，無限級数，微分方程式，そしてまた数学と物理学のいくつかの部門の歴史や哲学の分野で仕事をした．

リンデマンは数 π の超越性を証明したことによって最もよく知られている．これは，古代の円積問題（the squaring the circle）を解決した．なぜならば，それは与えられた円の面積と同じ面積の正方形を，定規とコンパス（あるいはどんな代数曲線を用いても）で作図することは不可能であることを証明しているからである．

リンデマン（Carl Louis Ferdinand von Lindemann, 1852-1939）

リンデマンはエルミートの結果を一般化した定理の簡単な系としてπの超越性を証明した．リンデマンは彼の証明をエルミートに手紙で報せた．エルミートは直ちにそれをアカデミーで報告し，その手紙を *Sur le rapport de la circonférence au diamètre et sur les logarithmes néperiens des nombres commensurables ou des irrationelle algébriques*（円周と直径の関係について，および通約数または代数的無理数の対数について）(C.r. Acad. sci. Paris, 1882, 95, 2, 72-74) という表題のもとに発表した．明らかに，この表題はエルミートが付けたものである．同時にリンデマンは，彼の発見のより詳しい内容を，論文 *Über die Zahl π*（数πについて）(Math. Ann., 1882, 20) に発表した．

エルミートにより得られた結果は次のように定式化される．

「すべてがゼロ」ではない整数 N_j，すべて異なる整数 $x_j (j=1, 2, \cdots, k)$ に対して，等式

$$N_1 e^{x_1} + N_2 e^{x_2} + \cdots + N_k e^{x_k} = 0 \tag{32}$$

は存在しない．

リンデマンは，代数的数 A_j，すべて異なる代数的数 $\omega_j (j=1, 2, \cdots, k)$ に対して等式

$$A_1 e^{\omega_1} + A_2 e^{\omega_2} + \cdots + A_k e^{\omega_k} = 0 \tag{33}$$

は不可能であることを証明した．したがって，ω がゼロでない代数的数ならば e^ω は超越数である．それゆえ1でない代数的数の対数はまた超越的である．コーツ(Cotes)-オイラーの公式により $e^{\pi i} = -1$ であるから，πi は超越的である．ところが i は代数的であるから，π は超越的である．

のちにエルミートおよびリンデマンの結果に対する新しい証明が示唆された．われわれは上でエルミートの定理のこのような証明の一つの輪郭を描いた．1885年ワイエルシュトラスは，リンデマンの定理の新しい，より簡単な証明を与え，$\sin \omega$ はゼロでない代数的数 ω に対して超越数であることを指摘した．ロシアにおいては A.A. マルコフの論文「数 e と π の超越性の証明」（サンクトペテルブルク，1883）にエルミートおよびリンデマンの仕事の反響がみられる．

エルミートの論文と同じ年に発表されたカントル(G. Cantor)の論文 *Über eine Eigenschaft des Inbegriffs aller reellen algebraischen Zahlen*（すべての代数的実数全体の性質について）(J. für Math., 1873, 77) による結果はいくらか特別な位置を占める．この論文でカントルは集合論を用いて超越数の存在を証明した．特に

カントルは区間 [0, 1] に属するすべての数の集合の非可算性，および，その区間に属する代数的数の可算性を証明した．これは超越数の存在を，さらに超越数の集合の非可算性を示している．

　超越数の理論の根本的に新しいアイデアは，主に 1900 年のパリ数学者会議においてヒルベルトにより提出された問題に答えて，1930 年代にゲルフォント，ジーゲルとその他の数学者により推し進められた．問題は，α を 0, 1 とは異なる代数的数，β を代数的無理数とするとき，α^β の形の数の数論的性質に関係する．1934 年にゲルフォントはすべてのこのような数の超越性に関するヒルベルトの命題を証明し，次の一般化されたオイラーの定理を証明した．代数的数の，代数的数を底とする対数は有理数か超越数である．この命題の他の証明は独立に 1934 年の終りにシュナイダー（T. Schneider）により発表された．

結　論

　数論における業績についてのわれわれの論考を簡単に要約する．19 世紀において新しい，欠くべからざる分野が創造され，新しい研究方法が展開された．なかんずく，初めて数論は他の数学的科学に並びみられるものとなった．18 世紀には多くの数学者たちは，数論は，何人かの知的な精神に対して洗練された楽しみを捧げることができるが，そうでない人にとっては無駄な遊びであるという先入観をもっていた．19 世紀になって，数学の全体としての調和的発展にとっては，問題の解に対する代数的，解析的，幾何学的手段を用いるのみならず数学の他の領域における新しい重要な概念，方法，理論の創造を促進する数論なくしては不可能であることが明らかとなった．数論の大きく増大する役割は，数論のサンクトペテルブルク学派が顕著な実例であるような科学の学派の出現によっても，また，19 世紀に数論を研究した傑出した数学者たちの名前を連ねた長い名簿によっても立証される．19 世紀には多くの古い数論的問題が解かれ，多くの新しい難しい問題が提出された．にもかかわらず，たとえば，どの自然数も三つより多くない素数の和として表されるというゴルドバッハ（Goldbach）予想のような多くの古典的問題が，前世紀の数論が自由に操った道具では解くことができなかった．これらの問題を解くには，20 世紀数学者たちにより展開される新しい，より効果的な方法が要求される．

4

確　　率　　論

序

　19世紀においては，17世紀後半以来発展してきた確率論のアイデアと方法がともに新しい刺激を受けた．これらの刺激のもとはそれぞれ異なっていたが，自然科学の発展，社会における実際的な要求，および純数学的な問題の定式化と結びついていた．

　天文学において，また航海術からの要請への応用面でなされた成果と，（以後の）物理における成功により，観察の誤差についての統一理論を作り上げようという問題が緊急課題となった．そのような理論はまたヨーロッパの国々で行われた測地調査によっても，また天文学的な，測地学的な，そして振り子の観測に基づいて，いままでより正確に地球のサイズや形を決定することを通して，そしてパリを通る子午線の四半分という巨大な計測の実行に基づく距離システムの導入に関連して求められた．

　砲術の発展は弾丸の散乱についての数多くの問題の定式化に導いた——確率論の考え方の一つの源流である．

　いくつかの深いアイデアが，カント（Immanuel Kant）やラプラス（P.S. Laplace）の太陽系の起源についての仮説によって促され，一般的な天文学の問題，特にわれわれの実世界を支配する幾何学を決定しようという興味を喚起した．1842年にロバチェフスキー（Nikolaĭ Ivanovich Lobachevskiĭ）は物理的空間の幾何はユークリッド的か否かを調べる最初の試みを実施した．このことが，独立に分布する確率変数の和に関連する確率論の重要な問題の考察へと彼を導いた[1]．

　人口統計学，すなわち基本的には数理統計学に属する方法の発展が，恒常的に

増加しつつあった国家の,民生のそして経済の各面における重要性を獲得した.数理統計学に導く2番目の部類の問題は生物計量学（biometry）から求められたものであった.それはダーウィン（Charles R. Darwin）の仕事に呼応して現れた新しい科学の部門であるが,生物学的観測の数学的取扱いならびに種々の生物学における統計的な規則性の研究にも傾注された.

物理学は確率論を応用すべき新しい分野であることを示した.それらの自然科学の法則はランダム（stochastic）であるという考察は19世紀に成し遂げられた最も重要な推論である.

19世紀の後半では,確率論自体において,確率事象の評価よりもむしろ確率変数の挙動につながる問題を考察することが当然のようになってきた.チェビシェフ（Pafnutiĭ L'vovich Chebyshev）の仕事はこの基本的な変化において非常に重要な役割を果たした.

まさに確率変数の概念は長いあいだ定義もされず自明のことと考えられてきたのであるがようやく20世紀になって（それも徐々に）,リャプノフ（Aleksandr Mikhaĭlovich Lyapunov）,レヴィ（Paul Pierre Lévy）,そしてコルモゴロフ（Andreĭ Nikolajevich Kolmogorov）の仕事のなかで正しく定式化されていった.

ラプラスの確率論

ラプラスの確率論に対する貢献は,"History of mathematics from Antiquity to the early nineteenth century"（古代から19世紀初めまでの数学史）1-3巻,モスクワ発行,1970-72（以後HM）の第3巻の第4章に一部記述されている.この巻は18世紀における科学の発展を内容としている.ラプラス（Pierre Simon Laplace,1749-1827）は19世紀に入っても創造的仕事を続けた.そしていま指摘した典拠はこの傑出した学者の伝記を伝えている（HM, vol.3, pp.146-148）.

決定論的な信条を定式化しながら,ラプラスは森羅万象の各状態はそれ以前の条件の結果でありかつ未来の状態の原因でもあることを断言した.と同時に,多数の重要な現象の研究は確率論的な考察なしには実際には不可能であることを実感したのであった.たとえばこう書いている.

---

[1] N.I. ロバチェフスキー,*Complete Works*（全集）,vol.5. モスクワ-レニングラード,国立技術出版局,1951, p.333-341（ロシア語）.しかし,この問題は主として他の天文学的要請で示唆され,シンプソン,ラグランジュ,そしてラプラスの著作で考察された.

これ（月）の運動のずれは，観測でわかっているにもかかわらず，ほとんどの天文学者によって無視されていた．なぜならそれは万有引力の理論の帰結とはみえないからである．しかしながら確率計算の平均によってその存在をチェックしてみると，それは原因を見いだす必要があることを高い確率で示しているようである[2]．

彼の先人たち，J. ベルヌーイ（Jakob Bernoulli）および D. ベルヌーイ（Daniel Bernoulli），ド・モアブル（Abraham de Moivre）その他の業績を受け継いで，ラプラスは数多くの研究報告で確率論を進展させた．19世紀初頭に，彼自身この理論において達成されていたすべての事柄を統合して，1冊の本 *Théorie analytique des probabilités*（確率の解析理論）（パリ，1812）にまとめることを自らに課した．重々しい記述，主要な概念の取扱いの曖昧さ，それに異なった章のあいだの統一性の欠如にもかかわらず，この書はチェビシェフの本が出るまでは確率論における主要な著作となった．この本のタイトルは少し前のラグランジュの著書 *Mécanique analytique*（解析力学）（1788）や以後に出たフーリエの著書 *Théorie analytique de la chaleur*（熱の解析）（1821）を思い起こさせ，そしてまた，確率論で用いられる主要な道具としての数理解析を明示している．

ラプラスの生存中に上記の書の版が二回重ねられた．1814年には一般向けの入門 *Essai philosophique sur les probabilités*（確率論の哲学的試論）を序として書いた．1820年には原文にいくつかの補遺を書き加えた．1886年にその書はラプラスの *Œuvres complètes*（全集）第7巻として出版された．

ラプラスの *Théorie analytique*（解析理論）についての短い記事が HM（vol.3, pp.150-151）にある．ここでは2巻のうち2番目の書についてより詳しく述べよう．それはもっぱら確率論にあてられている（第1巻は補助的な材料や道具を扱っている：母関数の計算とその有限差分方程式（常および偏），定積分の近似計算）．

第2巻第1章はランダムな事象の確率の古典的定義を含んでいる．それは実際にカルダーノ（G. Cardano）によって使われ，明確にJ.ベルヌーイとド・モアブルによって導入された（確率は好ましい場合の数と場合の全数との比である．なお各場合の可能性は等しいとする）．また，独立事象の確率に対する加法およ

---

[2] P.S. ラプラス，*Œuvres complètes*（全集），t.7，パリ，1886，p.361.

び乗法定理，条件つき確率についてのいくつかの定理，それに加えて数学的および事実上の期待値の定義が与えられている．

　第2章でラプラスは初等確率論の数多くの問題を解いているが自然科学への直接的応用は提示していない．そのなかにはホイヘンス（Christiaan Huygens）にまでさかのぼる賭博師の破産の古典的問題や，のちにド・モアブルによって考察されたJ.ベルヌーイによる有名な図式がある．

　例としてこれらのうち最初の問題を取り上げる．これは今日では重要な物理への応用があり，1次元空間での粒子のランダムウォークの問題と関連して研究されている．賭博師Aがa枚のチップを，Bがb枚のチップをもっており，各回の勝負はそれぞれp, qの確率で決まる．このとき，Bがn回以下の勝負で破産させられる確率はいくらか？

　いまx枚のチップをもっているBがs回以下で破産する確率を$y_{x,s}$で表す．この確率が偏差分方程式

$$y_{x,s} = py_{x+1,s-1} + qy_{x-1,s-1}$$

に従うことは簡単にわかる．また求める確率が次の自然な境界条件

$$y_{x,s} = 0 \, (x > s \text{のとき}), \quad \text{および} \quad y_{x,s} = 1 \, (x = 0 \text{のとき})$$

ラプラス（Pierre Simon Laplace, 1749–1827）

を満たすことも明らかである．ラプラスはこの方程式を2変数母関数を用いて解いた．そして彼はいくつかの特別な場合を考察した：対等な初期資金の場合($a=b$)，賭博師 A が無限大の資金をもっている場合($a=\infty$)．第2段階として $p=q$ を仮定して，ラプラスは優美な解

$$y_{b,n} = 1 - \frac{2}{\pi}\int_0^{\frac{\pi}{2}} \frac{\sin b\varphi (\cos\varphi)^{n+1}}{\sin\varphi} d\varphi$$

に到達した．

なおド・モアブルが A の資金が無限大の場合の B の破産問題を最初に研究したことに注意しておこう．

第7章でラプラスは単純な場合を扱った．すなわち無限回の勝負での賭博師の破産を取り上げた．この場合の B の破産確率は J. ベルヌーイによって

$$P = \frac{p^b(p^a - q^a)}{p^{a+b} - q^{a+b}}$$

で与えられている．ラプラスは早期の論文 *Mémoire sur les probabilités*（確率論についての論考）(1778, 1781)[3] の§3において単純な有限差分方程式に帰着させることによってこの式を得ている．

また *Théorie analytique*（解析理論）の第7章では1から n まで番号づけられた札を壺から続けて抽出する問題を研究した．その壺のなかには順次その順番に従って札が入れられ，それからシャッフルされていた．彼はこれらの数を引く確率が等しくないことがありうると指摘した．しかし，札が壺のなかに指定された順序によらないで「予備の」壺からランダムに抽出した順序に従って札が壺に入れられるならば，この確率間の差は小さくなる．もし2個，3個，あるいはそれ以上の個数の「予備の」壺が使われるならば，これらの差はますます小さくなる．

この例は，1組のカードを再シャッフルする操作の特別な場合，すなわちマルコフ連鎖に関連する試行の例としてみてもよい．厳密な証明はしていないが，すべての札について引かれる確率が等しくなる極限状態が存在することをラプラスは指摘した．

第3章では，二項分布から正規分布へのド・モアブル-ラプラスの極限定理を

---

[3] P.S. ラプラス, *Œuvres complètes*（全集）, t.9, パリ, 1893, pp.383-485.

証明している．ド・モアブルとは異なって，彼はマクローリン-オイラーの和公式を使った．

ラプラスは積分型の極限定理を

$$p(-l \leq \mu - np - z \leq l) = \frac{2}{\sqrt{\pi}} \int_0^{\frac{l\sqrt{n}}{\sqrt{2xx'}}} e^{-t^2} dt + \frac{\sqrt{n}}{\sqrt{2\pi xx'}} e^{\frac{-l^2 n}{2xx'}}$$

の形で得ている．ここで μ は n 回のベルヌーイ試行によってある事象が起きる回数，すなわち p は1回の試行でその事象の起きる確率，n は試行の回数，z は絶対値が1よりも小さい $x = np + z, x' = nq - z (q = 1 - p)$ を満たすある数とする．

この式は左辺の確率の良い評価を与えている．これは以後の研究の原型と見なしてよい．最終的にはベルンシュテイン（Sergeĭ Natanovich Bernshteĭn）の *A return to the problem of the accuracy of Laplace's limiting formula*（ラプラスの極限公式の正確さの問題への回帰）(Izv. Akad. Nauk SSSR, ser. mat., vol.7, 1943, 3-16（ロシア語））で完成される．

ラプラスはこの極限定理を多数の「壺の問題」の解に応用した．そのなかで偏微分方程式を確率論に導入した．

この種の問題で D. ベルヌーイ（1770）にさかのぼるものがある．二つの壺に n 個の白ボールと n 個の黒ボールが入っていて，それぞれの壺には n 個のボールがあるとする．ボールは1個ずつ一つの壺から他の壺へ周期的に移動される．このとき r 回の移動のあとに壺 A に x 個の白ボールがある確率 $z_{x,r}$ を求めよ．

ラプラスは求める確率に対する偏差分方程式を得て，差分方程式から微分方程式に移行させるために厳密でない変換を使った：

$$u'_{r} = 2u + 2\mu u'_{\mu} + u''_{\mu\mu} \quad \left(u = z_{x,r}, r = nr', x = \frac{n + \mu\sqrt{n}}{2} \right). \tag{1}$$

さらに，この方程式を解くために今日チェビシェフ-エルミート多項式と呼ばれる表記を用いた．

のちに（1915）この問題はマルコフ（Andreĭ Andreewich Markov）とステクロフ（Vladimir Andreevich Steklov）により考察された．同じ年，スモルコフスキー（M. Smoluchowski）はブラウン運動の研究に関連させて方程式(1)をより一般な形で導いた．

D. ベルヌーイとラプラスは以下のことを注意している．ボールを移動させる上記過程は，異なった壺における白ボールの個数がほとんど一致し，それが白

ボール全体の個数の壺の個数に対する比に近似的に一致する段階に至る．ラプラスはこのことを任意に与えられたボールの初期分布に対して証明した．記念すべき二人のエーレンフェスト（P. and T.A.A. Ehrenfest）（1907，本書 p.301）のモデルは確率過程論の発端であると認められているが，それは D. ベルヌーイ–ラプラスのモデル（問題）と一致する．したがってこの理論の年代は少なくとも D. ベルヌーイ（1770）にまでさかのぼるべきである．またこの二人の学者による結果はマルコフによるマルコフ連鎖でのエルゴード理論を予見させる．

ラプラスはこの問題の直接的な応用を示さなかったが，基本的な重要性を見通していた．彼は主張している．

> 当初の非正則性は時間とともに消えていき，非常に単純な秩序に取って代わられる．…これらの結果は本来的にすべての組合せに拡張することが可能である．定常的に作用する力は，この場合，…たとえ混沌の深みのなかからでも望ましい法則に支配される系を引き出すことが可能であるような作用の整った様式を確立する[4]．

極限定理を，観測の統計的な重要性を研究するための，また人口学の正則性の解明のための数学的道具と見なしながら，ラプラスはそれら全般についても同様の見解を表明している．彼はこの定理を使うことが実際に「推論，正義，人間性の永遠に続く原則」の勝利を確実にするだろうと信じてさえいた[5]．

この素朴なヒューマニズムは，確率論を人間に関する事象に適用することについてのラプラスの確固とした意見とともに注目を引いた．これらの見解は特にロシアで支持者を見いだした．これらの見解に影響されて，チェビシェフはその理論に注目することになった．

ラプラスはフランスの富くじからの獲得金，ある国における年間の婚姻の申請数，および配達不能な郵便物数に関する安定性を同じ極限定理に基づいて説明した．しかしながら最初の二つの例は彼以前に知られていた．

ラプラスはまたド・モアブル–ラプラスの極限定理を，第9章において生涯年金の価値の計算に関連する問題を解く際に応用した．ここで，誤差論（本書

---

[4] P.S. ラプラス，*Essai philosophique sur les probabilités*．パリ，1814．*Œuvres complètes*（全集），t.7．パリ，1891，p.LIV．［訳注］邦訳：確率の哲学的試論，内井惣七訳，岩波文庫，1997．
[5] 同上，p.XLVIII

p.250 参照）におけるのと同様に，彼は特性関数と逆公式を使った．すなわち特性関数から密度関数を得る公式である．彼の方法論的な問題の一つでラプラスはベルヌーイ試行にとどまらずその一般化を研究した．それには今日ポアソンの名前が付いている．ラプラスは，富くじの獲得金の安定性のような問題の説明からみて，ポアソンの「大数の法則」（本書 p.261 参照）を理解していたと見受けられる．

有限個のランダムな和の研究はラプラスの確率論でも特別な位置を占める．そのような研究の第一歩はすでにガリレオのノート *Sopra le scoperte dei dadi*（サイコロゲームについての考察）にみられる．そのなかで彼は3個のサイコロを振ったときの点数（出た目の数の和）の種々の値の起きる確率を計算した．ド・モアブルは母関数を用いてより一般的な結果を得た．シンプソン（Thomas Simpson），ボスコヴィチ（Ruggero Boscovich），およびラグランジュ（Joseph Louis Lagrange）は有限個のランダムな和の研究を観察結果の数学的取扱いに適用した．ここでラグランジュは連続分布の母関数を用いているが，まさに特性関数の導入を予見させるものであった．

ラプラスは異なった方法を用いて有限和の分布の法則を何度も導いた．彼はこれを主に天文学の文脈中で行った．例をあげれば，彼の著書 *Mémoire sur l'inclinaison moyenne des orbites des comètes; sur la figure de la terre, et sur les fonctions*（彗星軌道の平均傾斜；地球の形状及び関数について）(1773 (1776))[6] のなかでこんな問題を解いている．黄道に関する個々の彗星の傾きはランダムであるとする（こういってもよい，互いに独立で $[0, \pi/2]$ の一様分布に従う）．このとき n 個の彗星の平均傾きが与えられた範囲に入る確率はいくらか？

この問題を $n = 2, 3$ および 4 に対して考察しながら，ラプラスは $(n-1)$ の場合から n の場合に移行する積分関係式を作った．基本的にはその関係はおなじみの公式

$$p_n(x) = \int_a^b p_{n-1}(x-z) p(z) dz$$

である．ラプラスはこの関係式を明示してはいないが，あまり重大でない間違いがあるにしても，求める $p_n(x)$ を決めるためにこれを用いることができた．

---

[6] P.S. ラプラス, *Œuvres complètes*, t.8, パリ, 1891, pp.279-321.

ラプラスはまた，非負確率変数 $t_1, t_2, \cdots, t_n$ の関数 $\psi(t_1, t_2, \cdots, t_n)$ に関して，和 $t_1 + t_2 + \cdots + t_n$ が与えられた値をとり，しかも一般には密度関数 $\varphi_i(x_i)$ が異なるという条件のもとでの分布と平均値についての問題を設定した (*Théorie analytique* (解析理論)，livre 2. Chapter 2)．そのような関数の多重積分を計算するにあたって，彼は不連続な要素を用い，本質的にはいわゆるディリクレ公式を導いた．

ラプラスは直接の関心があった次の場合を考察した．分布 $\varphi_i(x) = a + bx + cx^2$ および

$$\varphi_i(x) = \begin{cases} \beta x, & 0 \leq x \leq h, (b > 0), \\ \beta(2h - x), & h \leq x \leq 2h, \end{cases}$$

に対する $\psi = t_1 + t_2 + \cdots + t_n$ について，公式

(a) $\quad p_n(x) = \dfrac{d}{dx}\left[\iint \cdots \int_{x_1 + x_2 + \cdots + x_n \leq x} p(x_1) p(x_2) \cdots p(x_n) dx_1 dx_2 \cdots dx_n \right]$,

(b) $\quad p_n(x) = \dfrac{1}{dx}(I_1 - I_2)$

を用いた．ここで積分 I_2 は(a)の行に記した積分そのままであり，積分 I_1 は I_2 の積分領域を $x_1 + x_2 + \cdots + x_n \leq x + dx$ としたものである．

この研究に関連してラプラスによって解かれた別の問題について述べよう．ある切片が i 個の等しいあるいは等しくない区間に分割され，その端点に垂線を立てる．その垂線の長さは非増大列をなし，それらの和は s に等しい．そのような列が多くの回数にわたって構成されるならば，垂線の頂上をつなぐ平均破断線（または連続な場合，平均曲線）は何か？ この問題は確率変数（random function）の言葉で説明される．各々の構成は確率変数の実現値であり，求められるべき平均曲線はその期待値である．

ある事象が i 個の互いに素な原因によってのみ起きるとする．いま，それらの原因は（主観的）確率の減少の順に並べられているものとする．もし何人かによって関係する手順が行われたならば，与えられた事象を引き起こした各原因の確率の平均は決定されるであろう．ラプラスは同様の手続きが法廷でもまた選挙においても行われるべきだと示唆をした．この提案は実際にはほとんど採用されなかったが，ラプラスの理由づけはランク相関や確率過程の統計の前史だと見なしうる．

今日では数理統計学の領域に含まれている一連の問題がラプラスの *Théorie*

analytique(解析理論)のなかで非常に重要な位置を占めている.ラプラスの信じるところでは,確率論は数学というより自然科学に属する分野であり,この理由のために数理統計学を孤立させることはできない.これゆえにラプラスが"Mémoir sur les probabilités"(確率論についての論考)で数理統計学における問題に関連して「確率論の新しい分野」と述べているのは何よりも興味深い.

数理統計学の典型的な問題を考えよう.それはラプラス(*Théorie analytique*(解析理論), Chapter 6)がベイズ(Thomas Bayes)とは独立に導入した(HM, vol.3, p.137-139)ベイズ的なアプローチを適用して成功した問題である[7].

「単純」事象の確率 x,たとえば,パリの新生児が男である確率,が未知であるとする.このとき出生の統計的なデータから確率を推定することが要求される.さて $z(x)$ を x の事前確率分布とするとき,ラプラスは

$$p(\theta \leq x \leq \theta') = \int_\theta^{\theta'} yzdx \Big/ \int_0^1 yzdx \quad (0 < \theta < \theta' < 1). \tag{2}$$

と表されると想定した.関数 $y(x)$ の意味を説明しておこう.数年間に生まれた男(女)の子の数をそれぞれ $p \approx 0.393 \cdot 10^6$ および $q \approx 0.378 \cdot 10^6$ とする.ラプラスは

$$y(x) = C_n^p x^p (1-x)^q \tag{3}$$

と想定した.ただし $n = p + q$.

こうしてラプラスの問題は二項分布のパラメータ推定の問題になる.数多くの変換をしたあとに $z = 1$ と置き,彼は等式(2)から

$$P(-\theta \leq x - a \leq \theta) \approx \frac{2}{\sqrt{\pi}} \int_0^\tau e^{-t^2} dt$$

を導いた.ここで θ はオーダーが $p^{-1/2}$ の小さな値,a は関数(3)の最大値であり,積分の上限は

$$\tau = \sqrt{\frac{T^2 + T'^2}{2}}, \quad T = \sqrt{\log y(a) - \log y(a - \theta)}, \quad T' = \sqrt{\log y(a) - \log y(a + \theta)}.$$

で与えられる.もちろん単峰曲線(3)の最大値

$$a = \frac{p}{p+q} \tag{4}$$

---

[7] P.S. ラプラス, *Œuvres complètes*(全集), t.9. パリ, 1893, p.383.

は確率 x の自然な推定値と思われる．それにもかかわらず，分布

$$x^p(1-x)^q \bigg/ \int_0^1 x^p(1-x)^q dx$$

に従う確率，あるいはむしろ確率変数の期待値は推定値(4)とは一致せず，x の漸近不偏推定値であるにすぎない．ラプラスはこの事実を明示していない．彼にかくしてバイアスと不偏性という用語を直接導入しそこなったのである．

"Mémoir sur les probabilités"（確率についての論考）の§18 において，ラプラスは充足統計量（consistent estimators）を導入することに接近しており，§22 では二項分布のパラメータの推定値は $P(|x-a|<\delta)$ が十分大きい（$\delta>0$ が小さい）ときに限って適していることを示している．

ラプラスの Théorie analytique（解析理論）の第 2 巻の第 6 章で解かれた重要な問題をさらに一つ考察しておこう．住民の 7% をカバーする抽出国勢調査（ラプラスによって考案されたものである）と全土における 1 年ごとの出生数(N)によるフランスの人口の推定である．

そのとき国勢調査の対象となった人口を m，同じグループでの年ごとの出生数を n とする．この場合求める全人口の推定値として $M=(m/n)N$ とするのが自然である（人口 m の年ごとの出生数 n に対する比は人口学において重要な指標である）．しかしこの推定値の誤差 ΔM はどれぐらいか？ ベイズのアプローチに基づくこととし，$N=1.5\cdot 10^6$ ととって，ラプラスは ΔM に対する統計的推定値

$$P(|\Delta M| \leq 0.5\cdot 10^6) = 1 - \frac{1}{1162}$$

を得た．

これは抽出に伴う誤差に対する初めての量的な評価であったと思われる．計算の過程で，二項式の和をとる必要から，ラプラスは非常に難しく重要な不完全 B 関数の値を決定する問題に直面したことも指摘しておく．

1 世紀以上あとになって，Tables of the incomplete B-function（不完全 B 関数表）（ロンドン，1922；第二版，1934)[8] の前書きでピアソン（Karl Pearson）はラプラスの計算を「不十分」とした．とはいえ，ピアソンに至るまでさらなる進展が

---

[8] ロシア語訳：モスクワ，1974．

なかった事実からみて，ラプラスの仕事を高く評価しても問題はなかろう．

ピアソン（*Biometrika*. vol.20A, pt.1-2, 1928）はまたラプラスを理論的な面からも批判した．例をあげると，ラプラスは数の組 m, n と M, N を共通の無限宇宙からの独立な標本だと考えていた．実際には，これらの標本は独立ではないし，そのような宇宙が存在するとすることには疑問が残る．

Théorie analytique（解析理論）第2巻第5章でラプラスは数 π を実験的に「ビュフォンの針」を用いて推定することができると注意しているが，これはまた数理統計学に，より特定的に述べれば，統計的検定法の前史に位置づけられるべきである．細い円柱（ある長さの針）が，等間隔に引かれた平行な直線または与えられた辺をもつ合同な正方形のネットワークで区切られた平面の上に繰り返し落とされるならば，針がある直線と交差する確率 p は π の関数である．繰り返して針を落とすことによって確率 p の統計的推測量を計算することができ，したがって π を評価することができる．

このことに関連して，ラプラスは賢明にも「チャンスの組合せにおける特別なタイプの問題[9]」を引用している．しかしながらそのような場合には統計的検定法の精度はそう高くないことに留意しよう．

ラプラスは目撃者の証言と法廷での表決の確率的評価に多大の注意を払った．例として第2巻11章にあるものを考察する．いま1から n までの番号の付いた n 枚の札が入っている壺のなかから1枚の札をランダムに取り出す．一人の目撃者の証言は引いた札の番号は i であるという．条件(a)証言者は騙していないし騙されてもいない，(b)証言者は騙していないが騙されている，など（全部で場合の数は4である），および，各番号を引く確率は等しいという仮定のもとで，この証言が正確である確率はいくらか？

証言者による事件の証言の正しさの確率が低ければ低いほど，彼が間違っているか故意の偽証かである確率が高いことが判明する．これらの根拠によってラプラスは *Essai philosophique*（確率の哲学的試論）においてパスカルの有名な無限掛金を否定した．神を引きあいにだして無限の祝福が信ずるものを待っていると宣誓した証言者の信頼度は無限に小さい[10]．

---

[9] P.S. ラプラス，*Œuvres complètes*（全集），t.7. パリ，1893, p.365.
[10] P.S. ラプラス，*Essai philosophique*（確率の哲学的試論），p.LXXXVIII.

裁判についての議論をする際，ラプラスは公正な表決の確率を p とし，次の仮定から話を進めた．つまり無罪を無罪と宣告するか有罪を有罪と宣告する確率は各裁判官において同一であり，これを p とすれば，さらに p は 1/2 を超えるとする．この仮定のもとで r 人の裁判官が満場一致で正確な決定に到達する確率は

$$\frac{p^r}{p^r+(1-p)^r}$$

になる．

この結果と統計データを比較しながらラプラスは p の推定値を決めた．

これらおよびこれらと同様なラプラスの考察は，異なった裁判官の意見は独立であるとの仮定に基づいていた．実際には，この仮定は，たとえば物証の重さを量る際にも，被疑者の人柄を測る際に無意識的に生じうる判断においても実現されることはない．ポアンカレ（H. Poincaré）は著書 *Science et méthode*（科学と方法）でこの考えを大げさに表明している[11]．

すでにクルノー（Antoine Augustin Cournot, 1801-1877，フランスの数学者，哲学者）は彼の著書 *Expositon de la théorie des chances et des probabilités*（チャンスと確率の理論の解説）（パリ，1843）[12] の §213 において，法律上の手続きにおいて偏見が生じうる社会的傾向に注意をうながした．

確率論のこれらの応用は犯罪統計の改善の必要性に世間の注目を集めた可能性はある．また一方，その理論自身もこのような応用の影響を受けて進歩した．

ラプラスの誤差論

観測の誤差についての一般的な概念には長い歴史がある．プトレマイオス（Claudios Ptolemaios, 85 ?-165 ?）でさえ観測の誤差を知っており，いかに観測を結合させるかについて勧告している．11 世紀にはアル-ビルニ（Abu Aruayhan al-Biruni）が彼の論文集 "Geodesy"（測地学）と "Quanum al-Masudi" において天文学の観測と計算におけるランダムな誤差の存在に注意した．彼は観測を数学的に取り扱う際に通常のランダムな誤差の確率論的性質を反映する定性的なアプローチを用いた．ガリレオ（Galileo Galilei, HM, Vol.2, Chapter 5）はこれらの

---

[11] H. ポアンカレ，*Science et méthode*，パリ，1906，1914 年版の p.92 参照．[訳注] 邦訳，科学と方法，吉田洋一訳，岩波文庫．
[12] 最近のフランス語版：パリ，1984．

性質を明示的に定式化した最初の人であった．しかし誤差論は18世紀の中頃になってようやくシンプソン (T. Simpson) およびランベルト (J.H. Lambert) により基礎づけられた．この世紀の終りに D. ベルヌーイは重要な仕事をした．特に (HM, Vol.3, pp.133-137)，彼は測定誤差をランダムな項（これは正規分布に従う）と機構的な項（定数）に分離した．しかしながら，ラプラス以前には，鍵になる次の問題の一般的な解答はなかった（それは，たとえば子午線の測定を論ずるときに現れる）．いま，$m(m<n)$ 個の未知数 $x, y, z, \cdots$ をもつ連立方程式

$$a_i x + b_i y + c_i z + \cdots + l_i = 0 \quad (i = 1, 2, \cdots, n) \tag{5}$$

が与えられているとしよう．このとき適正な解 $(x, y, z, \cdots)$ を選んで残余 (v_i) を小さくし，定数 l_i での誤差によって生じる解の誤差を評価する．当時の用語でいえば，未知数の「真の値」を決定することを科学者たちは論じた．このことは，誤差論と，のちに現れて確率分布の未知のパラメータの推定を扱う数理統計学の話題のあいだの結びつきを確立することに対して大いに妨げとなった．

論文 *Mémoire sur la probabilité des causes par les événements*（事象によって決定される原因の確率についての研究報告）(1774)[13] において，また先に述べた誤差論についての彼の最初の仕事 "Mémoir sur les probabilités"（確率についての論考）において，ラプラスは一つの未知パラメータの場合を考察した．ここでは彼はその理論に慣れようと試みているといった印象を与えた．彼は新しい数学の道具，密度関数を用いることができる方法を研究し，未知のパラメータの推定値を選ぶための多かれ少なかれ自然な判断基準を種々比較した．これらのなかに，のちに彼の主たる基準になった，絶対期待値を最小にするというものがあった．

観測数が少ない場合であっても，ラプラスの実際の公式は複雑すぎた．彼の進捗がみられなかったのは，天文学の実際をみないで，ある分布法則を仮定したことにもあった．

彼ののちの論文では，多数の観測の場合に転じている．論文 *Mémoire sur les approximations des formules qui sont fonctions de très grands nombres et sur leur application aux probabilités*（非常に大きい個数の関数である公式の近似，ならびに，その確率への応用についての報告）"((1809) 1810) において，値 $0, \pm 1, \pm 2, \cdots, \pm m$ を等確率 $1/(2m+1)$ でとる確率変数 $\xi_i (i = 1, 2, \cdots, n)$ を考え始める．ラプラ

---

[13] P.S. ラプラス，*Œuvres complétes*（全集），t.8. パリ，1891, pp.27-65.

スは和

$$\Omega(\omega) = e^{-m\omega i} + e^{-(m-1)\omega i} + \cdots + 1 + \cdots + e^{(m-1)\omega i} + e^{m\omega i} \qquad (6)$$

を形成し，この和の n 乗における $\exp(l\omega i)$ の係数 $[\xi]$[14] が l に等しい組合せの数であること，および，対応する確率が

$$\frac{1}{\pi}\int_0^\pi d\omega \cos(l\omega)\Omega^n(\omega) \qquad (7)$$

であることに注目した．

現代の読者には，ラプラスが特性関数の概念を使い，反転公式を適用したことが直ちにわかるであろう．といっても非常に単純な場合であるが．

ラプラスは理由づけとか形式的な変換を導くことについては極度に不注意である．彼は離散型確率変数 ξ_i を考えることから出発し，ついで変数が区間 $[-h, h]$ 上で一様に分布していることについての理由を述べるが，本文自体では区間 $[0, h]$ 上で一様分布する変数を取り扱っている．彼はこれらの連続な一様に分布する確率変数を区間 $[0, h]$ を $2m$ の「単位長さ」に等分割した離散型変数によって近似している．しかし「単位長さ」というのが長さ h/m の区間を意味することになり，実際には区間 $[-h, h]$ を分割することになっている．

形式的に式(7)の被積分関数を変換して，ラプラスは $n \to \infty$ としたときの極限定理を得ている．これは次のように書き換えられる．

$$\lim_{n\to\infty} P\left(-s \leq \frac{[\xi]}{\sqrt{n}} \leq s\right) = \frac{\sqrt{3}}{h\sqrt{2\pi}} \int_0^s e^{-x^2/2\sigma^2} dx.$$

ここで $\sigma^2 = h^2/3$ は変数 ξ_i の分散である．

ラプラスはこの結果を（分散をもつ）任意の分布の場合に拡張する．そのゆえに，この検討中の報告は同分布に従う確率変数の和に対する中心極限定理に捧げられているといってもよい．しかしながら，この導き方には厳密さが大きく欠けている．とはいえ，厳密でなく，そこここで単に混乱した論理を使いながら，正確な結論に至ることができるラプラスの例外的な直感力は強調しておかねばならないだろう．

彼の "Mémoire sur les intégrales définies et leur application aux probabilités, et spécialement à la recherche du milieu qu'il faut choisir entre les résultats des

---

[14] ガウスの記号法を用いる．たとえば $[aa] = \sum_{i=1}^n a_i^2$, $[ab] = \sum_{i=1}^n a_i b_i$. 記号 $[a]$ は $a_1 + a_2 + \cdots + a_n$ を表す．

observations"（定積分とその確率論への応用，特に，観測の結果から抽出されるべき平均値の決定についての研究報告）（(1810) 1811）で，ラプラスは，同じ数学的方法を使いながら再度中心極限定理を導いた．今度は同じ分布に従う確率変数 ε_i の1次関数 $[q\varepsilon]$ に対して，量 q_i は同じオーダーであることを仮定した．

確率変数の，すなわち，観測誤差の1次関数は，それぞれの等式

$$a_i x + l_i = \varepsilon_i \tag{8}$$

にあるファクター q_i をかけて和を作り（連立方程式(5)を参照），推定値を

$$x = -\frac{[ql]}{[qa]} + \frac{[q\varepsilon]}{[qa]} \tag{9}$$

と置くときに自然に出現する．

中心極限定理をふまえて，$[q\varepsilon]$ の分布が正規であると仮定し，基準として推定値の絶対期待値を選び，ラプラスはファクター q_i，さらには推定値そのものも最小2乗法によって決められるべきであることを発見した．彼はその計算を数個の未知数の場合に拡張し，その変換の過程で，独立な成分をもつ2変量正規分布を得た．注目するべきことであるが，当時もまた19世紀の終りまで誰も確率ベクトルの成分が独立であるという仮定を考慮しなかった．それが自明のことと信じられていたからである．

いま述べた仕事のなかで，ラプラスはコーシー－ブニャコフスキーの不等式（コーシー－シュワルツの不等式としても知られているが）を用いた．そして二重積分の変数変換を行うにあたって適切なヤコビの行列式を効果的に使った．

Théorie analytique（解析理論）の第4章でラプラスは，4種類の和 $[\xi]$，$[|\xi|]$，$[\xi\xi]$ および $[q\xi]$ の極限分布は以下の条件のもとで等しい（すなわち，標準正規である）ことを証明した．その条件とは，適当な中心化と適当な正規化がなされること，確率変数 ξ_i の独立性（ラプラスはこの条件は指摘しなかったが）およびそれらが有界区間上で共通な分布に従うことである．しかしながら，これらの命題を証明する必要はなかった．なぜならそれらはラプラス自身のそれ以前の結果，すなわち独立，同分布で有限分散をもつ項の和の極限分布についての定理の系に相当するからである．

ラプラスは *Théorie analytique*（解析理論）の第三版に三つの補遺を加えている．すべてが観測誤差の理論を扱っている．2番目の補遺が特に興味深い．ここでラプラスは三角形の測定された角度の和の誤差を研究した．彼はその誤差が密度関

数 $\sqrt{h/3\pi}\cdot\exp(-hx^2/3)$ の正規分布であると想定した．正確さの基準の推定値としてラプラスは $Eh = 3n/2\theta^2$ を提案した．ただし θ^2 は

$$\theta^2 = T_1^2 + T_2^2 + \cdots + T_n^2$$

によって決定される．ここで T_i は i 番目の三角形の角度の和であり，n は独立な測定（三角形）の数である．

さらに，ラプラスは h を確率変数と見なして，密度関数が

$$h^{n/2}\exp(-h\theta^2/3)$$

に比例することを注意した．

同じ補遺で，彼は観測の結果の数値的平均とメディアンによる正確さの程度を比較した．

誤差理論においてラプラスは系統的に絶えず次のアイデアに固執した．独立な測定 $\xi_i, i = 1, 2, \cdots, n$ によって与えられるある量 a を評価することが求められたとしよう．選ばれた推定値は和

$$\sum_{i=1}^{n} E|\xi_i - \hat{a}|$$

を最小にする $\hat{a}$ であるべきである．

この基準は関連する量の誤差が正規分布に従うときに使うことができる．そうでない場合には非常に込み入った計算になる．このことがラプラスの基準が以後あまり使われなくなった理由である．

観測誤差理論へのラプラスの貢献は非常に重要であると思われる．彼はまれにみるような実り豊かなアイデアを主張した．すなわち，観測誤差は数多くの独立な基礎的な誤差の和の結果であると．もし，これらの基礎的な誤差が一様に小さいならば，相当一般的な条件のもとで観測誤差の分布は正規分布に近くなければならない．現代ではこの考えは全体的な支持を勝ち得ている．与えられた観測の結果に関連した真の値についての可能な推測の多重性に関する彼の見解，そして（分散の）正確さの基準の評価についての彼の見解，ならびに有限分散で同分布に従う項の中心極限定理の導き方についての彼の概要も合わせて注目すべきである．

確率論へのガウスの貢献

誤差論を創造して直ちに多数の追随者を得たことはガウスにとって幸運だっ

た．彼の 2 番目の著書 *Theoria motus corporum cœlestium in sectionibus conicis Solem ambientium*（円錐曲線によって太陽のまわりを回る天体の運動理論）（ハンブルク，1809)[15] において，ガウスは単峰，対称かつ微分可能な分布 $\varphi(x-x_0)$ のなかに，位置パラメータ x_0 の最大最尤推定量が数値平均に一致する分布，正規分布が唯一存在することを証明した．彼の導き方は次のようである．すなわち，$M, M', M'', \cdots$ を観測して p をそれらの算術平均とするとき，最尤方程式

$$\varphi'(M-\hat{x}) + \varphi'(M'-\hat{x}) + \varphi'(M''-\hat{x}) + \cdots = 0,$$

（ただし，$\varphi'(\Delta) = d\varphi(\Delta)/\varphi(\Delta)d\Delta$, $\hat{x}$ を最大最尤推定量とする）はただ一つの解 $\hat{x} = p$,

$$\varphi'(M-p) + \varphi'(M'-p) + \varphi'(M''-p) + \cdots = 0$$

をもつ．そこで，$M' = M'' = \cdots = M - \mu N$ として，μ の正整数値（μ は観測の数，$N(\mu-1) = M-p$）に対して

$$\varphi'([\mu-1]N) = (1-\mu)\varphi'(-N), \quad \varphi'(\Delta)/\Delta = k \quad (k<0), \quad \varphi(\Delta) = ce^{k\Delta^2/2}$$

を得る．

さらに簡単な帰結として，与えられた観測の集合の密度関数が最大値をとるのは，測定されようとする定数の観測値の真の値の差の平方和が最小になるときであることをガウスは発見した．これは最小 2 乗法についてのガウスによる正当化であった．

いくつかの欠陥がこの例外的にエレガントな導き方にもともと存在しており，ガウス自身がのちにそれらを指摘した．第一に，正規分布のみが観測のランダム誤差として認められていた．彼の著作 *Theoria combinationis observationum erroribus minimis obnoxiae*（誤差を最小にする観測の組合せ理論）（ゲティンゲン，1823）第 1 部 §17 においてこの制限を指摘し，ガウスは「最小 2 乗法が…いかなる誤差の確率法則に対しても…観測の最良組合せを導くこと」を証明するようにこのテーマに関する「新しい論考」を提案するであろうと書き加えた[16]．

第二点として，ガウスがベッセル（F.W. Bessel）への手紙で注意しているように，最大最尤原理は最良ではない．

---

[15] 英語版：ボストン，1857（再版：ニューヨーク，1963）．[訳注] 邦訳：飛田武幸，石川耕春訳，誤差論，紀伊国屋書店，1981, pp.92-113.

[16] C.F. ガウス，*Theoria combinations*, §17. この論文はフランス語（1855）およびドイツ語（1887）訳がある．[訳注] 邦訳：誤差論, pp.22-23.

私は確率を最大にするような未知パラメータ（Grösse）の値を決定することはどの道あまり重要でないと考えざるを得ない．無限小のままであるが，その値よりはむしろ，不利益が最小になるようなゲームをすることができるような値を指定するほうが重要である．すなわち，fa を未知の x が値 a をとる確率だとすれば，fa が最大値をとることはすべての可能な値 x を動かして $\int fxF(x-a)dx$ が最小であることほどには重要ではない．ここで F は常に正の値をとり常に増加する変数に対して増加する関数のなかから適当な方法で選ばれる[17]．

　関数 F の選択の任意性を公に認めたうえで，ガウスは $F=x^2$，すなわち最小分散法を選んだ．彼が上の *Theoria combinationis observationum* …（観測の組合せ理論）で証明したように，最小2乗法で決定されたものが線形推測値のなかで最小の分散をもつ．これがガウスの最小2乗法についての第二の正当化である．ともかくもごく最近まで，ガウスの追随者と自ら考えていた天文学者たちは最小2乗法を正規分布の実現と（そして数理統計で R.A. フィッシャーにより 1912 年に導入された最尤推定原理とも）関連づけていた．1898 年になって，A.A. マルコフは A.V. ヴァシリエフへの手紙[18]のなかでこの時代遅れの見解に反駁しなければならなかった．

　正確さの積分尺度（「最小不利益ゲーム」）を好ましいとするガウスの考えは他に例のないほど実り豊かであることが明らかになり，再びガウスとは関係なしに，そのような尺度がのちに数理統計学に導入された．

　古典的な誤差論のアイデアと可能性は基本的にガウスの業績であるが，その再評価がパラメータ推定の統計理論のなかで最近数十年になってようやく現れた．

　確率論はガウスの科学上の興味の中心からははるかに遠かった．それにもかかわらず，彼はこの理論を多数の傑出した結果によって豊富にし，後続の数多くの方向における発展に影響を与えた．

　最小2乗法は直ちに一般の認知を得て，ガウスはその発見と導入の名誉を二人

---

[17] C.F. ガウス，*Werke*（著作集），Bd.8．ゲティンゲン-ライプチヒ，1900，pp.146-147．その英訳は R.L. Plackett, "The discovery of the method of least squares（最小2乗法の発見）". *Biometrica*, vol.59, pt.2, 1972 から引用した．
[18] マルコフからヴァシリエフへの手紙は一般的な題 "The law of large numbers and the method of least squares"（大数の法則と最小2乗法）としてマルコフの *Selected works. Theory of numbers. Theory of probability*（選集．レニングラード，1951，pp.233-251）にロシア語で収めている．［訳注］ソ連科学アカデミー出版局発行．

の同時代人ルジャンドル（A.M. Legendre）およびアドレイン（Robert Adrain）と分け合った．

　この原則を明示的に定式化した最初の出版物はルジャンドルの *Nouvelles méthodes pour la détermination des orbites des comètes*（彗星軌道の決定の新方法）（パリ，1805 および 1806）であった．ルジャンドルはこの原則の応用が残る誤差間にある程度の平衡性をもたらすこと，および，この場合には最大誤差の絶対値は順応する観測のすべての方法のなかで最小であることを主張した．あとの主張は間違っているのだが，明らかにルジャンドルとガウスの間の先取権争いに紛れ，それは忘れ去られた．

　ガウスはすでに最小 2 乗法を――当時は未出版であった研究において――ルジャンドルの論文の出版よりかなり前に応用していた．彼は *Theoria motus corporum cœlestium in sectionibus conicis Solem ambientium*（円錐曲線によって太陽のまわりを回る天体の運動理論）（§ 186）にこの点について次のように書いた．「…1795 年来使っていたわれわれの原理はルジャンドルによって最近刊行された…」[19]．

　ルジャンドルは最小 2 乗法の定性的な正当化をしただけなので，彼の功績はガウスに比べて低位であり先取権の主張に対する根拠はほとんどない．しかしながら，ルジャンドルは特に *Nouvelles méthodes pour la détermination des orbites des comètes* の第三版への補遺でガウスの言い方「われわれの原則」（unser Princip）に鋭く抗議している[20]．

　1808（または 1809）年に土地調査の実際的な問題から出発して，アメリカの数学者アドレイン（1775-1843）は観測誤差の分布の正規性および最小 2 乗法の二つの導出法を含む論文[21]を発表した．その論文はまったくヨーロッパでは知られていない，しかも 1 年間しか発行されなかったアメリカの雑誌に載った．アドレインの正規分布の導出には欠陥があり，そして彼は最小 2 乗法をルジャンド

---

[19] 脚注 15 を参照．

[20] A.M. ルジャンドル, *Nouvelles méthodes pour la détermination des orbites des comètes*. Second supplément. パリ，1820, pp.79–80.

[21] R. アドレイン, *Research concerning the probabilities of the errors which happen in making observations*（観測で生じる誤差の確率に関する研究），"Analyst or math. museum", vol.1, No.4. フィラデルフィア，1808, pp.93–109. 再版：*American contributions to mathematical statistics in the 19th century.* ニューヨーク，1980.

ルの論文から学んでいたと思われるのだが，他方，彼の結果は取りたてて述べる価値がある．なぜなら彼はガウスのように最大最尤原理を用いたからである．そしてまた 1818 年にアドレインは最小 2 乗法を子午線の弧の測定結果から地球の公転の楕円体の扁円性の決定にはじめて応用した[22]．同じ年にこの楕円体の半径を当時としては例外的な正確さで概算した[23]．

数多くの他の学者たち，ポアソン（S.D. Poisson）とコーシー（A.L. Cauchy）も誤差論を取り上げた．しかし彼らの仕事は確率論の流れのなかで考察するほうがより自然である．

この項を終わるに当たって，ガウスによって数年間にわたって書かれたが，別にしまわれていた未発表のノートが残されていたことを指摘しておく．これらのうちの一つには密度関数のフーリエ変換に対する逆変換を含んでいる．しかしながらフーリエ，コーシーそれにポアソンはこの公式をより早く導入した．1812 年 1 月 30 日のラプラスへの手紙で，ガウスは次の問題を定式化した．これは計量数論の始まりだと考えられる[24]．まず M を 0 と 1 の間のある数とする．そして

$$M = 1/a' + 1/a'' + 1/a^{(3)} + \cdots$$

をその連分数展開とする．求めるのはこの連分数の「尾」

$$1/a^{(n+1)} + 1/a^{(n+2)} + 1/a^{(n+3)} + \cdots$$

が x 以下である確率である．ガウスはその確率を $P(n, x)$ と置き，$P(0, x) = x$ と仮定して

$$\lim_{n \to \infty} P(n, x) = \frac{\log(1+x)}{\log 2}$$

であることを発見した．

ガウス自身は 1799 年[25]にこの結果に導いた論証には満足しなかったので，ラプラスに厳密な証明を見つけるように依頼した．しかしクズミン（R.O. Kuzmin）

---

[22] R. アドレイン，*Investigation of the figure of the earth and of the gravity in different latitudes*（地球の形状と異なった緯度における重力の研究），Trans.Amer.Phil.Soc., vol.1（新シリーズ），1818．再版：*American contributions to mathematical statistics in the 19th century*，ニューヨーク，1980 に所収．

[23] R. アドレイン，*Research concerning the mean diameter of the earth*（地球の平均直径に関する研究）．同上．再版：*American contributions to mathematical statistics in the 19th century* に所収．

[24] C.F. ガウス，*Werke*（著作集），Bd.10, Abt.1．ゲティンゲン-ライプチヒ，1917, p.371-374．

[25] ガウスによる原稿のメモによって証明される．

が1928年にそれを成し遂げるまでに1世紀以上が必要であった．

ポアソンとコーシーの貢献

現代科学ではポアソンの名前はある分布の概念，確率過程，そしてポアソンの大数の法則と結びついている．ポアソン（Siméon Denis Poisson, 1781-1840）は下級公務員の息子であった．父はフランス革命の年月のあいだに何らかの高い地位についた．父親としては彼に公証人になることを望んだ．少年が法律の勉強にほとんど熱意がないことみて，父は彼を散髪屋の徒弟に出したが，そこから彼は家に走り帰った．その後父は，一方では地位が改善されていたこともあり，フォンテンブロー（Fontaineblue）にある学校に息子を送ることに同意した．そこの先生の一人がこの若者の数学的才能を発見し，エコール・ポリテクニーク（高等工科学校）の入学試験の準備をする彼を助けた．入学するとラグランジュ，ラプラスその他の非常に優秀なフランスの数学者たちがこの若者を指導して鼓舞した．1800年にエコール・ポリテクニークを卒業し，最初の科学論文を発表し，そこの復習教師（*répétiteur*）に任命された．1806年にフーリエが退任し，ポアソンが教授としてその後任に就いた．1816年にソルボンヌに理学部が創設された際，ポアソンは基礎力学の教授になった．それより少し前の1912年に彼はパリ科学アカデミー会員に選出された．ポアソンは彼の創造的な仕事の活発さからエコール・ポリテクニークの典型的な代表者と目された．彼は300篇以上の論文を書いた．合計記録ではおそらくコーシーにのみ遅れをとる．彼の科学的興味は解析学（複素積分，多重積分を含む），確率論，そして応用数学の種々の分野，一般および天体力学，数理物理学（弾性論，熱伝導，毛管現象，電気学および磁気学）を包括していた．クライン（Felix Klein）は書いている．

> 多才で実り豊かな研究は現在でも彼の名前の付いた多くの項目によって集約される．力学におけるポアソンの括弧，弾性論におけるポアソンの定数，ポテンシャル論におけるポアソン積分，そして最後に一般的に知られており広く用いられるポアソン方程式 $\Delta V = -4\pi\rho$．これは外部空間に対するラプラス方程式 $\Delta V = 0$ の引力のある物体の内部空間への一般化によって確立したものである[26]．

---

[26] F. クライン，*Vorlesungen über die Entwicklung der Mathematik im 19. Jahrhundert*（19世紀における数学の発展についての講義），Tl.1．ベルリン，1926，p.68.

この印象的なリストにはポアソンの重要な「大数の法則」(以下に述べる) が欠けてしまっている.

ポアソンの確率論への貢献というと,まずもって彼の著書 *Recherches sur la probabilité des jugements en matière criminelle et en matière civile*(刑事および民事に関する判決の確率についての研究)(パリ,1837) があげられる.そこでは,ラプラスによってすでにいくつかの仮定を置いて考察された問題の研究が継承された.

ポアソンより前の先駆者たち——ラプラス,ガウス,ほか——は研究のなかで確率変数の概念を広く用いたが,常に観測結果とか観測誤差と結びついていた.ポアソンは,この概念をこれらの問題から切り離し,確率変数をすべての自然科学にとって等しく重要な一般的な概念としてみた恐らく最初の人である.彼はそれを値 $a_1, a_2, \cdots, a_\lambda$ を対応する確率でとることができる「なにものか」(*une chose quelconque*) と述べていた.しかし,少しそれより早く論文 *Sur la probabilité des résultats moyens des observations. Connaissance des temps*(観測の平均結果の確率について)((1829), 1832) の第2部で同様の方法によって連続な確率変

ポアソン (Siméon Denis Poisson, 1781-1840)

数をその分布関数とともに考察することを試みていた[27]．しかしながら，実際の使用にあたってこの概念に対して特別な用語の導入を試みたことを別とすれば，ポアソンの確率変数の理論は，彼の先駆者や同時代人によって成熟し，応用された知識の集成と本質的には違いがなかった．

ポアソンの名前は「大数の法則」を科学に導入したことと切り離せない[28]．物理学的な世界の知識にとっては大数の法則のような定理が重要であることを彼は知っていたし，彼はまたこの法則の熱情的な擁護者であった．彼にとって，この法則の本質は多くの確率変数の算術平均とそれらの期待値との近似的な等式であった[29]．

しかしながら，彼は，完全に一般的な形でこの命題を証明することはできなかった．ベルヌーイの定理の独立試行に対する一般化（対象の事象 A の起きる確率が試行の序数による場合）のみが現在でも彼の名のもとに知られている．

ポアソンはベルヌーイ型の試行に多くの注意を払った．伝統に従って，彼は独立試行を検討しているとは記述せず，しかし暗黙のうちにこの制約を仮定していた．

ポアソンは次のように記述している[30]．各試行で A が確率 p で起きるならば，$\mu = m+n$ 回の試行のうち m 回以上 A が起きる確率は

$$P = p^m \left[1 + mq + \frac{m(m+1)}{2!}q^2 + \cdots + \frac{m(m+1)\cdots(m+n-1)}{n!}q^n \right]$$

$$= \frac{\int_\alpha^\infty X dx}{\int_0^\infty X dx}, \tag{10}$$

$$X = \frac{x^n}{(1+x)^{\mu+1}}, \quad \alpha = \frac{q}{p}, \quad q = 1-p$$

である．これらの積分を計算して大きな m と n に関する漸近的な等式

$$P = \frac{1}{\sqrt{\pi}} \int_k^\infty e^{-t^2} dt + \frac{(\mu+n)\sqrt{2}}{3\sqrt{\pi\mu mn}} e^{-k^2} \quad (q/p > h \text{ に対して}) \tag{11}$$

$$P = 1 - \frac{1}{\sqrt{\pi}} \int_k^\infty e^{-t^2} dt + \frac{(\mu+n)\sqrt{2}}{3\sqrt{\pi\mu mn}} e^{-k^2} \quad (q/p < h \text{ に対して}) \tag{12}$$

---

[27] この論文の第1部は同じ定期刊行誌（(1824)，1827）で出版された．
[28] S.D. ポアソン，*Recherches sur la probabilité des jugements*（判決の確率の研究）．パリ，1837，p.7．
[29] 同上，pp.138-143．
[30] 同上，p.189．

が得られる．ここで，$k=\sqrt{n\log(n/q\mu)+m\log(m/p\mu)}$ であり，$h=n/(m+1)$ は $X(x)$ の最大点の横座標である．

もちろん式(11)および(12)はド・モアブル-ラプラスの積分型極限定理そのものである．ポアソンのなしたすべてはラプラスとは少し異なった形で書き下ろしたことであった（本書 p.243 参照）．

小さな q に対しては
$$mq \approx \mu q = \omega, \qquad m(m+1)q^2 \approx \omega^2, \cdots, p^m \approx e^{-\omega}$$
と置いて，彼は
$$P \approx e^{-\omega}\left[1+\omega+\frac{\omega^2}{2!}+\cdots+\frac{\omega^n}{n!}\right] \qquad (13)$$
を得た．

これはベルヌーイ分布のポアソン近似に対応する公式である．たとえば
$$P(\xi=m) \approx e^{-\omega}\frac{\omega^m}{m!}$$
のような表記は彼の著書にはみつからない．

ポアソンはこの極限定理を，二つの独立な標本に関する比の差 $n_2/\mu_2 - n_1/\mu_1$ の統計的意義を，確率 p が知られている場合と知られていない場合に評価するために用いた．そのあと，彼は非復元抽出の場合の壺の問題に対して極限定理を導いた．彼はまたそれを選挙制度のモデルに応用した．彼の前提に従うと，各投票者は二つの政党のいずれか一つに属しており，それぞれの党員の人数を a と b として $a:b=90.5:100$ とする．政党員がランダムにその選挙区に分布しているとすれば，ポアソンが計算しているように，少数派の議員が選出される確率は非常に小さい．たとえば459選挙区に対して $a+b=200000$ とすると，この確率は0.16である．ただしこの選挙制度のモデルは重く受け取られるべきではない．ポアソン自身が不適であることを理解していた．私たちにとってより重要なことは，そのように選ばれた政府の「代議制」に対する彼の指摘である．彼の言によれば代議政府はごまかし（*déception*）である[31]．

ポアソンはまた一定でない確率をもつ試行に対して局所型および積分型極限定理を導いた[32]．試行を μ 回行ううちに，E が確率 $p_1, p_2, \cdots, p_\mu$ で起き，その補事

---

[31] S.D. ポアソン，*Recherches sur la probabilité des jugements*．パリ，1837, p.244.
[32] 同上，p.246.

象 F が確率 $q_1, q_2, \cdots, q_\mu$ で起きるとしよう．事象 E が m 回（つまり事象 F が $\mu-m$ 回）起きる確率は，
$$(up_1+vq_1)(up_2+vq_2)\cdots(up_\mu+vq_\mu)=X$$
の展開式の $u^m v^n$ の係数に等しく，したがって
$$U=\frac{1}{2\pi}\int_{-\pi}^{\pi}Xe^{-(m-n)ix}dx=\frac{2}{\pi}\int_0^{\pi/2}Y\cos[y-(m-n)x]dx$$
に等しい．ただし，
$$Y=\rho_1\rho_2\cdots\rho_\mu,\ \ y=r_1+r_2+\cdots+r_\mu$$
であり，ρ_k および r_k はそれぞれ複素関数
$$(p_k+q_k)\cos x+i(p_k-q_k)\sin x=\rho_k e^{ir_k}$$
の絶対値と偏角を表す．この関数は 2 項関数 (up_k+vq_k) に $u=e^{ix}$ および $v=e^{-ix}$ を代入したものである．

大きな μ に対して p_k (または q_k) が k の増加とともに減少する場合を除いて，ρ_k と Y を x の冪級数に展開することによってポアソンは次の局所型極限定理を導いた：
$$P(m=p\mu-\theta c\sqrt{\mu}, n=q\mu+\theta c\sqrt{\mu})$$
$$\equiv U=\frac{1}{c\sqrt{\pi\mu}}e^{-\theta^2}-\frac{h\theta}{2c^4\mu\sqrt{\pi}}(3+2\theta^2)e^{-\theta^2}, \quad (14)$$
$$c^2=\frac{2[pq]}{\mu},\ \ h=\frac{4}{3\mu}\sum_{i=1}^{\mu}(p_i-q_i)p_iq_i.$$

この等式(14)から出発してポアソンは直ちに積分型極限定理を得た．

そのあと，不当な論理的飛躍があって真実でない定理[33]を定式化し，不正確な理由づけによってそれを正当化した．有限の分散をもつだけで他には何も特定しない確率変数によって構成される和は，それらの項の期待値の和によって中心化されまたそれらの項の分散の和の平方根で正規化されたとき，標準正規分布に近い分布をもつことが必要であると彼は信じ込んでいた．系としてポアソンは有限分散をもつ変数の和に対して大数の法則を「証明した」．

彼の著書のなかで，有限個の点 $C_1, C_2, \cdots, C_n$ を除いていたるところゼロに等しい密度関数を導入するときに，ポアソンは一般化された関数（超関数）

---

[33] S.D. ポアソン，*Recherches sur la probabilité des jugements.* パリ，1837，pp.271-277.

$$f(x) = \sum_k \gamma_k \delta(x - C_k) \quad (\sum \gamma_k = 1, \ \gamma_k > 0)$$

を基本的な形で用いている（δ はディラック関数の記号）．これらの点では

$$\int_{C_k - \varepsilon}^{C_k + \varepsilon} f(x) dx = g_k, \quad k = 1, 2, \cdots, n,$$

であり，ただし ε は無限小の正数で

$$g_1 + g_2 + \cdots + g_n = 1$$

を満たすとする．

　ポアソンはそれ以上何の説明もしていない．しかし，ディラック自身彼の有名な関数を同じようにレベルの低い厳密さで定義していることに注意しよう．

　ポアソンはこの本の約 100 ページを刑事訴訟への確率論の応用にあてている．ここでは被告人が罪を犯していることがわかる確率に関するいくつかの一般的な研究が見いだされる（陪審員数への依存の研究，特に満場一致の有罪の表決の場合に）．罪の二つの主要なタイプ，つまり人に対するものと財産に対するものの各々について，被告訴人や有罪判決を受けた数の相対的な安定性についての注意，1830 年革命の法廷の仕事ぶりへの影響についての注意などがある．ポアソンがわざと最初の前提（彼は陪審員が判定を独立に宣告することを仮定した）を単純化した結果として，彼の研究は現実の公共の利益をもたらさなかった．しかし訴追された人への有罪か無罪かの確率についての彼の論法[34]は，コンドルセ（Marie Jean Antoine Nicolas de Caritat Condorcet）やラプラスの同様な考え方とともに，罪悪の領域や第 1 種，第 2 種の過誤の概念に関する前史として位置づけられる．

　ポアソンの研究報告 "Sur la probabilité des résultats moyens des observations"（観測の平均結果の確率について）は観測誤差にあてられている．その重要な部分は，実際には，ラプラスの仕事についての論評である．ラプラスと同様に，ポアソンは特性関数を和および多数の観測誤差の 1 次関数の分布に対する公式を導くために利用した．

　この研究報告でポアソンが次の分布，後世コーシー分布と呼ばれるが，

---

[34] S.D. ポアソン，*Recherches sur la probabilité des jugements．*パリ，1837，pp.388-392．

$$f(x) = \frac{1}{\pi(1+x^2)}, \quad |x| < +\infty, \tag{15}$$

を導いている．この事実は確率論の歴史にとって結構興味深いことである．ポアソンは，観測が「コーシーの法則」に従って分布しているならば，その算術的平均も同じ分布に従うことを発見した．

ポアソンがコーシーに約20年先駆けてコーシー分布とその安定性を発見したことは明白である．歴史の正当性を回復して，分布(15)を真の発見者の名前に付け替えることが自然である．

ポアソンは確率的方法の応用領域を拡大することに熱心に関心を払った．彼が確率論を医学や人口統計の問題に応用した所以である．彼は医学統計の初期の本の1冊のレヴューの共著者であった．また新生児の男女比に関して *Mémoire sur la proportion des naissances des filles et des garçons*（女児および男児の誕生数についての論考）(Mém. Acad. sci. Paris, 1830, t.9) を著した．

ポアソン分布の夜明けを告げる公式(13)がまさにこの論文に最初に現れた．

論文 *Sur l'avantage du banquier au jeu de trente et quarante*（ゲーム「30と40」における親元の利得について）(Ann. math. pures et appl., 1825-1826, t.16) においては，ポアソンは次の問題を解かなければならなかった．番号1を記した x_1 個の玉，番号2を記した x_2 個の玉, …, 番号 i を記した x_i 個の玉 $(x_1+x_2+\cdots+x_i=s)$ が壺に入っている．非復原抽出を n 回行った場合に，番号1の玉を a_1 個，番号2の玉を a_2 個, …, 番号 i の玉を a_i 個 $(a_1+a_2+\cdots+a_i=n)$ 取り出す確率 P を定めよ．ここで，取り出した数の和が

$$a_1 + 2a_2 + \cdots + ia_i = x \tag{16}$$

とする．

ポアソンはこの問題を解く際に，最初条件(16)を使わないで結果

$$P = \frac{n!(s-n)!}{s!} \cdot \frac{x_1!}{a_1!(x_1-a_1)!} \cdot \frac{x_2!}{a_2!(x_2-a_2)!} \cdots \frac{x_i!}{a_i!(x_i-a_i)!}$$

$$= (s+1)\int_0^1 (1-y)^s Y dy,$$

$$Y = \frac{x_1!}{a_1!(x_1-a_1)!}\left(\frac{y}{1-y}\right)^{a_1} \frac{x_2!}{a_2!(x_2-a_2)!}\left(\frac{y}{1-y}\right)^{a_2} \cdots \frac{x_i!}{a_i!(x_i-a_i)!}\left(\frac{y}{1-y}\right)^{a_i}$$

を得た．特に $i=2$ に対して得られた確率の系は超幾何分布と呼ばれており，しかもその問題自身，製品の抜取り品質管理と直接的な関係をもつ．

制限(16)を考慮に入れるためにポアソンは Y を条件を満たす集合 $\{a_1, a_2, \cdots, a_i\}$ に対応する和で置き換えている．母関数

$$\left(1+\frac{yt}{1-y}\right)^{x_1}\left(1+\frac{yt^2}{1-y}\right)^{x_2}\cdots\left(1+\frac{yt^i}{1-y}\right)^{x_i}$$

を考慮して，彼は求める確率が表現

$$(s+1)\int_0^1 (1-y+yt)^{x_1}(1-y+yt^2)^{x_2}\cdots(1-y+yt^i)^{x_i}dy$$

における t^x の係数に等しいことに注目している．

同じゲームを観察して，ポアソンは最初の玉の抽出のあとに引き続き，これも復元しないで第二の標本の玉の抽出 $\{b_1, b_2, \cdots, b_i\}$ を導入することにした．それに応じて条件(16)と等式

$$b_1+2b_2+\cdots+ib_i=x'$$

が満たされるように結合確率を決定した．この際に彼は2項母関数を使った．

コーシー（Augustin Louis Cauchy）は確率論に大きく貢献した．1831年から1853年にかけて，彼は観測の数学的取扱いについて，一部は確率論についての10編を下らない論文を発表した．それらのうちの8編は彼の *Œuvres complètes*（論文集）の最初のシリーズの第12巻に収められた．これは1900年に出版された．それらのうちのいくつかは著者とビエネメ（Irenée-Jules Bienaymé, 1853）との，特に関数の内挿についての種々の問題を解くための最小2乗法の使用についての論考の結果として書かれた．

コーシーは観測の取扱いを平均法と最小最大値原理によって研究した．後者はすなわち，観測を取り扱うすべての方法に対して最小となる残余の最大絶対値を決定する原理である．今日この方法は統計的決定論で使われる．

彼の論文 *Sur la plus grande erreur à craindre dans un résultat moyen, et sur le système de facteurs qui rend cette plus grande erreur un minimum*（平均結果で懸念される最大誤差について，および最大誤差を最小にする要因のシステムについて）(1853; *Œuvres complètes*, t.12, パリ, 1900, pp.114-124) において，コーシーは，n 個の非負変数 $\lambda_1, \lambda_2, \cdots, \lambda_n$ が m 個の線型方程式 ($m<n$) を満足するときにこれらの変数の線形関数が最大値を達成するのは，$(n-m)$ 個のこれらの変数が消えるときであることに注目した．彼はこうして線形計画法——この前史は少なくともフーリエ (1824)[35]に始まっているが——の定理群の一つを証明した．

この論文の不完全さ，たとえば上記の問題の基本解を検討するための効果的なアルゴリズムの必要性を欠いたこと，はコーシーの多くの著作にみられる軽率な記述の典型である．

彼の論文 *Sur les résultats moyens d'observations de même nature, et sur les résultats les plus probables*（同じ属性の観測の平均結果，および最も生じやすい結果について）(1853；*Œuvres complètes*, t.12, pp.94-104) では，未知数(x)の一つの誤差が与えられた区間(ω_1, ω_2)に属する確率 $P(\omega_1 < \Delta x < \omega_2)$ が最大になるという条件のもとで観測誤差 $\varepsilon_i (i=1, 2, \cdots, n)$ の密度関数 $f(\varepsilon)$ を決定するという優雅な問題が解かれている．偶分布 $f(\varepsilon) = f(-\varepsilon)$ を仮定して彼が得た結果は，$\theta > 0$ に対する特性関数

$$\varphi(\theta) = e^{-c\theta^{\mu+1}} \tag{17}$$

である．ただし μ は実数，$c>0$ である．

この導き方は直接的な実用にはほとんど役立たない．しかし，関数(17)は $-1 < \mu \leq 1$ の場合に限り特性関数であり，対応する分布は安定であることが興味深い．

コーシーは $\mu = 1$ および $\mu = 0$ と置いて，それぞれ正規分布と「コーシー分布」

$$f(\varepsilon) = \frac{k}{\pi(1+k^2\varepsilon^2)}$$

を得た．これはそれ以前にポアソンによって考察されたものである（p.265参照）．研究報告 *Mémoire sur les coefficients limitateurs ou restricteurs*（極限係数についての論考）(1853；*Œuvres conplètes*, t.12, pp.79-94) は不連続因子（discontinuity factor）について，また特にそれの確率論への適用にあてられている．それぞれ区間

$$[\mu_1, \nu_1], [\mu_2, \nu_2], \cdots, [\mu_n, \nu_n]$$

では0にならない分布法則 $\varphi_1(x_1), \varphi_2(x_2), \cdots, \varphi_n(x_n)$ をもつ誤差 $x_1, x_2, \cdots, x_n$ の関数 $\omega(x_1, x_2, \cdots, x_n)$ の確率的挙動を調べるとしよう．コーシーが記すように，

$$P(\omega_1 \leq \omega \leq \omega_2) = \int_{\mu_1}^{\nu_1}\int_{\mu_2}^{\nu_2}\cdots\int_{\mu_n}^{\nu_n} I\varphi_1(x_1)\varphi_2(x_2)\cdots\varphi_n(x_n) dx_1 dx_2 \cdots dx_n,$$

---

[35] I. グラタン-ギネス，*Fourier's anticipation of linear programming*（フーリエの線形計画法の予見）．Operat. res. quarterly, vol.21, 1970, pp.361-364 を参照．

$$I = \begin{cases} 1, & \omega_1 \leq \omega \leq \omega_2 \text{ のとき}, \\ 0, & \omega < \omega_1 \text{ または } \omega > \omega_2 \text{ のとき} \end{cases}$$

である.

たとえば，コーシーはこの種の不連続因子として関数

$$I = \frac{1}{2\pi}\int_{\omega_1}^{\omega_2} d\theta \int_{-\infty}^{\infty} e^{\theta(\tau-\omega)i} d\tau$$

を用いることを提案した．

ラプラスやポアソンは不連続因子をコーシーに先立って確率論で使っている．

特に興味深いのは，コーシーの論文 *Sur la probabilité des erreurs qui affectent des résultats moyens d'observations de même nature*（同じ属性の観測の平均に影響する誤差の確率について）(1853) と *Mémoire sur les résultats moyens d'un très grand nombre d'observations*（非常に大きな回数の観測の平均結果についての論考）(1853) である[36]．これらの著述で，コーシーは概略同じ方法で中心極限定理を証明している．コーシーは最初の論文で，区間$[-\chi, \chi]$上で0にならない偶密度$f(\varepsilon)$をもつ誤差ε_iの線型関数

$$\omega = [\lambda \varepsilon] \qquad (18)$$

を考察している．式(18)の特性関数は

$$\Phi(\theta) = \varphi(\lambda_1 \theta) \varphi(\lambda_2 \theta) \cdots \varphi(\lambda_n \theta)$$

である．ただし$\varphi(\theta)$は誤差ε_iの特性関数であり，したがって

$$P(-v \leq \omega \leq v) = \int_0^v F(\tau) d\tau = \frac{2}{\pi}\int_0^\infty \Phi(\theta) \frac{\sin \theta v}{\theta} d\theta \qquad (19)$$

である．ここで

$$F(v) = \frac{2}{\pi}\int_0^\infty \Phi(\theta) \cos \theta v \, d\theta$$

は式(18)の密度関数である．

等式(19)の積分の評価を省いて，コーシーは次のことを指摘する．特に$\lambda_i = O(1/n), \rho = O(\sqrt{n})$および$\theta < \rho$に対して

$$\Phi(\theta) = e^{-s\theta^2}, \quad s = [\varphi \lambda \lambda].$$

ただしφ_iは

---

[36] A.L. コーシー，*Œuvres complètes*（全集），t.12, sér.2, パリ, 1958, pp.104-114, 125-130.

$$c = \int_0^X \varepsilon^2 f(\varepsilon) d\varepsilon$$

に近い（したがって $2s$ は関数(18)の分散 σ^2 に近い）．そして

$$F(v) = \frac{1}{\sqrt{\pi s}} e^{-v^2/4s},$$

$$P(-v \leq \omega \leq v) = \frac{1}{\sqrt{\pi s}} \int_0^v e^{-x^2/4s} dx \approx \frac{\sqrt{2}}{\sigma\sqrt{\pi}} \int_0^v e^{-x^2/2\sigma^2} dx$$

が判明する．

　コーシーはまた彼が設定した仮定に帰因する誤差を評価した．

　コーシーは「フーリエの余弦変換」を広く用いたといってよい．彼は二つの論文を専らフーリエ余弦，正弦変換に当てている．すなわち *Sur une loi de réciprocité qui existe entre certaines fonctions*（ある関数間に存在する相互法則について）(1817) と *Seconde note sur les fonctions réciproques*（逆関数についての第二のノート）(1818) である[37]．これらの論文では，当時はまだ出版されていなかったが，著者たちがパリの科学アカデミーに1807年と1811年に提出していたポアソンとフーリエの熱理論とを引用している．

　われわれは簡潔に確率論の発展において注目すべき時期の主な代表者たちの業績を記述してきた．その時期は19世紀の前半のほぼ全体にわたっている．このあいだに確率論で使われる解析的方法の基礎が用意された．さらに，新しい極限定理の概念が用意されて，誤差論，人口統計学，発射弾の散乱の研究，そして何よりも確率論自身にとってのこれらの定理の重要性が大きく評価された．

　大数の法則の応用領域を広げるためにいくつかの試みがなされた．対象の事象の起きる確率が試行の回数に伴って変わるような一般化されたベルヌーイ列に対しては，この試みが成功した．ラプラス，ガウス，それに他の何人かの科学者は誤差論に実用になじむ形式を与えた．まずは天文学者たちが（ついで一般の自然科学者たちが），そして数学者たちが正規分布（これはピアソンによって導入された用語）をガウス分布と呼び始めたことがこの事実を大いに説明している．歴史的にみて，この用語が正確でないことは明らかである．一つあげれば，正規分布は最初ド・モアブルの仕事に現れた．それはガウスの誕生よりずっと以前のこ

---

[37] A.L. コーシー, *Œuvres complètes*, t.2, 1958, pp.223-227, 228-232.

とである．そしてガウスが数学の研究を始めるどころか，彼が学校に通う前に，ラプラスにより広く使われていた．

これは確率論の発展における英雄たちの時期であった．最高の才能をもったラプラス，ポアソンそれにコーシーのような学者たちでさえも，高まってくる確信を可能な限り早く発表しようとやっきになった．そして自らのアイデアを論理的完璧さにはほど遠いような解析的方法で支えた．定式化においても結果の証明においても欠陥をみつけることはやさしい．ラプラス，ポアソンそれにコーシーが中心極限定理や大数の法則のような将来有望な定理の定式化を提案したとはいっても，これらの結果は数学的な事実というよりは，巨大で，新しく，将来性のある分野に対する熱狂の表現と見なされるべきである．したがってポアソンの大数の法則や中心極限定理の一般的な定式化がのちに不正確であるとわかっても驚くにあたらない．かなりの時間と新世代の科学者の天才——第一にチェビシェフ，マルコフ，そしてリャプノフ——が，適切で優美な数学的定式化と期待や予想，そしてこれらの命題の広さと深さに関する主観的確信に対する証明を発見すべく待望された．とはいえ，ラプラス，ポアソンおよびコーシーの才能，そして基本的な科学的概念の価値および数学的思考の新しい方向を予見する彼らの能力を公正に評価しなければならない．

種が肥沃な土地に蒔かれて，強力な数学研究の方法や，私たちを取り巻く世界の深い調和を通じて発芽し，発育し，人類の前に姿を現すためには時間が必要であった．少なくとも当時の（大半）フランス科学の聡明な代表者たちが自然の数理科学と確率論をいかに基礎づけしたかは納得される．

もちろん基礎的な使用法にとどまらず，新しい数学の道具を科学の分野や実用の領域に応用する試みが，控えめにいっても疑わしい場面でなされたことはいなめない．

確率論の発展のこの時期に優勢であった哲学的な考え方は，独立性の概念の普遍性に対する信念であった．したがっておおむね著者たちは，その頃（実際には19世紀の終わりまで）この仮定に言及しなかった．ラプラスの論文のいくつかでのみマルコフ型の従属性が顔を出し始めていた．

社会統計および人体測定の統計

科学の分野として，人口統計学が18世紀の中頃に生まれた．この分野での最

初の理論的研究は主に D. ベルヌーイとラプラスによるが，これは HM，第 3 巻 (pp.130-133) で取り上げられている．

1800 年に一般統計局 (Bureau de le statistique générale) がフランスで創設されて (1812 年まで存続し，1833 年に再建された)，最初の試みは国の人口を数えることであった．1832 年ケトレがイギリスを訪問したあと，統計部門がイギリス科学振興協会 (British Association for the Advancement of Science) に加えられ，次の年にこの部門の永遠の使命がバベイジ (Charles Babbage) を主任として作られた．1834 年にロンドン (現在は王立) 統計協会が設置された．その目的は人口，工業などの数値データを集め出版することであった．

アメリカ統計学会 (American Statistical Society) は 1839 年に創設された．ロシア地理学会 (1845 年創設) はロシアの統計活動の基本的な考え方の拠点になった．しかし 19 世紀の初め (約 1809 年から) においても自由経済学会が個々の行政地区の統計的，地理学的な研究を行っていた．ドイツのいろいろな州では統計的サービスは相当早い時期に創建された．たとえばプロシャの統計局は 1805 年に確立され 1 年しか存在しなかったが 1810 年に再建された．そしてオーストリアの統計局は 1840 年に組織された．

こうして，各国の人口統計の研究を発展させていた統計研究所ないしは国立学会は，ヨーロッパの主な国やアメリカに 50 年も経たないうちに存在するようになった．加えて 1851 年以降，国際的な統計学会議が催され始めた．それらの目的は公式の統計データを規格化することにあった．特に計量システムの普及を促進した．フランスでさえこのシステムは，フランス革命によって創設されたが，1837 年にようやく導入された．それは，17 カ国が計量協定にサインをしたあと 1875 年にようやく国際的地位を獲得した．他の国々はあとに加わった．しかしいくつかの国，たとえばアメリカ，は独自の計量システムを非公式に使用していた．

各国に属する統計データの一元化が不可能であることがまもなく明らかになり，1876 年以降，公式の統計学会議が続けられなくなった．資本家協会の求めで国立統計サービスの確立をもたらした．しかしこの協会に存在する対立と矛盾は，個々の国のデータ全体を一つにまとめることを不可能にした．

19 世紀の人口統計の発展をベルギーの地理学者，天文学者および気象学者であるケトレ (Lambert Adolphe Jacques Quetelet, 1796-1874) の仕事を抜きにし

て構想することは不可能である．人口統計学はラプラス，ポアソン，その他の科学者によって促進されていた．たとえばフーリエについてみると，彼は編集者としてパリとセーヌ県の統計的記述4巻（1821-1829）を刊行した．ケトレは重要な科学上の遺産を残したわけではないが，才能ある統計の普及者であった．彼はヨーロッパの一般市民の注意を統計に向けさせた．ケトレはベルギーの中央統計委員会の終身委員長であり，最初の国際統計学会議の組織者であった．

ケトレの著作では多くのページを人の身長の年令別データ，人の身長と体重との関係などの数値データの初歩的な統計解析にあてられている．

彼はこれらのデータはすべて人の一般的研究に，また法医学にとって必要だと考えていた．ケトレ以前では，彫刻家と画家（たとえばアルベルティ（L.B. Alberti））のみが人体測定の基礎的な取扱いに熱心であった．彼らは一般人より完全人間のタイプに関心をもった．

ケトレの教えの主要な点は，彼が広範に使った「平均人間」（*L'homme moyen*）の概念に尽きる（この概念はより早くビュフォン（G.L.L. Comtede de Buffon (HM, vol.3, p.146) の著書で現れた）．最初（1831年）彼は人体測定の意味でこれを導入した．その後，彼はこの概念を多くの論文で発展させ，広く知らしめた．最もよく知られている著作は2巻本 *Sur l'homme et le développement de ses facultés, ou essai de physique sociale*（人についてそして能力の発達について，あるいは社会物理学についての試論）（tt.1-2．ブリュッセル，1836）[38] である．多数の数学者や統計学者がケトレの平均人間の概念を批判した．例をあげると，ベルトラン（J.L.F. Bertrand）の著書 *Calcul des probabilités*（確率の計算）（パリ，1888）であるが，この本については以下で言及する．彼は次のように書いている．

> ベルギー人の著者は平均人間の体に平均的精神を配置した．[平均人間は]感情もないし悪行もしない．彼は正気を失うこともなく賢くもない．無知でもなく学業を積んでもいない．[彼は]すべての意味で凡庸である．38年間健康な兵士の平均割当量の食事をしたあと，老年のせいではなく統計学が彼のなかに発見した平均病によって死亡する[39]．

---

[38] 英訳：*A treatise on man and the development of his faculties* (1842). ページ番号が変更されて合冊 *Comparative statistics in the 19th century*. Gregg Intern. Publ., 1973 のなかに収められている．
[39] J.L.F. ベルトラン，*Calcul des probabilités*．パリ，1888，p.XLIII．

もちろん，これらの代表的なフランスの数学者によってなされた皮肉な注意は，誰も重要性を否定できない平均値の一般的な統計における利用を妨げることはなかった．

平均人間のある年齢から他の年齢への変化によって歴史的な発展の法則を研究するというケトレのアイデアは非常に興味深い．しかしながら，ここでも彼の論証は明快さからは程遠い．

彼の時代，ケトレは，罪人の数は一定であるという事実について，興味深い解釈を提案した．彼が書いたところでは

> …私たちが非常に規則正しく払っている予算項目がある．それは囚人，地下牢それに死刑台のためのものである．さて，われわれが何よりもまず削減すべきはこの項目である．毎年数字が確認するところでは，私の以前の主張「人が自然や国庫に支払うより規則正しく支払う貢物がある．すなわちそれは犯罪に支払う税である」を多分さらなる正確さをもって述べたててもよいだろう．…私たちはこんな予測さえしてもよいかもしれない．いかに多くの人間が人間どうしの血で手を汚すであろうか，いかに多くの偽物作りがいるか，いかに多くが毒薬を扱うか．これらは毎年の誕生，死亡を予測するのと同様である．
>
> 社会は犯されようとするすべての犯罪の芽とそれらを生じさせるのに必要な仕組みとを同時に包含している．犯罪を用意するのは，ある程度，社会の在り方であり，犯罪人は単に処刑を取り行うための道具である．このように社会の在り方はいずれにせよある数の，またある種類の犯罪を許す．これらは単にその機構の必然的な結果である（Sur l'homme…（人について…），t.1, p.10）[40]．

この主張をみると，ケトレの勧告――明らかに彼が思い切っていうただ一つのこと――はむしろ曖昧である．彼はいう．立法者は犯罪の原因を「可能な限り」[41]除去すべきだ．彼の政治的見解によって判定するとケトレはブルジョワ的自由主義者であった．1869年にマルクス（Karl Marx）は統計学者ケトレを次のように評価した．

> 彼は過去に重要な成果を出した．彼は社会生活におけるランダムな事象でさえも，周期的な回帰や周期的な平均数による内的な必然性をもつことを証明した．しかし，彼はこの必然性をまったく説明できなかった．彼は何も進歩させなかった．

---

[40] *A treatise on man*, p.6. ケトレは1836年にこれを書いたことに注意.
[41] *Sur l'homme*, t.2, p.341（autant que possible）.

ケトレ (Lambert Adolphe Jacques Quetelet, 1796-1874)

彼はまさに彼の観測と計算を繰り広げたにすぎなかった[42].

　数学の視点からみると，統計的時系列の安定性は科学的に実証されるべきである（このことはマルクスが指摘している）．一方でケトレは，各人が犯罪を犯す同じポテンシャルを全人類共通にもっており，各人は自分が属する社会のすべてのメンバーに共通する「犯罪係数」をもっているという主張に固執した．

　統計学者は「犯罪係数」の存在について雄弁に話すことができ，また有罪とされた人数の被告人に対する比の一定性に関して，より弱い条件のもとでも犯罪の数を実際に予測できたかもしれない（ポアソン）．

　しかしながら——そして私たちのこの詳説は統計を科学的方法として応用する精神のもとにある——このような統計的推論は個々人にまで敷衍することはできない．したがってまた，被告人は留置されたことを根拠にいくらかは有罪であると判断されることはあってはならない．反対に，いかなる場合にも裁判官は被告

---

[42] K. マルクス, *Briefe an L. Kugelmann*. ベルリン, 1952, pp.81-82.

人は無罪であるという可能性から出発しなければならない．あるとき，個人への「犯罪係数」の導入は特にドイツの統計学者たちからの強力な反対を引き起こした．たとえば，リュメリン（G. Rümelin, 1815-1889）は1867年に書いている．

> もし統計が，平均像に引きずられて，私が犯罪を確率何分の1かで侵すであろうなどと私にいうならば，私は確信をもって応えるであろう「靴修理職人よ！本分を守れ！」(ne sutor ultra crepidam!)[43]

重要なロシアの科学者チュプロフ（Aleksander Aleksandrovich Chuprov, 1874-1926），ペテルブルクの［国立］科学アカデミーの通信会員，はこの引用文を彼の"Essays on the theory of statistics"（統計学の理論についての論考）（1909）[44] で引用した．ドイツの統計学者のようにチュプロフは空論的なケトレの統計学的な視点の本質を批判した．彼はその"Essays on the theory of statistics"で，ケトレの命題の犯罪係数の導入が罪に対する救済への市民的な風潮が生じることを恐れた人々によってまとめあげられた批判を詳述した[45]．

犯罪行為の統計データを公開することがケトレ以前にも役所を不快にさせたことは注意すべきであろう．たとえばロシアの経済学者で統計学者ゲルマン（K.F. German, 1767-1838）による殺人，自殺の統計についてのレポート（1823年発行）がロシアの公教育大臣を怒らせた．ゲルマンの意図としては，これらのデータが母集団の道徳的，政治的状況を研究するために重要であることを示すことであった．

ケトレの著作の数学的な不完全さ，統計的時系列の安定性のために必要な条件についての問題の定式化を怠ったことは否定的な結果をもたらした．社会学者は統計的方法そのものの評価を落とすような思慮のない結論をしばしば統計データによって主張するものだと．

この状態に対する批判者の一人はダヴィドフ（Auguet Yu. Davidov）であった．彼の指摘は，そこではケトレを名指ししてはいないが，1855年に"Scientific

---

[43] G. リュメリン, *Über den Begriff eines socialen Gesetzes*（1867）. *Reden und Aufsätze*. フライブルク-チュービンゲン．前書きの日付は1875, pp.1-31（p.25）に所収．これらの言葉は画家アペレス（Apelles）がある靴修理人にいったものとされる．この職人はアペレスの絵のなかのサンダルの描き方が不正確であると指摘したあとで，鑑定家のような態度で絵の他の部分の批評を始めた．
[44] A.A. チュプロフ, *Essays on the theory of statistics*. モスクワ, 1959, p.211.
[45] 同上, pp.210-212.

and literacy papers written by professors and instructors of Moscow University published on the occasion of its centenary"（モスクワ大学100周年を記念して教授，講師によって書かれた科学および文学論集）に載った（ダヴィドフについてはあとでみる）．とはいえ，人口統計学を主目的にとどめていたいわゆる大陸統計学の分野に夜明けをもたらしたのはケトレの業績であった．

19世紀の統計学のこの分野での著名な代表者はストラスブルクの，ブレスラウおよびゲティンゲン大学教授レクシス（Wilhelm Lexis, 1837-1914）であった．彼は統計的時系列の安定性の基準を導入した．そのような時系列を項の変化の特性に応じていくつかの型に分けた．そしてこれらの項の相互独立性を検定する基礎的な判別法を提案した．

レクシスとその20世紀における後継者，そのなかで名前をあげれば，ボルトケヴィチ（V.I. Bortkevich；Ladislaus von Bortkiewicz）とチュプロフ（A.A. Chuprov）の仕事は，数理統計学の分野の創造にとって特に重要であることが明らかになった[46]．

確率論のロシア学派．チェビシェフ

パリ学派の数学者，特にラプラスやポアソンの確率の理論的研究は間もなくロシアで知られるようになり，さらなる発展をみた．養育保険，人口統計，それに観測の数学的取扱いの必要性は，数学の発展の内的な論理とともに，1820年代から1940年代にかけてロシアでの確率論の解説書やその重要性に関する講演に始まり，のちにはこの分野における創造的な研究の出版物に継承されていった．特に当時のロシアで広まっていた事情，多数の数学者によって支持された確固たる反カント主義の立場によってさらに刺激された．たとえばハリコフの教授オシ

---

[46] レクシスの主要な仕事，*Über die Theorie der Stabilität statistischer Reihen*（統計的系列の安定性の理論について）(1879)は論文集 "On the theory of dispersion"（散乱の理論）（モスクワ，Statistika publ., 1968）で編集者兼翻訳者チェトヴェリコフ（N.S. Chetverikov）のコメントつきでロシア語で読める．英訳 "Works Project Administration" (1941) がある．レクシスの先駆者のなかでビエネメ（I.J. Bienaymé）の名前をあげるべきである．彼の関連する役割は，繰り返しチュプロフによって強調されていた（彼の "Essays", 1959, p.280参照）．ボルトケヴィチ（Vladislav Iosifovich Bortkevich, 1868-1931）は弁護士で，ペテルスブルグ大学の卒業生であるが，1901年ベルリン大学教授になり，ドイツ名Ladislaus von Bortkiewiczに改名した．彼の業績は統計学，数理統計および経済学に属す．彼の *Das Gesetz der kleinen Zahlen*（小数の法則）（ライプチヒ，1898）で彼はポアソン分布に注目した最初の一人となった．レクシスの結果を用いて，長い観測列のなかでありそうもない結果の起きる回数の安定性を研究した．

ポフスキー（T.F. Osipovskiĭ, 1765-1832）とその弟子のパヴロフスキー（A.F. Pavlovskiĭ, 1788-1856）は，ロシアで出版されたこの主題についての最初の一般向けの科学小冊子 "On probability"（確率について）（ハリコフ，1821）の著者である．確率の発想は，つまり，人間の知識や科学的推量の不確実性は，カント主義者の本来の観念を否定することにつながった．

1841年6月29日のモスクワ大学の記念集会の席上，教授団の一人ブラシュマン（N.D. Brashman, 1788-1866；ボヘミアからの亡命者）は宣言した．

> アカデミックな機関において最も重要な分野の一つが絶対的に否定されているのを見逃すことができようか？ ほんの小数の大学だけが確率の初歩を教えており，現在まで高等または初歩なものでさえも，ロシア独自の著書，翻訳書がない…私たちはロシアの科学者たちが早急にこの欠乏状態を補うことを望んでいる[47]．

そして，実際に，2年後にはブラシュマンの物理数学部の同僚ゼルノフ（N.E. Zernov, 1804-1862）が "The theory of probability with special reference to mortality and insurance"（確率論，特に死亡数と保険について）と題して講演を行った．その公刊されたテキスト（モスクワ，1843）は85ページの長さにわたるが，この科学の主な概念の説明と基礎的な定理，そして保険の種々のタイプについての豊富な議論を内容としている．

かなり興味深いのは，ブニャコフスキー（Viktor Yakovlevich Bunyakovskiĭ, 1804-1889）の仕事である．彼は卓越した科学研究の組織者で，1864年から1889年まで科学アカデミーの副総裁であった．1846年から1860年の間，ブニャコフスキーはペテルブルク大学の教授であったが，そこで彼は確率論を定期的に講義した．

ブニャコフスキーの名前はすでに第3章とこの章で述べた．そしてこの『19世紀の数学Ⅰ～Ⅲ』の別の所で再度現れるであろう［vol.2 (1981) で一度；vol.3 (1987) では言及されていない］．彼の重要な功績は確率論のマニュアル "Elements of the mathematical theory of probability"（確率の数学的理論の要点）（ペテルブルク，1846）の刊行であった．

---

[47] N.D. ブラシュマン, *On the influence of the mathematical sciences on the development of intellectual faculties*（数理科学の知的能力の発達への影響について）．モスクワ，1841, pp.30-31（ロシア語）．

ラプラスとポアソンの強い影響を受けて，ブニャコフスキーはマニュアルの最も重要な目標は彼らの結論を単純化し，それらを説明することであると考えた．ド・モルガン[48]，クルノー[49]，それよりかなり早くラクロワ[50]も目標とするところは同じであったことに注目すべきである．

　ブニャコフスキーの第二の主要な目標はロシア語の学術用語を作り上げることであった．彼が導入した数多くの語が標準になった．一方，彼が研究した多くの問題には科学的興味を提示していないし，間違えて定式化されたものさえあった．彼の多くの一般的な主張は批判に耐えうるものではなかった．ブニャコフスキーに従うと，確率論は何もわかっていない現象さえも研究する．これは妥当ではない．確率論が科学のなかで例外的ではなく，それは科学者に完全な無知から肯定的な推定を引き出すことを許しはしない．多数のランダムな現象の特性は，無知とされるべきものではなくむしろ確率的な規則正しさを導く．この基本的な点で，ラプラスと比べてブニャコフスキーは大きな一歩を逆向きに踏み出した．

　ブニャコフスキーのいくつかの仕事は統計的検定の前史に属す．ラプラスに従って，彼は統計的検定により超越関数の値がみつかることを示唆している[51]．また，「数値的確率」問題の普及を確実にしたのは彼の業績である．

　これはブニャコフスキーの論文から引いた例である．ランダムに選ばれた0でない整数係数をもつ2次方程式が実解をもつ確率を求めよ．最初にそのような問題を提起したのはオレーム（N. Oresme，14世紀の学者）であると思われる．彼はランダムに引いた二つの比（われわれならば「二つの数」というべきか）は多分通約可能でないだろうと主張していた[52]．

　最後にブニャコフスキーが奇妙な問題——今日ではランダムな配置の理論に位置づけられているが——を提案して解いたことを指摘しておく（"On combina-

---

[48] A. ド・モルガン，*Theory of probability*（確率論）．*Encyclopaedia metropolitana*（首都百科），vol.2．ロンドン，1845，pp.393-490 所収．
[49] 彼の一般向けの著作（1843）については p.250 で言及した．
[50] S.F. ラクロワ，*Traité élémentaire du calcul des probabilités*（基礎的な確率計算の論文）は四版を重ね（パリ，1816, 1822, 1833 および 1864），そしてドイツ語に翻訳された（1818）．
[51] V.Y. ブニャコフスキー，*On the application of the analysis of probabilities to determining the approximate values of transcendental numbers*（確率解析の超越数の近似値の決定への応用）．Mém. Acad. sci., vol.1, No.5, 1837（ロシア語）．
[52] N. オレーム，*De proportionibus proportionum*（比の比について）．Transl. E. Grant., マジソン，1966, p.247；*Ad pauca respicientes*（関連するある事象）．マジソン，1966．

ブニャコフスキー（Viktor Yakovlevich Bunyakovskiĭ, 1804-1889）

tions of special type occuring in a problem concerning defects（欠陥に関する問題において生ずる特別なタイプの組合せについて）"補遺 No.2, vol.20, *Notes of the Academy of Sciences*, 1871）．ここで問題を述べる．

　欠陥のある小冊子がたくさんある（たとえば等確率で一箇所または別のページが欠けている）．それらから完全なコピーが作られる正確な冊数を決定することを要求している．

　ブニャコフスキーはロシアの人口の年齢分布，死者数の分布，未来の徴兵制の予測数についての長大な論文を含むロシアの人口統計に関する多数の著作を残した．これらはかなり実際的に，特に保険業務や年金計画の発展に重要であった．これらはまたロシアにおける人口研究の統計的方法の発展に重要な役割を果たした．

　ブニャコフスキーと同時代のアカデミー会員オストログラッキー（Mikhail Vasil'evich Ostrogradskiĭ）は確率論と数理統計学について数編の論文を発表した．彼の解析学，数理物理学，力学についての主な研究は本シリーズ『19世紀の数学』の第Ⅲ巻で扱われる．これらの論文の一つは実用的に重要である．それは海

軍省での退職金基金[53]の確立について書かれた "A note on the retirement fund（退職金基金についてのノート）(1858) である[54].

また "On a problem bearing on probabilities"（確率に関する問題について）(1848)[55] と題する論文でオストログラツキーは，彼の結果が製品の品質管理に応用できることを指摘している．

1858年にオストログラツキーはオードナンス・アカデミーで20回の確率論の連続講義を行った（最初の3講義はたぶん出版されているが，それらを探し出すことはできなかった）．オストログラツキーはまたD．ベルヌーイやラプラスによって導入された「道徳的期待値」の概念に関心をもった．

Recueil des actes de la séance publique de l'Acad. imp. sci. St. Pétersbourg tenue le 29 Déc. 1835（ロシア帝国科学アカデミーの活動報告）（サンクトペテルブルク，1836）に収められているオストログラツキーの講演の記録からみると，道徳的期待値のより一般的な公理を採用することによりラプラスの仮定を一般化しようという彼の試みが読みとれる[56]．

方法論的に重要なのはダヴィドフ（Avgust Yul'evich Davidov, 1823-1885）の一連の著作であった．彼はブラシュマンの弟子であり，1853年からモスクワ大学の教授となり，力学や多様な数学の問題についての多くの研究の著者であった．彼の石版印刷された1850年以降になされた確率論に関する講義録（1854）は出版されるべき価値が十分にあった．このコースおよびのちの著作において，ダヴィドフはランダムネス，確率（明確に客観的な確率を好んでいた），大数の法則に相当の注意を払った．そして観測の統計的意義を常に研究した．

ダヴィドフの確率論研究の数学的内容と主命題はラプラスとポアソンの仕事に近い．ダヴィドフは，しかしながら，確率論の「道徳的な」応用には関与しなかった．むしろ彼は医学への応用に注意を向けた．

その後に石版印刷された確率論のコース（1884-1885）において，ダヴィドフはポアソンをヒントにして分布の積分法則の概念を導入した．ケトレの著作を批

---

[53] 退職金基金は相互保険のために団体によって設定された．海軍省士官は年ごとに基金に会費を支払った．引換えに，退職に際して交付を受けた．さらに，基金は年金を亡くなった士官の家族に与えた．
[54] M.V. オストログラツキー，*Complete works*（全集），vol.3．キエフ，1961，pp.297-300（ロシア語）．
[55] *Sur une question des probabilités*. Bull. phys.-math. Acad. Imp. Sci. St. Pétersb., t.6, No.21-22, 1848, 321-346.
[56] ロシア語版は M.V. オストログラツキー，*Pedagogical legacy*. モスクワ，1961，pp.293-294．

ダヴィドフ（Avgust Yul'evich Davidov, 1823-1885）

判的にみて，ダヴィドフは，統計的推論は今日でいう数理統計学の方法で厳密に立証されるべきだと主張した．

　ダヴィドフの所見の一つが1857年のモスクワ大学の記念集会でのレポートで明らかにされている．当時はほとんど受け入れられなかったが，これには特に言及する価値がある．統計は，実際に存在する量（たとえば，対象の高さ）の観測から得られる平均値と想像上の量（たとえば家計の平均値）を記述する平均をともに扱わなければならない，と彼は指摘している．しかし，ダヴィドフは，この区別は本質的ではないと付け加えた．まさにこの本質的でない区別に基づいて，天文学者や地理学者は事実上今日までの数理統計学の達成に注意を払うことを頑強に拒絶していた．ただもってこれを残念に思うことしかできない，と．

　チェビシェフ——彼については前章全体で繰り返し言及されている——はブニャコフスキーやオストログラツキーの若い同時代人であるが確率論の発展に新しい時代を切り開いた．

　チェビシェフ（Pafnutiĭ L'vovich Chebyshev, 1821-1894）はロバチェフスキー

と並んで19世紀の最も偉大なロシアの数学者である．彼は小さな地主の家庭に生まれた．最初の数学的訓練を家庭教師から受けた．1837年から1841年までモスクワ大学の物理数学部で（すでに述べた）ブラシュマンのもとで勉強した．この先生は多才な大勉強家で，チェビシェフを純粋数学とその時代の技術への応用の問題に向かわせた．学生時代，チェビシェフは論文"Calculation of the roots of equations"（方程式の解の計算）を学部で告示されたコンクールのために書いた．用いられた方法の独創性と論文の出来栄えをみると，チェビシェフは金メタルに値した．しかし突発的な事情によってチェビシェフは銀メタルを授与されたのみであった．この論文は最近になってようやく発刊された[57]．1846年にチェビシェフは修士論文"Essay on an elementary analysis of the theory of probability"（確率論の基礎解析についての論文）（モスクワ，1845）を成功裏に発表し，合格した．そしてポアソンの大数の法則についての論文を出版した．以下を参照されたい．

　1847年にチェビシェフはペテルブルク大学の招聘を受け入れた．その地で同じ年の春，講義資格（*pro venia legendi*）論文を発表し，合格した．その内容は代数的無理関数の閉形式を積分することにあてられていた．この問題はそれ以前にアーベル（Niels Henrik Abel），リウヴィル（Joseph Liouville）およびオストログラツキーによって研究されていた．チェビシェフは講師（docent）の資格で講義を持ち始めた．上の資格論文を書いているあいだにチェビシェフは数論のある問題に出会った．オイラーの数論の論文集（1849, p.207参照）の発行準備に参加してこの理論への興味はなお大きくなった．同時にチェビシェフは博士論文"The theory of congruences"（合同の理論）に取り組んだ．それは同じ年に出版され，学位が授与された．その頃，素数分布論（第3章参照）での彼の発見が出版されて急に名声が上がった．その後，彼は数論に戻ることもあったが，そう頻繁にというわけではなかった．

　1850年にチェビシェフはペテルブルク大学教授に指名された．1853年には科学アカデミー会員に選出された．数十年の間，彼は大学とアカデミーで疲れを知らず働いた．それに加えて1856年の初めから13年間にわたって軍事科学委員会

---

[57] P.L. チェビシェフ, *Complete works*（全集），vol.5. モスクワ−レニングラード，1951, pp.7-25（ロシア語）．

のメンバーとして軍需品部門で，さらに 17 年の間，公教育省科学委員会のメンバーとして活動した．

大学においてはチェビシェフはいろいろなコースを教えた．最初は数論を教えた．ブニャコフスキーが 1860 年に引退したのを受けて確率論を教えることを引き継いだ．彼は確率論にそれぞれ 1867 年と 1887 年に発表された二つの基本的な仕事によって貢献した．モスクワにいた間にすでにチェビシェフは実用（応用）力学に引き付けられた．数年にわたり，彼は大学とそして高名なアレクサンドロフスキー文化会館で数学に加えてこの主題について講義した．与えられた文脈のもとではチェビシェフによって発見された多くの力学の一般理論への貢献を述べることはできないが，これらについての関心は，彼が関数の最良近似理論とそれに関連する数多くの分流を創造するための助けになったことは言及しておかなければならない．チェビシェフ自身はその理論を 0（ゼロ）から最小限外れる関数の理論としばしばいっていた．一方でベルンシュテイン（Sergeĭ Natanovich Bernshteĭn）は 1938 年にそれを関数の構成的理論と呼んだ．

チェビシェフは，1854 年以来の 40 年間に，数多くの仕事を関数の最良近似論に捧げた．しだいにこの理論は関連する問題の非常に広い一群を包括していった，すなわち，直交多項式の理論，モーメント法，積分の評価，求積公式，補間，連分数論，彼の研究の鍵になる道具，などである．関数の最良近似の理論はこの『19 世紀の数学』の第 III 巻で述べられるであろう．

彼の創造的な活動に加えて，チェビシェフの最も重要な貢献は大きな数学の流派の確立であった．そのメンバーたちは，最初は彼が 35 年間（1882 年まで）教鞭をとったペテルブルク大学における学生たちであった．それに彼の学生たちの学生たち，数多くの他都市から彼のもとに集まった者たちが加わった．チェビシェフは優れた講義を行ったばかりか，若い研究者の科学上の成功のために解答が価値ある発見に至ることが約束された新しい問題を巧みに選び，厳密に設定するまれな才能を備えた卓越した助言者であった．

チェビシェフの数学の流派はペテルブルク学派（第 2 章参照）といわれるようになるが，ロシアのみならず世界の数学の発展にとって卓越した地位を占めた．彼の直弟子の何人かをあげるとコルキン（A.N. Korkin），ソホツキー（Y.V. Sokhotskiĭ），ゾロタリョフ（E.I. Zolotarev），マルコフ（A.A. Markov），リャプノフ（A.M. Lyapunov），イヴァノフ（I.I. Ivanov），ポセ（K.A. Posse），グラー

ヴェ（D.A. Grave），ヴォロノイ（G.F. Voronoï），ヴァシリエフ（A.V. Vasil'ev），ソニン（N.Y. Sonine），ステクロフ（V.A. Steklov），クリロフ（A.N. Krylov）であった．他の科学者たちも彼の学派に属した（読者はその名前を以前の章でみているか以後にみることであろう）．彼の学派のメンバーによって取り上げられたテーマはチェビシェフ自身によって研究されたトピックスの枠内にとどまることはなかった．徐々に彼らは，部分的にはチェビシェフによって定式化された問題の影響を受けて，とても多様に展開した．彼らの研究の多様性のゆえに，ペテルスブルグ学派の特徴づけは常に数学へのアプローチによって行われていた．これについてはリャプノフ——彼はゾロタリョフやマルコフと並んでチェビシェフの最も優れた弟子の一人であるが——は先生の死の直後に書かれた追悼文でこのような言葉を記している．

> チェビシェフと彼のもとに集まった者たちはいつも変わらず実在に固執していた．彼らは，研究は（科学的ないし実用的）応用から生じる研究のみが価値があり，ある特定の例を考察することから従う理論のみが真に有用であるという見方に導かれていた．応用上特別に重要な問題の詳細な検討，同時に，新しい方法の発見と科学の原理への回帰を必要とする特別な理論的困難さをもつ提案は，得られた結論の一般化と，多かれ少なかれ一般論の創造をもたらす——これがチェビシェフと彼の見方を採用する科学者たちの方向である[58]．

さてチェビシェフの確率論についての著作に目を転じよう．彼のこの分野での主な著作はそう多くはない——たった4編である．しかしこの分野のさらなる発展への影響を過大に評価することは難しい．彼のアイデアは古典的な確率論のロシア学派の創造性を刺激したのだが，私たちの時代でもいまだに生き続けている．また彼によって定式化された問題の解はようやく1940年代に達成された．コルモゴロフ（A.N. Kolmogorov）は書いている．

> 方法論的な見地からみると，チェビシェフによる主なる変革は，彼が熱心すぎるほどまでに極限定理を絶対的な厳密さで証明することを主張した最初の人物であることにとどまらず，…彼が事あるごとに極限の正則性からの偏差の正確な評価——大きくても有限回数の試行で生じうる偏差——をどのような試行回数に対し

---

[58] A.M. リャプノフ, *Pafnutiĭ L'vovich Chebyshev*. これは，P.L. チェビシェフ, *Selected mathematical works*. モスクワ-レニングラード，1946, p.20（ロシア語）にあるこの文章の再版から引用．

チェビシェフ (Pafnutiĭ L'vovich Chebyshev, 1821-1894)

ても条件なしに成り立つ不等式の形で決定しようと苦心したことである．

　さらに，チェビシェフは，確率変数と確率変数の数学的期待値という概念を正しく認識して駆使した最初の人であった．「…現在，私たちはいつでも，事象 A を調べるためにその特性確率変数 ξ_A を考察することに置き換える．ただし，ξ_A は値として A が起きたとき1，そうでないとき0をとる．事象 A の確率 $P(A)$ はまさに確率変数 ξ_A の期待値 $M\xi_A$ である．集合の特性関数という適切な方法は実変数関数論においてはかなりあとになってから系統的に使われた」[59]．

　彼の最初の仕事——修士論文（上記参照）——では，チェビシェフは数理解析の使用を最小限にして確率論の説明を与えることを目標とした．それには確率論の基礎，ベルヌーイとポアソンによる（有限回試行に伴う）2項関係，ド・モアブル-ラプラスの極限定理，そして観測の数学的取扱い，を内容としていた．

---

[59] A.N. コルモゴロフ, *The role of Russian science in the development of the theory of probability*（確率論の発展におけるロシア科学の役割）．Uchen. zapiski Moscow University, No.91, 1947, p.56（ロシア語）．

チェビシェフの方法論的目標[60]は彼の著作を冗長にした．特に関数の積分は和に取って代わられた．しかしながら，チェビシェフはこの著作ですでに首尾一貫して「極限前の」関係の誤差を評価した——彼の創造的活発さの特性であり，ラプラスの著作群には欠けていた点である．こうしてチェビシェフは確率論にまじめに「工学的」アプローチを導入した．それは彼のすべての科学上の著作と彼以後の数学の典型になった．

チェビシェフに従うと，確率論はある事象の確率を与えられた他の事象の確率に基づいて決定することを目標とする．そうならば彼はこの理論が自然科学に含まれることを拒絶する立場に近くなった．しかしながら，数理統計学が確率論から孤立しない限り，後者を直接数学に従属させることは不可能であった．

彼の "Elementary proof of a certain general proposition of the theory of probability"（確率論のある一般的命題の初等的な証明）(1846)[61] でチェビシェフは賢明な代数的方法を応用して厳密に次の極限定理を証明した．もし k 回の試行である事象 E が確率 $p_k(k=1, 2, \cdots, n)$ で起きるとする．そのとき E の起きる全回数 μ は等式

$$\lim_{n\to\infty} P\left(\left|\frac{\mu}{n} - \frac{[p]}{n}\right| < \varepsilon\right) = 1 \qquad (20)$$

を満たす．

この事実はポアソンには知られていた．しかし，彼は厳密でない方法でそれを証明した．これに関連してチェビシェフは次のように書いている．

> 有名な幾何学者によって使われた方法の巧みさを別にすれば，ポアソンは彼の近似の誤差の限界を与えていない．誤差の値が不確定であることが証明の厳密さをなくしている[62]．

チェビシェフ自身の導き方ではそのような「誤差の限界」を E が μ 回の試行

---

[60] この著作はヤロスラヴにあるデミドフ学校（Demidov Lyceum）の学生のマニュアルとして望まれたという事実と関連している．P.G. デミドフ (P.G. Demidov, 1738-1821) は自然科学者で博愛家であった．長期間ペテルブルク科学アカデミーによって授与された賞の基金を設けたのは P.N. デミドフ (1798-1841) であったことに注意しよう．

[61] *Démonstration élémentaire d'une proposition générale de la théorie des probabilités.* J. reine und angew. Math., Bd.33, 1846, pp.259-267.

[62] フランス語原典 p.259 を参照．

のうち m 回以上起きる確率 P_m を評価することにより決定した（上記参照）．チェビシェフ自身の表記で，この評価，ポアソンの定理の使用を正当化するのに必要なもの，は不等式

$$P_m < \frac{1}{2(m-S)}\sqrt{\frac{m(\mu-m)}{\mu}}\left(\frac{S}{m}\right)^m\left(\frac{\mu-S}{\mu-m}\right)^{\mu-m+1},$$

ただし，$S=p_1+p_2+\cdots+p_\mu$，によって表される[63]．しかしポアソンもチェビシェフも暗黙のうちに試行ごとの独立性を仮定していたことに注意しておこう．この仮定は自然であるから，チェビシェフはその後の著作でも明白には述べていない．

上でみたように，チェビシェフは確率論の講義を 1860 年にペテルブルク大学で開始した．数年後 1867 年には第二の論文 "On mean quantities"（平均量について）を *Matematicheskiĭ zbornik*（数学論集）と *Journal des mathématiques pures et appliquées*（純粋および応用数学雑誌）に発表した[64]．この論文は非常に重要な二つの命題を含んでいた．

1．離散型確率変数 $x, y, z, \cdots$ は有限個の値をとるとし，各々の期待値を $a, b, c, \cdots$ とする．さらに各々の 2 乗の平均を $a_1, b_1, c_1, \cdots$ とする．さらに $\alpha>0$ に対して

$$L = a+b+c+\cdots-\alpha\sqrt{a_1+b_1+c_1+\cdots-a^2-b^2-c^2-\cdots},$$
$$N = a+b+c+\cdots+\alpha\sqrt{a_1+b_1+c_1+\cdots-a^2-b^2-c^2-\cdots},$$

と置く．そのとき

$$P(L \leq x+y+z+\cdots \leq M) > 1-1/\alpha^2$$

が成り立つ．代わりに，確率変数 $x, y, z, \cdots$ の個数を n として

$$L' = \frac{a+b+c+\cdots}{n}-\frac{\alpha}{\sqrt{n}}\sqrt{\frac{a_1+b_1+c_1+\cdots-a^2-b^2-c^2-\cdots}{n}},$$
$$M' = \frac{a+b+c+\cdots}{n}+\frac{\alpha}{\sqrt{n}}\sqrt{\frac{a_1+b_1+c_1+\cdots-a^2-b^2-c^2-\cdots}{n}},$$

と置けば，明らかに

---

[63] *Complete works*（全集），vol.2, p.21.
[64] フランス語版：*Des valeurs moyennes*；t.12, pp.177-184 of the French periodical（フランス定期雑誌）；ロシア語版：*Complete works*, vol.2, pp.431-437.

$$P\left(L' \leq \frac{x+y+z+\cdots}{n} \leq M'\right) > 1 - \frac{1}{\alpha^2} \qquad (21)$$

である．

2．いくつかの系

a) 量 $a, b, c, \cdots$ および $a_1, b_1, c_1, \cdots$ が一様に有界であるならば

$$\lim_{n \to \infty} P\left(\left|\frac{x+y+z+\cdots}{n} - \frac{a+b+c+\cdots}{n}\right| < \varepsilon\right) = 1 \qquad (22)$$

である．

b) 特に

$$b = c = \cdots = a, \qquad b_1 = c_1 = \cdots = a_1$$

とすると

$$\lim_{n \to \infty} P\left(\left|\frac{x+y+z+\cdots}{n} - a\right| < \varepsilon\right) = 1$$

がなりたつ．

これは非常に単純であり，同時にきわめて重要な系である．まずチェビシェフの連続講義（1879-1880）で最初に登場し，1936年にリャプノフのノートをもとに出版された[65]．

c) 確率変数 $x, y, z, \cdots$ が値 0 と 1 をそれぞれ確率 $\bar{p}, \bar{q}, \bar{r}, \cdots$ および $p, q, r, \cdots$ でとるとすると $a = p, b = q, c = r, \cdots$ である．このとき，これらの確率変数と確率 $p, q, r, \cdots$ は，ポアソン試行におけるある事象の出現を記述しているとみてよい．そして，n 回試行でのこの事象の出現頻度は

$$m/n = (x+y+z+\cdots)/n$$

である．公式(22)によって，式(20)と同じ等式

$$\lim_{n \to \infty} P\left(\left|\frac{m}{n} - \frac{p+q+r+\cdots}{n}\right| < \varepsilon\right) = 1$$

が得られる．

実際，項目1は基本的なビエネメ-チェビシェフの不等式

$$P(|\xi - E\xi| < \beta) > 1 - D\xi/\beta^2,$$

---

[65] P.L. チェビシェフ, *Theory of probability*（確率論）．アカデミー会員 P.L. チェビシェフにより 1879/1880 に行われた講義．リャプノフのノートからクリロフ（A.M. Krylov）によって編集された．モスクワ-レニングラード，1936．

($\xi = x+y+z+\cdots, \beta > 0$；ビエネメ（I.J. Bienaymé）の役割については以下参照）の証明である．

二つの系 2a) および 2b) はチェビシェフ型の大数の法則を含む．ポアソン（系 2c) とベルヌーイの法則はチェビシェフの変形の特別な場合である．

現代ではこの問題は次のように理解されている．

確率変数列

$$\xi_1, \xi_2, \cdots, \xi_n, \cdots \qquad (23)$$

が次の条件を満たすときに大数の法則に従うという．定数列 $a_1, a_2, \cdots, a_n, \cdots$ と $B_1, B_2, \cdots, B_n, \cdots (B_n > 0)$ で，どのような $\varepsilon > 0$ に対しても

$$\lim_{n \to \infty} P\left(\left| \frac{1}{B_n} \sum_{k=1}^{n} (\xi_k - a_k) \right| < \varepsilon \right) = 1$$

がなりたつようなものが存在する．

大数の法則に捧げられた研究は，真の学徒たちのきら星たち，J. ベルヌーイからチェビシェフ，その後マルコフと後継の数学者たちによって達成されたのであるが，いまに続く科学上の価値は平均値の統計的安定性，すなわち，ランダムネスの秩序に必要な一般的条件の発見にある．この点で，大なる賞賛はマルコフに帰する．彼は20世紀の最初の何年かに，新鮮で広範なそしてきわめて重要な，従属する確率変数の研究を伴った確率論の一つの分野の基礎を提示した．1907年に書かれた論文 "Extension of the law of large numbers to quantities dependent on each other"（互いに従属する量への大数の法則の拡張）にマルコフは書いている[66]．

「チェビシェフは最も単純なゆえに最も興味深い場合，つまり独立量の場合に限って（大数の法則を）導いた…」マルコフはそこで次のように強調した．「チェビシェフの導き方はより一般的に，量が互いに依存している場合にも拡張されるかもしれない」[67]．

この論文でマルコフは大数の法則を適用するためのチェビシェフの条件をかなり緩めた．彼は列（23）が従属する変数の場合に

---

[66] A.A. マルコフ, *Selected works*（選集）．*Theory of numbers*（数論）．*Theory of probability*（確率論），レニングラード, 1951, pp.339-361（ロシア語）．
[67] 同上，pp.341-342．

$$\frac{1}{n^2}D\sum_{k=1}^{n}\xi_k \to 0 \quad (n\to\infty)\ ^{68)}$$

ならばやはりこの法則に従うことを証明した．

しばらくあと，いま言及した論文と同じ版で，マルコフは，もしある $\delta>0$ およびすべての $k(k=1,2,3,\cdots)$ に対して

$$E|\xi_k|^{1+\delta} \le c \quad (c>0)\ ^{69)}$$

ならば，大数の法則が従属する変数の和に対しても成立することを発見した．

ティホマンドリツキー（M.A. Tikhomandritskiĭ, 1844-1921），ペテルブルク大学の卒業生でハリコフ大学教授，がチェビシェフの大数の法則を連続な確率変数に拡張した（彼の "Course of lectures on the theory of probability"（確率論教程），ハリコフ，1898 参照）．スレシンスキー（I.V. Sleshinskiĭ, 1854-1931），オデッサ大学教授，がより早く同じゴールに達した（彼の覚書 "On the theory of the method of least squares"（最小 2 乗法の理論について），*Zapiski mat. otdeleniya Novoross. obshchestva estestvoispitateleĭ*（北ロシア地区数学覚書自然検査官協会），オデッサ，1892, vol.14 参照）．

チェビシェフの代表的な論文 "On two theorems about probabilities"（確率に関する二つの定理）がロシア語で 1887 年，科学アカデミーの "Zapiski"（報告）の補遺に，また 1890-1891 年にフランス語で "Acta mathematica" に現れた．この論文にはある不完全さや主張されている定理の定式化に二, 三の欠点があるが，彼の命題は正しい[70]．ここでチェビシェフは中心極限定理を証明するためにモーメント法についての彼の結果を応用した．こうして，のちに多くの利用法が見つかり，広く他の研究者により発展されることになった力強い方法を先導した．同じ論文で，チェビシェフは――厳密な証明なしに――その極限定理をチェビシェフ-エルミート多項式での漸近展開を応用することにより，より正確にすることが可能であると書きとめている．

この論文で与えられたチェビシェフによる概括的なプログラムの最初の部分は主として彼の弟子たち，マルコフ（1898）とリャプノフ（1901）によって実現さ

---

[68] A.A. マルコフ，*Calculus of probability*（確率の計算），第三版．ペテルブルク，1913, p.76（ロシア語）．
[69] 同上，p.84.
[70] *Sur deux théorèmes relatifs aux probabilités*. Acta math., t.14, pp.305-315. ロシア語版：Complete works, vol.3. モスクワ-レニングラード，1948, pp.229-239.

れた.第二の部分はクラメール (H. Cramér, 1928) により始められ,多くの他の科学者たちによって受け継がれた.

チェビシェフは主定理を次のように述べた.もし a) 確率変数 $u_1, u_2, \cdots$ の期待値 $a_i^{(1)}$ が 0 であり,b) 順次とられたその冪の期待値 $a_i^{(2)}, a_i^{(3)}, \cdots, a_i^{(k)}, \cdots$ が有界であれば,表現

$$\frac{u_1 + u_2 + \cdots + u_n}{\sqrt{2(a_1^{(2)} + a_2^{(2)} + \cdots + a_n^{(2)})}} \tag{24}$$

の値が z_1 と z_2 のあいだに含まれる確率は,$n \to \infty$ としたとき,極限

$$\frac{1}{\sqrt{\pi}} \int_{z_1}^{z_2} e^{-x^2} dx$$

に近づく.

厳密にいえば,チェビシェフの条件は欠陥のない証明という点では不十分である.まず第一に,当時の習慣によって,彼は変数 u_k が独立でなければならないことを特定していない.また彼は $n \to \infty$ としたとき,表現 $(1/n) \sum_{k=1}^{n} a_k^{(2)}$ が 0 に収束するかもしれないことを指示していない.この場合,最後の結論は正しくない.最後に,定理の条件 b) は十分に厳密に定式化されているわけではない.すべての k に対して同じ定数でおさえられる必要はない.それは k 次のモーメントに依存してもよい.

マルコフはチェビシェフの定理の記述に必要な修正をほどこした.チェビシェフの論文が印刷されたあと,ほとんど間を置かずに証明に関連する詳述を加えた.この件を以下で相当長く論ずることにする.

チェビシェフは第二の定理にほとんどスペースを割かなかったので,彼がいっていることをすべて再現する.

私は以下のことに言及したい.覚書 "On the development of functions of one variable"(1 変数関数の展開について)[71] において,私はこの確率[72]がいずれの n に対しても次の表現ができると主張した.

$$\frac{1}{\sqrt{\pi}} \int_{z_1}^{z_2} \left[1 - k_3 \left(\frac{q}{\sqrt{2}} \right)^3 \psi_3(x) + k_4 \left(\frac{q}{\sqrt{2}} \right)^4 \psi_4(x) + \cdots \right] e^{-x^2} dx.$$

---

[71] P.L. チェビシェフ, *Complete works*(全集), vol.3, pp.335-341. フランス語版:*Sur le développement des fonctions à une seule variable*. Bull. Cl. phys.-math. Acad. Imp. Sci. St.-Petersb. I, pp.193-200.
[72] すなわち,表現 (24) の値が区間 $[z_1, z_2]$ に属す確率.

ここで，$k_3, k_4, \cdots$ は，関数
$$\exp\left[\frac{M^{(3)}}{\sqrt{n}}s^3 + \frac{M^{(4)}}{n}s^4 + \cdots\right]$$
を s の冪に展開したときの $s^3, s^4, \cdots$ の係数であり，$\psi_3(x), \psi_4(x), \cdots$ は公式
$$\psi_l(x) = e^{x^2}\frac{d^l e^{-x^2}}{dx^l}$$
を用いて得られる多項式である．

ここで，$M^{(3)}, M^{(4)}$ や他の s^k 係数は指数和に関する半不変係数である．

フランスの数学者であり統計学者でもあるビエネメ（Irenée-Jules Bienaymé, 1797-1878）について少し述べる．チェビシェフは彼と科学上の交流を保ち，その業績を評価していた．論文 "On the limiting values of integrals"（積分の極限値について）にチェビシェフは次のように書いた．

> 多くの点できわめて興味深い論文，それはビエネメが［パリの］科学アカデミーで 1833 年に講演し，*Comptes rendus* に掲載され，さらにリウヴィルの雑誌 "J. math. pures et appl."（sér.2, t.12, 1867）に再録された *Considérarion à l'appui de la découverte de Laplace sur la loi des probabilités dans la méthode des moindres carrés*（最小 2 乗法における確率法則についてのラプラスの発見の裏づけについての考察）と題するものであるが，そのなかでこの著名な科学者は特に注目すべき一つの方法を提示した．この方法は，積分 $\int_0^a f(x)dx$ の極限値を
> $$\int_0^A f(x)dx, \quad \int_0^A xf(x)dx, \quad \int_0^A x^2 f(x)dx, \cdots$$
> を与えて決定することである．ここで，$A > a$ であり，$f(x)$ は積分範囲で符号が + のままであるという条件のみに従う未知の関数である．私の論文 "On mean values"（平均値について）にある，J. ベルヌーイの法則の単純で厳密な証明は，ビエネメの方法で簡単に得られる結果の一つである．彼は彼自身この方法を確率のある命題，それからはベルヌーイの法則が直ちに従う，の証明に到達するために使った[73]．

ビエネメの論文に何が書かれていたのか？　まず一つの不等式を含んでいるが，それはこの論文の全体のテキストから適切に分離されていないので，ここでは次の形に書き下すことにする．

---

[73] チェビシェフの *Complete works*（全集），vol.3, p.63 から引用．彼の著作のフランス語版：*Sur les valeurs limites des intégrales*. J. math. pures et appl., t.19, 1874, pp.157-160.

$$P(|\bar{x}-E\bar{x}|\geq\alpha)\leq D\bar{x}/\alpha^2.$$

ここで，$\bar{x}$ は観測結果の算術平均で，$\alpha>0$ である．第二に，ビエネメはランダムで独立な観測誤差が同じオーダーの小ささをもつと仮定して，それらの和の偶数次モーメントのオーダーを研究した．

チェビシェフの特徴は確率変数のモーメントを中心極限定理の証明に使おうというアイデアを思いついたことにある．こうしてチェビシェフはモーメント法の主要な創始者の一人となったのである．

上で言及した一連の 1879-1880 年度のチェビシェフの講義約 250 ページのうち，最後の約 100 ページのみで純粋に確率論を扱っている．それに先立って，非常に膨大な定積分の章（オイラー，ラプラス，および，フルラニ積分，不連続な被積分関数，およびいくつかの複素積分），それに（1 変数に対する）有限差分の計算が繰り広げられている．チェビシェフの純粋に確率論を扱った講義では，ガウスの 1809 年の論文による最小 2 乗法の正当化と観測の数学的取扱いを含んでいるが，多くの知られた結果からなっていた．際だったことに，チェビシェフは確率論の「道徳的な」応用の議論をすべて省略した．

さらに一つの注意．仮説の確率に対するベイズの公式（ついでにいえば，ベイズ（Thomas Bayes）の論文には含まれていないが）に関しては，チェビシェフは事後確率に対する「法則」は実際に仮説であると主張した[74]．チェビシェフは確率論の正当化とかその発見の哲学的探求を長々と論じはしなかったが，彼の主張はこのような主題に注意を払っていたことを示している．

われわれが見たように，チェビシェフの論文 "On two theorems about probabilities"（確率についての二つの定理について）は中心極限定理を扱っていたが，これに続いてマルコフは 2 篇の論文 "The law of large numbers and the method of least squares"（大数の法則と最小 2 乗法）（カザン，1898；脚注 18 参照）および *Sur les racines de l'équation* $e^{x^2}\{d^m(e^{-x^2})/dx^m\}=0$（方程式 $e^{x^2}\{d^m(e^{-x^2})/dx^m\}=0$ の解について）(Izvestia of the Academy of Sciences, ser.5，ペテルブルク，1898) を発表した．その論文で彼はチェビシェフの定理と同様な命題を正確に定式化し，証明した．マルコフは彼の問題にモーメント法によって接近した．ここに現代の言葉で定式化した彼の定理を記す．

---

[74] P.L. チェビシェフ，*Theory of probability*（確率論），Lecture（講義），p.154．

もし互いに独立な確率変数の列

$$\xi_1, \xi_2, \cdots, \xi_n, \cdots \qquad (25)$$

がすべての整数 $r \geq 3$ に対して

$$\lim_{n \to \infty} \frac{C_n(r)}{B_n^r} = 0,$$

ただし,

$$B_n = \sqrt{D\xi_1 + D\xi_2 + \cdots + D\xi_n},$$

$$C_n(r) = E|\xi_1 - E\xi_1|^r + E|\xi_2 - E\xi_2|^r + \cdots + E|\xi_n - E\xi_n|^r,$$

を満たしているならば,

$$\lim_{n \to \infty} P\left(\frac{1}{B_n}\sum_{k=1}^{n}(\xi_k - E\xi_k) < x\right) = \frac{1}{\sqrt{2\pi}}\int_{-\infty}^{x} e^{-z^2/2} dz$$

が成り立つ.

中心極限定理の証明のほとんどはリャプノフの功績に帰する．彼の創造的な仕事全部のうちで確率論は付随的である．本質的には，リャプノフは2編の確率論的な論文を出版したのみである：*Sur une proposition de la théorie des probabilités*（確率論における一命題）(1900) および *Nouvelle forme du théorème sur la limite de probabilité*（確率の極限についての定理の新しい定式化）(1901). 前者は *Izvestia*（報告）誌に，後者は *Zapiski*（年報）誌に掲載された[75]．いずれもペテルブルク科学アカデミーの発行である．

モーメント法は込み入りすぎていて扱いにくいと信じていたから，リャプノフは中心極限定理を特性関数の方法を用いて証明した．この方法，および，リャプノフが彼の変換を単純化するために導入したディリクレ-不連続因子は彼よりもはるか以前に使われていたから，原理的には彼のアプローチは知られてはいた．しかしながら，中心極限定理が成り立つために必要な条件を正確に詳述したのはリャプノフであった．加えて確率変数を正規化した和の分布が正規分布に収束する速さを非常に正確に評価した．こうしてリャプノフはラプラスの方法を，極限定理の厳密な証明や極限の正則性からの有限回の試行における偏差の評価に対するチェビシェフの要求に従わせることができた．

---

[75] これらの論文は彼が同じ主題で 1901 年パリ科学アカデミー発行の *Comptes rendus* に発表した二つの小論文と重複する．

リャプノフの主な発見はこのようなものである．もし独立確率変数列(25)に対して，少なくともある $\delta > 0$ について

$$\lim_{n\to\infty}\frac{\sum_{k=1}^{n}E\xi_k^{2+\delta}}{(\sum_{k=1}^{n}D\xi_k)^{1+\delta/2}}=0,$$

であるならば，

$$\lim_{n\to\infty}P\left(z_1 < \frac{\sum_{k=1}^{n}\xi_k - \sum_{k=1}^{n}E\xi_k}{\sqrt{2\sum_{k=1}^{n}D\xi_k}} < z_2\right) = \frac{1}{\sqrt{\pi}}\int_{z_1}^{z_2}e^{-z^2}dz$$

であり，正規分布への収束は，どのような z_1 と $z_2 (z_2 > z_1)$ に対しても一様である．

リャプノフはまた離散型確率変数に対する，絶対初等モーメントについて知られている不等式

$$\nu_m^{l-n} < \nu_n^{l-m} < \nu_l^{m-n}, \quad (l > m > n \geq 0)$$

を確立した（"Nouvelle forme du…"（確率の極限についての定理の新しい定式化））．その一方で，彼のその前の論文 "Sur une proposition…"（確率論における一命題）の §4 において，最初の明快な累積的分布関数 $F(x)$ の定義を与えた．すなわち，u および $v, v > u,$ に対して

$$F(v) - F(u) = P(u \leq \xi < v).$$

リャプノフが論文を発表したあと，マルコフは再度中心極限定理の証明に戻った．そしてリャプノフ[76]によって「揺るがされた」モーメント法の重要性を再度確立することに傾注した．与えられた目標として，マルコフはもはや確率変数のすべてのモーメントの存在を要求することはできなかった（なぜならリャプノフはこの条件を置かなかったから）．この事実は基本的であって，モーメント法の適用には乗り越えられない障害であるとみえた．それにもかかわらず，マルコフは確率変数を切り詰めることにより見事に処理した（それ以来この方法は標準的になった）．切り詰められた確率変数に対してはすべてのモーメントの存在は自明といえる形で達成されている．

マルコフの名前と業績は第1章と第3章でも，またこの章でも繰り返し言及された．彼の研究のなかでも確率に関するものは数学の発展への寄与という点で最重要な位置を占めた．いま，この項目を終えるにあたって[77]簡潔に彼の生涯を

---

[76] A.A. マルコフ, *Calculus of probability*（確率の計算），第三版．ペテルブルク，1913, p.332（ロシア語）．
[77] リャプノフの伝記については本シリーズ第III巻，p.220 以降を参照のこと．

マルコフ（Andreï Andreevich Markov, 1856-1922）

記そう．マルコフ（Andreï Andreevich Markov, 1856-1922）は森林局下級の従業員で，のちに無資格の弁護士になった人の息子であったが，大学に進む前から数学に大きな興味をもった．1874 年に彼はペテルブルク大学に入学し，そこでチェビシェフ，コルキン，ゾロタリョフの授業に出席した．そしてあとの二人の科学者に指導された学生サークルの活動的な参加者であった．1874 年に大学を卒業するにあたって，彼は教授職のための準備をするために——今日の表現を使えば——大学に留め置かれた．彼の修士論文は不定型の 2 変数 2 次形式の最小値を扱ったが，これはゾロタリョフとコルキンの仕事に非常に近く，第 3 章で論じられた．チェビシェフはこの論文，特にマルコフの連分数の巧みな利用を高く評価した．これはチェビシェフ自身が応用して成功を収めていた．マルコフは続きの論文で 2 次形式の算術理論に戻った．同じ年（1880 年）マルコフは修士論文を認承されてペテルブルク大学の講師（docent）として教え始めた．

4 年後マルコフは博士論文 "On some applications of algebraic continued fractions"（代数的連分数のある応用について）を提出し，認承された（ペテルブルク，

1884).そこで彼は,他の発見に加え,チェビシェフにより 10 年前に論文 "On the limiting values of integrals"(積分の極限値)[78] として出版された重要な不等式を証明し,一般化した.博士論文は,モーメント法,補間法および関数の最良近似理論についての連作の長いシリーズの最初に位置するものになり,これはほぼ 30 年にわたって続いた.1886 年にマルコフはペテルブルク大学教授に,そして,チェビシェフの推挙により,アカデミー会員に選ばれた.彼は 1905 年まで大学のスタッフであったが,若い科学者たちに道を譲るために退任した.それにもかかわらずマルコフは大学とのつながりを生涯保ち続けた.彼は定期的に確率論のコースで教えたり,連分数について講演した.身分は私講師(private docent),つまり定まった給与を受け取らない形であった.

マルコフの著作には,上に言及した以外にも種々の結果についての論文が含まれる.たとえば彼の論文の一つは微分方程式を扱った.しかし 90 年代の終りから以後,より頻繁に確率論に戻った.先にわれわれはこの理論にあてた彼の論文のいくつかについて述べたが,それらの多くは 20 世紀の最初の四半世紀に書かれた.その時点の終わる頃,1924 年には "Calcul des probabilités"(確率の計算)の第四版が作者の改訂により,没後に発行された.

この注目すべき大学生用のハンドブックの初版は,すでにみたようにマルコフの発見の多くを包含しているが,1900 年に発刊された.しかしその原型は,引退したチェビシェフの代わりにマルコフが確率論の講義を始めたとき,すなわち 1882-1883 年度から,石版印刷の形で現れていた.

「疑いもなく」,ベルンシュテインが記したところでは,「チェビシェフの確率論におけるアイデアと傾向の最も輝かしい後継者は,特性と数学的才能の明晰さの点で先生に最も近いマルコフであった.チェビシェフが,特に彼の生涯の最後にも,また講義においても,彼自身が主張した確率論における定式化の正確さや証明の厳密さからはときどき外れたのに対し,マルコフの確率の計算の古典的なコースや,彼の独創的な研究論文は,記述の厳密さと明快さのモデルであり,確率論を数学の最も完全な分野の一つに変革することに,またチェビシェフの方向づけと方法の普及に,第一級の貢献をしてきた」[79].

---

[78] 脚注 73 参照.
[79] S.N. ベルンシュテイン,*On P.L.Chebyshev's work in the theory of probability*(P.L. チェビシェフの確率論における業績について).*The scientific legacy of P.L. Chebyshev*(P.L. チェビシェフの科学上の遺産),part 1(数学).モスクワ,1945,pp.59-60(ロシア語)所収.

マルコフの最も重要な貢献は，従属性のある確率変数の和と平均値の研究の先駆けであり，かつ1907年と次の年にかけて行ったマルコフ過程の創造であった．これは今日確率論とその応用の主要な基盤をなしている．しかしながら，この主題は本書の範囲を超える．

マルコフは非常に名声のある科学者であるだけでなく，市民の模範でもあった．若い頃熱心にドブロリューボフ（N. Dobrolubov），ピサレフ（D. Pisarev），それにチェルヌイシェフスキー（N. Chernyshevskiĭ）の著書を読んだ．これらは明らかに彼の社会的視野の形成に影響を与えた．成人として彼は勇敢にもツァー政権の反動的政策に反対を表明した．1902年にはゴーリキー（A.M. Gorkiĭ）の科学アカデミーの名誉会員選出の取消しについて，それがツァー自身による要求であったにもかかわらず，強く反対した．1907年には国会（ロシア議会）選挙に参加することを書面で拒否した．理由は，新しい選挙規則の違法な導入であった．1913年には確率論についての祝典を組織することでロマノフ家の300年公式記念行事に実効的に反対した．結局，彼の意見が通り，彼が編集して序文を書き，アカデミーは"Part four of Jakob Bernoulli's Ars Conjectandi"（J. ベルヌーイのArs Conjectandi 第4部）（ペテルブルク，1913）を次の銘を表紙と表題に付して発行した．「大数の法則の200年を記念して」．

確率論の新しい応用分野．数理統計学の起源

18世紀および19世紀の前半では，物理学者たちは本質的には確率論的アイデアまたは方法を使わないで気体運動論を基礎づけた．状況は19世紀後半になってからクラウジウス（Rudolf Julius Emmanuel Clausius, 1822-1888）の著作や，特にマクスウェル（James Clerk Maxwell, 1831-1879）の *Illustrations of the dynamical theory of gases*（気体の力学的理論の例証）(1860)[80] によってようやく変わった．

マクスウェルは，平衡状態で，気体分子の速度は等しくないと仮定して，それらの分布の法則を決定しようと試みた．さらに分子の速度の x, y, z 成分は独立であると仮定し，要求される分布の密度 $\varphi(x)$ は関係

$$\varphi(x)\varphi(y)\varphi(z) = \varphi(x^2+y^2+z^2), \tag{26}$$

を満たし，したがって

---

[80] ロシア語訳：J.C.マクスウェル，*Papers and speeches*（論文と講演）．Nauka発行，モスクワ，1968．

$$\varphi(x) = Ce^{Ax^2} \qquad (C>0, A<0)$$

であることを得た．

この推論の根底にあり，関係(26)でみられる単純なアイデアは新しいものではなかった．すでにアドレイン（p.257 参照）は誤差論のなかで，正規分布を導く際に用いた．ハーシェル（John Herschel, 1850），トムソン（William Thomson, ケルヴィン卿）とテイト（Peter Guthrie Tait, 1867），そして，その後，ツィンガー（N.Y. Tsinger, 1899），それにクリロフ（A.N. Krylov, 1932）たちが独立に誤差論で同じアイデアを使った．

マクスウェルの論法の背後にあるアイデアは物理学で一般に知られるようになった．オーストリアの物理学者ボルツマン（Ludwig Boltzmann, 1844-1906）は 1872 年に導出そのものを完全にした．彼はマクスウェル分布が統計的平衡条件を満たす唯一の分布であることを証明した．この分布の現代的な導出はリニク（Y. V. Linnik, 1952）による．彼は導出の仮定をより正確にし[81]，加えて，三つの異なった弱められた仮定でくり返し導出した．

マクスウェルにとっては，彼自身が 1875 年に書いているように，個々の分子の速度を計算するのは不可能であるから，確率論的方法が必要であった．

確率論の物理への応用，より正確には気体運動論への応用での本質的に新しい時代は，ボルツマンと結びついている．すでに 1871 年の論文で，熱力学の少なくともいくつかの命題は確率的考察によって証明されるべきだと彼は書き留めた．1872 年には，分子の熱エネルギーの分布（マクスウェルの分子速度分布の法則を完全な形で導くことに関連するが）を研究しているあいだ，彼は「熱力学の問題は確率論の問題である」[82]と宣言した．

ボルツマンの仕事は認められなかった．理由をあげると，第一に物質の原子-分子構造はいまだ進行中の仮説にすぎなかった．第二に，物質の一状態から別の状態への転移の確率的特性に基づいた理由づけが，力学の公式の可逆性と相いれなかった．この矛盾の議論は，主にロシュミット（J. Loschmidt）によるが，1877 年に力学的要素を捨て去り，全面的に確率論的な方法に転じることをボル

---

[81] 速度の成分の相互独立性は座標系の選び方すべてにわたって成立するべきである．
[82] L. ボルツマン, *Weitere Studien über das Wärmegleichgewicht unter Gasmolekülen*（気体分子の熱平衡についてのさらなる研究）．Wiss. Abhandl., Bd.1. ライプチヒ, 1909, 316-402 (pp.316-317). 英訳："Further studies on the thermal equilibrium of gas molecules". S.G. ブラッシュ, *Kinetic theory*, vol.2, Oxford a.o., 1966, 88-175（p.88）所収．

ボルツマン（Ludwig Boltzmann, 1844-1906）

ツマン[83]に強いた．

特に，ボルツマンは，分子系が最も確かな（つまり，熱平衡）状態にあると仮定して分子系の運動エネルギーの分布の密度 $f(x)$ を探求した．いま，w_0 個の分子の運動エネルギーが区間 $[0, \varepsilon]$ に含まれ，w_1 個の分子が区間 $[\varepsilon, 2\varepsilon]$ に，などとしよう．このとき，分子の全数を n とすると，

$$w_0 \approx n\varepsilon \cdot f(0), \quad w_1 \approx n\varepsilon \cdot f(\varepsilon), \quad w_2 \approx n\varepsilon \cdot f(2\varepsilon), \quad \cdots,$$

$$w_0 + w_1 + w_2 + \cdots = n$$

である．この系に与えられた状態の可能な分布の数は

$$p = \frac{n!}{w_0! w_1! w_2! \cdots},$$

であり，p の最大値は

$$f(x) = Ce^{-hx} \qquad (C, h > 0)$$

---

[83] ボルツマンの論文，*Über die Beziehung zwischen dem zweiten Hauptsatze der mechanischen Wämetheorie und der Wahrscheinlichkeitsrechnung, resp. den Sätzen über das Wärmegleichgewicht*（熱平衡についての熱力学と確率論の主定理の間の関係について），Wiss. Abhandl., Bd.2. ライプチヒ，1909, pp.164-223, を参照．

の場合に対応することがわかる．分子速度の u, v, w 成分の分布を考察して，ボルツマンは積分

$$\Omega = -\iiint f(u, v, w) \log f(u, v, w) \, du \, dv \, dw$$

を系の与えられた熱エネルギーに対して計算するに至った．そして（系の「置換能力の尺度」（Permutabilitätsmaß）とボルツマンが呼んだ）Ω が，その状態の確率の尺度であること，さらに，エントロピーとは異なって，それは平衡状態のみならず，系の任意の状態に対して定義されることを証明した．

一般的な結論として，ボルツマンは，確率的に熱力学の第2法則を定式化した．自律的に起きることが可能な変化は，ボルツマンが注意したように，低い可能性の状態からより高い可能性のある状態への移行である．

以前と同じように，プランク（Max Karl Ernst Planck）をほとんど唯一の例外として[84]，誰もボルツマンの仕事を認めなかった．この事実が彼の自殺の原因の一つだろうと思われる．

しかし，19世紀最後の何年かに行われた論議のあいだ，彼の視点をより明確にする機会があった．ドイツの数学者ツェルメロ（Ernst Friedrich Ferdinand Zermelo, 1871-1953）によって浴びせられた，よく知られたポアンカレ（Henri Poincaré）の力学系の初期状態への回帰についての定理に基づいた批判に答えて，ボルツマンはこの回帰の周期は想像できないほど大きい[85]ことを示して，回帰の事実自身が確率論的な概念に矛盾しないことを示した．

その後，20世紀に入り，熱力学の第2法則の確率的な本質が壺のモデルにより生き生きと説明された．これはボルツマンの学生エーレンフェスト（Paul Ehrenfest）と，その夫人，アファナシエヴァ・エーレンフェスト（Tatiana Alekseevna Afanaseva Ehrenfest）が彼らの論文 *Über zwei bekannte Einwände gegen das Boltzmannsche H-Theorem*（ボルツマンのH-定理への二つの知られた反論について）（1907）[86]で提示した．

---

[84] ロシアでは，ミヘルソン（V.A. Mikhel'son）が1883年に，ピロゴフ（N.N. Pirogov）が1886年に気体運動論について確率論的な視点を支持した．
[85] L. ボルツマン, *Zu Hrn. Zermelos Abhandlung "Über die mechanische Erklärung irreversibeler Vorgänge* （ツェルメロ氏の論文「不可逆過程の力学的説明」について，1897. Wiss. Abhandl., Bd.3. ライプチヒ, 1909, pp.579-586. 英訳："On Zermelo's paper 'On the mechanical explanation of irreversible processes'". S.G. ブラッシュ（脚注82参照），pp.238-245, 所収.
[86] このモデルについて言及したことがある（本書 p.244）．その出現は確率過程の歴史の始まりとされるが，（本質的には）D. ベルヌーイによってすでに導入されていた．

マクスウェルとボルツマンの著作は，古典的な統計物理学の基礎を敷いた．それは，アメリカの物理学者ギブズ（Josiah Willard Gibbs, 1839-1903）によって著書 *Elementary principles of statistical mechanics developed with special reference to the rational foundations of thermodynamics*（熱力学の合理的な基礎に関連して発展した統計力学の基本的原則）（ニューヘヴン，1902）[87] で完成された．われわれはギブズの著作とかボルツマンによって1868年に提唱されたエルゴード仮説を詳しく述べることはしない．この仮説に関する研究は20世紀にようやく現れた．P. および T. エーレンフェスト（1911）による批判的な統計力学概論で始まったのであった．

　ボルツマンの物理学における業績や自然科学一般の発展は過去との根本的な変わり目をもたらした．自然界におけるある種の基本的法則は，厳密に決定論的というよりもむしろ確率的であることが判明した．とはいえ次のことは付言しておくべきである．19世紀においては物理学は確率論の発展には何の刺激も供給しなかった[88]．

　ヒンチン（Aleksandr Yakovlevich Khinchin）は19世紀における統計的方法の利用を記述して，こう主張した．「まったく曖昧でなんとなく臆病な確率的推論は根底の基盤であることを主張しないで，純力学的な思考と近似的に同様の役割を演じる…構造や粒子間の相互作用に関する遠大な仮説がなされている…確率論の概念は正確な形では現れず，無内容であったり，まったく不正確であったりして数学的推論の信用をなくしてしまうような混乱を排除しきれない．確率論の極限定理はいまだ応用を見いだしてはいない．これらすべての研究の数学的レベルはきわめて低く，この新しい応用分野で直面する最も重要な問題はいまだ正確な形では現れていない」[89]．

　もちろんこれらすべては，統計力学——20世紀の半ばには存在していた形状——の立場から書かれていた．それに，ボルツマンは論理的に厳密な統計確率の

---

[87] ロシア語訳：国立技術出版局，モスクワ-レニングラード，1946．
[88] しかしながら，確率論は疑いなく具体的な物理学研究に用いられた．これに関連してたとえば，I. シュナイダー，*Clausius' erste Anwendung der Wahrscheinlichkeitsrechnung im Rahmen der atmosphärischen Lichtstreuung*（クラウジウスの大気圏における光散乱の範囲への確率論の最初の応用）．Arch. hist. ex. sci., vol.14, No.2, 1974, 参照．クラウジウスの論文は1849年に出版された．彼の役割は少なくとも確率論の観点から気体運動論を創始したことであるが，いまだ十分に研究されていない．
[89] A.Y. ヒンチン，*Mathematical foundations of statistical mechanics*（統計力学の数学的基礎），ニューヨーク，1949, p.2. 原書はロシア語で出版された（国立技術出版局，モスクワ-レニングラード，1943）．

概念を導入しようと試みたことは付け加えられるべきであろう．このことと関連して，ボルツマンは *Vorlesungen über Gastheorie*（気体論講義）(Tl.1-2. ライプチヒ，1895-1899)[90] において何回となく無限回の「繰返し」を考察していて，実効的に無限母集団の使用をもたらした．ギブズも同じ観点を採用したが，付言すれば，すでにラプラスによっても間接的に使われていた[91]．

社会的および人体測定の統計にあてられた節で，われわれは人口統計学の発展を記述した．これはヨーロッパ大陸での確率論の応用の伝統的分野であった．イギリスでは異なった発展を見せた．すなわち生物学への応用である．これに関連して考察されるべき最初の人物はガルトン (Francis Galton, 1822-1911)，ダーウィン (Charles Robert Darwin) の最初のいとこ，である．始めは心理学者と人体測定学者を兼ねていたが，ガルトンは彼の科学上の仕事に対して，種々の観測とその数学的取扱いに基づいた基礎づけを与えようと試みた．ダーウィンの *Origin of species*（種の起源）(1859) が世に出てから，彼は遺伝学の問題にまさしく同じ方法で向かうところとなった．

ガルトンの本，*Natural inheritance*（自然の遺伝）(ロンドン-ニューヨーク，1889) は，彼の相関論の原理[92]に基礎を置いているが，数学者ピアソン (K. Pearson) と動物学者ウェルドン (W.F.R. Weldon, 1860-1906) の注意を引くところとなった．彼らはダーウィンの自然選択理論を動植物の個体数の統計的研究によって正当化することを狙っていた．

19世紀のまさに最後に，現在に続く定期雑誌 "Biometrika"（生物統計学)[93] を出版することにより，ガルトン，ピアソンおよびウェルドンは生物計量学の学問

---

[90] ロシア語訳：国立技術出版局，モスクワ，1956．
[91] その後，20世紀の初頭，ミーゼス (R. von Mises, 1883-1953) は無限回試行，つまり，ある無限母集団の存在を基礎とした確率を定義して確率論を構成した．最初に定式化されたままでは，ミーゼスの構成的な考えは受け入れることが不可能であることが判明した．しかし両方のアイデアと，彼の古典確率論の要点への批判はこの科学分野の発展に大きな影響を及ぼした．
[92] もちろん，ある事象間の相関関係の存在は古くから知られていた．たとえば次のように．アリストテレス (Aristoteles) は著書 *Problemata* で生物学でのそのような関係の存在に注目していた．ケプラー (Johannes Kepler) は著書，*Harmonices Mundi*（世界の調和），Book 4, Chapter 7（ドイツ語訳：*Welt-Harmonik*. ミュンヘン-ベルリン，1939；再版：1967) で「座相」の（つまり天体の「驚くべき」配置の）ないところでは気候は通常穏やかであると間違って信じた．しかし，相関の近さの量的な測定はガルトン以前にはなされなかった．1888年に，相関係数を導入したのは彼であった．
[93] ついでにいうと，雑誌 "Biometrika" は主題（より正確には確率や数理統計学）の歴史についての論文も載せる非常に珍しい数学の定期雑誌である．

ピアソン（Karl Pearson, 1857-1936）

分野，すなわち，生物的観測や生物学における統計的規則性を取り扱う方法の創造を狙いとした分野，を確立した．

"Biometrika" の創刊号（1902）には2篇の編集に関する論文が載っている．最初の論文は次のように主張した．

> ほんの数年前には，類または種の個々の成員の間の差異の研究によって解が得られるようなすべての問題は，ほとんどの生物学者に無視されていた…
> ダーウィンの進化論の出発点はまさにそのような差異の存在にあった…一つの類の特性に基づく選択の過程で生じ得る影響についての調査の第一歩は，その特性に関して与えられた非正常の程度を示す個体が生まれる頻度の評価でなければならない…これらの，および他の多くの問題においても，大規模な統計的データの集積が必要とされる…[94]

そして，さらに，第二の論文で主張する．

> …進化の問題は統計の問題である…われわれは観測を信頼できるように説明するために，大きな数の数学に，集団現象の理論に，着手しなければならない…近代

---

[94] *The scope of Biometrika*（Biometrika の概観）．Biometrika, vol.1, pt 1, 1901-1902, pp.1-2.

的系統図の創始者がほとんど統計に訴えないのはなぜかと問わなくてよいのか？
…ダーウィンの性格的傾向は数学的概念なしに系統図理論を確立させた．ファラデー（Michael Faraday）の性格が電磁気学の場合になしたことと共通している．しかしファラデーのアイデアはいずれも数学的に定義することができ，数学的な解析を必要とする…ダーウィンの各アイデアも同様である——変異，自然選択…——は直ちに数学的定義に適合し，統計的解析を必要とすると思われる[95]．

この論文の著者たちは統計的方法の重要性についてのダーウィンの主張——彼の著書のなかにようやく見つけることができた主張——を引用し，彼の注意を繰り返す．

　私は実際の計測が不足するものと三数法[96]を信用しない．

これらの言葉は——著者たちは続ける——生物学者，数学者，統計学者の連携を訴えるものであり，「"Biometrika" と生物統計学者のための座右の銘として有用であろう」[97]．

当初からピアソン（Karl Pearson, 1857-1936）は生物計量学派の長であった．特に，彼は "Biometrika" の生涯にわたって（長年ただ一人の）編集長であった．彼は数学教育をケンブリッジで受けた．そこでの彼の先生たちはストークス（George Gabriel Stokes），マクスウェル（J.C. Maxwell），ケーリー（Arthur Cayley），およびバーンサイド（William Snow Burnside）であった．彼はさらに物理学をハイデルベルクで勉強した．1884 年に彼はロンドン大学の応用数学と力学の教授に就任した．そして 1911 年には優生学の教授になった．1896 年に王立学会に選ばれた．

ピアソンは非常に多才な学者であった．数理統計学の仕事に加えて彼は応用数学と哲学について書いた[98]．若い頃に法律と歴史を勉強し，彼の考え方は穏健なイギリス型の社会主義の傾向に向かった．ピアソンの最初の数理統計学の著作は 1893 年頃に現れた．彼は 1901 年以前に 20 編以上の論文を発表しているが，彼

---

[95] *The spirit of Biometrika*（Biometrika の精神）．Biometrika, vol.1, pt 1, 1901-1902, p.4.
[96] ［訳注］等しい比の外項の積と内項の積が等しいこと．$a:b=c:d \Rightarrow ad=bc$
[97] 95) 参照．
[98] 基本的な哲学的問題では，ピアソンはマッハ（E. Mach）に近かった．レーニン（V.I. Lenin）は，著書 *Materialism and empiriocriticism*（物質主義と経験批判論）(1909) において，ピアソンが *The grammar of science*（科学の文法）(1892) で表明した見解を批判した．

の主な業績は20世紀に属する．ピアソンは基本的には相関論を推進し，数多くの重要な統計表を出版した．彼の仕事の主な主題は，しかしながら，多数の，一部は彼自身によって導入された分布の研究や，観測によるパラメータの推定であった．これを発展させることは，19世紀の折返しと20世紀の初めにおける数理統計学の中心的な傾向であったが，古典的な誤差論での観測された量の「真の値」を決定するという時代遅れの方法の拒絶へとつながった．統計学者が具体的な問題をより明確に提起し，実際に，数理統計の関連分野を創造することを可能にするような一つまたは他の付加的な条件を付けて分布のパラメータを推定することは，数学的に的確な要求であった．ピアソンの著作の数々，少なくとも1920年代までに出版されたもの，は論理的レベルが低いと見なされた——この事情から，それらがイギリス外で認知され，また，さらなる発展をみることを妨げた[99]．

しかしながら，イギリスの科学界は，それ以前のエッジワース（Francis Ysidro Edgeworth, 1845-1926）の仕事によって生物計量学派のアイデアと方法を受け入れるべく準備がなされていた．エッジワースもまた多才な科学者であった．彼は自身の研究を，確率論，統計学とその応用，誤差論に限定せず，政治経済学にも広げた．エッジワースもまた数学の経済学への応用では先駆者であった．しかし，彼の研究スタイルは独特であったので，彼の数学に関する業績はほとんど知られていないままである．

この項目を終えるにあたって述べておこう．明確な数学の一分野としての数理統計学の誕生は1920年代から1930年代になされたが，それは生物計量学派と人口統計学の「大陸」学派の双方におおいに負っていた．これら二つの学派が統合され，同時に統計的方法が数多くの「新しい」科学やその工業化への応用分野に浸透していったことが数理統計学を創出したものと思われる．

---

[99] たとえば，A.A. チュプロフ，*Theorien fur statistika räckors stabilitet*, 1926（ロシア語訳 A.A. チェプロフ，*Voprosy statistiki*（統計学の問題），モスクワ，国立統計出版局，1960）を参照．チュプロフはピアソンの著作をロシアで認めさせようとしたことに注意しよう．その根拠は彼の *Ocherki po teorii statistiki*（統計についての論文）1909，およびマルコフとの交信（1910-1917）である．この交信の初期には，マルコフはピアソンについて非常に否定的に評価した．のちにチュプロフの影響で見解を変えた．*On the theory of probability and mathematical statistics*；A.A. マルコフと A.A. チュプロフ間の書簡，Kh.O. オンダー編集，モスクワ，Nauka 発行，1977．英訳：ニューヨーク，1981．一般的に，計量生物学派の考えは20世紀初頭ラヒチン（L.K. Lakhtin, 1904），オルツェンスキー（R.M. Orzhenskiĭ, 1910），スルツキー（E.E. Slutskiĭ, 1912）の著作を通じてロシアで知られるようになった．

西ヨーロッパにおける19世紀後半の成果

19世紀の終りにベルトランとポアンカレによって書かれた論文は純粋の確率論に当てられた．

ベルトラン（Joseph Louis François Bertrand, 1822-1900）については第3章においてチェビシェフの解析的数論の論文に関連して言及した．彼は幼年時代非凡な才能をみせ，大きな希望を育んだ．しかしそれは十分には実現しなかった．エコール・ポリテクニーク（高等工科学校）を卒業した彼は最初の著作，電気学の数学的理論についての本を発表した．その2年後に彼は教え始め，最初は学院（lyceum）で，次いで他の学術機関で教鞭をとった．1856年にベルトランはエコール・ポリテクニークの教授に任命された．1862年にコレージュ・ド・フランス（フランス学院）教授に就任した．パリ科学アカデミーの会員であり，1874年終身幹事になった．彼の著作は数多くの数学の分野を網羅していたが，特に重要というわけではなかった．彼の名前が付けられたのは，数論でのベルトランの原理，群論でのベルトラン問題（本書 p.211），そして微分幾何学における二重曲率曲線である．科学アカデミーの終身幹事として，彼の現役時代に亡くなった

ベルトラン （Joseph Louis François Bertrand, 1822-1900）

会員の短く優雅な伝記を多数出版した．これらの伝記は前もって賛辞（Eloges, Eulogies）として口頭で発表されていた．ベルトランはまた多数の一般向けの文章や本を書いた．たとえば数学や天文学の歴史に関するものとか，手引書など．彼の *Calcul des probabilités*（確率の計算）（パリ，1888）——この本の版はいくつか重ねられているが——は例外的にいまでも興味深い．吟味すると予期しない結果に導かれるたくさんの重要な問題や，先人たちの意見や発言に関する沢山の適切な機知に富む注意を包んでいるからである[100]．機知といえば，たとえば，古典的になっているが，こんな問題がある．円の弦をランダムに（*au hasard*）選ぶ．その長さが内接する正三角形の辺を超える確率を求めよ．「ランダムに」という用語が十分には定義されておらず，したがってこの問題には数多くの異なった解を許すことになった．ちなみに著者は三つの解を与えた．この事実は数学者たちに，問題の条件をより正確に定式化することに加えて，確率論の根底を熟考することを強く要請した．

しかしながら，ベルトランの論文の内容は数学的には独創性をほとんど認められない．著者自身の確率論への貢献は小さい．

ポアンカレの *Calcul des probabilités*（確率の計算）（パリ，1896）の初版で，彼はルーレットゲームで種々の結果のうちで等確率になることの，そして小惑星の経度の一様分布の要因を研究した．このうちの最初の問題を考えてみよう．1個の玉が円周に沿って動き，だんだんゆっくりになり止まる．玉の初速度の分布法則は連続であるとする．もし円周が合同な切片に分割されていれば，与えられた一つの切片に玉が止まる確率は一定であり，分布の法則のタイプにはよらないことが導かれる．

ポアンカレはこの種の問題に一般向けの著述[101]で——1906年の日付のある著作でも，最終的には，*Calcul des probabilités* の第二版（1912；再版1923）で立ち戻った．しかし彼は問題を純物理学的に考えた．こんなわけで *Calcul des probabilités* の第二版は液体の拡散についての注意で終わっている．単一の一様

---

[100] ケトレの平均人間についてそのような意見を引用したことがある（p.272）．
[101] *La science et l'hypothèse*（科学と仮説，パリ，1902）；*Science et méthode*（科学と方法，パリ，1908）．これらの書の英訳は H. ポアンカレ，*Foundations of science*．ワシントン，1982，にある．これらの本でこの著名な数学者は同時にマッハ主義に近い哲学者であることも示した．レーニンはその著 *Materialism and empiriocriticism*（物質主義と経験批判論）（1909）において知識論の問題についてのポアンカレの説明の批判的かつ詳細な分析を行った．

な「液体」の形態は——ポアンカレは記している——何らかの方法で理論的に正当化されるべきだと．この問題はいわゆるエルゴード仮説と関連する．1912年の時点では，この仮説を扱った一連の論文がやっと現れ始めていた．

Calcul des probabilités の同じ版で *Science et méthode*（科学と方法）から借用した確率（ランダム）事象についての一節がみつかる．ポアンカレによれば，確率事象の著しい特徴は取るに足らない原因が結果において重要な変化を引き起こすことである[102]．

ルーレットでは，例として，玉の初期速度の小さな変化が結果において重大な変化をもたらす——玉が円周の別の切片で止まる．しかしながら，ポアンカレはランダムネスの第二の形式を指摘している．その形式は，非常に多数の原因とそれらの組合せによる複雑性が与えられて，「小さな原因——小さな効果」の制限内で作用する．第1種のランダムネスは一様分布によって特徴づけられるし，第2種は，中心極限定理が成り立つように「通例として」満たされる条件のゆえに，正規分布によって特徴づけられる．

現代数学にとって，自然科学での応用に適したランダムネスの概念の定式化は，難しく重要な問題である．

それにもかかわらず，全体として，ポアンカレの論文はより古い著作の内容に則している．たとえば，ポアンカレは，彼以前のベルトランと同様に，チェビシェフまたはリャプノフに言及していない．彼にとっては，ラプラスと同じく，確率論は応用数学の一分科のままであった．このことはポアンカレの科学上の仕事の特殊性とか，ソルボンヌでの数理物理学[103]および確率論の講座長としての

---

[102] このような確率事象の説明はアリストテレス（Aristoteles）により表された理由づけに矛盾しない．たとえば彼の "Metaphysica"（形而上学）において，穴を掘りながら埋蔵宝物を発見することはランダムであると主張する．穴を掘る地点を選ぶ際の小さな変化が結果において重要な変化をもたらすかもしれない．埋蔵宝物は地中に残されたままになるかもしれない．アリストテレスの *Physica*（自然学）での別の説明は，二人のランダムな出会いに関係する．先行する事象列の小さな変化が，出会いを妨げる結果になるかもしれない．多くの近・現代の哲学者たち，ホッブス（T. Hobbes）やライプニッツ（G.W. von Leibniz）に始まるのであるが，確率事象について同じ意見をもっていた．18世紀に，ランベルト（J.H. Lambert）がランダムネスの説明に興味をもった．無限ランダム列の概念を導入しようとしたとき，彼は直感的な段階ながら，正規数の概念に近づいた．それは20世紀になって，何人かの有名な研究者（ボレル（E. Borel）他）の興味を引いた．J.H. ランベルト，*Anlage zur Architectonic*, Bd.1. リガ，1771，§324を参照．大雑把にいって，ある数が正規数であるとは，無限小数に展開したとき，すべての数字が同程度に出現することである．さらに小数展開における桁数が無限大に増加するとき，一度に n 個（$n = 1, 2, \cdots$）の数字の組を考えた場合にもその相対頻度の極限が等しくなる．

[103] 数理物理学は数学的な計算が使われる物理学の分野からなると理解された．

活動と結びついているのかもしれない．彼の *Calcul des probabilités*（確率の計算）の初版は 1893-1894 年度に著者によって行われた一連の講義に対応する．

われわれはさらにオーストリアの数学者チュベール（Emanuel Czuber, 1851-1925），イギリスの論理学者ド・モルガン（Augustus De Morgan），ブール（George Boole），ジェヴォンズ（William Stanley Jevons）およびヴェン（Johnn Venn）の業績に言及しなければならない．彼らは確率論の基礎を固めるという問題に注意を払った（論理学での業績については第 1 章参照）．

チュベールは確率論と誤差論の何篇かの論文の著者であった．考慮すべき科学上の遺産を残すことはなかったが，実直な編集者であり彼の仕事は長いあいだ高く評価されていた．そうしたことから，彼の *Theorie der Beobachtungsfehler*（観測の誤差論）（ライプチヒ，1891）と *Wahrscheinlichkeitsrechnung*（確率の計算）を指摘しておく．後者は *Encyklopädie der mathematischen Wissenschaften*（数理科学百科辞典）（Bd.1. ライプチヒ，1901）のうちの 1 章である．加えて，チュベールの著書は確率論の歴史について非常に価値のある情報を包含している．

ド・モルガンは最初の確率論的命題を論理的計算で実証しようと試みた．彼の本 *Formal logic, or the calculus of inference, necessary and probable*（形式論理，あるいは推量計算，必要性と確実性）（ロンドン，1847）は，確率論，確率論的な証明と帰納を扱った章を含んでいる．ド・モルガンは確率を知識の量的な物差として扱ったから，主に主観的確率のみを認めている．ド・モルガンの著作は直接実際の応用がないので，ほとんど知られることがなかった．しかし，それらはブールによって引き継がれた．

アリストテレスの論理学を代数的な言葉に翻訳することを目的として，ブールもまた確率論的論理に目を転じた．1854 年には，彼の主要な数学的論理についての著書 *An investigation of the laws of thought, on which are founded the mathematical theories of logic and probability*（論理と確率の数学的理論の基礎となる思考の法則の研究）が出版されたが，ブールは重ねて論文 *On the conditions by which the solution of questions in the theory of probabilities are limited*（確率論における問題の解が制限される条件について）を発表した．そのなかで彼は確率論を公理論的に具体化することの必要性を予見していた．この理論への注文を彼はこう書いた，

純粋科学を評価するには次の条件をどの程度満たすかによるべきである．第一に，その方法が拠って立つ原理は公理的な本性があるべきである．第二に，立証が可能である限り，正確な立証が認められる形の結論に導いているべきである．第三に，すべての部分と過程で一貫した体系的な展開が可能であるべきである．事物の特性として備わっているもの以外には，いかなる制限も認めたり課したりすることなく[104]．

ブールは確率論の目的を明確に述べることにおいても彼の時代を先行していた．彼の1851年の論文の一つで，彼は本質的には，チェビシェフの1846年の主張（本書p.286参照）を繰り返している．

ブールと同様に，ジェヴォンズは主要な著書 *The principles of science. A treatise on logic and scientific method*（科学の諸原理．論理と科学的方法に関する論説）をド・モルガンの大きな影響のもとに書いた．この本の第10章で，ジェヴォンズは，確率論はわれわれの無知が始まるところから始まると主張した．われわれはすでにその主張は間違っていることを指摘した（本書p.278参照）[105]．

同じ頃ジェヴォンズは確率論を数学的論理学のもとに配そうと試みた．興味深いのは彼の論文のこの方向である．ヴェンには同じ傾向があった．彼の *Logic of chance*（偶然の論理学）（ロンドン，1866）の初版で，彼は「論理学の分野に関しては…その最も広い見地のもとでは確率論は…その一部であると考えてよい」と宣言した．

数理論理学と確率論の間の関係についての問題は現在でも論題である．しかしながら，多分それは数理論理学と数学のあいだの関係というもっと一般的な問題の流れのなかで考察されるべきである．

われわれの説明を終えるにあたって，数学と力学の歴史家であり王立学会のフェローでもあるトドハンター（Isaac Todhunter, 1820-1884）についていくつかのことを述べておくのが適当だと思われる．基礎から高等数学の数多くの教科

---

[104] G. ブール，*Studies in logic and probability*（論理および確率の研究）．ロンドン，1952, p.288.
[105] ミル（J.S. Mill）の著 *System of logic*（論理体系）（ロンドン，1843）に述べられた考え方には方法論的に欠点が多い．「…確率が観測と実験によって導かれたときでさえも」，彼は述べている（p.353，ロンドン，1886年版），「よりよい観測，またはその場合の特殊性のより十分な考察によるデータにおける非常に小さな改良は，粗悪な前状態でのデータに基づいた確率論の計算の最も精巧な適用よりも有用である．この明白な内省を無視することは確率の計算の誤用を引き起こし，それは実際に数学への非難を招く．証人の信頼性，陪審団の正確さへの応用をあげるだけで十分である」．

書の著者であることに加え，彼は変分の計算の歴史，引力の数学的理論および地球の形状（1873，1962再版）についての研究書を発表した．トドハンターの研究書 *A history of the mathematical theory of probability*（確率の数学理論の歴史）（ケンブリッジ，1865；再版1949，1965）はそのときまでのラプラスを含めた科学者を取り扱い，部分的にはポアソンの著作を記述している．トドハンターは確率論を専攻してはいなかったので，彼のコメントは十分に専門的とはみられない．さらには出版から1世紀以上経ていることでもある．

しかし，トドハンターの例外的なる誠実さによって，この著作は実際に彼が論じた期間についての完璧な情報源である．

結　　論

ラプラスから19世紀終りまでの期間の特徴は次のようである．

1. 確率論は自然科学に属する一分野として構築された（ラプラス）．特性関数（ラプラス），大数の法則（ラプラス，ポアソン，チェビシェフ）や中心極限定理（ラプラス，コーシー，チェビシェフ，マルコフ）の種々の形の証明を含む数理解析の道具を使った．
2. 古典的誤差論が構築された（ラプラス，ガウス）．
3. 人口統計学の重要性が著しく増加した．統計サービス施設や統計学会が世界の主要な国々に創設された．それに伴い，（他の実際の確率論の応用もあいまって）一般市民の確率論に対する関心が高まった．
4. 確率論が一般的な数学分野として形成された（チェビシェフ）．
5. 確率的な概念が物理学に使われ始めた（マクスウェル，ボルツマン）．最も重要な事実，すなわち，少なくともいくつかの基本的な自然の法則は本性的に確率的（stochastic）であることが確立された．
6. 人口統計学の大陸学派（レクサス）および生物計量学派（ガルトン，ピアソン，ウェルドン）が生まれた．
7. 確率論を数理論理学の立場から論証する出版物が現れた（ド・モルガン，ブール，ジェヴォンズ，ヴェン）．

第4項について，またそれ以上に確率論と数学の関係について詳しく述べよう．確かに19世紀のあいだに確率の理論は，種々の興味深い特別な問題の集積から，むしろ厳密に取り扱うべき分野の限界をもった数学理論へと変化し始め

た．しかしながら，その過程で，ラプラスも，のちのベルトランやポアンカレも，確率論を論理的に完璧な数学分野としては位置づけなかった．19世紀では確率論は主に応用数学に属していた．ヒルベルト（David Hilbert）がパリの国際数学者会議（1900）の記念講演で確率論を物理科学に位置づけたことは驚くべきことではない．彼の問題の一つ（第6問題）を述べる際に彼はいった．

> 数学が重要な役割を果たす物理科学を公理によって，［幾何学の基礎と］同様の取扱いをすること．最初の順位は確率論と力学[106]である．

さらに時間を経て，1930年代になって，確率論が真に数学の一つの分野であり，加えて，自然科学の広い領域および工学，社会学，経済の分野とのあいだに親密で直接的な結びつきを備えているという明快な理解がようやく高まってきた．

確率論に数学的構造を根づかせるうえで最も重要な段階はチェビシェフに負う．彼はさらに広い確率変数の研究活動のなかに確率事象を数えることを実際に組み込んだ．確率論で研究される対象として確率変数の概念を導入することは自然であり必要である．しかしわれわれが考察した時代にはこの概念は認識されないままにあった．少しあと，長い複雑な道のりを経て，20世紀の初頭になってこの概念は前面に現れ，数学的に正確に理解された．特に，この概念の導入は分布や特性関数をもたらした．そしてこれらは独り立ちして研究の重要な対象になった．

確率論から確率変数の研究に移行することによって，確率事象の知識を得ようとする傾向は決して弱まりはしなかったし，確率過程の概念の導入を要請することになる新しい問題の素朴な形での出現はまったく妨げられはしなかった．

---

[106] ヒルベルトが確率論を物理科学に位置づけた他の理由は，19世紀後半の数理解析の著しい進歩，事実それが本質的に数学全体を書き換えたことにあったようである．上の引用はヒルビルトの *Mathematische Probleme*（数学の問題）（1901）．Ges. Abh., Bd.3. ベルリン，1935, pp.290-329（p.306）またはその英訳（Bull. Amer. Math. Soc., vol.8, No.10, 1902, pp.403-479（p.454））からである．

文　　献

全集・著作集・古典版

Abel, N.H., *Œuvres complètes*, T. 1–2. Christiania 1881.
Betti, E., *Opere matematiche*, T. 1–2. Milano 1903–1914.
Boltzmann, L., *Wissenschaftliche Abhandlungen*, Bd. 1–2. Leipzig 1909.
Bolzano, B., *Gesammelte Schriften*, Bd. 1–12. Wien 1882.
Boole, G., *Collected logical works*, Vol. 1–2. Chicago-London 1940.
Boole, G., *Studies in logic and probability*. London 1952.
Cauchy, A.L., *Cours d'analyse de l'Ecole Royale Polytechnique*. Première partie: Analyse algébrique. Paris 1821.
Cauchy, A.L., *Œuvres complètes*, T. 1–27 (2 séries). Paris 1882–1974.
Cayley, A., *Collected mathematical papers*, Vol. 1–14. Cambridge 1889–1898.
Chebyshev, P.L., *OEUVRES DE P.L. TCHEBYCHEF*, T. 1–2. Chelsea Publ. Comp., New York.
Chebyshev, P.L., *Polnoe sobranie sochineniĭ* (Complete works), Vol. 1–5. Moscow-Leningrad 1944–1951.
Clifford, W.K., *Lectures and essays*, Vol. 1–2. London 1901.
Clifford, W.K., *Mathematical papers*. London 1882; New York 1968.
Clifford, W.K., *The common sense of the exact sciences*. New York 1885.
Cournot, A.A., *Exposition de la théorie des chances et des probabilités*. Paris 1848.
Dedekind, R., *Gesammelte mathematische Werke*, Bd. 1–3. Braunschweig 1930–1932.
Dirichlet, P.G. Lejeune, *Vorlesungen über Zahlentheorie*. Braunschweig 1863.
Eisenstein, F.G.M., *Mathematische Abhandlungen*. Berlin 1874.
Fedorov, E.S., *Nachala ucheniya o figurakh*. Moscow 1953.
Fedorov, E.S., *Simmetriya i struktura kristallov*. Moscow 1949.
Fourier, J.B.J., *Œuvres*, T. 1–2. Paris 1888–1890.
Frege, G., *Kleine Schriften*. Darmstadt 1967.
Frege, G., *Die Grundlagen der Arithmetik*, New York 1950.
Frege, G., *Funktion, Begriff, Bedeutung*. Fünf logische Studien. Göttingen 1962.
Frobenius, G., *Gesammelte Abhandlungen*, Bd. 1–3. Berlin 1968.
Frobenius, G., *De functionum analyticarum unius variabilis per series infinitas repraesentatione*. Berolini 1876.
Galois, E., *Œuvres mathématiques*. Paris 1897.
Gauss, C.F., *Werke*, Bd. 1–12. Göttingen 1863–1929. Reprint Hildesheim-New York 1973.

Gibbs, J.W., *The collected works*, Vol. 1–2. New York-London-Toronto 1928.

Grassmann, H., *Gesammelte mathematische und physikalische Werke*, Bd. 1–3. Leipzig 1894–1911.

Hadamard, J., *Œuvres*, T. 1–4. Paris 1968.

Hamilton, W.R., *The mathematical papers*, Vol. 1–3. Cambridge 1931–1967.

Hankel, H., *Vorlesungen über die complexen Zahlen und ihre Funktionen*, 2 Teile. Leipzig 1867.

Hermite, Ch., *Œuvres*, T. 1–4. Paris 1905–1917.

Hilbert, D., *Grundlagen der Geometrie*. Leipzig 1903.

Hilbert, D., *Gesammelte Abhandlungen*, Bd. 1–3. Berlin 1932–1935.

Hilbert, D., *Grundzüge der geometrischen Logik*. Berlin 1928.

Jacobi, C.G.J., *Gesammelte Werke*, Bd. 1–7. Berlin 1881–1891.

Jordan, C., *Œuvres*, T. 1–4. Paris 1961–1964.

Klein, F., *Gesammelte mathematische Abhandlungen*, Bd. 1–3. Berlin 1921–1923.

Korkin, A.N., *Sochineniya*. (Works), Vol. 1. SPb. 1911.

Kronecker, L., *Werke*, Bd. 1–5. Leipzig 1895–1930.

Lagrange, J.L., *Œuvres*, T. 1–14. Paris 1867–1892.

Laplace, P.S., *Essai philosophique sur les probabilités*. Paris 1816.

Laplace, P.S., *Exposition du système du monde*. Paris 1808.

Laplace, P.S., *Œuvres complètes*, T. 1–14. Paris 1878–1912.

Lejeune-Dirichlet, P.G., *Werke*, Bd. 1–2. Berlin 1889–1897.

Lie, S., *Gesammelte Abhandlungen*, Bd. 1–10. Leipzig-Oslo 1934–1960.

Lobachevskiĭ, N.I., *Polnoe sobranie sochineniĭ* (Complete works), Vol. 1–5. Moscow-Leningrad 1946–1951.

Lyapunov, A.M., *Sobranie sochineniĭ*. (Collected works), Vol. 1–4. Moscow 1954–1965.

Markov, A.A., *Izbrannye trudy* (Selected works). Moscow 1951.

Markov, A.A., *Izbrannye trudy po teorii nepreryvnykh drobeĭ i teorii funktsiĭ, naimenee uklonyayushchikhsya ot nulya*. Moscow-Leningrad 1948.

Minkowski, H., *Gesammelte Abhandlungen*, Bd. 1–2. Leipzig-Berlin 1911.

Ostrogradskiĭ, M.V., *Polnoe sobranie trudov* (Complete collected works), Vol. 1–3. Kiev 1959–1961.

Peano, G., *Formulario matematico*, Cremonese (Ed.). Roma 1960.

Peano, G., *Opere scelte*, Vol. 1–3, Cremonese (Ed.). Roma 1957–1958.

Pearson, K., *Early statistical papers*. Cambridge 1948.

Peirce, B.O., *Mathematical and physical papers*, 1903–1913. Cambridge MA 1926.

Peirce, Ch.S., *Collected papers*, Vol. 1–8. Cambridge MA 1931–1958.

Poincaré, H., *Œuvres de Henri Poincaré*. Paris 1916.

Poincaré, H., *Œuvres*, T. 1–11. Paris 1928–1956.

Riemann, G.F.B., *Gesammelte mathematische Werke und wissenschaftlicher Nachlass*. Leipzig 1876.

Ruffini, P., *Opere matematiche*, Vol. 1–3, Cremonese (Ed.). Roma 1953–1954.

Smith, H.J.S., *Collected mathematical papers*, Vol. 1–2. Oxford 1894.

Stieltjes, T.J., *Recherches sur les fractions continues*. Mémoires présentés par divers savants à l'Académie des Sciences, T. 32 (2e série). Paris 1909.

Stieltjes, T.J., *Œuvres complètes*, T. 1–2. Groningen 1914–1918.

Sturm, Ch., *Abhandlungen über die Auflösung der numerischen Gleichungen*. Ostwald's Klassiker, Bd. 143, 1904.

Sylvester, J.J., *Collected mathematical papers*, Vol. 1–4. Cambridge 1904–1911.

Voronoĭ, G.F., *Sobranie sochineniĭ* (Collected works), Vol.1–3. Kiev 1952–1953.

Weierstrass, K., *Mathematische Werke*, Bd. 1–7. Berlin 1894–1897.

Wroński, J. Hoëne, *Œuvres mathématiques*, T. 1–4. Paris 1925.

Zolotarev, E.I., *Polnoe sobranie sochineniĭ* (Complete works), Vyp. 1–2. Leningrad 1931.

第1章
引用文献

Al-Farabi, *Logicheskie traktaty*, Alma-Ata 1975.

Aristoteles, *Analytica priora*. Venetiis 1557.

Boole, G., *An investigation of the laws of thought*. London-Cambridge 1854.

Boole, G., *The math'ematical analysis of logic, being an essay towards a calculus of deductive reasoning*. Cambridge-London 1847.

Church, A., *Introduction to mathematical logic*, Vol. 1. Princeton NJ 1956.

Couturat, L., *La logique de Leibniz*. Paris 1901.

Couturat, L., *L'algèbre de la logique*. Paris 1914.

Euler, L., *Lettres à une princesse d'Allemagne sur divers sujets de physique et de philosophie*, T. 2. St.-Pétersbourg 1768.

Hamilton, W., *Lectures on metaphysics and logic*, Vol. 1–4. Edinburgh-London 1860.

Ibn Sina, *Danish-mame* (Book of knowledge). Stalinabad 1957.

Jevons, W.S., *On the mechanical performance of logical inference.* Philos. Trans., 1870, **160**, 497–517.

Leibniz, G.W., *Die philosophischen Schriften*, Bd. 7. Berlin 1890.

Leibniz, G.W., *Opera philosophica quae exstant latina, gallica, germanica*, J.E. Erdmann (Ed.). Berlin 1840.

Leibniz, G.W., *Opuscules et fragments inédits de Leibniz*, L. Couturat (Ed.). Paris 1903.

Leibniz, G.W., *Philosophische Werke*, Bd. 3. Neue Abhandlungen über den menschlichen Verstand. Leipzig 1904.

Minto, W., *Inductive and deductive logic.* New York 1893.

Morgan, A. de, *Formal logic: or the calculus of inference, necessary and probable.* London 1847.

Morgan, A. de, *Trigonometry and double algebra.* London 1849.

Poretskiĭ, P.S., *Izlozhenie osnovnykh nachal logiki v vozmozhno bolee naglyadnoĭ i obshchedostupnoĭ forme.* Kazan' 1881.

Poretskiĭ, P.S., *Iz oblasti matematicheskoĭ logiki.* Moscow 1902.

Poretskiĭ, P.S., *Po povodu broshyury g. Volkova "Logicheskoe ischislenie".* Kazan' 1884.

Poretskiĭ, P.S., *O sposobakh resheniya logicheskikh ravenstv i ob obratnom sposobe matematicheskoĭ logiki.* Kazan' 1884.

Schröder, E., *Der Operationskreis des Logikkalküls.* Leipzig 1877.

Schröder, E., *Vorlesungen über die Algebra der Logik*, Bd. 1–3. Leipzig 1890–1905.

Venn, J., *Symbolic logic.* London 1881; 2nd ed. 1894.

Venn, J., *On the diagrammatic and mechanical representations of propositions and reasoning.* The London, Edinburgh and Dublin Philos. Mag. and J. Sci., ser. 5, 1880, **10**.

二次資料

Berg, J., *Bolzano's logik.* Stockholm 1962.

Berka, K., Kreisel, L., *Logik-Texte; Kommentierte Auswahl zur Geschichte der Logik.* Berlin 1971.

Biryukov, B.V., *Krushenie metafizicheskoĭ kontseptsii universal'nosti predmetnoĭ oblasti v logike.* Moscow 1963.

Blanché, R., *La logique et son histoire. D'Aristote à Russell.* Paris 1971.

Bobynin, V.V., *Opyty matematicheskogo izlozheniya logiki. Sochineniya Ernesta Shredera.* Fis.-matem. nauki v ikh nastoyashchem i proshedshem. 1886–1894, **2**, 65–72, 173–192, 438–458.

Bocheński, J.M., *Formale Logik.* Freiburg-München 1962.

文　　献　　　　　　　　　　319

Boltaev, M.N., *Voprosy gnoseologii i logiki v proizvedeniyakh Ibn Siny i ego shkoly*. Dyushanbe 1965.

Carruccio, E., *Matematica e logica nella storia e nel pensiero contemporaneo*. Torino 1958.

Heijenoort, J. van, *From Frege to Gödel. A source book in mathematical logic, 1879–1931*. Cambridge MA 1967.

Jørgensen, J., *A treatise of formal logic: its evolution and main branches with relation to mathematics and philosophy*, Vol. 1–3. New York 1962.

Kneale, W., Kneale, M., *The development of logic*. Oxford 1962.

Kotarbiński, T., *Wykłady z dziejów logiki*. Łódź 1957.

Kuzichev, A.S., *Diagrammy Venna (Istoriya i primeneniya)*. Moscow 1968.

Lewis, C.J., *A survey of symbolic logic*. New York 1960.

Lukasiewicz, J., *Aristotle's syllogistic from the standpoint of modern formal logic*. Oxford 1951.

Narskiĭ, I.S., *Gotfrid Leĭbnits*. Moscow 1972.

Scholz, H., *Geschichte der Logik*. Berlin 1931.

Sternfeld, R., *Frege's logical theory*. Illinois Univ. Press 1966.

Styazhkin, N.I., Silakov, V.D., *Kratkiĭ ocherk obshcheĭ i matematicheskoĭ logiki v Rossii*. Moscow 1962.

Styazhkin, N.I., *Formirovanie matematicheskoĭ logiki*. Moscow 1967.

Wang Hao, *A survey of mathematical logic*. Peking 1962.

Yanovskaya, S.A., *Osnovaniya matematiki i matematicheskaya logika*. In: Matematika v SSSR za tridtsat' let. Moscow-Leningrad 1948.

第2章，第3章
引用文献および研究書

Ayoub, R., *An introduction to the analytic theory of numbers*. Providence 1963.

Bachmann, P., *Zahlentheorie*, Bd. 1–5. Leipzig-Berlin 1921–1927.

Bukhshtab, A.A., *Teoriya chisel*. Moscow 1966.

Cassels, J.W.S., *An introduction to the geometry of numbers*. Berlin 1959.

Chebotarev, N.G., *Teoriya Galua*. Moscow-Leningrad 1936.

Dedekind, R., Weber, H., *Theorie der algebraischen Funktionen einer Veränderlichen*. In: *R. Dedekind's Gesammelte mathematische Werke*, Bd. 1. Braunschweig 1930, pp. 238–348.

Euler, L., *Commentationes arithmeticae collectae*, T. 1–2. Petropoli 1849.

Gauss, C.F., *Disquisitiones arithmeticae*. Gottingae 1801; in: *Werke*, Bd. 1. Göttingen 1863.

Hamilton, W.R., *Lectures on quaternions.* Dublin 1853.

Hancock, H., *Development of the Minkowski geometry of numbers.* New York 1939.

Jordan, C., *Traité des substitutions et des équations algébriques,* 2e éd. Paris 1957.

Khovanskiĭ, A.N., *Prilozhenie tsepnykh drobeĭ i ikh obobshcheniĭ k voprosam priblizhennogo analiza.* Moscow 1956.

Kogan, L.A., *O predstavlenii tselykh chisel kvadratichnymi formami polozhitel'nogo opredelitelya.* Tashkent 1971.

Klein, F., *Ausgewählte Kapitel der Zahlentheorie,* Bd. 1–2. Göttingen 1896–1897.

Landau, E., *Handbuch der Lehre von der Verteilung der Primzahlen,* Bd. 1–2. Leipzig 1909.

Landau, E., *Vorlesungen über Zahlentheorie,* Bd. 1–3. Leipzig 1927.

Legendre, A.M., *Théorie des nombres,* T. 1–2. Paris 1830.

Markov, V.A., *O polozhitel'nykh troĭnichnykh kvadratichnykh formakh.* SPb. 1897.

Perron, O., *Die Lehre von den Kettenbrüchen.* Leipzig-Berlin 1913.

Prachar, K., *Primzahlverteilung.* Berlin 1957.

Seeber, L.A., *Untersuchungen über die Eigenschaften der positiven ternären quadratischen Formen.* Freiburg 1831.

Shafarevich, I.R., *Basic algebraic geometry.* Berlin 1977.

Sokhotskiĭ, Yu.V., *Nachalo obshchego naibol'shego delitelya v primenenii k teorii delimosti algebraicheskikh chisel.* SPb. 1893.

Venkov, B.A., *Elementarnaya teoriya chisel.* Moscow-Leningrad 1937.

二次資料

Archimedes, Huygens, Lambert, Legendre; *vier Abhandlungen über die Kreismessung,* hrsg. v. F. Rudio. Leipzig 1892.

Bashmakova, I.G., *Diofant i diofantovy uravneniya.* Moscow 1974.

Bashmakova, I.G., *Obosnovanie teorii delimosti v trudakh E.I. Zolotarëva.* IMI, 1949, **2**, 233–351.

Bashmakova, I.G., *O dokazatel'stve osnovnoĭ teoremy algebry.* IMI, 1957, **10**, 257–304.

Bashmakova, I.G., *Sur l'histoire de l'algèbre commutative.* XIIe Congrès intern. d'histoire des sciences. Colloques. Textes des rapports. Paris 1968, p. 185–202.

Berman, G.N., *Chislo i nauka o nem.* Moscow-Leningrad 1949.

Bespamyatnykh, N.D., *Arifmetichsekie issledovaniya v Rossii v XIX veke.* Uchen. zap. Grodnen. ped. in-ta, 1957, **2**, 3–42.

Bortolotti, E., *Influenza dell'opera matematica di Paolo Ruffini sullo svolgiamento delle teorie algebriche.* Modena 1903.

Bourbaki, N., *Note historique* (chap. I à III). In: *Groupes et algèbres de Lie*, Chapitres 2 et 3. Paris 1972.

Brill, A., Noether, M., *Die Entwicklung der Theorie der algebraischen Funktionen in älterer und neuerer Zeit.* Jahresber. Dtsch. Math.-Verein. 1894, 3, 107–566.

Bunt, L.N.H., *The development of the ideas of number and quantity according to Piaget.* Groningen 1951.

Bunyakovskiĭ, V.Ya., *Leksikon chistoĭ i prikladnoĭ matematiki.* SPb. 1839.

Chebotarev, N.G., *Novoe obosnovanie teorii idealov (po Zolotarevu).* Izv. fiz.-matem. obshch-va Kazani, 1925, 2, No. 25.

Chebotarev, N.G., *Obosnovanie teorii delimosti po Zolotarevu.* UMN, 1947, 2, No. 6 (22), 52–67.

Crowe, M.J., *A history of vector analysis. The evolution of the idea of a vector system.* Univ. Notre Dame Press 1967.

Delone, B.N., *German Minkowskiĭ.* UMN, 1936, **2**, 32–38.

Delone, B.N., *Peterburgskaya shkola teorii chisel.* Moscow-Leningrad 1947.

Delone, B.N., *Puti razvitiya algebry.* UMN, 1952, **7**, Vyp. 3 (49), 155–178.

Delone, B.N., *Raboty Gaussa po teorii chisel.* In: *Karl Fridrikh Gauss.* Moscow 1956, 11–112.

Delone, B.N., *Razvitie teorii chisel v Rossii.* Uchen. zap. MGU, 1947, Vyp. 91, 77–96.

Depman, I.Ya., *Istoriya arifmetiki.* Moscow 1965.

Dickson, L.E., *History of the theory of numbers*, Vol. 1–3. Washington 1919–1923.

Dieudonné, J., *Minkowski Hermann.* Dictionary of scientific biography, Ch.C. Gillispie (Ed. in chief.), Vol. 9, p. 411–414.

Dieudonné, J. *Cours de géométrie algébrique. Aperçu historique sur le développement de la géométrie algébrique.* Paris 1974.

Dubreil, P., *La naissance de deux Jumelles. La logique mathématique et l'algèbre ordonnée.* XIIe Congrès intern. d'histoire des sciences. Colloques. Textes des rapports. Paris 1968, p. 203–208.

Freudenthal, H., *L'algèbre topologique, en particulier les groupes topologiques et de Lie.* Ibid., p. 223–243.

Gauss, C.F., *Disquisitiones arithmeticae.* Gottingae 1801; in: *Werke*, Bd. 1. Göttingen 1863.

Gericke, H., *Geschichte des Zahlbegriffs*. Mannheim 1970.

Hensel, K., *E.E. Kummer und der grosse Fermatsche Satz*. Marburg 1910.

Kanunov, N.F., *Pervyĭ ocherk teorii algebry F.E. Molina*. IMI, 1975, **20**, 150.

Kiselev, A.A., Ozhigova, E.P., *K istorii èlementarnogo metoda v teorii chisel*. Actes du XI congrès intern. d'histoire des sciences (1965), Vol. 3. Warszawa 1967, 244.

Konen, H., *Geschichte der Gleichung $t^2 - Du^2 = 1$*. Leipzig 1901.

Kuz'min, R.O., *Zhizn' i nauchnaya deyatel'nost' E.I. Zolotareva*. UMN, 1947, **2**, Vyp. 6 (22), 21–51.

Liebmann, H., Engel, F., *Die Berührungstransformationen. Geschichte und Invariantentheorie*. Leipzig 1914.

Matvievskaya, G.P., *Postulat Bertrana v zapisnykh knizhkakh Eĭlera*. IMI, 1961, **14**, 285–288.

Mel'nikov, I.G., *V. Ya. Bunyakovskiĭ i ego raboty po teorii chisel*. Trudy In-ta istorii estestvoznaniya i tekhniki, 1957, **17**, 270–286.

Minin, A.P., *O trudakh N.V. Bugaeva po teorii chisel*. Matem. sb., 1904, 25, No. 2, 293–321.

Mitzscherling, A., *Das Problem der Kreisteilung. Ein Beitrag zur Geschichte seiner Entwicklung*. Leipzig-Berlin 1913.

Morozova, N.N., *V. Ya. Bunyakovskiĭ i ego raboty po teorii chisel*. Uchen. zap. mosk. obl. ped. in-ta, 1970, **282**, No. 8.

Muir, T., *The theory of determinants in the historical order of development*, Vol. 1–5, London 1906–1930.

Natucci, A., *Il concetto di numero e le sue estensioni. Studi storico-critichi intorno ai fondamenti dell'Aritmetica generale col oltre 700 indicazioni bibliografiche*. Torino 1923.

Nový, L., *Origin of modern algebra*. Prague 1973.

Nový, L., *L'Ecole algébrique anglaise* XIIe Congrès intern. d'histoire des sciences. Colloques. Textes des rapports. Paris 1968, p. 211–222.

Ore, O., *Number theory and its history*. New York-Toronto 1948.

Ozhigova, E.P., *Razvitie teorii chisel v Rossii*. Leningrad 1972.

Posse, K.A., *A.N. Korkin*. Matem. sb., 1909, **27**, No. 1, 1–27.

Posse, K.A., *Zametka o reshenii dvuchlennykh sravneniĭ s prostym modulem po sposobu Korkina*. Soobshch. khar'k. matem. ob-va, ser. 2, 1910, **11**, 249–268.

Ryago, G., *Iz zhizni i deyatel'nosti chetyrekh zamechatel'nykh matematikov Tartusskogo universiteta*. Uchen. zap. Tartuss. un-ta, 1955, **37**, 74–103.

Smith, H.J.C., *On the history of the researches of mathematicians on the series of prime numbers*. In: *Collected mathematical papers*, Vol. 1. Oxford 1894, p. 35–37.

Smith, H.J.C., *Reports on the theory of numbers*. Ibid., p. 38–364.

Smith, H.J.C., *On the present state and prospects of some branches of pure mathematics*. In: *Collected mathematical papers*, Vol. 2. Oxford 1894, p. 166–190.

Sorokina, L.A., *Raboty Abelya ob algebraicheskoĭ razreshimosti uravneniĭ.* IMI, 1959, **12**, 457–480.

Studnicka, F.J., *Cauchy als formaler Begründer der Determinantentheorie.* Prag 1876.

Sushkevich, A.K., *Materialy k istorii algebry v Rossii v XIX v. i v nachale XX v.* IMI, 1951, **4**, 237–451.

Torelli, G., *Sulla totalità dei numeri primi fino a un limite assegnato.* Atti Acad. sci. fis. e mat. Napoli, sez. 2, 1901, **1**, 1–222.

Uspen'skiĭ, Ya.V., *Ocherk nauchnoĭ deyatel'nosti A.A. Markova.* Izv. Ros. Akad. nauk, 1923, **17**, 19–34.

Vasil'ev, A.V., *Tseloe chislo.* Petrograd 1922.

Verriest, G., *Evariste Galois et la théorie des équations algébriques.* Louvain 1934.

Wieleitner, H., *Der Begriff der Zahl in seiner logischen und historischen Entwicklung.* Berlin 1918.

Wussing, H., *Die Genesis des abstrakten Gruppenbegriffes.* Berlin 1969.

Yushkevich, A.P., Bashmakova, I.G., *Algebra ili vychislenie konechnykh. N.I. Lobachevskogo.* IMI, 1949, **2**, 72–128.

第 4 章
引用文献

Adrain, R., *Research concerning the probabilities of the errors which happen in making observations.* Analyst or math. Museum, 1808, **1**, N 4.

Bertrand, J., *Calcul des probabilités.* Paris 1888.

Bienaymé, I.J., *Considerations à l'appui de la découverte de Laplace sur la loi des probabilités dans la méthode des moindres carrés.* C. r. Acad. sci. Paris 1853, **37**.

Bienaymé, I.J., *Mémoire sur la probabilité des erreurs d'après la méthode des moindres carrés.* J. math. pures et appl., 1852, **17**.

Boltzmann, L., *Vorlesungen über Gastheorie*, 2 vols. Leipzig 1896–1898.

Boole, G., *Studies in logic and probability.* London 1952.

Bunyakovskiĭ, V.Ya., *O prilozhenii analiza veroyatnosteĭ k opredeleniyu priblizhennykh velichin transtsendentnykh chisel.* Memuary Peterburg. akad. nauk, 1837, **1**, (3), No. 5.

Bunyakovskiĭ, V.Ya., *O soedineniyakh osobogo roda, vstrechayushchikhsya v voprose o defektakh.* Prilozh. No. 2 k T. 20. Zapisok Peterburg. akad. nauk za 1871.

Bunyakovskiĭ, V. Ya., *Osnovaniya matematicheskoĭ teorii veroyatnosteĭ.* SPb. 1846.

Chebyshev, P.L., *Teoriya veroyatnosteĭ (Lektsii 1879–1880).* Izdano A.N. Krylovym po zapisyam A.M. Lyapunova. Moscow-Leningrad 1936.

Chuprov, A.A., *Voprosy statistiki.* Moscow 1960.

Chuprov, A.A., *Ocherki po teorii statistiki.* Moscow 1959.

Czuber, E., *Theorie der Beobachtungsfehler.* Leipzig 1891.

Davidov, A.Yu., *Prilozhenie teorii veroyatnosteĭ k statistike.* In: Ucheno-literaturnye stat'i professorov i prepodavateleĭ moskovskogo universiteta. Moscow 1855.

Davidov, A.Yu., *Teoriya veroyatnosteĭ.* Moscow Litografirovannyĭ kurs lektsiĭ 1879–1880.

Ehrenfest, P., *Sbornik stateĭ.* Moscow 1972.

Galton, F., *Natural inheritance.* London-New York 1889.

Gibbs, J.W., *Elementary principles in statistical mechanics.* New York-London 1902.

Khinchin, A.Ya., *Matematicheskie osnovaniya statisticheskoĭ mekhaniki.* Moscow-Leningrad 1943.

Kuz'min, R.O., *Ob odnoĭ zadache Gaussa.* DAN SSSR, ser. A, 1928, No. 18–19, 375–380.

Lacroix, S.F., *Traité élémentaire du calcul des probabilités.* Paris 1816.

Legendre, A.M., *Nouvelles méthodes pour la détermination des orbites des comètes.* Paris 1805 et 1806.

Linnik, Yu.V., *Zamechaniya po povodu klassicheskogo vyvoda zakona Maksvella.* DAN SSSR, 1952, **85**, No. 6, 1251–1254.

Markov, A.A., *Ischislenie veroyatnosteĭ.* SPb. 1900, 4-e izd., Moscow 1924.

Mikhel'son, V.A., *Sobranie sochineniĭ,* T. 1. Moscow 1930.

Morgan, A. de, *Theory of probability.* In: Encyclopaedia metropolitana, Vol. 2. London 1845.

O teorii dispersii. Sb. st. V. Leksisa, V.I. Bortkevicha, A.A. Chuprova, R.K. Bauèra. Moscow 1968.

Pearson, K., *On a method of ascertaining limits to the actual number of marked members in a population of given size from a sample.* Biometrika, 1928, **20 A**, pt. 1–2.

Pirogov, N.N., *Osnovaniya kineticheskoĭ teorii mnogoatomnykh gazov.* Zhurn. rus. fis-khim. ob-va, 1886–1887, **18–19**.

Poincaré, H., *Calcul des probabilités.* Paris 1896.

Poisson, S.D., *Mémoire sur la proportion des naissances des filles et des garçons.* Mém. Acad. sci. Paris 1830, **9**.

Poisson, S.D., *Recherches sur la probabilité des jugements en matière criminelle et en matière civile.* Paris 1837.

Poisson, S.D., *Sur la probabilité des résultats moyens des observations.* Conn. des tems., 1827 et 1832 (publ. 1824 et 1829).

Poisson, S.D., *Sur l'avantage du banquier au jeu de trente-et-quarante.* Ann. math. pures et appl., 1825–1826, **16**.

Quetelet, A., *Sur l'homme et le développement de ses facultés ou essay de physique sociale*, 2 vols. Paris 1835.

Recherches statistiques sur la ville de Paris et de département de la Seine. Sous la direction de J.B.J. Fourier, T. 1–4. Paris 1821–1829.

Sleshinskiĭ, I.V., *K teorii sposoba naimen'shikh kvadratov.* Zap. matem. otdeleniya Novoros. ob-va estestvoispytateleĭ. Odessa 1892, **14**.

Tikhomandritskiĭ, M.A., *Kurs teorii veroyatnosteĭ.* Khar'kov 1898.

Venn, J., *Logic of chance.* London 1866.

二次資料

Adams, W.J., *The life and times of the central limit theorem.* New York 1974.

Bowley, A.L., *F.Y. Edgeworth's contributions to mathematical statistics.* London 1928.

Brashman, N.D., *O vliyanii matematicheskikh nauk na razvitie umstvennykh sposobnosteĭ.* Moscow 1841.

Czuber, E., *Wahrscheinlichkeitsrechnung.* In: *Encyclopädie der mathematischen Wissenschaft*, Bd. 1. Leizig 1904.

Druzhinin, N.K., *Razvitie statisticheskoĭ praktiki i statisticheskoĭ nauki v èvropeĭskikh stranakh.* In: *V.I. Lenin i soremennaya statistika*, Vol. 1, Moscow, "Statistika", 1970, 33–36.

Druzhinin, N.K., *K voprosu o prirode statisticheskikh zakonomernosteĭ i o predmete statistiki kak nauki.* Uchen. zap. po statistike, 1961, **6**, 65–77.

Freudenthal, H., Steiner, H.-G., *Aus der Geschichte der Wahrscheinlichkeitstheorie und mathematischen Statistik.* In: *Grundzüge der Mathematik*, Bd. 4. Göttingen 1966, S. 149–195.

Gnedenko, B.V., Gikhman, I.I., *Razvitie teorii veroyatnosteĭ na Ukraine.* IMI, 1956, **9**, 477–536.

Gnedenko, B.V., *Kratkiĭ ocherk istorii teorii veroyatnosteĭ.* In: *Kurs teorii veroyatnosteĭ.* Moscow 1954, 360–388.

Gnedenko, B.V., *Razvitie teorii veroyatnosteĭ v Rossii.* Trudy In-ta istorii estestvoznaniya, 1948, **2**, 390–425.

Gnedenko, B.V., *O rabotakh A.M. Lyapunova po teorii veroyatnosteĭ.* IMI, 1959, **12**, 135–160.

Gnedenko, B.V., *O rabotakh K.F. Gaussa po teorii veroyatnosteĭ.* In: *K.F. Gauss.* Moscow 1956, 217–240.

Gnedenko, B.V., *O rabotakh M.V. Ostrogradskogo po teorii veroyatnosteĭ.* IMI, 1951, **4**, 99–123.

Grattan-Guiness, I., *Fourier's anticipation of linear programming.* Operat. Res. Quarterly, 1970, **21**, 361–364.

Heyde, C.C., Seneta, E. *I.J. Bienaymé.* New York-Heidelberg-Berlin 1977.

Kolmogorov, A.N., *Rol' russkoĭ nauki v razvitii teorii veroyatnosteĭ.* Uchen. zap. MGU, Ser. matem. nauk, 1947, 91, 53–64.

Koren, J., *The history of statistics. Their development and progress in many countries.* New York 1970.

Maĭstrov, L.E., *Teoriya veroyatnosteĭ. Istoricheskiĭ ocherk.* Moscow 1967.

Ondar, Kh.O., *O rabotakh A.Yu. Davidova po teorii veroyatnosteĭ i ego metodologicheskikh vzglyadakh.* Istoriya i metodologiya estestvennykh nauk, 1971, **11**, 98–109.

Pavlovskiĭ, A.F., *O veroyatnosti. Rechi, proiznesennye v torzhestvennom sobranii Khar'kovskogo universiteta.* Khar'kov 1821.

Plackett, R.L., *The discovery of the method of least squares.* Biometrika, 1972, 59 N 2, 239–251.

Ptukha, M.V., *Ocherki po istorii statistiki v SSSR*, T. 2. Moscow 1959.

Schneider, I., *Beitrag zur Einführung wahrscheinlichkeits-theoretischer Methoden in die Physik der Gase nach 1856.* Arch. hist. exact. sci., 1974, **14**, N 3, 237–261.

Schneider, I., *Clausius' erste Anwendung der Wahrscheinlichkeitsrechnung im Rahmen der atmosphärischen Lichtstreuung.* Arch. hist. exact. sci., 1974, **14**, N 2, 143.

Sheĭnin, O.B., *D. Bernoulli's work on probability.* Rete. Strukturgesch. Naturwiss., 1972, **1**, N 3–4, 273–300.

Sheĭnin, O.B., *Laplace's theory of errors.* Arch. hist. exact. sci., 1977, **17**, N 1, 1–61.

Sheĭnin, O.B., *Laplace's work in probability.* Arch. hist. exact. sci., 1976, **16** N 2, 137–187.

Sheĭnin, O.B., *S.D. Poisson's work in probability.* Arch. hist. exact. sci., 1978, **18**, N 3.

Sheĭnin, O.B., *Teoriya veroyatnosteĭ P.S. Laplaca.* IMI, 1977, **22**, 212–224.

Sheĭnin, O.B., *O poyavlenii del'ta-funktsii Diraka v trudakh P.S. Laplaca.* IMI, 1975, **20**, 303–308.

Sheĭnin, O.B., *O rabotakh R. Edreĭna v teorii oshibok.* IMI, 1965, **16**, 325–336.

Todhunter, I., *A history of mathematical theory of probability from the time of Pascal to that of Laplace.* New York 1965.

Truesdell, C., *Early kinetic theory of gases.* Arch. hist. exact. sci., 1975, **15**, N 1, 1–66.

Walker, H.M., *Studies in the history of statistical methods.* Baltimore 1929.

Westergaard, H., *Contributions to the history of statistics.* New York 1969.

論文誌名略記

Abhandl. Preuss. Akad. Wiss.	Abhandlungen der Preussischen Akademie der Wissenschaften. Mathematisch-Naturwissenschaftliche Klasse
Amer. J. Math.	American Journal of Mathematics
Ann. Ecole Norm.	Annales scientifiques de l'Ecole Normale Supérieure
Ann. Math.	Annales de mathématiques de M. Gergonne
Ann. math. pues et appl.	Annales des mathématiques pures et appliquées
Ann. Phys. und Chem.	Annalen der Physik und der Chemie
Ann. Soc. sci. Bruxelles	Annales de la Société sientifique de Bruxelles
Arch. Hist. exact. sci.	Archive for History of Exact Sciences
Atti Accad. sci. fis. e mat. Napoli	Atti della Accademia delle scienze fisiche e matematiche di Napoli
Bericht. Verhandl. Akad. Wiss.	Berichte über die Verhandlungen der Sächsischen Akademie der Wissenschaften zu Leipzig. Mathematisch-Physikalische Klasse
Bericht. Königl. Akad. Wiss. zu Berlin	Bericht der Königlichen Akademie der Wissenschaften. Mathematisch-Naturswissenschaftliche Klasse(Berlin)
Bull. Acad. Sci. St.-Pétersbourg	Bulletin de l'Académie des Sciences de St.-Pétersbourg
Bull. sci. math. et astron.	Bulletin des sciences mathématiques et astronimiques
Bull. Sci. math.	Bulletin des sciences mathématiques de M. Férussac
Bull. Soc. math. France	Bulletin de la Société mathématique de France
C. r. Acad. sci. Paris	Comptes rendus hebdomadaires des séances de l'Académie des Sciences (de Paris)
Gött. Nachr.	Nachrichten von der Gesellschaft der Wissenschaften zu Göttingen. Mathematisch-Physikalische Klasse
IMI	Istoriko-matematicheskie issledovaniya
J. Ec. Polyt.	Journal de l'Ecole Polytechnique
J. für Math.	Journal für die reine und angewandte Mathematik (Crelle's)
J. math. pures et appl.	Journal de mathématiques pures et appliquées
Math. Ann.	Mathematische Annalen
Mém. Acad. Sci. St.-Pétersbourg	Mémoires de l'Académie des sciences de St.-Pétersbourg
Messenger of Math.	Messenger of Mathematics
Nouv. Ann. Math.	Nouvelles des Mathématiques
Operat. Res. Quarterly	Operational Research Quarterly

Philos. Mag.	Philosophical Magazin and Journal of Science
Prace mat.-fiz.	Prace Matematyczno-Fizyczne
Proc. Nat. Acad. USA	Proceedings of the Nationale Academy of Science (Washington)
Proc. Roy. Soc.	Proceedings of the Royal Society. Series E. Mathematical and Physical Sciences (London)
Sitzungsber. Akad. Wiss. Wien	Sitzungsberichte der Kaiserlichen Akademie der Wissenschaften. Mathematisch-Naturwissenschaftliche Klasse (Wien)
Trans. of the Cambridge Philos. Soc.	Transacions of the Cambridge Philosophical Society
Trans. Roy. Irish Acad.	Transactions of the Royal Irish Academy
Trans. Roy. Soc. Edinburgh	Transactions of the Royal Society of Edinburgh

事項索引

ア 行

アイゼンシュタインの公式 175, 176
アーベル関数 47, 59, 72, 159
　——の理論 64
アーベル群 42, 65, 104
アーベル数体 122
アメリカ統計学会 271

イギリスアカデミー会員 182
イギリス科学振興協会 271
いくつか 11, 12
1次分数変換の群 75
一様分布 308
一階の項 5
一般統計局 271
イデア因子 119-121, 128, 132, 133
　——の類 120
イデア数 43, 116, 135
イデア素因子 119, 132
イデアル 47, 85, 138, 143, 144, 147, 149, 154
　——の理論 133
イデアル類 104
イデアル論 104, 156
遺伝学 303
因子論 46, 151, 152

ヴェンの図形（ヴェン図） 31, 33
ヴェン表 31
嘘つきのパラドックス 2
宇宙 10, 14, 20

AS USSRの史料保管所 164
エコール・ポリテクニーク 66, 159, 230
n 元 2 次形式 185
n 次元空間 78, 80, 90
n 次元多様体 80
n の位数 228
n 変数極値形式 168
n 変数正定値 2 次形式の最小値 168
n 変数 2 次形式の最小値 165
エルゴード仮説 302, 309
エルゴード理論 244
エルミートの定理 165
エルランゲンプログラム 154
演算子法 228
円周等分論 202, 206
円積問題 235
円筒関数 229
円内の整数点の個数問題 222
円分拡大 112
円分体 122
円分方程式 41, 60, 121

オイラーの関数 214
オイラーの公式 170
オイラーの定数 203, 204, 213
オイラーの等式 196, 213, 216
オーダー 138
オルガノン 1

カ 行

可移群 74
外積代数 90
解析的数論 195
解析力学 17
解註オイラーの数論論文集 207
ガウス周期 62, 119
ガウスの原理 52, 53
ガウスの整数 108
ガウスの日記 60
ガウス分布 269
可解群 75
可解性 65, 78
可換環論 43
可換性 84
確率過程 313
確率事象 309, 313
確率的 302
確率変数 246, 260, 285, 287, 288, 291, 313
　——の和 238
確率論 278-280, 311-313
加群 47, 137, 147, 149, 154
可算性 237
数の幾何学 188, 195, 222
数の分割問題 221
加法および乗法定理 240
加法的数論 222
ガロア群 61, 65, 69
ガロアの理論 41, 45, 49, 57, 72, 77
環 47, 149, 154
観察法 161
関行列式 94
関数等式 216
関数の構成的理論 283
関数論 216
慣性法則 81
完全解 37
観測誤差 253, 257, 260, 264, 267
観測誤差理論 254
カント主義者 277
完備形式 193
簡約形式 103, 179

332　　　　　　　　　　　　　　　　事　項　索　引

簡約された　181
簡約理論　159, 175
環論　156
幾何学的解釈　177
幾何学的な言い換え　179
記号代数　84
記号代数学　83
　　──のイギリス学派　83
気体運動論　298
期待値　291
気体論　303
基底定理　99
基本数　138
基本図形　180
基本対称式　52
逆公式　245
既約多項式　56
境界条件　241
共通部分　11
共変　96
共変形式　192
行列　81, 89
　　──の階数　81
行列式　79-82, 170
極限形式　168, 172, 188
　　──の最小値　193
極限状態　242
極限定理　242, 284
局所型　262
局所型極限定理　263
局所代数　133
局所的な方法　109
局所パラメータ　120, 128, 132
極値形式　168, 169, 171, 172, 174, 188
　　──の最小値　169
虚数乗法の理論　112
切り詰め　295
近似分数　162

空間的表現　186
空集合　11
空類　20
グラスマン代数　44, 90
クリフォード代数　91
クレレの雑誌　64, 106, 117, 153, 185

クロネッカー-ウェーバーの定理　152
クロネッカー-カペッリの定理　81
クロネッカーの構成　147
群　75, 76, 154
　　1次分数変換の──　75
　　方程式の──　42
群論　72

計算の基礎　6
形式の合成　73
刑事訴訟　264
系統的索引　207
計量協定　271
計量システム　271
計量数論　258
経路積分　216
結合性　84
結合代数　91
結合法則　76
決定論　302
ゲティンゲン大学　186, 215, 234
ケーニヒスベルク大学　183, 186, 234, 235
ケーリー数　89
原始根　73
原始的平行多面体　194
現代代数学　151

格子(ラティス)　178
合成　227
構成要素　22
肯定的　14
合同関係　73, 100
恒等式の延長の原理　52
合同方程式　67
恒等律　24
合同理論　223
公理から導かれた命題(正しい命題)　9
公理系の整合性　85
公理的な構成　84
公理的な方法　149
五角数　222
国際統計学会議　272
誤差　250

誤差論　244, 251, 254, 256, 258, 269, 299, 306, 310, 312
コーシーの法則　265
コーシーの留数定理　155
5次不定方程式　197
コーシー-ブニャコフスキーの不等式(コーシー-シュワルツの不等式)　253
コーシー分布　267
5変数形式の最小値の最小上界　172
ゴルトバハ予想　237
コールパス・クリスティ・カレッジ　182
コレッジ・ド・フランス　77, 230

サ　行

最小最大値原理　266
最小2乗法　255-258, 293
最小上界　168
最小値の上界　169
最小値の表現　170, 253
最小分解体　42
最小分散法　256
最大最尤原理　255, 256, 258
最大最尤推定量　255
最大の最小値　188
サイバネティックス　221
最良近似理論　283
三角和　185, 222
3元形式　157, 162
3次拡大体の格子　192
3次元格子　182
3次剰余の相互法則　43
3次体　192
3次の相互法則　112
算術数列定理の証明　199
三段論法　3, 4, 6, 8, 12, 15
算法記号　19
三面立体角　180
残余項の評価　221
散乱　269

ジェヴォンズの論理盤　26
四元数　44, 81, 86-89
思考のアルファベット(全字母)

事項索引　　　*333*

4
事前確率分布　247
自然選択理論　303, 305
自然の遺伝　303
実2次体　192
実用(応用)力学　283
ジーバーの美しい定理　182
ジーバーの主要問題　177
指標　199, 200
四面体　176
斜体　88
集合論　149, 236
従属性のある確率変数　298
充足統計量　248
主観的確率　310
述語の限定(全称, 特称, など)　10, 11
種の起源　303
巡回群　42, 73
　———の直積　74
循環論法　51
準群　34
純3次体　126
順次最小距離　182
純粋時間の科学　86
準同型写像　78
順列　69, 74
定規とコンパス　41, 58, 63
乗法表　76
証明の科学　1
証明の欠落部分　219
証明の百科事典　4
剰余環　73
剰余体　56
剰余類　62, 71
初等的に　223
初等的方法　215
ジョルダンの定理　172
ジョルダンの標準形　45, 82
真　5
進化論　304
人口統計学　238, 269, 270, 272, 276, 303, 312
新論理学　3

推定値　248, 250
随伴形式　167
数学原論　17

数学的帰納法　13, 53
数学に対する国家大賞　219
数学の代数化　40, 156
数値的平均　254
数理科学大賞　183
数理統計学　238, 247, 256, 279, 305, 306
数理論理学　10, 311
数論　237
数論研究　41, 43, 60, 65, 73, 79, 93, 99, 157, 164
数論講義　123, 157
数論的関数　225
数論的級数　226
数論的積分　226
数論的微分　226
数論的微分積分法　225
数論の古典的問題　222
数論の歴史的概説　183
数論報告　155
スキームの理論　156
スターリングの漸近公式　211
ストア学派　2
スピノール表現　91
すべて　11, 39
すべての x は y である　11

正規多項式　56
正規部分群　42, 71, 75, 78
正規分布　242, 251, 254, 267, 269, 295, 299, 309
正規方程式　69
正弦変換　269
政治経済学　306
斉次形式　195
正17角形　58, 63
整数点の個数　179
正定値3元2次形式　165
　———の幾何学的解釈　177
正定値2次形式の最小値問題　194
正同値　180
正の判別式をもつ形式　164
生物計量学　239
生物計量学派　305, 306
積分型極限定理　262, 263
積分可能性　231
積分法則　280

切断　142
セルバーグの等式　228
ゼロ因子　85, 89
ゼロ行列　81
漸近公式　202, 222
漸近線　202
漸近展開　290
漸近不偏推定値　248
漸近法則　199, 202, 205, 220
全空間(宇宙)　3, 14
線型空間　44
線型代数　43
線型代数学　45, 46, 78, 79, 81, 82, 87, 88, 154
線型置換　180
線型微分方程式論　231
線型変換　81
選言標準形　25
全体集合　11
全体類　20

素イデアル　139, 148
双1次形式(エルミート形式)　161
相関論　306
双曲線　178
相互独立性　276
相互法則　43, 121
　3次剰余の———　43
　3次の———　112
双対群　150
相対最小点　192
束　150
測地学　238, 250
測定誤差　251
素数級数　207
素数分布　207
ソニンの公式　195, 229
ソルボンヌ大学理学部　160, 230
存在　39
存在証明　231

タ 行

体　47, 135, 149, 154
体(有理領域)　42
第1種, 第2種の過誤　264

代議制　262
第三版(1879)の補遺XI　46, 135, 141
対称関数　49, 51
対称差　20
対象の全体　14
退職金基金　280
代数学　40
　　——の基本定理　47, 48, 51, 52, 57
代数関数　147
代数関数論　47, 145
対数積分　218
代数的数　231
代数的数体　46
代数的数論　40, 41, 43, 46, 47
代数的整数　122
大数の法則　245, 259, 261, 269, 270, 280, 289, 293, 312
第二版(1871)の補遺X　135
代入律　25
第四版(1894)の補遺XI　135
体論　72, 156
楕円　178
楕円関数　47, 59, 159, 222
楕円体(面)　187
多元環　46
　　——の理論　82
多重可移群　78
惰性法則　46
多面体の理論　190
単位行列　81
単位元　76
単因子論　82
単純群　75, 78
単純な名辞(単純項)　16
単数　43, 163, 189, 193
単数群　113

チェビシェフ-エルミート多項式　290
チェビシェフの判定法　212
置換　69, 70, 72, 74
置換群　42, 44, 77
置換の群　70, 73
置換論　74
抽象群　75
抽象群論　45, 156

中心極限定理　252-254, 268, 270, 293-295, 309, 312
稠密な配置　194
チューリヒ・エコール・ポリテクニーク　186
チューリヒ大学　234
超越関数　278
超越数　229, 232
　　——の存在　230
　　——の理論　231
超越性　233, 237
超幾何分布　265
超複素数　82, 85, 89
直和　46, 89

壺の問題　243

である　11
ディオファントス近似　207
ディオファントス方程式　190
ディリクレ-ヴォロノイ領域　194
ディリクレ級数　108, 185, 199, 200
　　複素係数の——　206
ディリクレの近似公式　195
ディリクレの原理　198
ディリクレの公式　195
ディリクレの恒等式　204
ディリクレの数論講義　135, 141
　　——の補遺 X　46
ディリクレの最も重要な研究　199
デデキントの方法　142
デミドフ賞　208
点格子　181
天体の運動理論　257
天文学　238, 250

同一のもの　19
統計的決定論　266
統計的検定法　249, 278
統計的時系列　274-276
統計的推測量　249
統計的推論　281
道徳的期待値　280
トゥールーズ大学　219

特性関数　245, 252, 267, 268, 294, 312
特性的行列式　170
独立試行　261
独立事象　240
独立性　270
独立な標本　249
独立量　289
凸領域定理　187
凸領域の幾何学　190
ド・モアブル-ラプラスの極限定理　244
ド・モアブル-ラプラスの積分型極限定理　262
ド・モルガンの法則　3, 16, 37

ナ 行

二項分布　242, 247
2項母関数　266
2次形式　43, 126, 159, 164, 207, 296
　　——の還元　44
　　——の還元理論　96
　　——の簡約問題　186
　　——の合成　103
　　——の錐体　193
　　——の理論　79, 101
　　——の類数　105
　　——の類数決定　158
　　——の類の合成　42
2次形式の最小値　127, 162
　　——に対する上界　162, 187
2次形式論　166
二者性　89
二重周期関数　231
2変数母関数　242
2変量正規分布　253

ネーター学派　156
熱平衡　300
熱力学の第2法則　301

ノルム剰余記号　121, 155

ハ 行

倍加群　137

事項索引

排中律　25, 38
ハイデルベルク国際数学者会議　195
π の超越性　236
破産する確率　241, 242
破産の古典的問題　241
八元数　89
ハミルトン-ケーリーの定理　81
パラメータ推定　247, 251, 256
パリ科学アカデミー　183, 184, 219, 230
パリ科学アカデミー会員　159
パリ学派　197
パリ大学理工学部　230
半局所環　124, 128, 130, 132, 133, 156
犯罪係数　274, 275
反転　217, 227
反転公式　213, 223, 252
半不変係数　292
判別式　96, 138, 157

ビエネメ-チェビシェフの不等式　288
非可解性の証明　231
非可換性　87
非可算性　237
p 進数　47, 124, 155
p 整数　124, 128, 129
否定的　14
非有理性　229
表決　250
表現論　154
p を法とする複素数　191
品質管理　280

フェルマの最終定理　43, 108, 114-116, 121
フェルマの定理　111
フェルマ(ペル)の方程式　202
不完全 B 関数　248
複合推論　15
複合名辞(複雑項)　16
複素係数のディリクレ級数　206
複素整数　42, 206
複素単数の定理　206

不思議の国のアリス　81
付値　132
不定符号 2 元形式　168
不定符号 2 元 2 次形式に対する最小値　173
ブニャコフスキー賞　193
部分集合　11
普遍記号法　4
不変式　96, 154
不変式論　45, 92, 99
ブラウン運動　243
フーリエ級数　198
フーリエ変換　217, 258
フーリエ余弦　269
篩法　223
ブール代数　10, 16
ブレスラウ大学　198
分解体　118
分岐因子　156
分配性　84

平均曲線　246
平均値　273, 281
　――の統計的安定性　289
平均人間　272
平均破断線　246
平衡状態　298
平行多面体　194
平行六面体格子の変形　179
平行六面体による空間の分割　177
ベイズの公式　293
平方因子に無縁な数　227
平方剰余の相互法則　101, 127
平方数の和　184
冪根数　229
冪根で解ける　62
冪剰余の相互法則　121
冪等　91
冪零　91
冪零元　46
ベクトル　88
ベクトル解析　44, 87, 88
ベクトル積　88
ヘシアン　45, 97
ベッセル関数　196
ベルトランの公準　211, 214
ベルヌーイ数　121, 190

ベルヌーイの法則　292
ベルリン科学アカデミー　198, 216
ベルリン大学　184, 198, 215
変異　305
偏差分方程式　241

ポアソン近似　262
補遺XI　46, 135
包含関係　11
方程式の解法　58
方程式の理論　72
母関数　240, 245
保型関数　72
干草のパラドックス　2
補集合　11

マ 行

マルコフ連鎖　242, 244
マンゴルトの関数　228

密度関数　251, 258, 267, 268
ミュンヘン大学　235
ミンコフスキの評価　189
ミンコフスキの補題　187

無限アーベル群　43
無限級数　206
無限小解析　205
無限積　200, 206
無限積公式　202
矛盾律　25
無理数　85

命題(仮定)　10
命題計算　39
命題計算術　33
メガラ学派　2
メタ巡回群　71
メディアン　254

モスクワ数学会　225
モスクワ大学　225
モジュラー関数論　160
モーメント法　290, 293-295

事 項 索 引

ヤ 行

約加群　137
約数上の数論的定積分　228
約数の個数の和に対する近似公式　179
約数問題　223
ヤコビ行列式　80, 253

有限環　100
有限差分方程式　240, 242
有限体　73
有限体上の行列群　78
有理領域　55, 65
ユークリッドの互除法　146

4次剰余の相互法則　42, 108, 111
4変数の形式　167

ラ 行

ラグランジュの公式　232
ランダムウォーク　241
ランダムネス　309

リウヴィルの雑誌　230
離散型確率変数　252
リーマン仮説　216, 221
リーマン・ゼータ関数　196
リーマン面　145, 148, 149
リーマン面上の点　85
隣接相対最小点　192

類　10, 19
類数　120, 176, 189, 202, 205, 206
累積的分布関数　295
類体論　121, 122, 152
類の群　73, 74
類の合成　73, 104
ルイ・ル・グランカレッジ　159
ルジャンドル記号　101, 205
ルジャンドルの公式　208

レムニスケートの等分　206
レムニスケート方程式　65
連続群論　154
連続パラメータ法　161, 195
連分数　173, 192, 207, 296

──のアルゴリズム　191
──の一般化　192
連分数展開　258
連立1次方程式　78

ロシア学派　284
ロシア自然科学者・物理学者会議　227
ロシア地理学会　271
論理アルファベット　26
論理関数　21
論理計算術　33
論理計算の公理（常に真な命題）　9
論理結合子の完全な系　21
論理的アルファベット　25
論理的関数の展開　23
論理ピアノ　28
論理方程式　21, 23

ワ 行

ワイエルシュトラス学派　152
和集合　11
ワルシャワ大学　195

人名索引

ア 行

アイゼンシュタイン（Eisenstein, F.G.M.） 42, 45, 96, 97, 112, 113, 122, 157, 163, 184, 185
アウイ（Haüy, R.J.） 177
アクセル（Axer, A.） 190
アダマール（Hadamard, J.S.） 220
アッペル（Appell, P.） 160
アドレイン（Adrain, R.） 257, 258, 299
アベラール（Abelard, P.） 3
アーベル（Abel, N.H.） 42, 47, 63-65, 126, 145, 159, 198, 282
アミズル（Amizur, A.L.） 228
アユブ（Ayoub, R.） 200
アリストテレス（Aristoteles） 1-4, 8
アル-ツーシ（al-Ṭūsī） 2
アル-ビルニ（al-Biruni, A.A.） 250
アル-ファラビ（al-Fārābī, A.N.） 2
アルベルティ（Alberti, L.B.） 272
アレクサンデル（Alexander） 2
アロンホルト（Aronhold, S.H.） 92, 97, 99
アンドレーエフ（Andreev, K.A.） 225

イヴァノフ（Ivanov, I.I.） 215, 283
イブン・シーナ（Ibn Sīnā） 2
イブン・ルシャド（Ibn Rushd） 2

ヴァイディヤナトハスワミ（Vaidyanathaswamy, R.） 228
ヴァシリエフ（Vasil'ev, A.V.） 256, 284
ヴァルフィッシュ（Val'fish, A.Z.） 195, 222
ヴァンゼル（Vantzel, P.L.） 115
ヴァンデルモンド（Vandermonde, A.T.） 58, 72, 73, 79
ヴィエト（Viète, F.） 4
ウィーナー（Wiener, N.） 221
ヴィノグラドフ（Vinogradov, I.M.） 196, 221, 222, 229
ウェーバー（Weber, H.） 47, 121, 122, 134, 144-148, 155, 184
ウェルドン（Weldon, W.F.R.） 303, 312
ヴェン（Venn, J.） 29-33, 35, 39, 310-312
ヴェンコフ（Venkov, B.A.） 174, 194, 195
ウォリス（Wallis, J.） 202, 229
ヴォロノイ（Voronoĭ, G.F.） 163, 172, 179, 182, 190-193, 195, 196, 223, 229, 284
ウスペンスキー（Uspenskiĭ, Y.V.） 163, 176, 195, 222
ウーデ（Uhde, A.W.） 134

エゴロフ（Egorov, D.F.） 225
エッジワース（Edgeworth, F.Y.） 306
エテル・リリアン（Ethel-Lilian Boole） 17
エルディシュ（Erdös, P.） 215, 221
エルミート（Hermite, C.） 92, 95, 113, 125, 127, 157, 159-163, 165, 166, 168, 172, 176, 184-186, 188, 189, 192, 212, 219, 220, 233, 235, 236
エーレンフェスト（Ehrenfest, P.） 301, 302
エーレンフェスト（Ehrenfest, T.A.A.） 301, 302

オイラー（Euler, L.） 7, 8, 33, 48-51, 57, 71, 72, 99, 101, 102, 104, 108, 164, 192, 196, 199, 200, 206-209, 211, 217, 222, 224, 229, 230, 293
オシポフスキー（Osipovskiĭ, T.F.） 277
オストログラツキー（Ostrogradskiĭ, M.V.） 279-282
オッカム（Occam） 3
オッペンハイム（Oppenheim, A.） 195
オレーム（Oresme, N.） 278

カ 行

ガウス（Gauss, C.F.） 41, 43, 47, 50-55, 57-63, 72-74, 79, 92, 93, 99-106, 108-114, 116, 120, 121, 134, 157, 158, 161, 163-165, 178, 183, 185, 186, 197-199, 203, 205, 207,

216, 222, 223, 254-258, 260, 269, 270, 312
カエン (Cahen, E.) 220
ガリレイ (Galilei, G.) 245, 250
カルダーノ (Cardano, G.) 240
カルタン (Cartan, É.) 154, 303, 312
ガルトン (Galton, F.) 303
ガロア (Galois, É.) 42, 66-73, 75-77, 231
カント (Kant, I.) 238
カントル (Cantor, G.) 16, 116, 152, 236, 237

ギブズ (Gibbs, J.W.) 302, 303
キャッセルズ (Cassels, J.W.S.) 195
キリング (Killing, W.K.J.) 154
キルヒホフ (Kirchhoff, G.R.) 125, 144, 184

クズミン (Kuzmin, R.O.) 258
クーテュラ (Couturat, L.) 6, 8, 9, 38
クライン (Klein, F.) 46, 75, 81, 105, 135, 145, 152, 154, 159, 182, 216, 259
グラーヴェ (Grave, D.A.) 283
クラウジウス (Clausius, R.J.E.) 298
グラスマン (Grassmann, H.G.) 44, 80, 90, 91
グラム (Gram, J.P.) 228
クラメール (Cramér, H.) 291
クリシッポス (Chrisippus) 2
クリストッフェル (Christoffel, E.) 134
クリフォード (Clifford, W.K.) 90
クリロフ (Krylov, A.N.) 166, 284, 299
クルノー (Cournot, A.A.) 250, 278
グレイヴズ (Graves, J.T.) 89
グレゴリ (Gregory, D.F.) 83,
84
クレプシュ (Clebsch, R.F.A.) 45, 47, 92, 99, 235
クレレ (Crelle, A.L.) 64, 106, 153
クロネッカー (Kronecker, L.) 46, 54-57, 113, 116, 122-124, 134, 151-154, 156, 176, 184, 192, 206, 223, 225
クンマー (Kummer, E.E.) 43, 46, 115-122, 124, 125, 128, 133-135, 138, 151, 184, 206, 225

ゲーゲンバウアー (Gegenbauer, L.) 227, 228
ケトレ (Quetelet, L.A.J.) 271-276, 280
ケーリー (Cayley, A.) 44, 46, 72, 75-77, 80, 81, 88-90, 92-97, 222, 305
ゲルハルト (Gerhardt, von C.) 6
ゲルファント (Gel'fand, I.M.) 148
ゲルフォント (Gel'fond, A.O.) 231, 234, 237
ゲルマン (German, K.F.) 275

コーガン (Kogan, L.A.) 176
コーシー (Cauchy, A.L.) 43, 44, 57, 59, 74, 79, 115, 122, 161, 199, 212, 258, 259, 265-270, 312
コックスマ (Koksma, J.F.) 195
ゴーリキー (Gorkiĭ, A.M.) 298
コルキン (Korkin, A.N.) 124, 125, 127, 165-174, 183, 188, 190, 283, 296
ゴルダン (Gordan, P.A.) 45, 47, 92, 98, 116
コルモゴロフ (Kolmogorov, A.N.) 239, 284
コンドルセ (Condorcet, M.J.A.N. de C.) 264

サ 行

サーモン (Salmon, G.) 45, 92, 95
ジェヴォンズ (Jevons, W.S.) 16, 24-33, 39, 195, 223, 310-312
シエルピンスキー (Sierpiński, W.) 195, 223
ジェルマン (Germain, S.) 114
ジーゲル (Siegel, C.L.) 175, 237
ジーバー (Seeber, L.A.) 157, 176
シャトゥノフスキー (Shatunovskiĭ, S.O.) 38
シャファレヴィチ (Shafarevich, I.R.) 121
シャルヴ (Scharve, L.) 176, 185
シューア (Schur, I.) 174
シュヴァリエ (Chevalier, A.) 67, 70, 71
シュヴァルツ (Schwarz, H.A.) 116, 134
シュタイニツ (Steinitz, E.) 151
シュナイダー (Schneider, T.) 237
シュレーダー (Schröder, F.W.K.E.) 32-36, 39, 151
ジョルダン (Jordan, C.) 45, 72, 77, 78, 82, 172, 185
ジラール (Girard, A.) 47
シルヴェスター (Sylvester, J.J.) 13, 45-47, 81, 92, 95, 96, 214, 222
シンプソン (Simpson, T.) 245, 251

スコトゥス (Scotus, J.D.) 3
スタネヴィチ (Stanevich, V.I.) 214
スターリング (Stirling, J.) 202
スティルチェス (Stieltjes, T.J.)

人 名 索 引

160, 219, 220
ステヴィン (Stevin, S.) 146
ステクロフ (Steklov, V.A.) 243, 284
ステュルム (Sturm, J.C.F.) 161
ストークス (Stokes, G.G.) 305
スミス (Smith, H.J.S.) 113, 182-184, 186, 197
スモルコフスキー (Smoluchowski, M.) 243
スレシンスキー (Sleshinskiĭ, I.V.) 28, 38, 290

ゼガルキン (Zhegalkin, I.I.) 21
ゼノン (Zeno) 2
ゼリング (Selling, E.) 175
ゼルノフ (Zernov, N.E.) 277
セルバーグ (Selberg, A.) 215, 221, 223
セレ (Serret, J.A.) 72, 212

ソクラテス (Socrates) 1
ソニン (Sonine, N.Y.) 195, 225, 228, 229, 284
ソホツキー (Sokhotskiĭ, Y.V.) 283
ゾロタリョフ (Zolotarev, E.I.) 43, 46, 117, 118, 123-133, 153, 155, 163, 165-173, 183, 188, 283, 284, 296

タ 行

ダヴィドフ (Davidov, A.Y.) 275, 276, 280, 281
ダーウィン (Darwin, C.R.) 239, 303, 305
ダランベール (d'Alembert, J. le R.) 48
タルタコフスキー (Tartakovskiĭ, V.A.) 223
ダルブー (Darboux, J.G.) 160, 226
タンヌリ (Tannery, P.) 160

チェザロ (Cesàro, E.) 206, 228
チェビシェフ (Chebyshev, P.L.) 124, 127, 158, 164-166, 174, 183, 189, 197, 207-215, 224, 239, 240, 244, 270, 276, 281-287, 289-294, 296-298, 307, 309, 311-313
チェルヌイシェフスキー (Chernyshevskiĭ, N.) 298
チポッラ (Cipolla, M.) 228
チュプロフ (Chuprov, A.A.) 275, 276
チュベール (Czuber, E.) 310

ツィンガー (Tsinger, N.Y.) 299
ツェルメロ (Zermelo, E.F.F.) 301
ツス (Tûs) 2

デイヴンポート (Davenport, H.) 175, 195
テイト (Tait, P.G.) 299
ティホマンドリツキー (Tikhomandritskiĭ, M.A.) 290
ディラック (Dirac, P.A.M.) 264
ディリクレ (Dirichlet, P.G.L.) 43, 105-108, 113-116, 122, 123, 134, 135, 142, 151, 157-159, 174, 178-182, 185, 186, 188, 191, 192, 196-203, 205-208, 215, 216, 222-225
デカルト (Descartes, R.) 4, 47
デデキント (Dedekind, J.W.R.) 46, 47, 85, 104, 105, 121, 123, 124, 133-151, 153, 155, 206
デュアメル (Duhamel, J.M.C.) 225
デュボア・レイモン (du Bois-Reymond, P.D.G.) 116
デローネ (Delone, B.N.) 175, 176, 195

ドジソン (Dodgson, C.L.) 81
トドハンター (Todhunter, I.) 13, 311, 312
ドブロリューボフ (Dobrolubov, N.) 298
トムソン (Thomson, W.) 299
ド・モアブル (de Moivre, A.) 240-243, 245, 269
ド・モルガン (De Morgan, A.) 11-17, 83, 84, 278, 310, 312
ド・ラ・ヴァレ-プサン (de la Vallée-Poussin, C.J.) 220
トレリ (Torelli, G.) 215

ナ 行

ナジモフ (Nazimov, P.S.) 222, 225, 228
ニュートン (Newton, I.) 17
ネーター (Noether, A.E.) 151
ノイマン (Neumann, F.E.) 98

ハ 行

パヴロフスキー (Pavlovskiĭ, A.F.) 277
ハーシェル (Herschel, J.) 299
パース (Peirce, B.) 91
パース (Peirce, C.S.) 16
バスカコフ (Baskakov, S.I.) 228
パスカル (Pascal, B.) 249
ハーディ (Hardy, G.H.) 222
バベイジ (Babbage, C.) 271
ハミルトン (Hamilton, W.) 12
ハミルトン (Hamilton, W.R.) 12, 44, 85-88
バーンサイド (Burnside, W.S.) 305
パンルヴェ (Painlevé, P.) 160
ピアソン (Pearson, K.) 248, 249, 269, 303, 305, 306, 312

ビエネメ（Bienaymé, I.-J.）
　266, 289, 292, 293
ピカール（Picard, E.）　160
ピーコック（Peacock, G.）　83,
　84, 87
ピサレフ（Pisarev, D.）　298
ヒスパヌス（Hispanus, P.）　3
ビュフォン（Buffon, G.L.L.C.
　de）　272
ヒルベルト（Hilbert, D.）　92,
　98, 99, 121, 122, 155, 186,
　237, 313
ヒンチン（Khinchin, A.Y.）
　302

ファラデー（Faraday, M.）
　305
ファン・デル・ヴェルデン（van
　der Waerden, B.L.）　151,
　156
ファン・デル・コルプ（van
　der Corput, J.G.）　222
フィッシャー（Fisher, R.A.）
　256
フィロン（Philo）　2
フェルマ（Fermat, P. de）　72,
　101, 102, 104
フォン・ゼグナー（von Segner,
　J.A.）　9
ブガーエフ（Bugaev, N.V.）
　206, 222, 223, 225-229
ブクシュタブ（Bukhshtab,
　A.A.）　223
ブーケ（Bouquet, J.-C.）　184
プーシキン（Pushkin, A.S.）
　60
フス（Fuss, P.N.）　208
プトレマイオス（Ptolemaios,
　C.）　250
ブニツキー（Bunitskiĭ, E.L.）
　38
ブニャコフスキー
　（Bunyakovskiĭ, V.Y.）　163,
　164, 206-208, 222, 223, 277
　-279, 281, 283
フョードロフ（Fedorov, E.S.）
　194
ブラウエル（Brouwer, L.E.J.）
　38
ブラシュマン（Brashma, N.D.）
　225, 277, 280, 282
プランク（Planck, M.K.E.）
　301
フーリエ（Fourier, J.B.）　198,
　240, 258, 259, 266, 269, 272
ブリヒフェルト（Blichfeldt,
　H.）　172
ブール（Boole, E.-L.）　17
ブール（Boole, G.）　11, 17-24,
　29, 30, 33, 35, 39, 94, 96,
　310-312
フルヴィッツ（Hurwitz, A.）
　134, 184, 234
プルーケット（Ploucquet, G.）
　9, 10
ブルバキ（Bourbaki, N.）　135,
　148
ブルン（Brun, V.）　223
フレーゲ（Frege, F.L.G.）　16,
　39
フレンケル（Fraenkel, A.A.）
　151
フロベニウス（Frobenius,
　F.G.）　134, 154, 173
フンボルト（Humboldt, A.von）
　198, 199

ペアノ（Peano, G.）　16
ベイズ（Bayes, T.）　247, 248,
　293
ヘセ（Hesse, L.O.）　45, 92, 96
ベッセル（Bessel, F.W.）　255
ペッレグリノ（Pellegrino, F.）
　228
ベル（Bell, E.T.）　228
ベルヴィ（Bervi, N.V.）　228
ベルトラン（Bertrand, J.L.F.）
　184, 272, 307-309, 313
ベルヌーイ（Bernoulli, D.）
　240, 243, 244, 251, 280
ベルヌーイ（Bernoulli, J.）
　240-242, 271, 285, 289
ヘルムホルツ（Helmholtz, H.
　von）　144, 184
ベルンシュテイン（Bernshteĭn,
　S.N.）　243, 283, 297
ベンサム（Bentham, G.）　12
ヘンゼル（Hensel, K.）　43,
　117, 124, 129, 133, 155

ポアソン（Poisson, S.D.）　245,
　258-261, 263-270, 272, 274,
　276, 278, 280, 285-287, 312
ポアンカレ（Poincaré, H.）
　154, 160, 172, 186, 214, 250,
　301, 307-309, 313
ホイヘンス（Huygens, C.）
　241
ボエチウス（Boethius）　2
ボスコヴィチ（Boscovich, R.）
　245
ポセ（Posse, K.A.）　234, 283
ボネ（Bonnet, P.O.）　184
ポプケン（Popken, I.）　228
ホフライター（Hofreiter, N.）
　172, 195
ボリソフ（Borisov, E.V.）　175
ポリニャク（Polygnac, A. de）
　213
ボルツマン（Boltzmann, L.）
　299-303, 312
ボルトケヴィチ（Bortkevich,
　V.I.）　276
ボルヒャルト（Borchardt,
　K.B.）　134
ポルフィリウス（Porphilius）
　2
ポレツキー（Poretskiĭ, P.S.）
　28, 33, 36-39, 223

マ 行

マクスウェル（Maxwell, J.C.）
　298, 299, 302, 305, 312
マクマホン（MacMahon,
　M.P.A.）　222
マクローリン（Maclaurin, C.）
　48
マーラー（Mahler, K.）　175,
　195
マルクス（Marx, K.）　273, 274
マルコフ（Markov, A.A.）　165,
　172-175, 190, 191, 236, 243,
　244, 256, 270, 283, 284, 289

人名索引

-291, 293, 295-298, 312
マルコフ（Markov, V.A.） 176
マンゴルト（Mangoldt, H.C.F. von） 228

ミニン（Minin, A.P.） 228
ミンコフスキ（Minkowski, H.） 134, 172, 182-190, 194, 195, 198
ミント（Minto, W.） 14

メービウス（Möbius, A.F.） 218, 224
メルテンス（Mertens, F.C.J.） 213, 214
メルラン（Merlin, J.） 223

モーデル（Mordell, L.） 175, 176, 195
モリーン（Molien, T.） 154

ヤ 行

ヤコビ（Jacobi, C.G.J.） 43, 44, 46, 47, 72, 79, 80, 92, 94, 98, 99, 112, 115, 145, 158, 159, 161, 163, 184, 188, 191, 192, 197, 199, 206, 207, 222, 223
ヤマモト（Yamamoto, C.） 228

ユークリッド（Euclid） 1, 4, 131, 149
ユーブリデス（Eubulides） 2

ラ 行

ライプニツ（Leibniz, G.W.） 1, 3-10
ラグランジュ（Lagrange, J.L.） 17, 48-51, 57, 66, 71-73, 79, 99, 100, 102-104, 117, 120, 158, 164, 176, 191, 207, 240, 245, 259
ラクロワ（Lacroix, S.F.） 278
ラッセル（Russell, B.A.） 16
ラハティン（Lakhtin, L.K.） 225
ラプラス（Laplace, P.S.） 49-51, 53, 57, 238, 241-254, 259, 260, 262, 264, 268-272, 276, 278, 280, 286, 293, 294, 303, 309, 312, 313
ラーベ（Raabe, J.L.） 134
ラマヌジャン（Ramanujan, S.） 222
ラメ（Lamé, G.） 114, 115, 225
ランダウ（Landau, E.G.H.） 208, 222
ランベルト（Lambert, J.H.） 9, 10, 229, 251

リー（Lie, M.S.） 154
リウヴィル（Liouville, J.） 42, 67, 114, 115, 117, 127, 159, 176, 184, 206, 223, 225, 229-232, 282
リトルウッド（Littlewood, J.E.） 222
リニク（Linnik, Y.V.） 223, 299
リプシッツ（Lipschitz, R.） 91
リーマン（Riemann, G.F.B.） 80, 134, 145, 146, 197, 206, 207, 215-220
リャプノフ（Lyapunov, A.M.） 239, 270, 283, 284, 288, 290, 294, 295, 309
リュメリン（Rümelin, G.） 275
リンデマン（Lindemann, C.L.F. von） 184, 235, 236

ルイ・フィリップ（Louis-Philippe） 66
ルジャンドル（Legendre, A.M.） 66, 100, 114, 164, 197, 203, 207, 210, 222, 223, 229, 257
ルッフィーニ（Ruffini, P.） 73
ルリウス（Lullius, R.） 3

レヴィ（Lévy, P.P.） 239
レクシス（Lexis, W.） 276

ロシュミット（Loschmidt, J.） 299
ロート（Rothe, P.） 47
ロバチェフスキー（Lobachevskiĭ, N.I.） 238, 281

ワ 行

ワイエルシュトラス（Weierstrass, K.T.W.） 46, 47, 82, 92, 116, 125, 134, 184, 225, 236
ワイル（Weyl, C.H.H.） 92, 153, 154, 195

19 世紀の数学 I
―数理論理学・代数学・数論・確率論―　　定価はカバーに表示

2008 年 3 月 10 日　初版第 1 刷
2010 年 4 月 20 日　　第 2 刷

　　　　　　　　　　監訳者　三　宅　克　哉
　　　　　　　　　　発行者　朝　倉　邦　造
　　　　　　　　　　発行所　株式会社　朝　倉　書　店
　　　　　　　　　　東京都新宿区新小川町 6-29
　　　　　　　　　　郵便番号　162-8707
　　　　　　　　　　電　話　03（3260）0141
　　　　　　　　　　FAX　03（3260）0180
　　　　　　　　　　http://www.asakura.co.jp

〈検印省略〉

Ⓒ 2008〈無断複写・転載を禁ず〉　　　　　教文堂・渡辺製本
ISBN 978-4-254-11741-7　C 3341　　　　Printed in Japan

J. スティルウェル著
京大 上野健爾・名大 浪川幸彦監訳

数 学 の あ ゆ み （上）

11105-7 C3041　　　　　　A 5 判 280頁 本体5500円

中国・インドまで視野に入れて高校生から読める数学の歩み〔内容〕ピタゴラスの定理／ギリシャ幾何学／ギリシャ時代における数論および無限／アジアにおける数論／多項式／解析幾何学／射影幾何学／微分積分学／無限級数／蘇った数論

J. スティルウェル著
京大 上野健爾・名大 浪川幸彦監訳　京大 林 芳樹訳

数 学 の あ ゆ み （下）

11118-7 C3041　　　　　　A 5 判 328頁 本体5500円

上巻に続いて20世紀につながる数学の大きな流れを平易に解説。〔内容〕楕円関数／力学／代数の中の複素数／複素数と曲線／複素数と関数／微分幾何／非ユークリッド幾何学／群論／多元数／代数的整数論／トポロジー／集合・論理・計算

カリフォルニア大 D.C.ベンソン著　前慶大 柳井 浩訳

数 学 へ の い ざ な い （上）

11111-8 C3041　　　　　　A 5 判 176頁 本体3200円

魅力ある12の話題を紹介しながら数学の発展してきた道筋をたどり、読者を数学の本流へと導く楽しい数学書。上巻では数と幾何学の話題を紹介。〔内容〕古代の分数／ギリシャ人の贈り物／比と音楽／円環面国／眼が計算してくれる

カリフォルニア大 D.C.ベンソン著　前慶大 柳井 浩訳

数 学 へ の い ざ な い （下）

11112-5 C3041　　　　　　A 5 判 212頁 本体3500円

12の話題を紹介しながら読者を数学の本流へと導く楽しい数学書。下巻では代数学と微積分学の話題を紹介。〔内容〕代数の規則／問題の起源／対称性は怖くない／魔法の鏡／巨人の肩の上から／6分間の微積分学／ジェットコースターの科学

前東工大 志賀浩二著

数 学 の 流 れ 30 講 （上）
—16世紀まで—

11746-2 C3341　　　　　　A 5 判 208頁 本体2900円

数学とはいったいどんな学問なのか、それはどのようにして育ってきたのか、その時代背景を考察しながら珠玉の文章で読者と共に旅する。〔内容〕水源は不明でも／エジプトの数学／アラビアの目覚め／中世イタリア都市の繁栄／大航海時代／他

前東工大 志賀浩二著

数 学 の 流 れ 30 講 （中）
—17世紀から19世紀まで—

11747-9 C3341　　　　　　A 5 判 240頁 本体3400円

微積分はまったく新しい数学の世界を生んだ。本書は巨人ニュートン，ライプニッツ以降の200年間の大河の流れを旅する。〔内容〕ネピアと対数／微積分の誕生／オイラーの数学／フーリエとコーシーの関数／アーベル，ガロアからリーマンへ

前カリフォルニア大 佐武一郎著

現 代 数 学 の 源 流 （上）
—複素関数論と複素整数論—

11117-0 C3041　　　　　　A 5 判 232頁 本体4600円

現代数学に多大な影響を与えた19世紀後半～20世紀前半の数学の歴史を、複素数を手がかりに概観。〔内容〕複素数前史／複素関数論／解析的延長：ガンマ関数とゼータ関数／代数的整数論への道／付記：ベルヌーイ多項式、ディリクレ指標／他

四日市大 小川 東・東海大 平野葉一著
講座 数学の考え方24

数 学 の 歴 史
—和算と西欧数学の発展—

11604-5 C3341　　　　　　A 5 判 288頁 本体4800円

2部構成の、第1部は日本数学史に関する話題から、建部賢弘による円周率の計算や円弧長の無限級数への展開計算を中心に、第2部は数学という学問の思想的発展を概観することに重点を置き、西洋数学史を理解できるよう興味深く解説

早大 足立恒雄著

数　　—体系と歴史—

11088-3 C3041　　　　　　A 5 判 224頁 本体3500円

「数」とは何だろうか？一見自明の「数」の体系を、論理から複素数まで歴史を踏まえて考えていく。〔内容〕論理／集合：素朴集合論他／自然数：自然数をめぐるお話他／整数：整数論入門他／有理数／代数系／実数：濃度他／複素数：四元数他／他

J.-P.ドゥラエ著　京大 畑 政義訳

π — 魅 惑 の 数

11086-9 C3041　　　　　　B 5 判 208頁 本体4600円

「πの探求，それは宇宙の探検だ」古代から現代まで、人々を魅了してきた神秘の数の世界を探る。〔内容〕πとの出会い／πマニア／幾何の時代／解析の時代／手計算からコンピュータへ／πを計算しよう／πは超越的か／πは乱数列か／付録／他

D.ウェルズ著　前京大 宮崎興二・京大 藤井道彦・京大 日置尋久・京大 山口　哲訳

不思議おもしろ幾何学事典

11089-0　C3541　　　　A 5 判　256頁　本体6500円

世界的に好評を博している幾何学事典の翻訳。円・長方形・3角形から始まりフラクタル・カオスに至るまでの幾何学251項目・428図を50音順に並べ魅力的に解説。高校生でも十分楽しめるようにさまざまな工夫が見られ、従来にない"ふしぎ・おもしろ・びっくり"事典といえよう。〔内容〕アストロイド／アポロニウスのガスケット／アポロニウスの問題／アラベスク／アルキメデスの多面体／アルキメデスのらせん／……／60度で交わる弦／ロバの橋／ローマン曲面／和算の問題

T.H.サイドボサム著　前京大 一松　信訳

はじめからの　す　う　が　く　事　典

11098-2　C3541　　　　B 5 判　512頁　本体8800円

数学の基礎的な用語を収録した五十音順の辞典。図や例題を豊富に用いて初学者にもわかりやすく工夫した解説がされている。また、ふだん何気なく使用している用語の意味をあらためて確認・学習するのに好適の書である。大学生・研究者から中学・高校の教師、数学愛好者まであらゆるニーズに応える。巻末に索引を付して読者の便宜を図った。〔項目例〕1次方程式、因数分解、エラトステネスの篩、円周率、オイラーの公式、折れ線グラフ、括弧の展開、偶関数、他

中大 山本　慎・中大 三好重明・東海大 原　正雄・日大 谷　聖一・日本工大 衛藤和文訳

コンピュータ代数ハンドブック

11106-4　C3041　　　　A 5 判　1040頁　本体30000円

多項式演算、行列算、不定積分などの代数的計算をコンピュータで数式処理する際のアルゴリズムとその数学的基礎を、実用性を重視して具体的に解説。"Modern Computer Algebra(2nd.ed.)"(Cambridge Univ. Press, 2003)の翻訳。〔内容〕ユークリッドのアルゴリズム／モジュラアルゴリズムと補間／終結式と最小公倍数の計算／高速乗算／ニュートン反復法／フーリエ変換と画像圧縮／有限体上の多項式の因数分解／基底の簡約の応用／素数判定／グレブナ基底／記号的積分／他

数学オリンピック財団 野口　廣監修
数学オリンピック財団編

数学オリンピック事典
―問題と解法―　〔基礎編〕〔演習編〕

11087-6　C3541　　　　B 5 判　864頁　本体18000円

国際数学オリンピックの全問題の他に、日本数学オリンピックの予選・本戦の問題、全米数学オリンピックの本戦・予選の問題を網羅し、さらにロシア（ソ連）・ヨーロッパ諸国の問題を精選して、詳しい解説を加えた。各問題は分野別に分類し、易しい問題を基礎編に、難易度の高い問題を演習編におさめた。基本的な記号、公式、概念など数学の基礎を中学生にもわかるように説明した章を設け、また各分野ごとに体系的な知識が得られるような解説を付けた。世界で初めての集大成

G.ジェームス・R.C.ジェームス編
前京大 一松　信・東海大 伊藤雄二監訳

数　学　辞　典

11057-9　C3541　　　　A 5 判　664頁　本体23000円

数学の全分野にわたる、わかりやすく簡潔で実用的な用語辞典。基礎的な事項から最近のトピックスまで約6000語を収録。学生・研究者から数学にかかわる総ての人に最適。定評あるMathematics Dictionary(VNR社、最新第5版)の翻訳。付録として、多国語索引（英・仏・独・露・西）、記号・公式集などを収載して、読者の便宜をはかった。〔項目例〕アインシュタイン／亜群／アフィン空間／アーベルの収束判定法／アラビア数字／アルキメデスの螺線／鞍点／e／移項／位相空間／他

C.F.ガウス著　九大 高瀬正仁訳 数学史叢書 **ガウス 整 数 論** 11457-7 C3341　　A5判 532頁 本体9800円	数学史上最大の天才であるF.ガウスの主著『整数論』のラテン語原典からの全訳。小学生にも理解可能な冒頭部から書き起こし、一歩一歩進みながら、整数論という領域を構築した記念碑的著作。訳者による豊富な補註を付し読者の理解を助ける
H.ポアンカレ著　元慶大 斎藤利弥訳 数学史叢書 **ポアンカレ ト ポ ロ ジ ー** 11458-4 C3341　　A5判 280頁 本体6200円	「万能の人」ポアンカレが"トポロジー"という分野を構築した原典。図形の定性的な性質を研究する「ゴム風船の幾何学」の端緒。豊富な注・解説付。〔内容〕多様体／同相写像／ホモロジー／ベッチ数／積分の利用／幾何学的表現／基本群／他
N.H.アーベル・E.ガロア著　九大 高瀬正仁訳 数学史叢書 **アーベル／ガロア 楕 円 関 数 論** 11459-1 C3341　　A5判 368頁 本体7800円	二人の夭折の天才がその精魂を傾けた楕円関数論の原典。詳細な註記・解説と年譜を付す。〔内容〕〈アーベル〉楕円関数研究／楕円関数の変換／楕円関数概説／ある種の超越関数の性質／代数的可解方程式／他〈ガロア〉シュヴァリエへの手紙
早大 足立恒雄・前東大 杉浦光夫・放送大 長岡亮介編訳 数学史叢書 **リ ー マ ン 論 文 集** 11460-7 C3341　　A5判 388頁 本体7800円	「リーマン幾何」や「リーマン予想」で知られる大数学者の代表論文を編訳し詳細な解説と訳注を付す〔内容〕複素関数論／アーベル関数論／素数の個数／平面波／三角級数論／幾何学の基礎／耳について／心理学／自然哲学／付：リーマンの生涯／他
T.W.ケルナー著　京大 高橋陽一郎監訳 **フ ー リ エ 解 析 大 全（上）** 11066-1 C3041　　A5判 336頁 本体5900円	フーリエ解析の全体像を描く"ちょっと風変わりで不思議な"数学の本。独自の博識と饒舌でフーリエ解析の概念と手法、エレガントな結果を幅広く描き出す。地球の年齢・海底電線など科学的応用と数学の関係や、歴史的な逸話も数多く挿入した
T.W.ケルナー著　京大 高橋陽一郎監訳 **フ ー リ エ 解 析 大 全（下）** 11067-8 C3041　　A5判 368頁 本体6800円	〔内容〕フーリエ級数（ワイエルシュトラウスの定理、モンテカルロ法、他）／微分方程式（減衰振動、過渡現象、他）直交級数（近似、等周問題、他）／フーリエ変換（積分順序、畳込み、他）／発展（安定性、ラプラス変換、他）／その他（なぜ計算を？、他）
T.W.ケルナー著 京大 高橋陽一郎・慶大 厚地　淳・立命大 原　啓介訳 **フーリエ解析大全[演習編]（上）** 11091-3 C3041　　A5判 280頁 本体4600円	フーリエ解析の広がりと奥深さを実感させる演習書。好評の『大全』に引続き、冴えわたる著者の博識と饒舌で読者をフーリエ解析の沃野へと誘う。多くの問題と示唆により「答えは一つ」でも「道筋はさまざま」である数学の世界が肌で理解できる
T.W.ケルナー著 京大 高橋陽一郎・慶大 厚地　淳・立命大 原　啓介訳 **フーリエ解析大全[演習編]（下）** 11092-0 C3041　　A5判 232頁 本体4200円	〔内容〕フーリエ級数（コンパスと潮汐、収束定理他）／微分方程式（ポアソン和、ポテンシャル他）／直交級数（直交多項式、ガウスの求積法他）／フーリエ変換（波動方程式他）／発展（多次元、ブラウン運動他）／その他（星の直径、群論をもう少し他）
前岡山理大 堀田良之・日大 渡辺敬一・名大 庄司俊明・東工大 三町勝久著 **代数学百科I 群 論 の 進 化** 11099-9 C3041　　A5判 456頁 本体7500円	代数学の醍醐味を満喫できる全III巻本。本巻では群論の魅力を4部構成でゆるりと披露。〔内容〕代数学の手習い帖（堀田良之）／有限群の不変式論（渡辺敬一）／有限シュヴァレー群の表現論（庄司俊明）／マクドナルド多項式入門（三町勝久）
関西学院大 藪田公三・北大 中路貴彦・山形大 佐藤圓治・田中　仁・東女大 宮地晶彦著 **解析学百科I 古 典 調 和 解 析** 11726-4 C3341　　A5判 400頁 本体6500円	解析学の本質的な進展に関与する分野への誘い。〔内容〕特異積分入門（藪田公三）／複素関数論と関数解析の方法によるハーディ空間の理論（中路貴彦）／フーリエ解析における可環バナッハ環（佐藤圓治）／振動積分と掛谷問題（田中仁）

上記価格（税別）は2010年3月現在